中西兽医结合应用技术

主 编 吴 强 朱锋钊 杨 帆
副主编 杜秀园 段俊红 高俊波

本书配套资源

北京理工大学出版社
BEIJING INSTITUTE OF TECHNOLOGY PRESS

版权专有　侵权必究

图书在版编目（CIP）数据

中西兽医结合应用技术／吴强，朱锋钊，杨帆主编．
—北京：北京理工大学出版社，2021.8
　ISBN 978-7-5763-0007-9

Ⅰ．①中… Ⅱ．①吴… ②朱… ③杨… Ⅲ．①兽医学-中西医结合-高等职业教育-教材 Ⅳ．①S853

中国版本图书馆 CIP 数据核字（2021）第 139704 号

出版发行　／　北京理工大学出版社有限责任公司
社　　址　／　北京市海淀区中关村南大街 5 号
邮　　编　／　100081
电　　话　／　（010）68914775（总编室）
　　　　　　　（010）82562903（教材售后服务热线）
　　　　　　　（010）68948351（其他图书服务热线）
网　　址　／　http：//www.bitpress.com.cn
经　　销　／　全国各地新华书店
印　　刷　／　定州市新华印刷有限公司
开　　本　／　787 毫米×1092 毫米　1/16
印　　张　／　21　　　　　　　　　　　　　　　　责任编辑／曾繁荣
字　　数　／　534 千字　　　　　　　　　　　　　　文案编辑／曾繁荣
版　　次　／　2021 年 8 月第 1 版　2021 年 8 月第 1 次印刷　　责任校对／周瑞红
定　　价　／　65.00 元　　　　　　　　　　　　　　责任印制／边心超

图书出现印装质量问题，请拨打售后服务热线，本社负责调换

前 言
PREFACE

随着世界各国相继对抗生素的使用范围加以限制，加之使用疫苗、血清有造成某些传染病蔓延和流行之虞，中草药在疾病防治上的作用日益凸显，很多疾病用中西兽医结合疗法其效果会事半功倍。因此，本书立足中兽医基本理论，从预防保健、临床辨证、临床诊断、辨证用药、针灸与护理等方面，阐明了中西兽医结合的一般方法与应用。本书可用作高等院校畜牧兽医类专业的教材，也可作畜牧、兽医科技人员及广大养殖户的重要参考书。

本书立足中兽医基础理论，共包括阴阳学说、五行学说、气血津液辨证等项目20个。其中，项目一至项目五，主要涵盖了阴阳学说、五行学说、气血津液辨证、六淫辨证、八纲辨证等中医基本理论。项目六至项目十主要涵盖了脏腑辨证核心内容。在项目一至项目十五中，每个项目均包括了理论讲解、临床应用和临床应用案例三个任务，以培养学生基本的预防保健和辨证论治技能。项目十一至项目十三以进一步提升学生辨证论治技能为目标，主要涵盖卫气营血辨证、六经辨证、三焦辨证。每个项目除基本理论讲解外，还包括大量的临床应用技巧及临床案例。项目十四及项目十五主要讲解了内因病病因学辨证和外感病病因学辨证，以培养学生病因学辨证论治技能。项目十六及项目十七培养学生临床诊断技能，主要包括望、闻、问、切等构成的基本诊断项目和典型症状诊断内容。项目十八针对中兽药临床应用技巧，讲解了中兽医辨证用药项目。项目十九和项目二十以培养学生护理知识和技术为目标，包括中医针灸和中医护理等内容。

由于编者的理论水平和实践经验有限，书中不足之处在所难免，诚望读者批评指正。

编　者

目录 CONTENTS

项目一　阴阳学说

任务一　阴阳学说概述　/001
任务二　阴阳学说临床应用　/003
任务三　阴阳学说临床应用案例　/006

项目二　五行学说

任务一　五行学说概述　/008
任务二　五行学说临床应用　/011
任务三　五行学说临床应用案例　/013

项目三　气血津液辨证

任务一　气血津液辨证理论　/017
任务二　气血津液辨证临床应用　/023
任务三　气血津液辨证临床应用案例　/028

项目四　六淫辨证

任务一　六淫学说　/033
任务二　六淫学说临床应用　/036
任务三　六淫学说临床应用案例　/046

项目五　八纲辨证理论应用

任务一　八纲辨证理论　/054
任务二　八纲辨证临床应用　/055

| 任务三 | 八纲辨证临床应用案例 | /062 |

项目六　脾胃辨证

任务一	脾胃辨证理论	/066
任务二	脾胃辨证临床应用	/069
任务三	脾胃辨证临床应用案例	/074

项目七　肾系辨证

任务一	肾系理论	/082
任务二	肾系辨证理论临床应用	/085
任务三	肾系辨证理论临床应用案例	/088

项目八　肝胆辨证

任务一	肝胆辨证理论	/092
任务二	肝胆辨证理论临床应用	/095
任务三	肝胆辨证理论临床应用案例	/098

项目九　心系辨证

任务一	心系理论	/103
任务二	心系辨证理论临床应用	/105
任务三	心系辨证理论临床应用案例	/109

项目十　肺系辨证

任务一	肺系理论	/113
任务二	肺系辨证理论临床应用	/116
任务三	肺系辨证理论临床应用案例	/120

项目十一　卫气营血辨证

| 任务一 | 卫气营血辨证理论 | /128 |

任务二　卫气营血辨证理论临床应用　　　　　　　　　　　　　　　　/132
任务三　卫气营血辨证理论临床应用案例　　　　　　　　　　　　　　/140

项目十二　六经辨证

任务一　六经辨证理论　　　　　　　　　　　　　　　　　　　　　　/151
任务二　六经辨证理论临床应用　　　　　　　　　　　　　　　　　　/155
任务三　六经辨证理论临床应用案例　　　　　　　　　　　　　　　　/159

项目十三　三焦辨证

任务一　三焦辨证理论　　　　　　　　　　　　　　　　　　　　　　/164
任务二　三焦辨证理论临床应用　　　　　　　　　　　　　　　　　　/165
任务三　三焦辨证理论临床应用案例　　　　　　　　　　　　　　　　/169

项目十四　内因病病因学辨证

任务一　内因病病因学辨证理论　　　　　　　　　　　　　　　　　　/174
任务二　内因病病因学辨证临床应用　　　　　　　　　　　　　　　　/176
任务三　内因病病因学辨证的临床应用案例　　　　　　　　　　　　　/181

项目十五　外感病病因学辨证

任务一　外感病病因学辨证　　　　　　　　　　　　　　　　　　　　/184
任务二　外感病病因学辨证临床应用　　　　　　　　　　　　　　　　/186
任务三　外感病病因学辨证临床应用案例　　　　　　　　　　　　　　/189

项目十六　中西兽医结合诊断技术

任务一　望诊　　　　　　　　　　　　　　　　　　　　　　　　　　/196
任务二　闻诊　　　　　　　　　　　　　　　　　　　　　　　　　　/203
任务三　问诊　　　　　　　　　　　　　　　　　　　　　　　　　　/205
任务四　切诊　　　　　　　　　　　　　　　　　　　　　　　　　　/205
任务五　四诊合参　　　　　　　　　　　　　　　　　　　　　　　　/212

项目十七　典型症状辨证论治

　　任务一　消化系统典型症状辨证论治　/218
　　任务二　呼吸系统典型症状辨证论治　/232
　　任务三　泌尿生殖系统典型症状辨证论治　/237
　　任务四　其他系统典型症状辨证论治　/244

项目十八　辨证用药技术

　　任务一　中药采集与炮制　/261
　　任务二　制剂制备　/267
　　任务三　中医治则　/275
　　任务四　中医治法　/279
　　任务五　给药方法　/284
　　任务六　中药性能　/287
　　任务七　合理用药　/292

项目十九　针灸技术

　　任务一　经络学说　/299
　　任务二　穴位选取　/302
　　任务三　针灸　/305

项目二十　护理技术

　　任务一　产后辨证保健　/317
　　任务二　病后辨证护理　/322
　　任务三　宠物 SPA 保健　/325
　　任务四　动物按摩保健　/326

附录

项目一 阴阳学说

学习目标

总体目标： 在完成阴阳概念、阴阳性质及阴阳理论学习的基础上，掌握阴阳平衡理论的应用技巧，并利用阴阳平衡理论防治动物典型病例。

理论目标： 掌握阴阳概念、阴阳属性和阴阳理论，重点掌握阴阳平衡理论的基本知识点和阴阳平衡理论的预防法则。

技能目标： 学会应用阴阳偏盛、阴阳偏衰、阴阳俱病等理论指导畜禽日常饲养管理，分析中兽医药方剂和指导中兽医保健剂开发、药物选择和效果评价，掌握因时、因地、因动物预防保健方案的制定方法。

阴阳学说概述

任务一 阴阳学说概述

阴阳学说是我国古代带有朴素唯物论和自然辩证法性质的哲学思想，是认识世界和解释世界的一种世界观和方法论，是中医学基础理论的重要组成部分。阴阳是古人用来说明一切事物中对立而又统一的两种不同属性的代名词，是古代的一种宇宙观和方法论，属于我国古代的唯物论和辩证法范畴。阴阳学说，是以阴和阳的相对属性及其消长变化来认识自然、解释自然、探求自然规律的一种宇宙观和方法论，是我国古代朴素的对立统一理论。中兽医学引用阴阳学说来阐释兽医学中的许多问题以及动物和自然的关系，它贯穿于中兽医学的各个方面，成为中兽医学的指导思想。

 阴阳的概念

阴阳是既相互关联又相互对立的两种事物，或同一事物内部对立双方属性的概括。阴阳的最初含义是指日光的向背，向日为阳，背日为阴。向阳的地方具有明亮、温暖的特性，背阳的地方具有黑暗、寒冷的特性，于是又以这些特性来区分阴阳。在长期的生产生活实践中，古人遇到种种彼此相互联系又相互对立的现象，通过不断地引申其义，将天地、上下、日月、昼夜、水火、升降、动静、内外、雌雄等，都用阴阳加以概括，阴阳也因此失去其最初的含义，成为一切事物对立而又统一的两个方面的代名词。古人正是从这一朴素的对立统一观念出发，认为阴阳两方面的相反相成，消长转化，是一切事物发生、发展、变化的根源。

阴阳既然是指矛盾的两个方面，也就代表了事物两种相反的属性。一般认为，识别阴阳的属性，是以上下、动静、有形无形等为准则。概括起来，凡是向上的、运动的、无形的、温热的、向外的、明亮的、亢进的、兴奋的及强壮的均属于阳，而凡是向下的、静的、有形的、寒凉的、向内的、晦暗的、减退的、抑制的及虚弱的均属于阴。

阴阳既可以代表相互对立的事物或现象，又可以代表同一事物内部对立着的两个方面。前者如天与地、昼与夜、水与火、寒与热等，后者如机体内部的气和血、脏与腑，中药的温性与寒性等。

阴阳所代表的事物属性，不是绝对的，而是相对的。这种相对性，一方面表现为阴阳双方是通过比较而加以区分的，单一事物无法确定阴阳；另一方面，则表现为阴阳之中复有阴阳。如以背部和胸腹的关系来说，背部为阳，胸腹为阴；而属阴的胸腹，又以胸在膈前属阳，腹在膈后属阴。又如以脏腑的关系来说，脏为阴，腑为阳；而属于阴的五脏，又以心、肺位居膈前而属阳，脾、肝、肾位居膈后而属阴；属于阴的肝，又因其气主升，性疏泄而属阳，为阴中之阳。由此可见，阴阳是相对的，不是固定不变的，阴中有阳，阳中有阴，阴阳之中复有阴阳。也就是说，宇宙中的任何事物都可以概括为阴和阳两类，任何一种事物内部又可以分为阴和阳两个方面，而每一事物内部的阴或阳的一方，还可以再分阴阳。这种事物既相互对立又相互联系的现象，在自然界是无穷无尽的。

 阴阳的相互关系

阴阳的相互关系，主要体现在对立制约、互根互用、消长平衡和相互转化四个方面。

1. 对立制约

阴阳对立是指阴阳双方存在着相互排斥、相互斗争和相互制约的关系。对立，即相反，如动与静、寒与热、上与下等都是相互对立的两个方面。对立的双方，通过排斥、斗争以相互制约，从而取得统一，使事物达到动态平衡。以机体的生理机能为例，机能亢奋为阳，抑制为阴，二者相互制约，从而维持机体的生理状态。再以四季的寒暑为例，夏虽阳热，而夏至以后阴气却随之而生，以制约暑热之阳；冬虽阴寒，但冬至以后阳气却随之而生，以制约严寒之阴。由于阴阳双方的不断排斥与斗争，便推动了事物的发展或变化。

2. 互根互用

阴阳互根是指阴阳双方具有相互依存、互为根本的关系，即阴或阳的任何一方，都不能脱离另一方而单独存在，每一方都以相对立的另一方作为存在的前提和条件。如热为阳，寒为阴，没有热就无所谓寒；上为阳，下为阴，没有上也无所谓下，双方存在着相互依赖、相互依存的关系，即阳依存于阴，阴依存于阳。

阴阳的互用，是指阴阳双方存在着相互资生、相互促进的关系。所谓"孤阴不生，独阳不长""阴生于阳，阳生于阴"，便是说"孤阴"和"独阳"不但相互依存，而且还有相互资生、相互促进的关系，即阴精通过阳气的活动而产生，而阳气又由阴精化生而来。同时，阴和阳还存在着"阴为体，阳为用"的相互依赖关系。体，即本体（结构或物质基础）；用，指功用（功能或机能活动）。体是用的物质基础，用又是体的功能表现，二者不可分割。

3. 消长平衡

阴阳消长是指阴阳双方不断运动变化，此消彼长，又力求维系动态平衡的关系。阴阳双方在对立制约、互根互用的情况下，不是静止不变的，而是处于此消彼长的变化过程中，正所谓"阴消阳长，阳消阴长"。例如，机体各项机能活动（阳）的产生，必然要消耗一定的营养物质（阴），这就是"阴消阳长"的过程；而各种营养物质（阴）的化生，又必须消耗一定的能量（阳），这就是"阳消阴长"的过程。在生理情况下，这种阴阳的消长保持在一定的范围内，阴阳双方维持着一个相对的平衡状态。假若这种阴阳的消长，超过了这个范围，导致了相对平衡关系的失调，就会引发疾病。

4. 相互转化

阴阳转化是指对立的阴阳双方在一定条件下，可向其属性相反的方面转化。即阴可以转化为阳，阳可以转化为阴。如果说阴阳消长是属于量变的过程，而阴阳转化则属于质变的过程。在疾病的发展过程中，阴阳的转化是经常可见的。如动物外感风寒，出现耳鼻发凉，肌肉颤抖等寒象；若治疗不及时或治疗失误，寒邪入里化热，就会出现口干、舌红、气粗等热象，这就是由阴证向阳证转化。又如患热性病的动物，由于持续高热，热甚伤津，气血两亏，呈现出体弱无力、四肢发凉等虚寒症状，这便是由阳证向阴证的转化。此外，临床上所见由实转虚，由虚转实，由表入里，由里出表等病证的变化，都是阴阳转化的表现。

综上所述，阴阳的对立制约、互根互用、消长平衡和相互转化，从不同的角度来说明阴阳之间的相互关系及其运动规律，它们之间不是孤立的，而是相互联系、相互影响、互为因果的。对立制约是阴阳最普遍的规律，阴阳双方通过对立制约而取得平衡；阴阳的互根互用说明了阴阳双方彼此依存，互相促进，不可分离；阴阳消长和相互转化是阴阳运动的最基本形式，阴阳消长稳定在一定范围内，则取得动态平衡；否则，便出现阴阳的转化。阴阳的运动是永恒的，而平衡只是相对的。了解这些内容，有助于理解阴阳学说在中兽医学领域的应用，更好地服务于临床实践。

 ## 任务二　阴阳学说临床应用

阴阳学说临床应用

阴阳学说贯穿于中兽医学理论体系的各个方面，用以说明机体的组织结构、生理功能和病理变化，并指导临床辨证论治。

一、阴阳理论与动物生理

1. 说明机体的组织结构

机体是一个既对立而又统一的有机整体，其组织结构可以用阴阳两个方面来加以概括说明。就大体部分来说，体表为阳，体内为阴；上部为阳，下部为阴；背部为阳，胸腹为阴。就四肢的内外侧而论，外侧为阳，内侧为阴。就脏腑而言，脏为阴，腑为阳；而具体到每一脏腑，又有阴阳之分，如心阳、心阴，肾阳、肾阴，胃阴、胃阳等。总之，机体的每一组织结构，均可以根据其所在的上下、内外、表里、前后等各相对部位以及相对的功能活动特点来概括阴阳，并说明它们之间的对立统一关系。

2. 说明机体的生理

一般认为，物质为阴，功能为阳，正常的生命活动是阴阳保持对立统一的结果。"阴"代表着物质或物质的贮藏，是阳气的源泉；"阳"代表着机能活动，起着卫外而固守阴精的作用；没有阴精就无以产生阳气，而通过阳气的作用又不断化生阴精，二者同样存在着相互对立、互根互用、消长转化的关系。在正常情况下，阴阳保持着相对平衡，以维持机体的生理活动，否则，阴阳不能相互为用而分离，精气就会竭绝，生命活动也将停止。

阴阳理论与动物病理

1. 说明疾病的病理变化

阴阳理论认为，机体内部阴阳两个方面既对立又统一，保持相对平衡状态，维持机体正常的生命活动。疾病是机体内阴阳两方面失去相对平衡，出现偏盛偏衰的结果。如果阴阳的相对平衡遭到破坏，就会导致阴阳失调，其结果决定了疾病的发生、发展和转归。疾病的发生与发展，关系到正气和邪气两个方面。正气，是指机体的机能活动和对病邪的抵抗能力，以及对外界环境的适应能力等；邪气，泛指各种致病因素。正气包括阴精和阳气两个部分，邪气也有阴邪和阳邪之分。疾病的过程，多为邪正斗争引起机体阴阳偏盛偏衰的过程。

在阴阳偏盛方面，认为阴邪致病，可使阴偏盛而阳伤，出现"阴盛则寒"的病证。如寒湿阴邪侵入机体，致使"阴盛其阳"，从而发生"冷伤之证"，动物表现为口色青黄，脉象沉迟，鼻寒耳冷，身颤肠鸣，不时起卧。相反，阳邪致病，可使阳偏盛而阴伤，出现"阳盛则热"的病证。如热燥阳邪侵犯机体，致使"阳盛其阴"，从而出现"热伤之证"，动物表现为高热，唇舌鲜红，脉象洪数，耳耷头低，步态不稳等症状。

在阴阳偏衰方面，认为一旦机体阳气不足，不能制阴，会相对地出现阴有余，发生阳虚阴盛的虚寒证；相反，如果阴液亏虚，不能制阳，会相对地出现阳有余，发生阴虚阳亢的虚热证。由于阴阳双方互根互用，任何一方虚损到一定程度，均可导致对方的不足，即所谓"阳损及阴，阴损及阳"，最终可导致"阴阳俱虚"。如某些慢性消耗性疾病，在其发展过程中，会因阳气虚弱致使阴精化生不足，或因阴精不足致使阳气化生无源，最后导致阴阳两虚。

阴阳的偏盛或偏衰，均可引起寒证或热证，但二者有着本质的不同。阴阳偏盛所形成的病证是实证，如阳邪偏盛导致实热证，阴邪偏盛导致实寒证等；而阴阳偏衰所形成的病证则是虚证，如阴虚则出现虚热证，阳虚则出现虚寒证等。

2. 说明疾病的发生

在病证的发展过程中，由于病性和条件的不同，可以出现阴阳的相互转化。如"寒极则热，热极则寒"，即是指阴证和阳证的相互转化。临床上可以见到由表入里、由实转虚、由热化寒和由寒化热等变化。如患败血症的动物，开始表现为体温升高，口舌红，脉象洪数等热象，当严重者发生"暴脱"时，则转而表现为四肢厥冷，口舌淡白，脉沉细等寒象。因此，在疾病的发生方面，认为疾病是阴阳失调，发生偏盛偏衰所致。在阴阳的偏盛方面，阳盛者必伤阴，故阳盛则阴病而见热证；阴盛者必伤阳，故阴盛则阳病而见寒证。在阴阳的偏衰方面，阳虚则阴相对偏盛，表现为虚寒证；阴虚则阳相对偏盛，表现为虚热证。由于阴阳互根互用，阴损及阳，阳损及阴，最终可导致阴阳俱损。

3. 说明疾病的发展

在疾病的发展方面，由于整个疾病的发展过程中，阴阳总是处于不断地变化之中，阴阳失调的病变，其病性在一定的条件下可以向相反的方向转化，即出现由阴转阳或由阳转阴的变化。此外，若阳气极度虚弱，阳不制阴，偏盛之阴盘踞于内，逼迫衰极之阳浮越于外，可出现阴阳不相维系的阴盛格阳之证，阳气被郁，深伏于里，不能外达四肢，也可发生格阴于外的阳盛格阴之证。严重者还会导致亡阴、亡阳病变。

4. 判断疾病的转归

在疾病的转归方面，若经过治疗，阴阳逐渐恢复相对平衡，达到"阴平阳秘"的状态，则疾病趋于好转或痊愈；否则，阴阳不但没有趋向平衡，反而遭到更加严重的破坏，就会导致阴阳离决，病情恶化甚至死亡。

三 阴阳理论与疾病诊断

既然阴阳失调是疾病发生、发展的根本原因，因此任何疾病无论其临床症状如何错综复杂，只要在收集症状和进行辨证时以阴阳为纲加以概括，就可以执简驭繁，抓住疾病的本质。

1. 分析症状的阴阳属性

一切病证，不外"阴证"和"阳证"两种。一般来说，凡口色红、黄、赤紫者为阳，口色白、青、黑者为阴；凡脉象浮、洪、数、滑者为阳，沉、细、迟、涩者为阴；凡声音高亢、洪亮者为阳，低微、无力者为阴；身热属阳，身寒属阴；口干欲饮者属阳，口润不饮者属阴；躁动不安者属阳，倦卧静默者属阴。

2. 辨别证候的阴阳属性

临床辨证，首先要分清阴阳，才能抓住疾病的本质。八纲辨证就是分别从病性（寒热）、病位（表里）和正邪消长（虚实）几方面来分辨阴阳，并以阴阳作为总纲统领各证（表证、热证、实证属阳证，里证、寒证、虚证属阴证）。

四 阴阳理论与疾病治疗

1. 确定治疗原则

由于阴阳偏盛偏衰是疾病发生的根本原因，因此，泻其有余，补其不足，调整阴阳，使其重新恢复阴阳平衡就成为诊疗疾病的基本原则。对于阴阳偏盛者，应泻其有余，或用寒凉药以清阳热，或用温热药以祛阴寒，此即"热者寒之，寒者热之"的治疗原则；对于阴阳偏衰者，应补其不足，阴虚有热则滋阴以清热，阳虚有寒则益阳以祛寒，此即"壮水之主以制阳光，益火之源以消阴翳"（见王冰《素问》注释）的治疗原则，但也要注意"阳中求阴""阴中求阳"，以使阴精、阳气化生之源不竭。

2. 指导临床用药

一般来说，温热性的药物属阳，寒凉性的药物属阴；辛、甘、淡味的药物属阳，酸、咸、苦味的药物属阴；具有升浮、发散作用的药物属阳，而具沉降、涌泄作用的药物属阴。根据药物的阴阳属性，就可以灵活地运用药物调整机体的阴阳，以期补偏救弊。如热盛用寒凉药以清热，寒盛用温热药以祛寒，便是《内经》中所指出的"寒者热之，热者寒之"用药原则的具体运用。酸、咸、苦、辛、甘被称为药物的五味。其中，辛、甘为阳性味，酸、咸、苦为阴性味。五味调配得当，是机体健康的保障之源。

（1）酸味药物。酸味为阴性之味。酸味药物有收敛、固涩之功效，如五味子、覆盆子等。

（2）咸味药物。咸为五味之首，为阴性之味，咸入肾，配合药物阴阳属性可以指导用药，如味咸性温的阳起石，可温肾壮阳。

（3）苦味药物。苦味为阴性之味。中医学指出，苦味可除燥湿、健胃、利尿，还可调节肝、肾功能，如玄参可清热滋阴。

（4）辛味药物。药物中的辛味，为阳性之味，可清除体内六淫阴邪，如肉豆蔻可祛湿等；淫羊藿味辛甘，性温，可燥湿和补肾壮阳；肉桂味辛甘，性大热，可暖脾胃和补元阳。

（5）甘味药物。甘味为阳性之味。甘味又称甜味，一般具滋阴作用，常用于阴虚病证，常用的药物有熟地、黄精、芦根、沙参、天冬等。

阴阳理论与疾病预防

由于机体与外界环境密切相关，机体的阴阳必须适应四时阴阳的变化，否则便易引起疾病。因此，加强饲养管理，增强机体的适应能力，就可以防止疾病的发生。此外，还可以通过春季放大血，灌四季调理药等方法来调和气血，协调阴阳，预防疾病。可以根据阴阳属性选择保健药物。

1. 阳性药物

所谓阳性药物，是指性味温热的药物，如附子大热，可回阳救逆、温补脾肾、散寒止痛；肉豆蔻辛温，可温中下气，消食固肠；补骨脂味辛性温，可补肾和健脾。

2. 阴性药物

所谓阴性药物，是指性味寒凉的药物，多与五味配合选择，如芦根、沙参、天冬等，味甘、性寒，寒能清热、甘能生津。

3. 平性药物

所谓平性药物，是指性味温热寒凉平衡的药物。平性药物一般具有一定的滋补作用，如可补血止血、滋阴润燥的阿胶。

任务三　阴阳学说临床应用案例

阴阳学说典型应用案例

阴阳平衡是维持正常生理活动和保持健康的前提条件，阴阳彼此之间只有既不过亢也不衰弱，方能维持机体的健康，即"阴平阳秘，精神乃治"。在生命机体中，相互矛盾又相互消长的，时时刻刻存在着阴消阳长和阳消阴长的生理活动过程，经常处理生理范围的波动状态。所以，阴阳平衡是在正常的阴阳消长中实现的。同时，平衡又是相对的，不平衡是绝对的。机体调节范围内，从平衡到不平衡，又从不平衡到平衡，这些量变和质变的复杂交错关系是生命活动的根本。在这个过程中，不断地出现升与降、散与收、动与静、增与减的波动状态。而这些波动状态既是生理活动的必然表现，又是有限阈的，不能超越生理活动的许可范围，一旦超越，突破相对平衡，即成阴阳失调的病理变化。

阴阳偏盛

阴阳偏盛，主要包括了阴盛而寒和阳盛则热两种情况，机体主要表现为阳消阴长和阴消阳长，针对阴阳偏盛的治疗原则主要是损其有余和实者泻之的思路。

1. 实热证

阳盛则热，属实热证。

方剂可以选择**白虎汤【方剂】**或**黄连解毒汤【方剂】**等，直接清除其实热。

在药物选择上，宜选择寒凉药以制其阳，可以选择清热解毒药，如金银花、蒲公英等；也可以选择清热燥湿药，如黄连、黄芩、黄柏等；亦可选择栀子等清热泻火药，当然也可以选择安乃近等解热镇痛药和抗生素等寒性药物。

2. 实寒证

阴盛则寒，属实寒证。

方剂可以选择温中散寒方剂，如**理中汤【方剂】**、**大建中汤【方剂】**等。

在药物选择上，宜用温热药以制其阴，可以选择温里药，如干姜、附子等；也可以选择解表散寒药，如桂枝、细辛等；亦可选择益智仁等温脾止泻药进行辨证论治。

 阴阳偏衰

阴阳偏衰主要包括阴虚则生内热和阳虚则生外寒两种情况。针对阴阳偏衰的治疗主要包括补其不足和虚者补之等治疗原则。

1. 虚热证

阴虚不能制阳，属虚热证。

方剂可以选择**保阴煎【方剂】**等滋阴方剂。

在药物选择上，宜用滋阴壮水以抑制阳亢火盛，可以选择地黄、玄参等滋阴药，如果选择解热镇痛药和抗生素等药物直接抑制其阳，副作用则较大。

2. 虚寒证

阳虚不能制阴，属虚寒证。

方剂宜用扶阳益火以消退阴盛，可以选择**理中汤【方剂】**等温中散寒方剂。

在药物选择上可以选择巴戟天、补骨脂、肉苁蓉等助阳药，亦可选择桂心、葫芦巴等温补肾阳的药物。化药中对此类病症没有较好的针对性药物。

 阴阳俱病

阴阳俱病主要表现为阴盛阳虚或阳盛阴虚。针对这种病理表现，我们一般要阴阳同治，即损其有余，补其不足。当然，阴阳俱病也可能出现阴阳俱虚的情况，针对阴阳俱虚病证，则以补其不足为主。

阴阳学说应用效果评价

项目二　五行学说

学习目标

总体目标：在完成五行概念、五行性质及五行理论学习的基础上，学会应用五行理论辨别疾病，分析不同脏腑的病因病机，掌握五行学说的应用技巧。

理论目标：掌握五行概念、五行属性和五行理论，重点掌握五行的属性和五行间的相互关系。

技能目标：学会利用五行理论分析方剂，并掌握基于五行阐释动物机体属性、诊断和防治动物疾病的基本技巧。

任务一　五行学说概述

五行学说概述

五行学说属于古代哲学范畴，它是以木、火、土、金、水五种物质的特性及其"相生"和"相克"规律来认识世界、解释世界和探求宇宙规律的一种世界观和方法论。在中医学中，五行学说被用来说明机体的生理功能和病理变化，并指导临床实践。

一　五行的基本概念

五行中的"五"，是指木、火、土、金、水五种物质；"行"，是指这五种物质的运动和变化。古人在长期的生活和生产实践中发现，木、火、土、金、水是构成宇宙中一切事物的五种基本物质，这些物质既各具特性，又相互联系、运行不息。历代思想家就是将这五种物质的特性作为推演各种事物的法则，对一切事物进行分类归纳，并将五行之间的生克制化关系作为阐释各种事物之间普遍联系的法则，对事物间的联系和运动规律加以说明，从而形成五行学说的。

五行学说源于"五材说"，但它又不同于"五材"。它不是单纯地指五种物质，而是包括了五种物质的不同属性及其相互之间的联系和运动，认为事物之间通过五行的生克制化关系以保持动态平衡，从而维持事物的生存和发展。

二　五行的基本内容

五行学说，是以五行的抽象特性来归纳各种事物，以五行之间生克制化的关系来阐释宇宙中各种事物或现象之间相互联系和协调平衡的。

（一）五行的特性

五行的特性，来自古人对木、火、土、金、水五种物质的自然现象及其性质的直接观察和抽象概括。一般认为，《尚书·洪范》中所说的"水曰润下、火曰炎上、木曰曲直、金曰从革、土爰稼穑"，是对五行特性的经典概括。

1. 木的特性

"木曰曲直"。曲，屈也；直，伸也。曲直，原指树木的枝条具有生长、柔和、能曲又能直的特性，后引申为凡有生长、升发、条达、舒畅等性质或作用的事物，均属于木。

2. 火的特性

"火曰炎上"。炎，有焚烧、热烈之意；上，即上升。炎上，原指火具有温热、蒸腾向上的特性，后引申为凡有温热、向上等性质或作用的事物，均属于火。

3. 土的特性

"土爰稼穑"。爰，通曰；稼，即种植谷物；穑，即收获谷物。稼穑，泛指人类种植和收获谷物等农事活动。由于农事活动均在土地上进行，因而引申为凡有化生、承载、受纳等性质或作用的事物，均属于土。故有"土载四行""万物土中生"和"土为万物之母"的说法。

4. 金的特性

"金曰从革"。从，即顺从；革，即变革。从革，是指金属物质可以顺从人意，变革形状，铸造成器。也有人认为，金属源于对矿物的冶炼，其本身是顺从人意，变革矿物而成，故曰"从革"。又因金之质地沉重，且常用于杀伐，因而引申为凡有沉降、肃杀、收敛等性质或作用的事物，均属于金。

5. 水的特性

"水曰润下"。润，即潮湿、滋润；下，即向下、下行。润下，是指水有滋润下行的特点，后引申为凡具有滋润、下行、寒凉、闭藏等性质或作用的事物，均属于水。

（二）五行的归类

五行学说是将自然界的事物和现象，以及机体脏腑组织器官的生理、病理现象，进行广泛联系，按五行的特性以"取类比象"或"推演络绎"的方法，根据事物的不同形态、性质和作用，分别将其归属于木、火、土、金、水五行之中。现将自然界和机体有关事物或现象的五行进行归类，简要列表见表2-1。

表 2-1 五行归类表

自然界							五行	机体						
五音	五味	五色	五化	五气	五方	五季		五脏	六腑	五官	五体	情志	五脉	变动
角	酸	青	生	风	东	春	木	肝	胆	目	筋	怒	弦	握
徵	苦	赤	长	暑	南	夏	火	心	小肠	舌	脉	喜	洪	忧
宫	甘	黄	化	湿	中	长夏	土	脾	胃	口	肉	思	代	哕
商	辛	白	收	燥	西	秋	金	肺	大肠	鼻	皮毛	悲	浮	咳
羽	咸	黑	藏	寒	北	冬	水	肾	膀胱	耳	骨	恐	沉	栗

（三）五行的相互关系

1. 五行的相生、相克和制化

木、火、土、金、水五行之间不是孤立的、静止不变的，而是存在着有序的相生、相克以及制化关系，从而维持着事物生生不息的动态平衡，这是五行之间关系正常的状态。

（1）五行相生。生，即资生、助长、促进。五行相生，是指五行之间存在着有序的资生、助长和促进的关系，借以说明事物间有相互协调的一面。五行相生的次序如下：

$$木→火→土→金→水→木$$

在相生关系中，任何一行都有"生我"和"我生"两方面的关系。"生我"者为母，"我生"者为子。以木为例，水生木，水为木之母；木生火，火为木之子。再以金为例，土生金，土为金之母；金生水，水为金之子。五行之间的相生关系，也称为母子关系。

（2）五行相克。克，即克制、抑制、制约。五行相克，是指五行之间存在着有序的克制和制约关系，借以说明事物间相颉颃的一面。五行相克的次序如下：

$$木→土→水→火→金→木$$

在相克关系中，任何一行都有"克我"及"我克"两方面的关系。"克我"者为我"所不胜"，"我克者"为我所胜。以土为例，土克水，则水为土之"所胜"；木克土，则木为土之"所不胜"。又以火为例，火克金，则金为火之"所胜"；水克火，则水为火之"所不胜"。五行之间的相克关系，也称为"所胜、所不胜"关系。

（3）五行制化。制，即制约、克制；化，即化生、变化。五行制化，是指五行之间相互化生、相互制约以维持平衡协调的关系。

五行的制化关系，是五行生克关系的相互结合。没有生，就没有事物的发生和成长；没有克，事物就会因过分亢进而为害，就不能维持正常的协调关系。因此，必须有生有克，相反相成，才能维持和促进事物间的平衡协调和发展变化。

2. 五行的相乘、相侮和母子相及

五行的相乘和相侮是五行间生克制化关系遭受破坏的结果。相乘、相侮是五行间相克关系异常的表现，母子相及则是五行间相生关系异常的变化。

（1）五行相乘。乘，凌也，有欺侮之意。五行相乘，是指五行中某一行对其所胜一行的过度克制，即相克太过，是事物间关系失去相对平衡的另一种表现，其次序同于五行相克。

$$木→土→水→火→金→木$$

引起五行相乘的原因有"太过"和"不及"两个方面。"太过"是指五行中的某一行过于亢盛，对其所胜加倍克制，导致被乘者虚弱。以木克土为例，正常情况下木克土，如木气过于亢盛，对土克制太过，土本无不足，但亦难以承受木的过度克制，导致土的不足，称为"木乘土"。"不及"是指某一行自身虚弱，难以抵御来自所不胜者的正常克制，使虚者更虚。仍以木克土为例，正常情况下木能制约土，若土气过于不足，木虽然处于正常水平，土却难以承受木的克制，导致木克土的力量相对增强，使土更显不足，称为"土虚木乘"。

（2）五行相侮。侮，有欺侮、欺凌之意。五行相侮，是指五行中某一行对其所不胜一行的反向克制，即反克，又称"反侮"，是事物间关系失去相对平衡的另一种表现。五行相侮的次序与五行相克相反。

$$木→金→火→水→土→木$$

引起相侮的原因也有"太过"和"不及"两个方面。"太过"是指五行中的某一行过于强盛，使原来克制它的一行不但不能克制它，反而受到它的反克。例如，正常情况下金克木，但若木气过于亢盛，金不但不能克木，反而被木所反克，出现"木侮金"的逆向克制现象。"不及"是指五行中的某一行过于虚弱，不仅不能克制其所胜的一行，反而受到它的反克。例如，正常情况下，金克木，木克土，但当木过度虚弱时，不仅金来乘木，而且土也会因木之虚弱而对其进行反克，称为"土侮木"。

（3）母子相及。及，即累及、连累之意。母子相及，是指五行之中互为母子的各行之间相互影响的关系，属于五行之间相生异常的变化，包括母病及子和子病犯母两种类型。

母病及子指五行中作为母的一行异常，必然影响到子的一行，结果是母子都出现异常。例如，水生木，水为母，木为子；若水不足，无力生木，则导致木的不足，最终是水竭木枯，母子俱衰。母病及子的顺序与相生的顺序相同。

子病犯母指五行中作为子的一行异常，会影响到作为母的一行，结果母子都出现异常。例如，木生火，木为母，火为子。若火太旺，势必耗木过多，导致木的不足；而木不足，生火无力，火势亦衰，最终是子耗母太过，母子皆不足。子病犯母的顺序与相生的顺序相反。

总之，五行的生克制化，是正常情况下五行之间相互资生、促进和相互制约的关系，是事物维持正常协调平衡关系的基本条件；而五行的相乘、相侮和母子相及，则是五行之间生克制化关系失调情况下发生的异常现象，是事物间失去正常协调平衡关系的表现。

任务二 五行学说临床应用

五行学说临床应用

在中医学中，五行学说主要是以五行的特性来分析说明机体脏腑、组织器官的五行属性，以五行的生克制化关系来分析脏腑、组织器官的各种生理功能及其相互关系，以五行的乘侮关系和母子相及来阐释脏腑病变的相互影响，并指导临床辨证论治。

五行学说与生理

1. 脏腑器官的属性

按五行的特性来区分脏腑器官的属性。如，木有升发、舒畅、条达的特性，肝喜条达而恶抑郁，主管全身气机的舒畅条达，故肝属"木"；火有温热炎上的特性，心阳有温煦之功，故心属"火"；土有化生万物的特性，脾主运化水谷，为气血化生之源，故脾属"土"；金性清肃、收敛，肺有肃降作用，故肺属"金"；水有滋润、下行、闭藏的特性，肾有藏精、主水的作用，故肾属"水"。

2. 脏腑器官关系

以五行生克制化关系，说明脏腑器官之间相互资生和制约的关系。例如，肝能制约脾（木克土），脾能资生肺（土生金），而肺又能制约肝（金克木）等。又如，心火可以助脾土的运化（火生土），肾水可以抑制心火的有余（水克火），其他依此类推。五行学说认为机体就是通过这种生克制化来维持相对的平衡协调，保持正常的生理活动。

五行学说与病理

疾病的发生及传变规律，可以用五行学说加以说明。根据五行学说，疾病的发生是五行生克制化关系失调的结果，在病理上五脏之间存在着生与克的传变关系。相生的传变关系包括母病及子和子病犯母两种类型，相克的传变关系包括相乘为病和相侮为病两条途径。

1. 母病及子

母病及子是指疾病的传变是从母脏传及子脏，如肝（木）病传心（火）、肾（水）病及肝（木）等。

2. 子病犯母

子病犯母是指疾病的传变是从子脏传及母脏，如脾（土）病传心（火）、心（火）病及肝（木）等。

3. 相乘为病

相乘为病即相克太过而为病，其原因一是"太过"，一是"不及"。如肝气过旺，对脾的克制太过，肝病传于脾，则为"木旺乘土"；若先有脾胃虚弱，不能耐受肝的相乘，致使肝病传于脾，则为"土虚木乘"。

4. 相侮为病

相侮为病即反向克制而为病，其原因亦为"太过"和"不及"。如肝气过旺，肺无力对其加以制约，导致肝病传肺（木侮金），称为"木火刑金"；又如脾土不能制约肾水，致使肾病传脾（水侮土），称为"土虚水侮"。

一般来说，按照相生规律传变时，母病及子病情较轻，子病犯母病情较重；按照相克规律传变时，相乘传变病情较重，相侮传变病情较轻。

五行学说与疾病诊断

五行学说认为，机体的五脏、六腑与五官、五体、五色、五液、五脉之间是存在着五行属性联系的一个有机整体，脏腑的各种功能活动及其异常变化可反映于体表的相应组织器官，即"有诸内，而必形诸外"，故脏腑发生疾病时就会表现出色泽、声音、形态、脉象诸方面的变化，据此可以对疾病进行诊断。《元亨疗马集》中提出的"察色应症"，便是以五行分行四时，代表五脏分旺四季，又以相应五色（青、黄、赤、白、黑）的舌色变化来判断健、病和预后。如肝木旺于春，口色桃色者平，白色者病，红色者和，黄色者生，黑色者危，青色者死等。又如《安骥集·清浊五脏论》中所说的"肝病传于南方火，父母见子必相生；心属南方丙丁火，心病传脾祸未生；……；心家有病传于肺，金逢火化倒销形；肺家有病传于肝，金能克木病难痊"，即是根据疾病相生、相克的传变规律来判断预后的。

四 五行学说与疾病治疗

根据五行学说，既然疾病是脏腑之间生克制化关系失调，出现"太过"或"不及"而引起的，因此抑制其过亢，扶助其过衰，使其恢复协调平衡便成为疾病治疗的关键。根据相生规律提出的治疗原则是"虚则补其母，实则泻其子"，若按相克规律，其治疗原则为"抑强扶弱"。后世医家根据这些治疗原则，制定出了很多治疗方法，如"扶土抑木"（疏肝健脾相结合）、"培土生金"（健脾补气以益肺气）、"滋水涵木"（滋肾阴以养肝阴）等。同时，由于一脏的病变，往往牵涉其他脏器，通过调整有关脏器，可以控制疾病的传变，达到预防的目的。如根据肝气旺盛，易致肝木乘脾土而提出用健脾的方法，防止肝病向脾的传变。

任务三 五行学说临床应用案例

一 五行与治未病添加剂开发

治未病常以五行的生克乘侮规律为指导。如脏腑有病，可由病变性质差异，而有及子、犯母、乘、侮等传变。因此，根据不同病变的传变规律，实施预见性治疗，可控制其病理传变。

1. 五脏联合保健

首先，肺系病证保健可以根据健脾充肺、培土生金思路选择药物，方剂可以选择**六君子汤【方剂】**、**黄芪建中汤【方剂】**、**补中益气汤【方剂】**等。其次，肺系病症还可以以补肾纳气，方剂可以选择**都气丸【方剂】**、**六味地黄丸【方剂】**、**金匮肾气丸【方剂】**等。第三，肝病患者，可以补肾益土法，即母子同时保健以实现防病的目的。木旺克土，脾土衰微，导致肾功能衰竭，治宜补肾益土法，也即"厥阴不治，求之阳明""益火之源，以消阴翳"，方剂可以选择**理中汤【方剂】**合**真武汤【方剂】**，温中散寒，回阳利水，振奋脾胃功能，阳气来复，阴水消除。

2. 三焦联合保健

三焦自肾上连于肺，主持诸气，司决渎。调畅三焦之气，能调节上中下三焦肺脾肾的机能，气行则水行，使水湿易于流动。所以，三焦是协助行水的重要一环，如气滞水停，水在里，脘腹胀满者，治宜行气消肿、消痰利水。另外，气行则水行，气虚水津不能四布而水肿者，用补气法。主要是调理肺脾肾之气，以补气行水消肿。常用药物包括人参、黄芪、党参、白术、茯苓等。现代医学研究证明人参有适应原样物质，能调节新陈代谢，增强机体免疫力，提高机体各种复杂刺激因子的适应性与耐受性的作用，能增加肾血流量，提高肾的血压。黄芪具有补气利尿退肿，消除蛋白尿的作用；党参健脾益气，能提高机体非特异性免疫，调节物质代谢功能。白术、茯苓均能健脾利水，茯苓还能促进体液免疫，白术亦有显著增强白细胞吞噬功能的作用。

3. 脾胃保健

脾与胃相表里，一升一降为气血化生之源，后天之本。可"治脾胃以调五脏"，如疳积、咳喘、疹块、阳虚发热、久泻、呕吐等属于脾阴虚、阳虚、气虚和阴阳气血俱虚等病证，按"寒者温之""损者益之"，用甘温益气的**补中益气汤【方剂】**、**小建中汤【方剂】**、**一贯煎【方剂】**等治疗，使阳升则阴长，阳旺则阴生，阴阳协调，生理功能正常，气血充盛，从而能治愈五脏之病。

二 五行与四季保健方案

（一）春季保健

1. 病因病机分析

春季，始于立春止于立夏，是万物生发的季节，春归大地，冰雪消融，阳气升发，万物复苏，蛰虫活动，大地一派生机，万物欣欣向荣。机体阳气也顺应自然，向上向外疏发。但是春季气候多变，如乍暖还寒等。同时，冬去春来，万物生长，养殖业刚经过三九寒冬严峻的考验，多数畜禽受到寒邪侵扰，抵抗力严重下降，致使畜禽春季容易受到风邪侵扰，防疫体系得不到有效的保护和完善，传染病开始增多。五行理论认为，春季，畜群易受"风"邪。春是五行之木，与机体的肝脏相对应，也就是说肝属木，肝与胆相表里，肝脏是主要调理对象。肝木过旺，必侵害胆，胆汁分泌不足则伤胃。肝主筋，开窍于目，肝藏血，冲二脉，对种畜禽的发情和排卵有较大的影响。

2. 治疗原则

疏肝养肝，健脾养胃，补益扶正。

3. 春季保健思路

（1）调养肝气。养肝的方法有多种，常用的方法包括：疏肝养肝，药用柴胡、白芍、川芎、当归等；养肝明目，药用枸杞子、菊花、苍术、白蒺藜等；养肝荣肝，药用肉苁蓉、木瓜、菟丝子、枸杞子、牛膝等；养肝滋肾，药用地黄、何首乌等。

（2）健脾养胃。五行理论认为，湿易伤脾，春季宜用燥湿健脾中药。

（3）补益扶正。春季，机体代谢渐趋旺盛，各组织器官功能活跃，需要大量的营养物质供给。其次，春天的气候有利于细菌、病毒等微生物的生存、繁殖与传播，容易产生和流行疾病。第三，风为春季的主气，宜祛风健脾。所以，春季用药宜应用补益扶正中药以顾护机体正气，增强抗病能力，尤其是久病将愈、病后体虚、产后气血亏虚者，一般药物组合选择思路为辛、甘之品，配以温补之剂、祛风之品或健脾利湿之品，如党参、熟地、当归、黄芪、茯苓等，有助于升阳护阳或健脾祛湿。

4. 方剂举例

治宜清热祛湿，方剂可选茵陈散【方剂】。

（二）夏季保健

1. 病因病机

首先，夏季始于立夏，止于立秋，是万物繁荣秀丽的季节，天阳下降，地热上蒸，天地阴阳之气上下交合，万物也开始结果。夏季气候火热，机体阳气亦非常旺盛。其次，酷夏到来，高温高湿气候对畜禽有较大影响，尤其是高产蛋鸡及种鸡，如果这一环节得不到有效的控制，损失将会很严重。五行理论认为，高热必扰心脏，高湿必损脾脏。心主神，脾主运化，所以夏季以"清心、安神、健脾、润肺"为用药准则，可选用香薷、天花粉、黄连等药物。

2. 治疗原则

补益气阴，健脾除湿，清热消暑，补养肺肾。

3. 夏季保健思路

（1）补益气阴。暑邪易伤津耗气，故夏季常用益气阴、生津液之品。一般多选用沙参、麦冬、玉竹、黄精、山药等药性平和、偏凉的补益药。对气虚较明显者，可选用党参、黄芪等补益作用相对较强的补气药。但夏季不宜用大温大热、滋腻的药物。

（2）健脾除湿。湿邪是夏季另一大邪气，所以夏季可选择健脾利湿之品进行保健，一般多选择芳香化湿及淡渗利湿之品，如藿香、佩兰、白豆蔻、砂仁、茯苓、白术、莲子等，不主张过用温燥的药物。

（3）清热消暑。夏季气温高，暑热之邪盛，宜选择具有清热解毒和清心泻火作用的药物，如菊花、薄荷、金银花、连翘、荷叶等。夏季用药宜选择偏于辛凉浮散的药物，不宜选择苦寒沉降的药物。因为夏季阳气处于生长旺盛阶段，为了顺应自然之道，在清热解毒药中应重点选用辛凉发散或甘寒之品，如菊花、金银花、荷叶、莲心、淡竹叶等，以利于暑邪外散，而少用过于苦寒沉降的药物，如黄芩、黄柏、黄连等。

(4) 补养肺肾，养心安神。按五行规律，夏季心火旺而肺金、肾水虚衰，要注意补养肺肾之阴，可以选用枸杞、生地、百合、桑椹、麦冬等滋养肝肾之药，同时配以菖蒲、莲子、五味子等养心安神药，以防出汗太过，耗伤津气。

4. 方剂举例

夏季保健整体宜清热散壅，泻火解毒，方剂可以选择**消黄散**【方剂】。

（三）秋季保健

1. 病因病机

首先，秋天始于立秋，止于立冬，是万物成熟、果实累累的收获季节，时至秋令，天地间阳气日退，阴寒渐生，气候逐渐转凉，一早一晚气温变化较大，且常有冷空气袭击。阳气渐收，阴气渐长，生物逐渐处于萧条状态，机体阳气也随之内收。其次，秋季来临，养殖场刚刚经过酷暑的考验，畜禽机体受到暑邪、湿邪的严重侵扰，大部分畜禽（特别是高产蛋鸡、种鸡、奶牛等）机体严重受损，出现便秘、厌食、配种不良、消瘦等症状，代谢性疾病及慢性疾病增多。第三，秋季呼吸道疾病开始增多，应该注意调理肺脏的功能。秋季的保健作用一方面是修复夏季暑邪造成的伤害，另一方面为畜禽越冬夯实基础。

2. 治疗原则

生津润肺，益气健脾，滋阴润燥，补肺兼顾脾肾。

3. 秋季保健思路

（1）生津润燥，益气健脾。秋天阳气渐衰，阴气渐盛，气候干燥，多风多尘，天气变化剧烈，而秋燥易伤津耗气。因此，秋季的药物调养应重在生津润燥，如选用麦冬等滋阴润肺药物和白术、黄芪、党参等益气健脾药物进行配方调治。

（2）滋阴润燥。初秋多温燥，深秋多凉燥。因此，秋季宜选用具有滋阴润肺濡肠的药物进行配方调治，如沙参、麦冬、阿胶、玉竹、生地、玄参等。肺燥肠秘、肺气不降则咳嗽、气喘，大便干结，应配合润燥化痰止咳的中药，如杏仁、贝母等。

（3）补肺兼顾脾肾。五行理论认为肺在五行中属金。根据五行相生理论，脾（土）生金，肺（金）生水（肾）。因此，秋季在调理肺脏功能的同时要兼顾脾肾两脏。健脾益肺的有黄芪、党参、人参、莲子等，补肾纳气、敛肺平喘的有白果等。

4. 方剂举例

秋季保健宜生津润肺，益气健脾，滋阴润燥，补肺兼顾脾肾，方剂可选择**理肺散**【方剂】，可根据情况加减贝母、百合、鱼腥草、甘草等中草药。

（四）冬季保健

1. 病因病机

首先，冬季始于立冬，止于立春，是万物闭藏的季节，阴气盛极，阳气潜伏，草木凋零，昆虫蛰伏，大地冰封，气候寒冷，时有寒潮。机体阳气潜藏。其次，秋去冬来，畜禽将面临很大的压力。特别是畜禽病毒病增多，如鸡新城疫、温和型流感、病毒性腹泻等，种鸡代谢性疾病等相应增多。第三，由于肾为"先天之本"，藏精，主水，主骨髓，通于脑，与其他脏腑之间也有着密切的关系。根据五行理论，冬季多发"寒病"，易伤"肾"。所以冬季以护肾为准则，冬季宜用祛寒、温阳、理气、祛风之药，如党参、黄芪、山药等滋阴补肾中药。

2. 治疗原则

冬季宜补，平调和中。

3. 冬季保健思路

（1）冬季宜补。进补的中药，根据不同的性味、功能与应用范围，分为四类，即补气、补血、补阴和补阳，以适宜于气虚、血虚、阴虚和阳虚的不同虚证表现。常用补气药有黄芪、党参、白术、山药，常配合理气药木香、陈皮、砂仁等应用。补阳药有巴戟天、锁阳等。补血药有当归、地黄、首乌、阿胶、白芍、龙眼肉、旱莲草等。补阴药有生地、沙参、麦冬、枸杞子、女贞子等。

（2）平调和中，补勿过偏，用药适度。

4. 方剂举例

根据冬季宜补，平调和中的基本原则，冬季保健应以温肾散寒，理气活血为主，方剂可以选择茴香散【方剂】。

五行学说应用效果评价

项目三 气血津液辨证

学习目标

总体目标： 在完成气、血、津液概念、性质及其辨证理论学习的基础上，学会气血津液辨证理论的应用，并利用气血津液辨证理论防治动物疾病，并获得临床辨证论治能力。

理论目标： 掌握气、血、津液概念、属性及其辨证理论，重点掌握气血津液辨证理论的基本知识点和防治法则。

技能目标： 学会应用气、血、津液分析辨识机体的基本状态，并应用气血津液理论指导畜禽日常饲养管理，分析中兽医药方剂和指导中兽医保健剂开发、药物选择和效果评价，掌握基于机体气、血、津液基本性质制作动物疾病防治保健方案的能力。

任务一 气血津液辨证理论

气血津液辨证理论

气、血、津液是构成机体的基本物质，也是维持机体生命活动的基本物质。气，是不断运动的、极其细微的物质；血，是循行于脉中的红色液体；津液，是体内一切正常水液的总称。气、血、津液既是机体脏腑、经络等组织器官生理活动的产物，又为脏腑经络的生理活动提供必需的物质和能量，是机体组织器官功能活动的物质基础。

研究气、血、津液的生成、输布、生理功能、病理变化及其相互关系的学说，称为气血津液学说。它从整体的角度来研究构成和维持机体生命活动的基本物质，揭示机体脏腑经络等生理活动和病理变化的物质基础。

 气

1. 气的基本概念

气是不断运动的、极其细微的物质。中国古代哲学认为，气是构成整个宇宙的最基本物质，自然界的一切事物均由气所构成，如《庄子·知北游》说："通天下一气耳。"气存在于宇宙中，有两种状态，一是弥散而剧烈运动不易察觉的"无形"状态，一是集中凝聚在一起

017

的有形状态。习惯上，把弥散无形的气称为气，而把气经凝聚变化形成的有形实体称为形。气的概念被引用到中兽医学中，认为气是机体构成和维持其生命活动的最基本物质。

（1）气是构成机体生命的物质。《素问·宝命全形论》有"天地合气，命之曰人"之说。就是说，人是由天地之气相合而产生的。动物和人一样，也是由天地合气而产生的，天地之气是构成机体的基本物质。构成机体的气有两种状态，一种是气聚而成形之物，如机体的脏、腑、形、窍、血、津液等；另一种是呈弥散状态，难以直接察觉的无形之气，如机体的元气、宗气等。这里所讨论的气，主要是指呈弥散状态的气。

（2）气是维持机体生命活动的物质。机体不但要从自然界摄取清气，而且还必须摄入食物才能维持正常的生命活动。食物经脾胃消化吸收，转变为水谷精微之气，再由水谷精微之气进一步转化为宗气、营气、卫气、血、津液等，起到营养全身各脏腑器官，维持其生理活动的作用。

气是不断运动的，机体的生命活动实际上就是体内气的运动和变化。如机体内外气体的交换，营养物质的消化、吸收和运输，血液的运行，津液的输布和代谢，体内代谢物的排泄等，都是通过气的运动来实现的。如果气的运动和变化停止，机体的生命活动就会终止。

综上所述，气是存在于机体内的至精至微物质，是构成机体的基本物质，也是维持机体生命活动的基本物质。机体生命所赖者，唯气而已，气聚则生，气散则死。

2. 气的生成

机体内气的生成，主要源于两个方面。一是禀受于父母的先天之精，即先天之气。它藏于肾，是构成生命的基本物质，是机体生长发育和生殖的根本，是机体气的重要组成部分。二是肺吸入的自然界清气和脾胃所运化的水谷精微之气，即后天之气。自然界的清气，由肺吸入，在肺内不断地同体内之气进行交换，实现吐故纳新，参与机体气的生成；水谷精微之气，由脾胃所运化，输布于全身，滋养脏腑，化生气血，是维持机体生命活动的主要物质。

3. 气的运动

气是不断运动的，气的运动称为气机，其基本形式有升、降、出、入四种。所谓升，是指气自下而上的运动，如脾将水谷精微物质上输于肺为升；所谓降，是指气自上而下的运动，如胃将腐熟后的食物下传小肠为降；所谓出，是指气由内向外的运动，如肺呼出浊气为出；所谓入，是指气由外向内的运动，如肺吸入清气为入。

气在体内依附于血、津液等载体，故气的运动，一方面体现于血、津液的运行，另一方面体现于脏腑器官的生理活动。升降运动是脏腑的特性，而其趋势则随脏腑的不同而有所不同。就五脏而言，心肺在上，在上者宜降；肝肾在下，在下者宜升；脾居中，通连上下，为升降的枢纽。就六腑而言，虽然六腑传送化物而不藏，以通为用，宜降，但在食物的传化过程中，也有吸收水谷精微和津液的作用，故其气机的运动是降中有升。

气机的升降，对于机体的生命活动至关重要。只有各脏腑器官的气机升降正常，维持相对平衡，才能保证机体内外气体的交换、营养物质的消化、吸收，水谷精微之气以及血和津液的输布，代谢产物的排泄等新陈代谢活动的正常。否则，就会发生升降失调病证。

4. 气的生理功能

气是构成和维持机体生命的基本物质，对于机体具有十分重要的多种生理功能。

（1）推动作用。气的推动作用，是指气具有激发和推动的作用。气是活力很强的精微物质，能够激发、推动和促进机体的生长发育及各脏腑组织器官的生理功能，推动血液的生成、运行，以及津液的生成、输布和排泄。若气的推动作用减弱，可影响机体的生长、发育，或使脏腑组织器官的生理活动减退，出现血液和津液的生成不足，运行迟缓，输布、排泄障碍等病证。

（2）温煦作用。气的温煦作用，是指阳气能够生热，具有温煦机体脏腑组织及血、津液的作用。故《难经·二十二难》说："气主煦之。"机体的体温，依赖于气的温煦作用得以维持恒定；机体各脏腑组织正常的生理活动，依赖于气的温煦作用得以进行；血和津液等液态物质，也依赖于气的温煦作用才能循环流动于周身而不致凝滞。若阳气不足，则会因产热过少而引起四肢、耳、鼻俱凉，体温偏低的寒证；若阳气过盛，则会因产热过多而引起四肢、耳、鼻俱热，体温偏高的热证。故有"气不足便是寒""气有余便是火"之说。

（3）防御作用。气的防御作用，是指气具有保卫机体和抗御外邪的作用。一方面气可以抵御外邪的入侵，另一方面气还可以祛邪外出。气的防御功能正常，邪气就不易侵入，或虽有外邪侵入，也不易发病；即使发病，也易于治愈。若气的防御作用减弱，机体就易感受外邪而发病，或发病后难以治愈。

（4）固摄作用。气的固摄作用，是指气具有统摄和控制体内物质，防止其无故丢失的作用。气的固摄作用主要表现在以下三个方面，一是固摄血液，保证血液在脉中正常运行，防止其溢出脉外；二是固摄汗液、尿液、唾液、胃液、肠液等，控制其正常的分泌量和排泄量，防止体液丢失；三是固摄精液，防止妄泄。如果气的固摄作用减弱，则会导致体内液态物质大量丢失。例如，气不摄血，可导致各种出血；气不摄津，可导致自汗、多尿、小便失禁、流涎等；气不固精，可出现遗精、滑精、早泄等。

（5）气化作用。所谓气化，是指通过气的运动而产生的各种变化。各种气的生成及其代谢，精、血、津液等的生成、输布、代谢及其相互转化等均属于气化的范畴。机体的新陈代谢过程，实际上就是气化作用的具体体现。如果气的气化作用失常，则影响机体的各种物质代谢过程，如食物的消化吸收，气、血、津液的生成、输布，汗液、尿液和粪便的排泄等。

（6）营养作用。气的营养作用，主要是指脾胃所运化的水谷精微之气对机体各脏腑组织器官所具有的营养作用。水谷精微之气，可以化为血液、津液、营气、卫气，机体的各脏腑组织需要拥有这些物质的营养，才能发挥其正常的生理功能。

5. 气的分类

就整体来说，机体的气是由肾中精气、脾胃运化的水谷精微之气和肺吸入的清气，是在肺、脾、胃、肾等脏腑的综合作用下产生的。由于气的组成成分、来源、在机体分布的部位及其作用的不同，而有不同的名称，如呼吸之气、水谷之气、五脏之气、经络之气等。但就其生成及作用而言，主要有元气、宗气、营气、卫气四种。

（1）元气。元气根源于肾，包括元阴（又称肾阴）、元阳（又称肾阳）之气，又称原气、真气、真元之气。它由先天之精所化生，藏之于肾，又赖后天精气滋养，才能不断地发挥其作用。如《灵枢·刺节真邪论》说："真气者，所受于天，与谷气并而充身也。"元气是机体生命活动的原始物质及其化生的原动力。它赖三焦通达周身，使脏腑组织器官得到激发与推动，以发挥其功能，维持机体的正常生长发育。五脏六腑之气的产生，都要根源于元气的资助。因而元气充，则脏腑盛，身体健康少病。反之，若先天禀赋不足或久病损伤元气，则脏腑气衰，抗邪无力，体弱多病，治疗时宜培补元气，以固根本。

（2）宗气。宗气由脾胃所运化的水谷精微之气和肺所吸入的自然界清气结合而成。它形成于肺，聚于胸中，有助于肺行呼吸和贯穿心脉以行营血的作用。如《灵枢·邪客篇》说："故宗气积于胸中，出于喉咙，以贯心脉，而行呼吸焉。"呼吸及声音的强弱，气血的运行，肢体的活动能力等都与宗气的盛衰有关。宗气充盛，则机体有关生理活动正常；若宗气不足，则呼吸少气，心气虚弱，甚至引起血脉凝滞等病变。故《灵枢·刺节真邪论》说："宗气不下，脉中之血，凝而留止。"

（3）营气。营气是水谷精微所化生的精气之一，与血并行于脉中，是宗气贯入血脉中的营养之气，故称"营气"，又称荣气。营气进入脉中，成为血液的组成部分，并随血液运行周身。营气除了化生血液外，还有营养全身的作用。《灵枢·营卫生会篇》说："谷入于胃，气传于肺，五脏六腑皆以受气，其清者为营，……营在脉中，……营周不休。"由于营气行于脉中，化生为血，其营养全身的功能又与血液基本相同，故营气与血可分而不可离，常并称为"营血"。

（4）卫气。卫气主要由水谷之气所化生，是机体阳气的一部分，故有"卫阳"之称。因其性剽悍、滑疾，故《素问·痹论》称"卫者，水谷之悍气也"。卫气行于脉外，敷布全身，在内散于胸腹，温养五脏六腑；在外散布于肌表皮肤，温养肌肉，润泽皮肤，滋养腠理，启闭汗孔，保卫肌表，抗御外邪。故《灵枢·本藏篇》说："卫气者，所以温分肉，充皮肤，肥腠理，司开合者也。"若卫气不足，肌表不固，外邪即可乘虚而入。

6. 气的病理

气和各种生理功能，对维持机体正常的生命活动具有重要作用。气的推动作用减弱时，可影响机体的生长和发育，可使脏腑、经络等组织器官的生理活动减退，出现血液、津液生成不足，运行迟缓，输布、排泄障碍等病理变化。气的温煦作用失常时，可出现四肢不温、体温低下、脏腑经络功能减退、血液和津液运行迟缓等寒性病理变化。气的防御作用与疾病的发生、发展和转归有密切的关系，当防御功能减弱时，机体抵御邪气的作用就会下降，一方面易于罹患疾病，另一方面患病后则难愈。如气不摄血，可导致各种出血；气不摄津，可导致自汗、多尿、小便失禁、早泄等；气虚而冲任不固，可出现小产、滑胎等。气的气化作用失常时，则可影响整个物质代谢过程，如影响食物的消化吸收，影响气、血、津液的生成、输布，影响汗液、尿液、粪便的排泄等，从而形成各种代谢异常病变。气的营养作用减弱时，可导致气血亏虚等病理状态，进而产生各种病理变化。

 血

1. 血的概念

血是一种含有营气的红色液体。它依靠气的推动，循着经脉流注周身，具有很强的营养与滋润作用，是构成机体和维持机体生命活动的重要物质。从五脏六腑，到筋骨皮肉，都依赖于血的滋养才能进行正常的生理活动。

2. 血的生成

血主要含有营气和津液，其生成主要有以下三个方面。

（1）血液主要来源于水谷精微，脾胃是血液的化生之源。如《灵枢·决气篇》指出："中焦受气取汁，变化而赤，是谓血。"即是说脾胃接受水谷精微之气，并将其转化为营气和津液，再通过气化作用，将其变化为红色的血液。《景岳全书》也说："血者，水谷之精气也，源源而来，而实化生于脾。"由于脾胃所运化的水谷精微是化生血液的基本物质，故称脾胃为"气血化生之源"。

（2）营气入于心脉，有化生血液的作用。如《灵枢·邪客篇》说："营气者，泌其津液，注之于脉，化以为血。"

（3）精血之间可以互相转化。如《张氏医通》说："气不耗，归精于肾而为精，精不泄，归精于肝而化精血。"即认为肾精与肝血之间，存在着相互转化的关系。因此，临床上血耗和精亏往往相互影响。

3. 血的生理功能

血具有营养和滋润全身的功能，故《难经·二十二难》说："血主润之。"血在脉中循行至五脏六腑，外达筋骨皮肉，对全身的脏腑、形体、五官九窍等组织器官具有不断地营养和滋润作用，以维持其正常的生理活动。血液充盈，则口色红润，皮肤与被毛润泽，筋骨强劲，肌肉丰满，脏腑坚韧；若血液不足，则口色淡白，皮肤与被毛枯槁，筋骨痿软或拘急，肌肉消瘦，脏腑脆弱。此外，血还是机体精神活动的主要物质基础。若血液供给充足，则动物精神活动正常。否则，就会发生精神紊乱。故《灵枢·平人绝谷篇》说："血脉和利，精神乃居。"

4. 血的病理变化

血是构成机体和维持机体生命活动的基本物质之一，对机体各脏腑组织具有营养和滋润作用，同时与机体的神志活动有密切关系。如机体受到外邪侵袭，或受饮食、劳倦、外伤等因素的影响，均可出现各种血液病变，主要有血热、血寒、血虚、血瘀、血脱、出血等，导致血液不能发挥其正常的生理作用。如血的生成不足或耗损过度，可导致其营养和滋润作用减弱，引起全身或局部血虚的病理变化，临床见神昏、面色不华或萎黄、毛发干枯、肌肤干燥、肢体或肢端着痹等。血液运行迟缓或运行不畅，可导致血瘀的病理状态，临床表现为局部疼痛、肿块、唇舌紫暗等。血液运行不循常道，溢于脉外则为出血。此外，血液的病变还可影响到神志的改变。各种原因引起的血虚、血热或运行失常，均可出现精神衰退、烦躁等临床表现。

 津液

1. 津液的概念

津液是机体内一切正常水液的总称，包括各脏腑组织的内在体液及其分泌物，如胃液、肠液、关节液以及泪、涕、唾等。其中，清而稀者称为"津"，浊而稠者称为"液"。津和液虽有区别，但因其来源相同，又互相补充、互相转化，故一般情况下，常统称为津液。津液广泛地存在于脏腑、形体、官窍等，起着滋润濡养的作用。同时，津液也是组成血液的物质之一。因此，津液不但是构成机体的基本物质，也是维持机体生命活动的基本物质。

2. 津液的生成、输布和排泄

津液的生成、输布和排泄，是一个很复杂的生理过程，涉及多个脏腑的一系列生理活动。《素问·经脉别论》所说"饮入于胃，游溢精气，上输于脾，脾气散精，上归于肺，通调水道，下属膀胱，水精四布，五经并行"，便是对津液代谢过程的简要概括。

（1）津液的生成。津液来源于饮食水谷，经由脾、胃、小肠、大肠吸收其中的水分和营养物质而生成。胃主受纳、腐熟水谷，吸收水谷中的部分精微物质；小肠接受胃下传的食物，分别清浊，吸收其中的大部分水分和营养物质后，将糟粕下输于大肠；大肠吸收食物残渣中的多余水分后，形成粪便。胃、小肠、大肠所吸收的水谷精微，一起输送到脾，通过脾布散全身。

（2）津液的输布。津液的输布主要依靠脾、肺、肝、肾和三焦等脏腑的综合作用来完成。脾主运化水谷精微，将津液上输于肺。肺接受脾传输来的津液，通过宣发和肃降作用，将其输布全身，内注脏腑，外达皮毛，并将代谢后的水液下输肾及膀胱。肾对津液的输布也起着重要作用，一方面，肾中精气的蒸腾气化，推动着津液的生成、输布；另一方面，由肺下输至肾的津液，通过肾的气化作用再次分清别浊，清者上输于肺而布散全身，浊者化为尿液下注膀胱，排出体外。此外，肝主疏泄，可使气机调畅，从而促进了津液的运行和输布；三焦，则是津液在体内运行、输布的通道。由此可见，津液的输布依赖于脾的传输、肺的宣降和通调水道以及肾的气化作用，而三焦是水液升降出入的通道，肝的疏泄又保障了三焦的通利和水液的正常升降。其中任何一个脏腑的功能失调，都会影响津液的正常输布和运行，导致津液亏损或水湿内停等证。

（3）津液的排泄。津液的排泄，一是由肺宣发至体表皮毛的津液，被阳气蒸腾而化为汗液，由汗孔排出体外；二是代谢后的水液，经肾的分清别浊下注膀胱，形成尿液并排出体外；三是在大肠排泄粪便时，带走部分津液。此外，肺在呼气时，也会带走部分津液（水分）。

3. 津液的生理功能

津液具有滋润和濡养的作用。津较清稀，滋润作用大于液；液较浓稠，濡养作用大于津。具体地说，津有两方面的功能，一是随卫气的运行敷布于体表、皮肤、肌肉等组织间，起到润泽和温养皮肤、肌肉的作用，如《灵枢·五癃津液别篇》说："温肌肉、充皮肤，为其津"；二是进入脉中，起到组成和补充血液的作用，如《灵枢·痈疽篇》说："津液和调，变化而赤为血。"液也有两方面的功能，一是注入经脉，随着血脉运行灌注于脏腑、骨髓、脊髓和脑髓，起到滋养内脏，充养骨髓、脊髓、脑髓的作用；二是流注关节、五官等处，起到滑利关节，润泽孔窍的作用。液在目、口、鼻可转化为泪、涕、唾、涎等。

四 气血津液之间的关系

气、血、津液均来源于脾胃所运化的水谷精微，都是构成机体和维持机体生命活动的基本物质，三者之间存在着相互依存、相互转化和相互为用的关系。

1. 气和血的关系

（1）气能生血。气能生血，一方面是指气，特别是水谷精微之气，是化生血液的原料；另一方面是指气化作用是化生血液的动力，从摄入的食物转化成水谷精微，到水谷精微转化成营气和津液，再到营气和津液转化成赤色的血，无一不是通过气化作用来完成的。因此，气旺则血充，气虚则血少。临床治疗血虚疾患时，常于补血药中配以补气药，就是取补气以生血之意。

（2）气能行血。血属阴而主静，气属阳而主动。血的运行必须依赖气的推动，故有"气为血帅""气行则血行，气滞则血瘀"之说。一旦出现气虚、气滞，就会导致血行不利，甚至引起血瘀等证。故临床上治疗血瘀证时，常在活血化瘀药中配以行气导滞之品。

（3）气能摄血。血液能正常循行于脉中，全赖气对血的统摄作用。若气虚，气不摄血，则可引起各种出血证。故临床上治疗出血性疾病时，常在止血药中配以补气药，以达到补气摄血的目的。

（4）血能载气。气无形而动，必须附着于有形之血，才能正常循行于脉中。若气不能依附于血，则将飘浮不定，故有"血为气母"之说。若血虚，气无所依，必将因气的流散而导致气虚。

2. 气和津液的关系

（1）气能生津（液）。这是指气是津液生成的物质基础和动力。津液源于水谷精气，而水谷精气赖脾胃运化而生成，气有推动和激发脾胃功能活动，使其运化正常，保证津液生成的作用。

（2）气能行津（液）。这是指津液的输布和排泄均依赖于气的升降出入和脏腑的气化功能。若气化不利，就会影响到津液的输布和排泄，导致水液停留，出现痰饮、水肿等证。

（3）气能摄津（液）。是指气有固摄津液以控制其排泄的作用。若气虚不固，则引起多尿、多汗等津液流失病证，临床治疗时应注意补气固津。

（4）津（液）能载气。津液为气的载体之一，气依附于津液而存在，否则就会涣散不定。因此，津液的丢失，必将引起气的耗损而致气虚。临床上，若出汗过多或吐泻过度，或因汗、吐、下太过而引起津液大量丢失，均可导致"气随液脱"的危候。故《金匮要略心典·痰饮篇》说："吐下之余，定无完气。"

3. 血和津液的关系

血和津液在性质上均属于阴，都是以营养、滋润为主要功能的液体，其来源相同，又能相互渗透转化，故二者的关系非常密切。津液是血液的组成部分，如《灵枢·痈疽篇》说："津液和调，变化而赤为血"；而血的液体部分渗于脉外，可成为津液，故有"津血同源"之说。若出血过多，可引起耗血伤津病证；而严重的伤津脱液，又损及血液，引起津枯血燥。临床上有血虚表现的病证，一般不用汗法，而对于多汗津亏者，也不宜用放血疗法。故《灵枢·营卫生会篇》说："夺血者无汗，夺汗者无血"；《伤寒论》也说："亡血家不可发汗。"

任务二　气血津液辨证临床应用

气血津液辨证临床应用

气血津液辨证，是应用有关气血津液的理论，对气、血、津液病的各种证候，加以提纲挈领的概括，以阐述和分析疾病的一种辨证方法。气血津液是脏腑功能活动的物质基础，而其生成及运行又有赖于脏腑的功能活动，因此气血津液的病变与脏腑的功能活动密切相关。脏腑发生病变，可以影响到气血津液的变化，而气血津液的病变也必然会影响到脏腑的功能，故气血津液辨证应是脏腑辨证的基础。

气与血是构成和维护机体生命活动的最基本物质，是脏腑、经络等组织器官进行功能活动的物质基础。生理上，机体生命活动的正常进行，脏腑、经络等组织器官的生理活动，均依赖于气的推动、温煦等作用及血液的滋润与濡养作用。病理上，气血的失常势必会影响机体的各种生理功能，从而导致病证的发生。气与血的生成与代谢，有赖于脏腑、经络等组织器官的生理活动，脏腑发生病变，不但可以引起本脏腑气血的失常，也会影响全身气血，从而引起全身气和血的病证。

气是属于阳的层面，与功能相关。血属于阴的层面，与物质相关。气和血是两个大的范畴，既相互独立，又可以相互转化。血主要是指有形成分，气主要是指功能物质，气由血生，反过来又影响五脏六腑对血的提炼加工能力。即构成机体各种细胞和器官的原材料，称之为"血"；而其他的功能物质及其信息（如物理信息、健康信息、疾病信息等依附于功能物质上，以功能物质为载体），称之为"气"。其中，气包括信息，即依附于功能物质之上，以功能物质为载体，以经络为通道，以五脏六腑为靶向器官，对机体健康施加影响。

气血失常是指气血代谢或运行失常和生理功能异常，以及气血互根互用关系失调等病理变化。气机失调，即气的升降出入失调，是指由于致病因素的干扰，或脏腑功能失调，导致气机运行不畅或升降出入功能失去平衡的病证。气是不断运行的具有很强活力的精微物质，机体脏腑组织的功能活动均依赖于气的正常运行。气的正常运行必须具备两个条件：一是气的运行通畅无阻；二是气的升降出入运行协调平衡。在病理情况下，当气的运行和流通发生障碍，则表现为气滞病证；而当气的升降出入运行失调，则表现为气逆、气陷、气闭、气脱等病证。

 气病辨证

1. 气虚证

气虚，是指气不足导致脏腑组织功能低下或衰退，抗病能力下降的病理状态，是全身或某一脏腑组织机能减退所表现出的证候。

病因：气虚多因久病耗伤正气，或饲养管理不当，劳役过度，脏腑机能衰退所致。引起气虚的病因主要有两个方面，一是气的化生不足，如先天禀赋不足，则先天之精气来源匮乏。二是气的消耗过度，如过于劳倦、外感热病，或慢性消耗性疾病，均可使气消耗过多，而致气虚。常见于某些慢性病、急性病的恢复期，或年老体弱动物，如劳倦过度、久病耗伤、饮食失衡等。

病机：气虚的病理表现可涉及全身的各个方面，有全身气虚和局部气虚之分，如脏腑气虚、元气虚、卫气虚、中气虚、经络气虚等。脾、肺、心、肾等脏腑机能衰退，整体元气不足，抗邪能力低下，化生气血失常。由于气的生成和敷布与脾、肺、肾三脏关系最为密切，因此，气虚虽然有五脏六腑之分，但以脾、肺、肾气虚为多见。

证候：耳耷头低，被毛粗乱，役时多汗，四肢无力，气短而促，叫声低微，运动时诸症加剧，舌淡无苔，脉虚弱。

治则：针对气虚的保健主要采用"虚则补之"的总体思路。首先，补气可增强气机的运行，使机体健旺。阳生阴长，补气可生血，促进血的化生。补气还可使气充而阳盛，补气在于调整机体衰弱的气机，使其阴阳平衡而祛病，因此补气时须重视机体气机盛衰的变化。补又必泻，补泻并行，补气时须疏导气机使其通畅运行，方能补之得效。其次，由于气虚与脾、肺、肾三脏关系密切，因此，临床中防治气虚之证多从脾胃、肺、肾等脏腑入手，方可取得立竿见影之效。脾胃为后天之本，气血化生之源，肺主一身之气，故补气主要是补脾肺之气，而尤以增补中气为重；先天精气，依赖于肾藏精的生理功能，才能充分发挥其生理效应，因此，补气还要从补肾入手。此外，补气时还应辨别气虚侧重于何脏何腑，才能有的放矢。第三，气虚为阳虚之渐，阳虚为气虚之极，故气虚较甚时又当与补阳同用。第四，气为血之帅，血为气之母，二者相互为用，故补气常与补血相结合。此外，若痰湿壅盛，则不宜过用补气之品，以防壅滞生变，但必要时可与化痰、理湿之剂同用。又久虚之病则不宜大剂峻补，急切收功，所谓"虚不受补"，当行缓补之法，以图缓效。临床常用的补气之法有：健脾益气法、补益肺气法、培土生金法、益气固表法、温补肾气法等。

方例：**四君子汤【方剂】**加减。

2. 气陷证

气陷证是气虚无力升举反而下陷的证候，属气虚证的一种。

病因：常因劳役过度而又营养不足，或久病虚损，或用药不当，攻伐太过，使脏气受损而致，或由气虚进一步发展而来。

病机：气陷是以气的升清功能不足和升举无力为主要特征的病理状态。气陷病变多由气虚病证发展而来。由于脾胃为气血化生之源，脾气主升，故气陷病机与脾气虚损的关系最为密切。若素体虚弱，或久病耗伤，则可致脾气虚损不足，清阳不升，或中气下降，从而形成气虚下陷的病机病证。气陷的病理表现主要有"上气不足"和"中气下陷"两方面。因其主要发生于中焦，故又称"中气下陷"。

证候：少气倦急，内脏下垂，脱肛或阴道、子宫脱出，久泄久痢，口唇不收，弛缓下垂、舌淡，无苔，脉虚弱。

治则：陷则举之。即在益气健脾的基础上，配合升麻、柴胡等升阳之品，其代表方剂有补中益气汤。

方例：**补中益气汤【方剂】**加减。

3. 气滞证

气滞证是机体某一部位或某一脏腑的气机阻滞、运行不畅所表现出的证候。

病因：引起气滞的原因很多，如饲养管理不当，饮喂失调，或感受外邪，跌打损伤，或痰饮、瘀血、粪积、虫积等，均可使气的运行发生障碍而致气滞。此外，气虚运行无力，也可发生气滞。如气虚失运、饮食失调、痰浊或瘀积内阻、感受外邪、用力努伤、跌扑闪挫等。

病机：肝、脾、肺、胃、心、肠等脏器气机郁滞，运行不畅，痹阻不通，升降出入逆乱。

证候：胀气疼痛，胀重于痛，嗳气或矢气后可以缓解。

治则：理气行气，散郁解郁。

方例：**越鞠丸【方剂】**加减。

4. 气逆证

气逆证是指气的下降受阻，不降反逆所表现出的证候。

病因：多指肺、胃之气上逆。

病机：肺胃之气下降受阻，不降反逆所致。

证候：肺气上逆则见咳嗽，气喘；胃气上逆，则见嗳气，呕吐。

治则：降气镇逆。

方例：肺气上逆者，用**苏子降气汤【方剂】**加减；胃气上逆者，用**旋覆代赭汤【方剂】**加减。

 血病辨证

1. 血虚证

血虚是指血液不足或亏虚，血的营养和滋润功能减退，以致脏腑百脉、形体器官失养的病理状态，表现为全身虚弱的证候。

病因：形成血虚病变的因素主要有两方面：一是血的生成不足。如饮食营养摄入不足；或脾胃虚弱，运化无力，水谷精微化生不足；或肾中精气亏虚，精血不能互化，而致生血之源枯涸；或化生血液的功能减退，如气虚致脏腑功能减退，则即使血之化源不匮乏，亦难以化生成血。二是血的耗损过度。如吐血、咯血、便血、崩漏、外伤等导致失血过多；或温热久羁，耗损营血；或过用汗、吐、下之法，耗津伤血；或用药不慎，直接耗伤营血。以上因素均可导致营血虚损过度，形成血虚的病理状态。因此，血虚成因有先天不足、脾胃虚弱、化生乏源、各种急慢性出血、久病不愈、瘀血不去、新血不生、肠道寄生虫病等。

病机：血液对于机体的脏腑、经络、形体、九窍具有营养和滋润作用，从而维持其正常的生理活动。因此，血液亏虚时，可导致各脏腑组织器官的营养与滋润不足、生理功能减退，临床表现为可视黏膜淡白或萎黄，唇、舌、爪色淡而无华，皮肤干燥，毛发枯槁，两目干涩，运动无力，肢体屈伸不利。血液是机体精神活动的物质基础，血虚可导致动物神失或精神活动异常。血能载气，血虚而血少，则血中之气亦少，故血虚则气虚，可见疲乏无力，动则汗出，脉数无力等症状。主要表现为心、肝、脾之精血亏损。如营血不足，心神失养，经脉失濡，肌肤失充。

主证：由于肝藏血，心主血，故血虚病变在肝、心两脏表现最为明显。血运行于脉中，对全身各脏腑组织器官起着营养和滋润作用。若外邪侵袭，脏腑失调，则血的化生和运行失常而出现病证。临床上常见的有血虚、血瘀、血热、血寒四种。证候可见可视黏膜淡白、苍白或黄白，四肢麻痹，甚至抽搐，心悸，苔白，脉细无力。

治则：针对血虚保健主要采用血虚宜补的基本法则。血虚与心、肝、脾、肾等有密切关系，临证时应首先辨其病机，以便防治时有所侧重；其二，气为阳，血为阴，气能生血，血能载气，根据阳生阴长的理论，对血虚重证，可适当配伍补气药和补血药，以收补气生血之效；其三，血虚与阴虚常互为因果，故对兼有阴虚者，常配伍补阴之品，以加强其作用；其四，对于血虚夹瘀者，宜与祛瘀之品同用，所谓"瘀血不去，心血不生"；其五，补药多滋腻，故对湿阻中焦，脘腹胀满，食少便溏者应慎用，或与健脾和胃药物同用，以防助湿伤脾，影响脾胃健运。临床应用以补血为核心，常用的治法有滋肝养血法、补养心血法、益气补血法、补肾填精法、祛瘀生血法等。

方例：**四物汤【方剂】**加减。

2. 血瘀证

血瘀证是机体某一局部或某一脏腑的血液运行受阻，或血液运行迟缓，流行不畅，甚至瘀结停滞成积或存在离经之血的证候。

病因：引起血瘀的常见因素有寒凝、气滞、气虚、外伤及邪热与血互结等。如久病致气虚，气不行血；气机阻滞，气机不行；外感寒邪、热邪；外伤瘀留。

病机：正常生理情况下，血液在脉中流行往复，环周不休，营养和滋润全身五脏六腑、四肢百骸、五官九窍以及皮肉筋骨。若其不能正常运行于脉中，流动艰涩，或不循常道，溢出脉外，则会形成血瘀。总体表现为瘀血阻滞，气血失运，经脉瘀阻。

主证：局部见肿块，疼痛拒按，痛处固定不移，夜间痛甚，皮肤粗糙起鳞、出血，舌有瘀点、瘀斑，脉细涩。

治则：活血祛瘀。

方例：**桃红四物汤【方剂】**加减。

3. 血热证

血热证是热邪侵犯血分而引起的病证，多由外感热邪深入血分所致。

病因：素体阴虚火旺，外感热邪。

病机：心、肝血分有热。血热炽盛，内扰心神；火热伤阴动血，迫血妄行。

主证：躁动不安或昏迷，口干津少，舌质红绛，脉细数，并有各种出血现象。

治则：清热凉血。

方例：**犀角地黄汤【方剂】**加减。

4. 血寒证

血寒证是局部脉络寒凝气滞，血行不畅所表现出的证候。

病因：常因感受寒邪而引起。

病机：局部脉络寒凝气滞，血行不畅所致。

主证：形寒肢冷，喜暖恶寒，四肢疼痛，得温痛减，可视黏膜紫暗，舌淡暗，苔白，脉沉迟。

治则：温经散寒。

方例：**四逆汤【方剂】**加减。

三 气血两虚辨证

气血两虚是指气虚和血虚同时存在，组织器官失养而机体生理机能衰退的病理状态。

病因：多由脾胃虚弱，气血化生不及，或久病不愈，气血耗伤所致；或先有失血，气随血耗；或先因气虚，血液化生无源而日渐减少，从而形成气血两虚病证。

病机：气虚日久，可损及阳，血虚不复，可损及阴，阴阳俱损，则成虚损重证。阳气虚损多与肺、脾、肾有关，阴血虚损则多与心、肝、肾有关。脾胃同居于中焦。胃主受纳腐熟，脾主传输运化，脾胃健旺则气血化生有源，五脏六腑、四肢百骸皆得其养。脾胃功能失常，则水谷精微不能转化为气血，必致气血两虚。故气血两虚证候的形成，多始于脾胃。

主证：气血两虚在临床上主要表现为少气，乏力，自汗，形体瘦弱，肌肤干燥，可视黏膜苍白或萎黄，舌淡嫩，脉细弱等。

治则：气血两虚证治宜气血双补。临证时除应用掌握气血两虚的辨证要点外，还须密切联系脏腑，找出原发病，以揭示其发病本质。如心脾两虚证，即是气血两虚证实体表现之一，治宜健脾益心、补心养血。由于气血两虚有气虚偏重和血虚偏重之分，故防治时亦应有所偏重。以气虚为主，当以补气为重，辅以补血；血虚明显者，当以补血为主，辅以补气。

方剂：**八珍汤【方剂】**或**十全大补汤【方剂】**加减。

四 津液病辨证

1. 津液不足

津液不足，又称津亏、津伤，是津液亏少，全身或某些脏腑组织器官失其濡润滋养而出现的证候。

病因：津液不足的产生，有生成不足与丢失过多两个方面。

病机：津液的代谢是指津液的不断生成、输布和排泄的过程。津液的正常代谢，是维持体内津液的正常输布、生成和排泄之间相对恒定的基本条件。津液的代谢失常，也就是津液的输布失常，津液的生成和排泄之间失去平衡，从而出现津液的生成不足，耗散和排泄过多，以致体内的津液不足；或是输布失常、排泄障碍，最终形成水液滞留、停积、等病理变化。津液的代谢，是一个复杂的生理过程，需要多个脏腑的多种生理功能的相互协调，才能维持正常的代谢平衡。津液的生成、输布和排泄，离不开气的升降出入运动和气的气化功能。气的升降出入运行正常，津液的升降出入才能维持正常的平衡；气的气化功能健旺，津液才能正常地生成、输布和排泄。所以，气的运动和气化功能，实际上调节着全身的津液代谢。从脏腑生理功能而言，津液的生成，离不开脾胃的运化；津液的输布及排泄，离不开脾的散精、肺的宣发和肃降、肝的疏泄、肾和膀胱的蒸腾气化，以及三焦的通调。这些脏腑生理功能的相互配合，构成了津液代谢的调节机制，维持着津液的生成、输布和排泄之间的协调平衡。因此，如果气的升降出入运动失去平衡，气化功能失常，或是肺、脾、肾等脏腑及其生理功能中，任何一脏或任何一种生理功能异常，均可导致津液的代谢失常，形成体内的津液不足，或是津液在体内滞留，从而内生水湿或痰饮。因此，脾胃虚弱，运化无权则津液生成减少；若渴而不得饮水则津液化生之源匮乏，二者均可导致津液生成减少；若热盛伤津耗液，或汗、吐、泻太过，或失血、多尿等导致津液大量丢失，亦可导致津液不足的证候。

主证：口渴欲饮，唇燥舌干，甚者鼻镜龟裂无汗，皮毛干枯而缺乏光泽，小便短少，大便干硬，甚至粪结，舌红，脉细数。

治则：增津补液。

方例：**增液汤【方剂】**加减。

2. 水湿内停

水湿内停是指机体局部或全身停积过量的水液。

病因：凡外感、内伤，影响了肺、脾、肾等脏腑对津液的输布、排泄功能，皆可使局部或全身蓄积过量水湿。多兼有水肿、痰饮。

病机：津液的输布与排泄，是津液代谢中的两个重要环节。这两个环节的功能障碍，虽然各有不同，但其结果都能导致津液在体内不正常的停滞，成为内生水湿、痰饮等病理产物的根本原因。

主证：咳嗽痰多，呼吸有痰声，肚腹臌大下垂，小便短少，大便溏稀，少食纳呆，胸腹下、四肢末端浮肿，苔腻，脉濡。

治则：利水渗湿。

方例：**五苓散【方剂】**加减。

任务三　气血津液辨证临床应用案例

气血津液辨证临床应用案例

气、血、津液，是机体生命活动的动力源泉，也是脏腑功能活动的产物。机体生理活动和病理变化无不涉及气、血、津液，《素问·六节脏象论》："气和而生，津液相成，神乃自生"，指出了气、血、津液对于机体生理病理的重要性。气机的升降出入是机体气化功能的基本运动形式，是脏腑功能活动的特点。在正常情况下，机体各脏腑机能活动都有一定的形式。例如，脾主升，胃主降；由于脾胃是后天之本，居于中焦，通达上下，是全身气机升降的枢纽；升则上归心肺，降则下归肝肾；而肝之升发，肺之肃降；心火下降，肾水上升；肺气宣发，肾阳蒸腾；肺主呼吸，肾主纳气，都要通过脾胃配合来完成升降运动。如果这些脏腑升降功能失常，即可出现各种病证。例如，脾之清气不升，反而下降，就会出现泄泻甚至垂脱之证；若胃之浊阴不降，反而上逆，则出现呕吐、反胃；若肺失肃降，则咳嗽、气喘；若肾不纳气，则喘息、气短；若心火上炎，则口舌生疮；肝火上炎，则目赤肿痛。虽然病证繁多，但究其病机，无不与气机升降失常有关。这里我们将举例说明气血津液相关病证的辨证论治过程。

腹水病

腹水又称为腹腔积水，是一种慢性继发性疾病，尤以老龄动物和幼龄动物多发。中兽医称宿水停脐。主要是由于血液和淋巴液的回流困难所致。常继发于慢性肝脏疾病、胸膜炎、心脏疾病、肾脏疾病和某些寄生虫病等。

1. 辨证论治

中兽医认为，腹水病因以湿为主，病机以脾为中心。主要是因饲养失调，脾阳不足，肾阳亏损，气化失常，肺失肃降不能通调水道，使水液的输布排泄受阻，渗出潴留于腹腔而成。下面以犬腹水为例进行说明。犬腹水的病因病机非常复杂，常见的病因病机有以下三个方面，即风邪侵肺、水湿内侵、湿热疫毒等。第一，针对风邪侵袭，由于风邪侵犯肌表，伤及肺卫，使肺气不宣，通调水道功能减弱，风水相搏，从外感症状开始，逐渐出现眼泡浮肿至四肢，最后出现腹水。第二，针对水湿内停，多因气候及圈舍潮湿，或拴在舍外遭受雾露雨淋，水湿内侵，脾被湿困，运化失司，水液潴留腹腔而成。第三，针对湿热疫毒，主要是由于湿热疫毒所伤，气血运行不良，水热互结，溢于腹内所致。

（1）湿淫型病证。针对湿淫型病证，主要表现为食欲减退，被毛粗乱，粪便干燥，有时便秘和拉稀交替出现，少尿，舌淡，口津湿润，黏膜苍白，呼吸浅表，体温无明显变化，脉沉细无力。腹部下垂，向两侧对称性膨胀，肷窝下陷，腹部形态可随病畜体位改变而改变。触诊腹部不敏感，冲击腹壁可听到拍水音，同时在冲击的对侧可看或摸到波动。叩诊两腹壁有对称性水平浊音。腹腔穿刺出的液体比较透明。四肢外展，行步拘束。其治疗法则为通阳化水。可以选择**胃苓汤【方剂】**加减。

（2）脾虚型病证。针对脾虚型病证，多由湿淫型发展而致，除湿淫型症状外，还常见食欲严重减少，体瘦形羸，精神倦怠，四肢不温，舌体绵软，行走无力，腹水严重等。其治疗法则为健脾利水。方剂可选择代表方剂**参苓白术散【方剂】**加减，临床配伍中常加郁金、干姜。

（3）肾虚型病证。针对肾虚型病证，为腹水的严重阶段。临床症状为体质瘦削，精神极度衰弱，嗜睡，不愿行走，四肢发凉。大多预后不良。其主要治疗法则为温肾利水。方药可以选择**真武汤【方剂】**加减，在临床上常加肉桂、党参、黄芪、炙甘草。

2. 中西医结合治疗

针对腹水的西医治疗思路，主要是在治疗原发病的基础上，对症治疗。针刺放水，抗菌消炎，利尿；中药健脾燥湿，利水消肿。以下治法可以酌情选用。先用西药速尿2~5mg/kg体重，口服或肌注；再以注射针头刺入**云门（又称天枢）【穴位】**，放出腹水；而后腹腔注射青霉素160~320万单位，链霉素100万单位，生理盐水40mL，混合稀释后注入，1次即可；针对猫狗的话，还可以选择赤小豆20~50g，鲤鱼500~1 000g（去鳞），混合，加水适量，文火煮烂，去骨、刺，连汤喂服，1天2次，连服3天。

 胎衣不下

1. 案例描述

母牛，7岁半。某年3月2日4时开始出现分娩预兆，至晚上7时半才分娩出一公犊，体重38.5kg。产后用麦麸1.5kg、红糖1kg加温水内服。上半夜努责频繁，似排胎症状，但一直未下，下半夜停止努责。母牛起卧不安，回视腹部。体温37.1℃，呼吸20次/分，心跳77

次/分。垂于阴户外呈灰赤色的绳索状胎衣约 30cm，无臭味。频频排尿、量少，有时轻微努责。口色淡白，苔薄，脉象沉细。

2. 证候描述

证见胎衣部分或全部滞留于子宫内，或胎衣部分垂露于阴门之外。患畜站卧不安，回头顾腹，弓腰努责，时有腹痛。如滞留过久，多腐败溃烂，从阴道流出褐红色并杂有胎衣碎片的液体，极腥臭。患畜精神萎靡，食欲反刍减少，奶量大减，多卧少立，口色淡白，脉象沉迟。

3. 病因病机

首先，内因主要与母体和胎儿相关。畜体羸弱，营养不良，气血不足，产前劳累过度，使胞宫功能减弱；或产程过长，畜体倦乏，胞宫收缩无力；或胎儿过大，胎水过多，长期压迫致宫壁松缓。外因主要与临产时受风寒侵袭，气血凝滞，宫颈过早收缩关闭有关，这些均可导致胎衣滞留。此外，产后血入胞衣，致使胞衣变大，胞宫壁和胎盘病理性粘连，以及早产、流产、子宫病变等，也可继发本病。

4. 辨证论治

（1）气血虚弱。

证候：阴门外垂露部分胎衣，其色暗红，时而努责；如日久胎衣腐烂于子宫内，则见阴门流出污臭的脓血及胎衣碎片，败臭难闻，体温升高。

分析：本证多由妊娠后期营养不良，气血不足，劳役过度或产程过长等病因而致。由于气血不足，无力推衣出宫，故阴门外垂露部分胎衣，其色暗红，时而努责。日久胎衣腐烂产毒，故见阴门流出污臭的脓血及胎衣碎片，败臭难闻。久之则毒素入血，故体温升高。

论治：以补养气血为主，兼以活血化瘀之品。方如**八珍汤【方剂】**加减。若夏季阴道流出秽浊之物，臭而难闻，可加银花、车前子等，以解毒利便。

（2）寒凝血滞。

证候：胎衣不下，奓毛发抖，微有腹痛，鼻寒耳冷，肢体乏温，舌淡津润，脉象沉涩。

分析：本证多因产时调理失宜，外感寒邪，导致气血凝滞，故胎衣不下，奓毛发抖。寒性凝滞，易导致经络运行不畅，故微有腹痛。寒凝血滞，阴气被耗，故鼻寒耳冷，肢体乏温。舌淡津润，脉象沉涩，为寒凝血滞之象。

论治：以温经散寒，活血化瘀为主，方如**生化汤【方剂】**加减。

5. 结合治法

治疗以手术剥离为主，药物治疗为辅。母牛胎衣剥离时，将患畜站立保定，用消毒药液将外阴周围洗净。然后术者将手指甲剪短磨光，洗净涂油，左手握住垂于阴户外的胎衣，右手伸入子宫内在胎衣与子宫黏膜之间找到胎盘。用拇指、食指、中指三指配合把胎盘由后向前逐个从母体胎盘上剥离，待全部剥离，胎衣即可完整地取出。最后，向子宫内送入防腐、抗菌药物。手术中，严格消毒，细心操作，切勿损伤子宫。奶山羊胎衣不下，可用腹外按摩法，促进胎衣排出。

药物治疗宜补气养血，祛寒行瘀，选用**生化汤【方剂】**加减，加黄酒 120mL 调和，灌服。气虚者，加黄芪；寒凝者，加肉桂、附子；气滞者，加木香、香附；瘀血化热者，酌加金银花、连翘、紫花地丁、蒲公英、黄柏。

6. 护理和预防

母畜在妊娠期间，应劳役有节，增加营养。对患畜要加强护理，搞好环境卫生，防止胎衣露出部分污染。严防风寒侵袭，忌饮冷水。

三 牛产后缺乳

缺乳，是指产后乳汁不足，或本有乳而乳道不通。前者之因，是气血虚弱；后者之因，是肝郁气滞。前者为虚，后者为实。虚则见乳房不胀等症状，实则见乳房胀满等症状。至于论治，总不出虚则宜补，实则宜泻的大法。

1. 案例描述

母黄牛，6岁，此牛买回仅5个月，以前分娩史不详。18日晚10时生小公犊一头，12时排出胎衣，当晚下半夜开始吃奶，母牛表现尚可，但从19日起母牛不愿给奶，精神不振。体温36.9℃，呼吸18次/分，心跳68次/分。病牛精神倦怠，常站立于牛栏暗处，反应迟滞，反刍及前胃蠕动尚正常。结膜苍白，口色淡、无苔，脉虚细。乳房检查，证明有过分娩史，乳房小、柔软，无肿胀和痛感，乳房表层静脉不显露，乳头干皱。挤乳试验，乳汁分泌极少，且母牛避让。

2. 病因病机

多因产前使役过度，营养不良，或老龄体弱及难产、出血过多，气随血耗，气血两亏，乳汁为血所化生，赖气以运行，血虚则化生无源，气虚则难以运行。或因喂养太盛，缺乏运动，气机不畅，经脉壅滞，乳络运行受阻。或因泌乳期受惊吓，挤乳技术不良，致使肝失条达，气机不畅，乳络涩滞所致。

3. 辨证论治

（1）气血虚弱缺乳。

主证：气血虚弱，证见身瘦体弱，乳房缩小而柔软，乳汁稀薄，缺少或全无。幼畜吮吸奶头次数增多，久吸不放，用嘴频频顶撞奶房，母畜拒哺幼仔，仔畜日趋消瘦。舌淡如绵，脉象细弱。

治则：补血益气，通经下乳。

方药：方剂用**生乳散**【方剂】加减。

（2）肝郁气滞缺乳。

主证：气血瘀滞，证见精神沉郁，食欲减少，乳房胀痛，触之稍硬或有肿块。乳汁涩少，口色正常或偏红，脉弦而数。

治则：疏肝解郁，通经下乳。

方药：方剂可用**通乳散**【方剂】加减。

4. 护理预防

加强对怀孕牛羊的饲养管理，产仔后增加青绿、多汁、富含蛋白质的饲料；注意防寒保暖，合理使役。

四 产后恶露不尽

1. 案例描述

5岁奶牛，第二胎分娩，阴道流出的污物，延续将近半月，逐日增多，整个牛栏恶臭难闻。近一周牛食欲减小，产奶量下降，精神差。体温38.2℃，心跳88次/分。病牛精神抑郁，反应迟钝，闭目反刍，时嚼时停；稍有轻度努责，阴道即流出暗红色较黏稠的液体，恶臭、量多。不时回头顾腹，触压右侧腹部时，病牛张口伸舌，且避让。口色淡，脉紧濡。

2. 病因病机

多因产前使役过度，饮喂失调，畜体虚弱，加之分娩时间过长，气血消耗过多，气虚失摄，宫体未能复原，余血未尽，淋漓不断。或因助产及剥离胎衣时损伤胞宫，引起感染；或产后失于护理，风寒乘虚侵袭，寒凝血滞；或胎衣滞留，血瘀滞于胞宫所致。

3. 辨证论治

（1）气虚型。证见产后从阴道流出淡红色污浊液体，量多而稀薄，无特殊气味，患畜精神倦怠，四肢无力，食欲减退，口色淡白，舌质绵软，脉象细弱，有时表现形寒肢冷，耳鼻欠温。治宜补气摄血。方剂用**补中益气汤【方剂】**加减，形寒肢冷加肉桂、干姜；恶露日久不止加龙骨、牡蛎。或者**归脾汤【方剂】**加减，泄泻者，去当归，加怀山药、车前子（布包）。

（2）血瘀型。证见阴道内流出暗红色浊液，或黑色血凝块，有时表现轻度腹痛。如血瘀化热，则恶露量减少，色暗红，质浓稠，味腥臭，全身发热，食欲、反刍减少或停止。口色赤红，脉数。治宜活血祛瘀。方药**生化汤【方剂】**加减，食欲减少者加神曲、山楂；兼有腹痛、恶露紫红夹血者，加五灵脂、延胡索；体热口色红赤者，加丹皮、二花、公英、黄柏，去炮姜；小便淋漓不畅者，加滑石、木通、灯芯草。

4. 预防与护理

母畜在妊娠期间，应劳役有节，增加营养。对患畜加强护理，搞好厩舍卫生，勿受风寒侵袭。

气血津液学说应用效果评价

项目四 六淫辨证

学习目标

总体目标：在完成风、寒、暑、湿、燥、火概念、性质及其辨证理论学习的基础上，学会六淫辨证理论的应用，并利用六淫辨证理论防治动物疾病，掌握六淫辨证论治技巧。

理论目标：掌握风、寒、暑、湿、燥、火概念、属性及其辨证理论，重点掌握六淫辨证理论的基本知识点和六淫辨证论治法则。

技能目标：学会应用六淫辨证理论分析疾病基本病因，并应用六淫辨证理论指导畜禽日常饲养管理，分析中兽医药方剂和指导中兽医保健剂开发、药物选择和效果评价，掌握基于六淫辨证理论制作动物疾病防治保健方案的能力。

任务一 六淫学说

六淫学说

一 风邪

1. 风邪的概念

风是春季的主气，但一年四季皆有，故风邪引起的疾病虽以春季为多，但亦可见于其他季节。导致机体发病的风邪，常称之为"贼风"或"邪风"，所致之病统称为外风证。因风邪多从皮毛肌肤腠理侵犯机体而致病，其他邪气也常依附于外风入侵机体，外风成为外邪致病的先导，是六淫中的首要致病因素，故有"风为百病之始""风为六淫之首"之说。

相对于外风而言，风从内生者，称为"内风"。内风的产生与心、肝、肾三脏有关，特别是与肝脏的功能失调有关，故也称"肝风"。故《素问·至真要大论》说："诸风掉眩，皆属于肝。"

2. 风邪的性质

（1）风为阳邪，其性轻扬开泄。风性善动不居，具有升发、向上、向外的特性，故为阳邪。因风性轻扬，故风邪所伤，最易侵犯机体的上部（如头面部）和肌肤。正如《素问·太阴阳明论》所说："伤于风者，上先受之。"风性开泄，是指风邪易使皮毛腠理疏泄而开张，出现汗出、恶风的症状。

（2）风性善行数变。善行，是指风有善动不居的特性，故风邪致病也具有部位游走不定，变化无常的特点。如以风邪为主的风湿病，常表现出四肢交替疼痛，部位游移不定，故称"行痹""风痹"。数变，是指"风无常方"（《素问·风论》），即风邪所致的病证具有发病急、变化快的特点，如荨麻疹（又称遍身黄），表现为皮肤瘙痒，发无定处，此起彼伏。

（3）风性主动。风具有使物体摇动的特性，故风邪所致疾病也具有类似摇动的症状，如肌肉颤动、四肢抽搐、颈项强直、角弓反张、眼目直视等。故《素问·阴阳应象大论》有"风胜则动"之说。

 寒邪

1. 寒邪的概念

寒为冬季的主气，但四季皆有。寒邪有外寒和内寒之分。外寒由外感受，多由气温较低，保暖不够，淋雨涉水，汗出当风，以及采食冰冻饲草饲料，或饮凉水太过所致。外寒侵犯机体，据其部位的深浅，有伤寒和中寒之别。寒邪伤于肌表，阻遏卫阳，称为"伤寒"；寒邪直中于里，伤及脏腑阳气，称为"中寒"。内寒是机体阳气不足，机能衰退，寒从内生的病证。

2. 寒邪的性质与致病特性

（1）寒性阴冷，易伤阳气。寒是阴气盛的表现，其性属阴。机体的阳气本可以化阴，但阴气过盛，阳气不但不能驱除寒邪，反而会为阴寒所伤，正所谓"阴盛则阳病"。因此，感受寒邪，最易损伤机体的阳气，出现阴寒偏盛的寒象。如寒邪外束，卫阳受损，可见恶寒怕冷，皮紧毛参等症状；若寒邪中里，直伤脾胃，脾胃阳气受损，可见口吐清涎、肢体寒冷、下利清谷、尿清长等症状。故《素问·至真要大论》说："诸病水液澄彻清冷，皆属于寒。"

（2）寒性凝滞，易致疼痛。凝滞，即凝结阻滞、不通畅之意。机体的气血津液之所以能运行不息，畅通无阻，全赖一身阳气的推动。若寒邪侵犯机体，阳气受损，经脉受阻，可使气血凝结阻滞，不能通畅运行而引起疼痛，即所谓"不通则痛"。因此，寒邪是导致多种疼痛的原因之一。如寒邪伤表，使营卫凝滞，则肢体疼痛；寒邪直中肠胃，使胃肠气血凝滞不通，则肚腹冷痛。故《素问·痹论》说："痛者，寒气多也，有寒故痛也。"

（3）寒性收引。收引，即收缩牵引之意。寒邪侵入机体，可使机体气机收敛，腠理、经络、血脉、肌肉和筋骨等收缩牵急。如寒邪侵入皮毛腠理，则毛窍收缩，卫阳受阻，出现恶寒、发热、无汗等症状；寒邪侵入肌肉筋骨，则肢体拘急不伸，冷厥不温；寒邪客于血脉，则脉道收缩，血流滞涩，可见脉紧、疼痛等症状。故《素问·举痛论》有"寒则气收"之说。

 暑邪

1. 暑邪的概念

暑为夏季的主气，为夏季火热之气所化生，有明显的季节性，独见于夏令。暑邪纯属外邪，无内暑之说。如《素问·热论》说："先夏至日者为病温，后夏至日者为病暑。"

2. 暑邪的性质与致病特性

（1）暑性炎热，易致发热。暑为火热之气所化生，属于阳邪，故伤于暑者，常出现高热、口渴、脉洪、汗多等一派阳热之象。

（2）暑性升散，易耗气伤津。暑为阳邪，阳性升散，故暑邪侵入机体，多直入气分，使腠理开泄而汗出。汗出过多，不但耗伤津液，引起口渴喜饮、唇干舌燥、尿短赤等症状，而且气也随之耗损，导致气津两伤，出现精神倦怠、四肢无力、呼吸浅表等症状。严重者，可扰及心神，出现行如酒醉、神志昏迷等症状。

（3）暑多挟湿。夏暑季节，除气候炎热外，还常多雨潮湿。热蒸湿动，湿气较大，故机体在感受暑邪的同时，还常兼感湿邪，故有"暑多挟湿"或"暑必兼湿"（《冯氏锦囊秘录》）之说。临床上，除见到暑热的表现外，还有湿邪困脾的症状，如汗出不畅、渴不欲饮、身重倦怠、便溏泄泻等。

四 湿邪

1. 湿邪的概念

湿为长夏的主气，但一年四季都有。湿有外湿、内湿之分。外湿多由气候潮湿、涉水淋雨、厩舍潮湿等外在湿邪侵入机体所致；内湿多由脾失健运，水湿停聚而成。外湿和内湿在发病过程中常相互影响。感受外湿，脾阳被困，脾失健运，则湿从内生；而脾阳虚损，脾失健运，水湿内停，又易招致外湿的侵袭。

2. 湿邪的性质与致病特性

（1）湿为阴邪，阻遏气机，易损阳气。湿性类水，故为阴邪。湿邪滞留脏腑经络，容易阻遏气机，使气机升降失常。又因脾喜燥恶湿，故湿邪最易伤及脾阳。脾阳如为湿邪所伤，就会使水湿不运，溢于皮肤则成水肿，溢于胃肠则成泄泻。又因湿困脾阳，阻遏气机，致使气机不畅，可发生肚腹胀满、腹痛、里急后重等症状。

（2）湿行重浊，其性趋下。重，即沉重之意，指湿邪致病，常见迈步沉重，呈黏着步样，或倦怠无力，如负重物。浊，即秽浊，指湿邪为病，其分泌物及排泄物有秽浊不清的特点，如尿混浊，泻痢脓垢，带下污秽，目眵量多，舌苔厚腻，以及疮疡疔毒，破溃流脓淌水等。因湿性重浊，故湿性趋下，主要指湿邪致病，多先起于机体的下部，故《素问·太阴阳明论》有"伤于湿者，下先受之"之说。

（3）湿性黏滞，缠绵难退。黏，即黏腻；滞，即停滞。湿性黏滞，是指湿邪致病具有黏腻停滞的特点。湿邪致病的黏滞性，在症状上可以表现为粪便黏滞不爽，尿涩滞不畅；在病程上可表现为病程较长，缠绵难退，或反复发作，不易治愈，如风湿病等。

五 燥邪

1. 燥邪的概念

燥是秋季的主气，但一年四季皆有。燥有外燥、内燥之分。外燥多由久晴不雨，气候干燥，周围环境缺乏水分所致。因其多见于秋季，故又称"秋燥"。外燥多从口鼻而入，其病常从肺卫开始，有温燥、凉燥之分。初秋尚热，犹有夏火之余气，燥与热相合，侵犯机体，多为温燥；深秋已凉，西风肃杀，燥与寒相合，侵犯机体，多为凉燥。内燥多由汗下太过，或精血内夺，以致机体阴津亏虚所致。

2. 燥邪的性质与致病特性

（1）燥性干燥，易伤津液。燥邪为病，易伤机体津液，出现津液亏虚的病证，如眼干不润，口鼻干燥，口干欲饮，干咳无痰，皮毛干枯，粪便干结，尿短少等。故《素问·阴阳应象大论》有"燥胜则干"之说，《素问玄机原病式》也有"诸涩枯涸，干劲皲揭，皆属于燥"

之说。

(2) 燥易伤肺。肺为娇脏，喜润恶燥；更兼肺开窍于鼻，外合皮毛，故燥邪为病，最易伤肺，致使肺阴受损，宣降失司，引起肺燥津亏之证，如鼻咽干燥、干咳无痰或少痰等。肺与大肠相表里，若燥邪自肺而影响大肠，可出现粪便干燥难下等症状。

六 火邪

1. 火邪的概念

火、热、温三者，均为阳盛所生，其性相同，但又同中有异。一是在程度上有所差异，即温为热之渐，火为热之极；二是热与温，多由外感受，而火既可由外感受，又可内生。内生的火多与脏腑机能失调有关。火证常见热象，但火证和热证又有些不同，火证的热象较热证更为明显，且表现出炎上的特征。此外，火证有时还指某些肾阴虚的病证。

2. 火邪的性质与致病特性

(1) 火为热极，其性炎上。火为热极，其性燔灼，故火邪致病，常见高热、口渴、舌红苔黄、骚动不安、尿赤、脉洪数等热象。又因火有炎上的特性，故火邪侵犯机体，症状多表现在机体的上部，如心火上炎，口舌生疮；胃火上炎，齿龈红肿；肝火上炎，目赤肿痛等。

(2) 火邪易生风动血。火热之邪侵犯机体，往往劫耗阴液，使筋脉失养，而致肝风内动，出现四肢抽搐，颈项强直，角弓反张，眼目直视，狂暴不安等证候。血得寒则凝，得热则行，故火热邪气侵犯血脉，轻则使血管扩张，血流加速，甚则灼伤脉络，迫血妄行，引起出血和发斑，如衄血、尿血、便血以及因皮下出血而致体表出现出血点和出血斑等。

(3) 火邪易伤津液。火热邪气，最易迫津液外泄，灼消阴液，故火邪致病除见热象外，往往伴有眼窝塌陷、咽干舌燥、口渴喜饮冷水、尿短少、粪便干燥等证候。

(4) 火邪易致疮痈。火热之邪侵犯血分，可聚于局部，腐蚀血肉而发为疮疡痈肿。临床上，凡疮疡局部红肿、高突、灼热者，皆由火热所致。故《灵枢·痈疽》有"大热不止，热胜则肉腐，肉腐则为脓，故名曰痈"之说，《医宗金鉴·痈疽总论歌》也有"痈疽原是火毒生"之说。

任务二 六淫学说临床应用

六淫学说临床应用

一 风淫证防治

(一) 治风剂开发

风病的范围很广，病情变化比较复杂，风有外风与内风两类。在此主要讨论外风致病。外风是由六淫之首的风邪侵入机体引起，《灵枢·五变篇》曰："肉不坚，腠理疏，则善病风"，说明机体正气不足，则易感受外界风邪，发生风病。由于风邪有在肌表、经络、筋肉、骨节等差异，以及兼夹病邪之不同，所以有中风、破伤风、外感风邪、风寒湿痹、鼻渊、风疹、湿疹等多种外风病证。

风邪致病宜疏散祛邪。诸散外风剂，适用于外风所致诸病。由于风为六淫之首，百病之长，因而风邪多与其他病邪结合为患，且病变范围亦较广泛。外感风邪，病在皮毛与肺经，以表证为主者，宜选用解表方剂。如风邪外袭，侵入肌肉、经络、筋骨、关节所引起者，临床主要表现为头病、恶风、肌肤瘙痒、筋骨挛痛、关节屈伸不利、鼻塞、口眼㖞斜、猝然倒仆等症状。常用辛散祛风的药物，如麻黄、防风、川芎、白芷、荆芥、薄荷、乌头等中药组成方剂。

在配伍用药方面，常因病患体质强弱，感邪轻重，病邪兼夹等不同，有如下几种方法：

（1）配清热药，如黄芩、生地、石膏、知母等。因风为阳邪，易从热化；祛风药多辛温香燥，每易助热；有时风邪还兼热邪侵入机体，在此皆须配伍清热药。

（2）配祛风药。祛风药大多性走窜而烈，不仅擅长除痰，而且还能祛风，因此，对于风痰流窜或阻于经络引发的中风、破伤风、痹证等，经常配伍祛风痰药，如天南星、白附子等。

（3）配活血药。风邪入侵，兼夹他邪，最易导致络脉闭阻，瘀血乃生；瘀血阻滞，又不利于疏散风邪，故疏散外风剂配活血药，不仅可以化瘀，而且有助于祛风，如川芎、乳香、没药、地龙等，其中，川芎在祛风的同时又能活血，最常选用。

（4）配养血药。"风胜则干"，风邪浸淫血脉，每易损伤阴血；祛风药又多辛温香燥，亦易耗伤阴血；阴血既伤，又致血虚生风，故疏散外风剂常配养血药，如当归、熟地、白芍、胡麻仁等。

（二）风淫证辨证论治

风淫证指风邪侵袭机体肤表、经络，卫外机能失常，表现出符合"风"性特征的证候。风邪可与寒、热、火、湿、痰、水、毒等邪合并为病，而有不同的名称，如风寒证、风热证、风火证、风湿证、风痰症、风水症、风毒证等。同时，根据其所反映病位与证候的不同而有不同的证名。

1. 感冒（风热犯表）

临床表现：身热较著，微恶风，汗泄不畅，可视黏膜潮红，咳嗽，痰黏或黄，鼻流黄浊涕，口干欲饮。舌边及舌尖红，舌苔薄白微黄，脉浮数。

病机：风热犯表，热郁肌肤腠理，卫表失和，肺失清肃。风邪袭表，肺卫失调，腠理疏松，卫气不固，则具有恶寒发热、脉浮等表证的特征，并以汗出、恶风、脉浮缓为特点，是为风邪袭表证。

治法：辛凉解表。

方剂：**银翘散【方剂】**。

2. 咳嗽（风热犯肺）

临床表现：咳嗽频剧，气粗或咳声嘶哑，喉燥咽痛，咳痰不爽，痰黏稠或黄，咳时汗出，常伴鼻流黄涕、口渴、身热，或见恶风、身热等表证。舌苔薄黄，脉浮数或浮滑。

病机：风热犯肺，肺失清肃。外邪易从肺系而入，风邪侵袭肺系，肺气失宣，鼻窍不利，则见咳嗽、流清涕或喷嚏等症状，而为风邪犯肺证。

治法：疏风清热，宣肺止咳。

方药：**桑菊饮【方剂】**。

3. 感冒（风寒束表）

临床表现：恶寒重，发热轻，无汗，或喷嚏，时流清涕，咳嗽，吐稀薄色白痰，口不渴或渴喜热饮。舌苔薄白而润，脉浮或浮紧。

病机：风寒外束，卫阳被郁，腠理闭塞，肺气不宣。

治法：辛温解表。

方药：荆防败毒散【方剂】。

寒淫证防治

（一）祛寒剂开发

祛寒剂，即温里剂，是为治疗阳衰阴盛、亡阳欲脱、中焦虚寒或经脉寒凝等寒证而设。寒证临床表现一般为但寒不热、喜暖倦卧、口淡不渴、小便清长、舌淡苔白、脉沉迟或细等。寒证的形成，或因素体阳虚，寒从内生，或因失治误治误服寒药太过损伤阳气，治宜回阳救逆；或因外寒入里，深入脏腑，治宜温中祛寒；外寒入里，深入经络，治宜温经散寒。

1. 回阳救逆剂

回阳救逆剂，适用于阳衰阴盛、内外俱寒等证。临床表现为精神萎靡、恶寒倦卧、四肢逆冷、下利清谷，甚则大汗淋漓，脉微细或脉微欲绝等症状。本类方剂的组成，常以附子、干姜、肉桂等温肾助阳药，或阳起石、补骨脂、胡芦巴等助阳药为主，其中，在温里祛寒药中，因附子辛热燥烈，走而不守，通行十二经脉，既可恢复散失之元阳，又可资助元阳之不足，最为常用。在配伍方面，有以下几种情况。

（1）因肾阳衰微、阳气暴脱，病势危在顷刻，此时若单纯温肾，恐其势单力薄，故欲救其垂危之候，必须大温大补，治宜阴阳双补，因而在回阳救逆方中，宜配入人参、白术、炙甘草等益气固脱之品，可加强回阳固脱之效。

（2）对于阴寒内盛，阳气欲脱之危证，在回阳救逆方中佐以五味子、肉豆蔻、赤石脂等收敛之品，可以加强其固脱之功。

（3）因肾阳衰微，阴寒内盛，阴阳之气不相顺接，而呈现阴阳离绝之危象，治宜交通阴阳，故酌配如葱白、麝香等通阳开窍之品，可交通阴阳之气，加强通阳复脉之功。

（4）由于寒凝则气滞，而气滞又阻断了阴阳相接，故本类方剂以大剂辛热回阳祛寒药物为主，少加陈皮、木香、川楝子等行气之品，有助于祛散阴寒，助阳复脉。

2. 温中祛寒剂

温中祛寒剂，适用于中焦脾胃虚寒证。临床表现为肢体倦怠，食欲不振，腹痛吐泻，四肢不温，口淡不渴，或吞酸吐涎，舌淡苔白滑，脉沉细或沉迟等症状。本类方剂常以干姜、生姜、桂枝、吴茱萸、蜀椒等温里药配辛热或辛温入脾中药为主，其中尤以干姜最为多用。在配伍方面，常有以下两种情况。

（1）因脾胃虚寒之证，非温热则寒邪不除，非补益则虚损难愈，故温中祛寒方剂宜配伍健脾益气之品以兼顾其虚，临床常配伍人参、白术、炙甘草、大枣、饴糖等健脾益气药。

（2）因脾胃为后天之本，营卫气血化生之源，当中焦虚寒之际，不仅卫阳乏源，营阴亦化生不足，以致阴阳失和，故本类方剂常配伍养血益阴之品，以调和阴阳，建立中气，达到温中补虚的目的，临床常配伍当归、芍药、地黄等养血益阴药。

3. 温经散寒剂

温经散寒剂，适用于寒邪凝滞经脉之血痹寒厥、阴疽等症状。临床表现为四肢厥冷、肢体痹痛或发为阴疽等，治宜温经散寒。本类方剂的组成，常以桂枝、细辛、麻黄、生姜等行血通脉药为主药进行组方。在配伍方面，常有以下两种情况。

（1）因寒凝经脉证每由素体阴血虚弱，阳气不足，复感寒邪而成，治宜扶正补虚，标本兼顾，临床常配伍黄芪、炙甘草、大枣、当归、熟地、鹿角胶、芍药等补养气血的药物。

(2) 寒凝经脉，常伴发血行不畅或寒痰痹阻，治宜通行血脉、化痰祛痰，可以选择木通等通行血脉药和白芥子等化痰药。

(二) 寒淫证辨证论治

凡致病具有寒冷、凝结、收引特性的外邪，称为寒邪。寒淫证是指寒邪侵袭机体，阳气被阻，以恶寒甚、无汗、身重、苔白、脉弦紧等为主要表现的实寒证候。临床上，主要包括伤寒证和中寒证两种类型。

1. 伤寒证

伤寒证是指寒邪外袭于肤表，阻遏卫阳，阳气抗邪于外所表现的表实寒证，又称外寒证、表寒证、寒邪束表证、太阳表实证、太阳伤寒证等。寒为阴邪，其性清冷，遏制并损伤阳气，寒性凝滞、收引，阻碍气血运行，郁闭肌肤，阳气失却温煦，故见恶寒、头痛、无汗、苔白、脉浮紧等症状。

2. 中寒证

中寒证是指寒邪直接内侵脏腑、气血，遏制及损伤阳气，阻滞脏腑气机和血液运行所表现的里实寒证，又称内寒证、里寒证等。寒邪客于不同脏腑，可有不同的证候特点。寒邪客肺，肺失宣降，可见咳嗽、哮喘、咳稀白痰等症状；寒滞胃肠，使胃肠气机失常，运化不利，则见脘腹疼痛、肠鸣腹泻、呕吐等症状。

 暑淫证防治

(一) 祛暑剂开发

暑邪致病有明显的季节性，独见于夏季。暑邪致病，首先表现为热证，易伤津耗气，治宜清暑祛热，益气；暑易挟湿，治宜祛暑利湿；暑为阳邪，易致毛孔腠理开泄，致外感寒邪，治宜祛暑解表。根据暑病的这些特点，祛暑剂可分为清暑益气剂、祛暑利湿剂和祛暑解表剂等三类方剂。

1. 清暑益气剂

首先，暑为阳邪，其性炎热，直入气分，导致机体阳热亢盛，心神被扰，汗液外泄，津液亏损。其次，暑性升散，易伤津耗气，暑热熏蒸使腠理开泄而汗液外泄，若汗出不止，则易导致气随津伤。因此，针对暑热伤气，津液受灼，见有身热、起卧不安、渴水欲饮、倦怠少气、汗多、脉虚等症状，常以西洋参、麦冬、人参、五味子、西瓜皮等清暑药与益气养阴药为主组成方剂，代表方为**清暑益气汤**【方剂】。常见加减配伍规律如下。

(1) 配白术、甘草等甘温之品以益气健脾。

(2) 配黄连、知母等苦寒或甘寒之品以清热祛暑。

(3) 配竹叶、泽泻等清利之品以清利湿热。

2. 祛暑利湿剂

夏天暑热下迫，地湿上蒸，气候潮湿，故有"暑者，热之兼湿者也"（《伤寒指掌》卷4）的说法，常因暑湿内郁，弥漫三焦，而使气机阻滞，升降失司。临床表现主要有身热、起卧不安、呕恶、泄泻、小便不利等症状，治宜清暑热利小便，常以滑石、石膏等清热药和茯苓、泽泻等利湿药为主组成方剂，代表方有**六一散**【方剂】。常见加减配伍规律如下。

(1) 配生甘草以清热泻火、甘缓和中。

(2) 配桂枝以温阳化气行水。

3. 祛暑解表剂

夏季炎热，暑邪易至毛孔开张，寒邪常乘虚而入，形成表寒，主要表现为发热、恶寒、无汗、回头顾腹、吐泻、舌苔白腻等症状，治宜清热祛暑解表，常以香薷、藿香等解表祛暑药为主组成方剂，代表方**香薷散【方剂】**。常用加减配伍规律如下。

（1）配苦温燥湿或健脾化湿之品，如厚朴、扁豆、扁豆花等化湿和中。
（2）配辛凉解表之品，如银花、连翘等清透上焦暑热。

（二）暑淫证辨证论治

凡夏至之后，立秋以前，致病具有炎热、升散兼湿特性的外邪，称为暑邪。

临床表现：暑淫证以发热口渴、神疲气短、蹬槽越圈、神经症状、汗出、小便短黄、舌红苔黄干等为主要表现。

病因病机：暑邪多与湿邪并病，如暑湿伤表的感冒、乙脑，邪在卫分的流感、黄水疮等。暑易伤阴，如夏季中暑的阳暑；暑热动风则可引起暑风；暑邪入营血可引起暑闭气机；心神动血可引起起卧不安、神昏嗜睡、吐衄、斑疹等。

辨证：暑淫证的辨证依据是，夏日有感受暑热之邪的病史，见有发热、口渴、汗出、疲乏、尿黄等典型症状。

方剂：**清暑益气汤【方剂】**、**香薷散【方剂】**、**增液汤【方剂】** 等。

四 湿淫证防治

（一）祛湿剂开发思路

祛湿剂是治疗湿病的方剂。湿有外湿与内湿之分，外湿每因久处低湿，或淋雨涉水，或汗出，正不胜邪所致；内湿每因嗜食生冷，脾阳失运所致。同时，由于湿病的范围广泛，又因体质不同，证多有兼挟或转化。故有湿邪可挟热或热化。在辨证论治上，湿邪在外在上者，可发表并微汗以解之；在内者，可芳香苦燥以化之；在下者，宜甘淡渗湿以利之；从寒化者，宜温阳化湿；从热化者，宜清热祛湿。故祛湿剂可分为祛风胜湿剂、燥湿和胃剂、利水渗湿剂、温化水湿剂、清热祛湿剂等五类。

1. 祛风胜湿剂

祛风胜湿剂，适用于外感风湿所致的病证。风湿相搏于机体肌表、头面、血脉、关节，则气血不畅，经脉不通，见头痛、身痛、腰膝痹痛，以及脚足肿等，治宜祛风胜湿，可以选择羌活、独活、防风、秦艽等祛风胜湿药物为主组成方剂，代表方剂有**独活寄生汤【方剂】**、**蠲痹汤【方剂】**。在加减配伍方面，主要包括以下三种情况。

（1）"医风先医血，血行风自灭"（《妇人大全良方》卷3），可以配伍川芎、桂心、牛膝、当归等补血活血药以养血祛风。

（2）因风湿久留易伤气血，再加上祛风湿药多辛温香燥亦伤气血，可以配伍人参、黄芪、甘草、当归、地黄、芍药等补养气血药以补益气血。

（3）因肾主骨，肝主筋。腰为肾之府，膝为肝之府。风湿痹阻，久而不去，气血不畅，肝肾失养，可以配伍杜仲、牛膝、桑寄生等补益肝肾药，以养肝补肾。

2. 燥湿和胃剂

脾主升清，胃主降浊；脾主运化，胃主受纳。若湿浊中阻，困阻脾胃，主要表现为脘腹痞满、嗳气吞酸、呕吐、泄泻、食少、体倦等症状。燥湿和胃方剂的组成，常以苍术、厚朴、藿香、白豆蔻等以苦温燥湿药与芳香化湿药为主组成方剂，代表方剂有**平胃散【方剂】**、**藿香正气散【方剂】**。在加减配伍方面，主要包括以下三种情况。

（1）因湿为阴邪，其性重浊黏滞，而易阻滞气机。加之脾胃为湿所困，升降失常，易致气滞。治宜配伍陈皮、木香、砂仁等行气药，行气醒脾，气行则湿行，以利于化解湿邪。

（2）因脾恶湿，湿邪困脾，必致脾虚不运。治宜配伍人参、白术、炙甘草、大枣等健脾药，使脾之运化有力，不使湿邪内停。

（3）因湿邪内阻，易致外邪侵袭，治宜配伍藿香、苏叶、白芷、香薷等解表药，使表邪解散，以助里湿祛除。

3. 利水渗湿剂

水湿壅盛，或水湿停于下焦，主要表现为淋浊、癃闭、水肿、泄泻等，治宜利水渗湿，选择防己、茯苓、猪苓、泽泻等利水渗湿药物为主组成方剂，代表方剂为**五苓散【方剂】**、**猪苓汤【方剂】**等。在加减配伍方面，主要包括以下三种情况。

（1）脾恶湿，宜配黄芪、白术、甘草等健脾渗湿药。

（2）因水湿内停，易致膀胱气化不利，宜配桂枝等温阳化气药。

（3）因水湿郁而化热易伤阴耗液，宜配阿胶等养阴药。

4. 温化水湿剂

寒饮水湿之邪留于肠胃则为痰饮，寒湿内停则水肿，寒湿阻于肌腠则易患痹证等。温化水湿剂的组成，常以桂枝、附子、茯苓、白术等温阳药与利湿药为主组成方剂，代表方剂有**真武汤【方剂】**、**附子汤【方剂】**等。在加减配伍方面，主要包括以下两种情况。

（1）因脾、肾久病耗气伤阳，或久泻久痢，或湿邪久踞，以致肾阳虚衰不能温养脾阳，或脾阳久虚不能充养肾阳，终成脾肾阳气俱伤，脾不能运化水湿，肾不能化气行水。治宜健脾补肾，可以选择白术、甘草、大枣、益智仁、附子等补脾肾药。

（2）进一步针对久病耗气的情况，治宜补气理气，可以选择厚朴、乌药、木香、陈皮、大腹子等理气药

5. 清热祛湿剂

暑热挟湿则为暑湿，主要表现为胸脘痞闷、起卧不安、身热、舌苔黄腻；湿热熏蒸，胆汁外溢则黄疸，见可视黏膜黄染、黄色鲜明、舌苔黄腻等；湿热下注，则小便短赤、身重疲乏、舌苔黄腻等。治宜清热祛湿，代表方剂有**茵陈蒿汤【方剂】**、**二妙散【方剂】**等。在加减配伍方面，主要包括以下四种情况。

（1）因三焦阻滞则决渎无权，宜配杏仁（宣上焦）、白豆蔻（畅中焦）、薏苡仁（导下焦）等宣畅三焦药，则三焦决渎有权，气畅湿行。

（2）因湿热之有形实邪可借泻下荡涤而出，宜配大黄等寒性泻下药。

（3）湿热易致气虚气滞，宜配砂仁、厚朴、枳实等理气药。

（4）因湿热之邪易伤气血，苦燥清热药、淡渗利湿药亦可伤气血，因此对湿热之证兼有气血不足者，在清热祛湿的同时勿忘扶正，宜配人参、白术、甘草、当归等扶正祛邪药。

（二）湿淫证辨证论治

凡致病具有重浊、黏滞、趋下特性的外邪，称为湿邪。由湿邪引起的病证称为湿淫证。湿为长夏的主气。长夏即农历六月，时值夏秋之交，阳热尚盛，雨水且多，热蒸水腾，潮湿充斥，为一年中湿气最盛的季节。若湿气偏盛而致病，则为湿邪。湿邪为病，长夏居多，但四季均可发生。湿为阴邪，故临床多见寒湿，但湿郁又易化热，则成湿热。临床主要有湿热

证、痰湿证、虚挟湿证等。

1. 湿热蕴结肌肤经络证

湿热蕴结肌肤经络多表现为发热、发红、疼痛、活动受限；或化脓溃破，或水泡、紫斑，或有皮下结节，或局部发痒等症状。治宜清热、泻火、解毒，代表方剂有**黄连解毒汤【方剂】**、**清瘟败毒饮【方剂】**、**普济消毒饮【方剂】**等。

2. 湿热蕴结肠胃、肝胆、三焦证

湿热蕴结肠胃、肝胆、三焦除心肌炎外，病变多在腹部（包括肛门）。湿热蕴结肠道，主要临床表现为腹部疼痛，里急后重，下痢赤白脓血黏稠、腥臭或下利稀便、色黄秽臭，或泻下迫急或泻而不爽，或大便水样或蛋花汤样、泻下急迫、量多次频、味秽臭，或有少许黏液，下痢赤白、泄泻或水样或蛋花汤样便。

针对湿热蕴结胃者，主要临床表现为脘腹疼痛、痞满或恶心呕吐等症状，治宜解表清里，代表方剂有**葛根芩连汤【方剂】**等。

针对湿热蕴结肝胆者，主要临床表现为可视黏膜普遍黄染、脘痞腹胀、口黏、纳呆等症状，治宜泻肝胆湿热或脾胃湿热，代表方剂有**龙胆泻肝汤【方剂】**、**泻黄散【方剂】**等。

针对湿热蕴结肾脏者，可见蛋白尿、低蛋白血症、高脂血症、不同程度水肿、小腹坠胀不适，或有腰痛、发热恶寒、便秘等症状，治宜利水渗湿，代表方剂有**五苓散【方剂】**等。

3. 湿热蕴结膀胱、外阴证

湿热蕴结膀胱及外阴，临床证候表现部位主要在泌尿系统及外阴部，主要有排尿障碍、外生殖器的病变等症状。由于其疾病性质为湿热，故常见有尿频、尿急、尿色赤等症状，治宜利水渗湿，温阳化气，代表方剂为**五苓散【方剂】**等。

4. 痰湿、湿瘀证

痰湿是湿热与痰相结合而致病，湿瘀是湿热与血瘀相结合而致病的病证。中医将痰分为无形之痰与有形之痰。有形之痰是指由肺咳出之痰；无形之痰是指由痰邪阻塞某一器官，而影响其功能出现的病理表现。有形之痰多在肺，其表现为咳嗽、咳痰，如内伤及痰湿咳嗽。其痰多稀薄、色白、量多。无形之痰由于壅阻部位不同可出现不同症状，多数病证名称即为其症状及表现，如痞满、臀痈等。一般多有病程较长、反复发作等特点。同时，多有神疲乏力、神昏嗜卧、纳呆、便溏、腹胀、消瘦等症状。治宜清利湿热，燥湿化痰，代表方剂有**二陈汤【方剂】**、**三仁汤【方剂】**等。

5. 虚挟湿证

虚挟湿证可由湿邪影响脏腑功能，正虚而产生或挟湿邪。疾病的部位不同可有不同的表现。多有精神困倦、怯寒懒动、尿少、便溏、肢体乏力、病程缠绵、面色不华或萎黄、食少纳差等症状，治宜补气益气，健脾渗湿，代表方剂有**补中益气汤【方剂】**、**参苓白术散【方剂】**等。

五 燥淫证防治

（一）治燥剂开发

燥属六淫之一，有一定的季节性，每易犯肺耗津。燥邪有外燥与内燥之分，外燥系感受秋季燥邪而引起的病证，但因秋季气候有偏热与偏寒的差异，发病后出现的症状亦有不同，因此，外燥又有凉燥和温燥之分，但一般来讲，燥邪致病初起除发热恶寒外，常伴口干、鼻燥、干咳无痰，或咳嗽少痰等津亏液少的表现。内燥是由机体脏腑津液亏耗而引起的病证，导致津亏液耗的原因有多种，诸如天生体质津液不足，年老津液日渐干枯，过服温补暗伤阴津，以及秋燥日久不愈耗伤津液等。燥之为病，每多内外相兼，治燥剂可分为轻宣外燥与滋阴润燥两类。

1. 轻宣外燥剂

凉燥，是深秋之凉，感受风寒燥邪，肺气不宣所致，常见恶寒、咳嗽、鼻塞、口干津少等症状。本证有类风寒，但较严冬之风寒为轻，故前人又称之为"次寒"。温燥，乃初秋天气燥热，或久晴无雨，燥伤肺津所致，常见身热、干咳无痰，或气逆喘急、口渴欲饮、起卧不安、舌干无苔等症状。本证有类风，但以伴见燥热伤津为特征。轻宣外燥方剂的组成，凉燥多选用苏叶、豆豉、生姜等辛温解表药为主组成方剂；温燥则用桑叶、薄荷等辛凉解表药为主组成方剂，代表方剂有**杏苏散【方剂】、清燥救肺汤【方剂】**等。在配伍方法上，主要包括以下三种情况。

（1）因燥邪外袭，肺气不宣，津聚成痰，常伴咳嗽、咯痰等症状，宜配伍杏仁、前胡、桔梗、贝母等止咳化痰药，既可宣肺以利解表，又能直接化痰止咳。

（2）燥邪易耗伤阴津，宜配伍沙参、梨皮、阿胶、胡麻仁等养阴润燥药，可滋养阴津而润之。

（3）燥性近火，常见热象，故需用石膏、山栀、连翘等清热药，以清解燥热。

2. 滋阴润燥剂

内燥证的主要临床表现有干咳少痰、口干津少、大便干结、皮干毛燥或开裂、舌干少苔、脉细等。滋阴润燥方剂的组成常以麦冬、生地、玄参等养阴润燥药为主组成方剂，代表方剂有**养阴清肺汤【方剂】、麦门冬汤【方剂】**等。在加减配伍方面，主要包括以下两种情况。

（1）因为脾胃为气血津液化生之源，配用人参、白茯苓、黄芪、半夏等益气和气中药，既有利于化生津液，也能以之调和养阴药寒凉滋腻伤中之弊；此外，部分病证则为内燥兼脾胃虚弱，也需配用健脾药以健脾和中。

（2）内燥者，阴津不足也，故易生内热，一般而言，养阴药大多是寒凉的，故也可用之清热。但若内热较甚，便需配用丹皮、知母、天花粉等清热药以清之。

（二）燥淫证辨证论治

凡致病具有干燥、收敛等特性的外邪，称为燥邪。燥淫证是指外界气候干燥，耗伤津液，以皮肤、口鼻、咽喉干燥等为主要表现的病证。临床主要表现为皮肤干燥甚至皲裂、脱屑，口唇、鼻孔、口腔干燥津少，口渴欲饮，大便干燥，或见干咳少痰，小便短黄，脉象偏浮等症状。凉燥常有恶寒发热、无汗、脉浮缓或浮紧等表寒证候；温燥常见发热有汗、吞咽困难、起卧不安、舌红、脉浮数等症状。燥淫证的辨证依据，常见于秋季或处于气候干燥的环境，具有干燥不润的证候特点。外燥代表方剂有**清燥救肺汤【方剂】**，内燥代表方剂有**百合固金汤【方剂】**。

 火（热）病防治

（一）清热剂开发

清热剂适用于里热证。温、热、火三者同一属性。温热为火之渐，火为热之极，其区别只是程度的不同而已，故统称为热。《素问·至真要大论》所载病机十九条，其中言火者五，言热者四，可知火热为病较为常见。究其病因，不外乎外感与内伤两类。外感六淫，可入里化热；过食温热，或误用或过用温补方药，亦可化热生火。常见的清火方剂可分为清脏腑热剂、清热解毒剂、清气分热剂、清营凉血剂、气血两清剂和清虚热剂六大类。

1. 清脏腑热剂

清脏腑热剂，适用于热邪偏盛于某一脏腑所形成的火热之病证。其临床表现根据邪热偏于某一脏腑而有所不同。因此，本类方剂按所属脏腑火热证候的不同，分别以相应的清热药为主组方，代表方剂如**导赤散【方剂】**。在加减配伍方面，主要包括以下五种情况。

（1）肝胆实火。主要表现为目赤肿痛、回头顾腹、起卧不安等症状。首先，肝胆有实火，治宜清肝泻火，宜选择龙胆草、山栀、夏枯草等清肝泻火药。其次，肝经郁火，治宜发散郁热，清泻肝火，宜选择羌活、防风等发散郁热药物。第三，肝胆实火易耗伤阴血，而清肝泻火药又性多苦燥，亦易伤阴血，治宜滋阴养血，宜选择当归、生地等滋养阴血药物。第四，肝经有热，多挟湿下注，治宜渗湿利水，宜配伍木通、泽泻、车前子等渗湿利水药。

（2）心经热盛。主要表现为口渴欲饮、可视黏膜潮红、口舌生疮等症状。临床上主要以竹叶、黄连、栀子、莲子等清心泻火药为主药进行配伍。同时，心主血脉，心脏有热，常波及血分，并易损伤阴液，故常配伍生地、麦冬、地骨皮等养阴凉血药。第三，心与小肠相表里，心火宜从小便出，故能引心火从小便出的木通、车前子等亦常选用。

（3）热在脾胃。主要表现为牙痛龈肿、口疮、起卧不安、饥饱不定，治宜清脾胃火热，常选择石膏、知母、黄连等清脾胃火热药为主药。首先，脾胃有热，易于上冲，正属"火郁发之"，故治疗不可一味清热凉血，而应升散郁热，常配伍升麻、藿香、防风等升散郁热药。其次，胃为多气多血之腑，气分热盛可波及血分，导致血热，治宜滋阴养血，常配伍生地、熟地、麦冬等滋阴药物。

（4）肺中火热。主要表现为咳嗽气喘、咯痰色黄、舌红苔黄等症状。首先，肺有火热，治宜清肺泄热，宜选择桑白皮、苇茎、黄芩等清肺泄热药为主组成方剂。其次，肺中火热，常有伏火，治宜清伏火，宜选择地骨皮等清伏火药。第三，肺有火热，常与痰互结成痈，治宜逐瘀化痰排脓，药物可以选择桃仁、冬瓜仁、薏苡仁等活血化痰药物。

（5）热在肠腑。主要表现为下痢赤白、泻下臭秽等。治宜清肠解毒，常选择黄连、黄芩、黄柏、白头翁等清肠解毒药为主药进行组方。同时，因热在肠腑，易致气血失和，发为下痢赤白、里急后重等症状，所谓"行血则便脓血自愈，调气则后重自除"（《素问病机气宜保命集》卷中），故常配伍当归、芍药、木香、槟榔等行血调气药。

2. 清热解毒剂

清热解毒剂，适用于三焦火毒内炽；上、中二焦邪热炽盛，热聚胸膈；上焦见有风热疫毒之大头瘟、疮痈肿毒、疔疮以及脱疽等热深毒重之证。本类方剂的组成，以清热解毒药为主，常用药物包括黄连、黄芩、黄柏、栀子、银花、连翘、蒲公英等清热解毒药物，代表方剂有**黄连解毒汤【方剂】**。在加减配伍方面，有如下四种情况。

（1）因热毒郁结于机体之上部或体表，需要疏风升散方可解散，否则一味苦寒解毒，反致热毒难解，治宜配伍薄荷、牛蒡子、僵蚕、防风、白芷等疏风升散药。

（2）由于热毒内结于中焦而症见便秘者，治宜配伍大黄、芒硝等泻热通便药，一则可以通便，二则可以泻热，所谓"以下为清"是也。

（3）热毒壅聚，发为痈疽或大头瘟，局部肿硬，治宜配伍僵蚕、橘红（陈皮）、贝母等化痰散结药，有助于及时消散。其中，僵蚕既能疏风，又可化痰，最为常用。

（4）因痈疽为患，每多肿痛难忍，治宜配伍当归、乳香、没药等活血止痛药，既能活血以消肿，又能止痛以治标。

3. 清气分热剂

清气分热剂，适用于热在气分，热盛津伤，症见壮热、烦渴、大汗，脉洪大有力；或热病后期，气分余热未清，气津两伤，症见身热多汗、口干舌红；或气分邪热郁结胸膈，症见身热、舌苔黄腻等。清气分热剂常以石膏、竹叶、栀子等药为主组成方剂，代表方剂有**白虎汤【方剂】**。在配伍方面，常有以下两种情况。

（1）因为在外感温热病中，胃气的存亡至关重要，所谓"有胃气则生，无胃气则亡"，配伍粳米、甘草等养胃和中中药，既可和中养胃，又能使石膏等大寒之品无损伤胃气之虑。

（2）气分热盛，发热汗多，极易耗气伤津，故需配伍知母、麦冬等益气生津药益气生津。其中，知母苦寒质润，既可清热泻火，又能润燥生津，最常选用。

4. 清营凉血剂

清营凉血剂，适用于邪热传营，热入血分之证。入营之证有身热夜甚、斑疹隐隐、舌绛而干等；入血之证则见吐血、衄血、便血、尿血、斑疹紫黑、舌绛起刺等。清营凉血剂常以犀角、生地等清营凉血药为主组成方剂，代表方剂有**清营汤【方剂】**。在配伍方面，常有如下两个方面。

（1）由于入营邪热由气分传来，"入营犹可透热转气"（《外感温病篇》），配伍银花、连翘、竹叶等清气分药即可促使邪热由营转气而解。

（2）由于入血邪热常与血结形成瘀血，配伍丹皮、芍药等凉血散瘀药，既可凉血，又能散瘀，阻止血热搏结成瘀，所谓"入血就恐耗血动血，直须凉血散血"（《外感温热篇》）。

5. 气血两清剂

气血两清剂，适用于瘟疫热毒充斥内外，气血两燔之病证。其临床表现既有大热烦渴为主的气分热盛，又有吐衄、发斑为主的血热妄行，还有神昏嗜睡的热毒内陷。在治法及组方上，必须多法并举，多方组合，方可治此危重之证。常用清气分热药石膏、知母，清营凉血药犀角、生地，清热解毒药黄连、黄芩等综合配伍，共同组方，代表方剂有**清瘟败毒饮【方剂】**。

6. 清虚热剂

清虚热剂，适用于热病后期，邪热未尽，阴液已伤，热留阴分，以致暮热朝凉，舌红少苔；或肝肾阴虚，骨蒸潮热；或阴虚火扰，发热盗汗等。清虚热剂，常选择青蒿、地骨皮、秦艽、银柴胡、胡黄连等清虚热药为主进行组方。首先，因虚热之生，每因阴虚，治宜滋阴清热，常配伍生地、鳖甲、知母等滋阴清热药。其次，若表虚盗汗甚者，亦可配伍黄芪等固表止汗药，代表方剂有**青蒿鳖甲汤【方剂】**。

（二）火（热）淫证辨证论治

火、热、温邪的性质同类，仅有轻重缓急等程度之别，故在程度上有"温为热之渐，火为热之极"之说。火为阳邪，具有炎上、耗气伤津、生风动血、易致肿疡等特性。在病机上有"热自外感，火由内生"之谓，但从辨证学的角度看，火证和热证均是指具有温热性质的证候，概念基本相同。火（热）淫证乃外感火热邪毒，阳热内盛所致。阳热之气过盛，火热燔灼急迫，气血涌上，则见发热恶寒、颜面色赤、舌红、脉数有力；热扰心神，则见起卧不安；邪热迫津外泄，则汗多；阳热之邪耗伤津液，则见口渴喜饮、大便秘结、小便短黄等；火热迫血妄行可见各种出血；火热使局部气血壅聚，灼血腐肉而形成痈肿脓疡；火热炽盛可致肝风内动，则见抽搐、惊厥；火热闭扰心神，则见神昏嗜睡等。常见病证有热毒证、心火证、脾胃热证、肺热证、血热证和虚热证等。

1. 热毒证

中医认为，"火为热之极"，火毒则为火淫的进一步发展。主要包括火毒炽盛、火毒内陷、痈疽等，代表方剂有**清瘟败毒饮**【方剂】、**普济消毒饮**【方剂】等。

2. 心火证

心火证包括心火亢盛，心火上炎，心火偏亢等病证，主要表现在口、鼻、眼局部红肿、疼痛，或出血流脓。"舌为心之苗"，心火亢盛多口舌生疮，多伴有大便秘结、小便短赤、面赤、渴喜冷饮等一般热证的表现，代表方剂有**导赤散**【方剂】、**泻心汤**【方剂】等。

3. 脾胃热证

热可迫血妄行，证见鼻、齿、胃出血，且皆为鲜红或深红，呕吐物多酸臭，还伴有面红心烦、大便秘结、小便短赤，或身热、口渴引饮、口干恶臭，或齿龈红肿、糜烂出血，或胃脘灼痛、脘腹满闷，或耳鸣耳聋等症状。代表方剂有**大承气汤**【方剂】等。

3. 肺热证

肺热证主要以咳、喘为主，同时痰多质黏，厚而稠黄，或有血，或有脓，多伴形寒身热、起卧不安、行动困难、有汗或无汗、口渴喜冷饮，可视黏膜潮红、便秘等。代表方剂有**桑菊饮**【方剂】、**定喘汤**【方剂】等。

4. 血热证

血热则迫血妄行，故多有出血。在肌表、五官可引起红肿蔓延扩散、色暗、剧痛等，血热证还多伴有发热（高热、壮热、战热）、面红气粗、口渴唇焦、便秘、呕恶、嗜睡、痉厥、项强、抽搐等症状。代表方剂有**清营汤**【方剂】、**犀角地黄汤**【方剂】等。

5. 瘀热证

瘀热证为瘀血与热证同时存在，主要是由于瘀血内结，瘀滞化热，热毒内生，或血热蕴结，瘀血不畅，以致瘀热交结而发病。代表方剂为**血府逐瘀汤**【方剂】。

6. 虚热证

虚热证多由于阴虚，阴不敛阳而导致虚火内生。阴虚内热多由久病伤阴所致，一般病程较长。虚热证可累及许多脏器，可出现不同症状。如累及肺脏可有咳嗽痰少或干咳无痰，或黏滞，或痰中带血；阴虚火旺则有齿衄、尿血、紫斑等血证；肌肤及痈疽多病程后期、经久不愈、脓汁稀薄；发热者多为低热、潮热、动则加剧等。多伴有口干渴、咽干津少、低热、潮热盗汗、消瘦神疲、精神萎靡、尿黄便结、面白少华、唇甲色淡等症状。代表方剂为**补中益气汤**【方剂】、**八珍汤**【方剂】等。

任务三 六淫学说临床应用案例

六淫学说临床应用案例

一　犬感冒

1. 案例描述

犬感冒，一年四季均可发生，但以冬春季节气候骤变，冷热变化剧烈时尤为突出，症状多以发热、怕冷、咳嗽等为主要特征。

2. 辨证论治

六淫辨证理论认为，感冒是由六淫侵犯机体而致病的。六淫指的就是自然界存在的六类致病邪气，包括了风、寒、暑、湿、燥、火等六类邪气。其中，风为六淫之首，是导致感冒的主要原因，所以古代又将感冒称为"伤风"。

犬感冒常见的具体原因有气候突变，寒温失常，外邪侵入机体；饲养管理不当，过度劳累，体质虚弱，吹风受凉；肺有痰热，感受外邪。一般6月龄以下犬最易发生，特别是天气突然变冷时，大小犬都可发病，重要的原因是缺乏保暖设备，饲养管理跟不上。

临床症状主要表现为上呼吸道出现表层黏膜炎症，如鼻炎、喉炎、支气管炎等，病犬一般表现为精神沉郁、食欲减退或拒食、流眼泪、嗜睡、鼻镜干燥、发热等，有的出现流水样鼻液。

从六淫辨证理论来看，常见的感冒主要有风寒感冒和风热感冒两种。风寒感冒的特点是发热轻、畏寒重，流清稀鼻涕，多发于寒冬和早春季节；风热感冒的特点是发热重、畏寒轻，流黄黏浓稠鼻涕，多发于晚春和夏秋季节。

3. 治疗方案

中药治疗对风寒感冒宜辛温解表，疏风散寒，代表方剂为**麻黄汤【方剂】**；对风热感冒宜辛凉解表，疏风散热，代表方剂为**银翘散【方剂】**。西医治疗本病以解热镇痛和控制继发感染为主。一是解热镇痛，其中安乃近或氨基比林2~4mL，肌肉注射，每天2次，连用2~3天。或用复方阿司匹林（APC）片、地塞米松片3~6片，一次口服，每天2次，一般连用2~3天。二是控制继发感染，青霉素2万~4万单位/kg体重，链霉素1万单位/kg体重，地塞米松2~5mg，也可用氨苄青霉素5mg/kg体重，肌注，1天2次，连用2~3天。三是口服人用板蓝根冲剂或感冒清热冲剂，一次0.5~1包，每日2次，连用2~3天。

另外，还可以选择**荆防败毒散【方剂】**。方剂构成如下：荆芥6g，羌活5g，独活5g，柴胡5g，枳壳5g，桔梗5g，茯苓6g，川芎5g，共为细末，开水冲调，每日1剂，连用3天。

也可按照下面思路自拟方剂进行治疗。针对风寒感冒，宜辛温解表，选择生姜40g、陈皮15g、红糖50g，前2味水煎取汁，兑入红糖喂服，每天1剂，连用3~4剂。针对风热感冒，宜辛凉解表，选择连翘、银花各15g，薄荷、淡豆豉、牛蒡子各10g，荆芥穗、桔梗、甘草各8g，淡竹叶7g。煎汤内服，每天1剂，连用3~5剂。也可用桑菊感冒片或银翘维C片，每日3次，每次3片，连用3~4天。

当然，也可以进一步配合针灸进行治疗。以血针为主，配合白针。血针主要在耳尖、尾尖、**涌泉【穴位】**，白针**大椎【穴位】**、**百会【穴位】**、**后三里【穴位】**等穴位。

 猪风湿症

1. 案例描述

胡某有约35kg生猪，生病后去诊治，检测体温为38.5℃，症状表现为突然发生，先发生在后肢，不久扩行到前肢，患肢肌肉僵硬疼痛，走路跛行，小步弓腰，病猪喜卧。开始运动时，患肢疼痛，但随运动增加，跛行减轻。病重时四肢站立不稳，甚至不能起立，食欲减少。

2. 辨证论治

本病属于中医学中"痹证"的一种证型。临床主要症状表现为生理机能紊乱，脏腑、经络、功能失调，气血运行不畅，肌肉关节疼痛，致使肢体着痹，关节肿胀变形，甚至卧地不起，食欲减退或废绝等。痹证多因机体卫气不固，风寒湿邪入侵，诸如气温的突变或冷水、阴雨的酷淋；久卧湿地寒风侵袭等。

六淫辨证理论认为，气候突变，夜露风霜，外感风寒，内伤自冷，由于畜体阳气不足，腠理寒虚，卫气失调，风寒湿邪乘虚侵入。流走肌表，使气血运行不畅而致病。行痹又叫风痹，风性善行而数变，疼痛没有固定的部位；痛痹又叫寒痹，四肢疼痛比较剧烈，日轻夜重，行动不便，患部皮肤不红不热；着痹又叫湿痹，腰背硬板，四肢麻木，畜体软弱无力，疼痛固定。风湿热型属于急性风湿病，应以清热镇痛为治则；风寒湿型属于慢性风湿病，应以祛风除湿为治则。同时，病初多为发热型急性风湿症，应配合水杨酸钠制剂解热镇痛。药物可以选择荆芥、防风等祛风胜湿，苍术等芳香化湿，羌活、川芎、当归等活血化瘀，进行综合的辨证论治。

3. 结合治疗

（1）处方。

复方氨基比林注射液20mL，地塞米松磷酸钠注射液14mL，维生素B_1注射液10mL。当归注射液12mL。中西药混合，肌肉注射，一天一次，连续2-3天治愈。

（2）针疗。

①主穴：**抢风【穴位】、百会【穴位】、后三里【穴位】、灵台【穴位】**等穴位。

②配穴：**肾俞【穴位】、涌泉【穴位】**等穴位。

4. 预防管理

加强饲养管理，保持猪舍及环境卫生，保暖和干燥。增强猪的抵抗力。

  猪中暑病

1. 案例描述

孙某有生猪约45kg，生病后去诊治，检测体温40℃左右。主要表现为精神沉郁，四肢无力，步行不稳，呕吐，皮肤干燥，有时兴奋狂躁，恐惧不安，呼吸急促，结膜潮红，意识障碍，卧地不起，昏迷嗜睡等。

2. 辨证论治

中暑是由于家畜长时间暴露在高温环境所致，为心肺热极之证。多因暑热天气，猪只在长途运输或受烈日暴晒，暑气熏蒸而致中暑。或者天气闷热，畜舍、车船等空间狭窄，失于饮水，通风不良；或者动物过于肥胖，不易散热等原因，使暑热之邪由表入里，卫气被遏，内热不得外泄，热毒积于心肺，致本病。证候较轻者为伤暑，症候重者为中暑，若有挟湿者为暑湿。临床上，主要包括伤暑、中暑和暑湿等三种病证。

（1）伤暑。主要表现为身热汗出，口渴贪饮，四肢无力，少食纳呆，治宜清热解暑，方如**清暑益气汤【方剂】**加减。方剂构成如下：藿香15g，滑石45g，陈皮15g，香薷15g，青蒿15g，佩兰15g，杏仁15g，知母15g，生石膏30g，水煎去渣，候温灌服。

（2）中暑。主要表现为身热喘粗，全身肉颤，汗出如浆，甚至四肢厥冷，猝然神昏倒地。治宜就地抢救，益气敛津。

（3）暑湿。主要表现为身热汗多，便溏尿短，食少，苔黄腻，治宜解暑除湿。方用**六一散【方剂】**加减。方剂构成为：滑石60g，甘草10g，共为末，开水冲，候温加蜂蜜50g，同调灌服。若失液太多，在用中药治疗的同时及时采用输液，纠正酸中毒等综合治疗措施进行患猪抢救。

3. 结合治疗

（1）化药。

①安溴注射液40mL，50%葡萄糖注射液40mL，10%樟脑硫酸钠注射液5mL，一次混合静脉注射。

②青霉素80万IU 7支，复方氨基比林注射液30mL，清热解毒注射液20mL，地塞米松磷酸钠注射液5mL，一次混合肌肉注射，一天一次。

（2）针灸。

①主穴：**太阳【穴位】**、**百会【穴位】**。

②配穴：耳尖、尾尖、**涌泉【穴位】**。

4. 预防管理

加强饲养管理，猪舍应冬暖夏凉，注意空气流通，防止相互挤压，保持猪舍凉爽通风。

四 其他相关病证

1. 猪感冒

【案例描述】某养殖户有生猪约60kg左右，生病后诊治，检测体温41.5℃。表现症状：精神不好，吃食减少，喜欢钻在垫草中睡觉，打寒战，眼结膜发红，鼻端发干，流清水样鼻液，咳嗽，尤其是早晚受冷空气刺激或驱赶时，咳嗽更厉害。皮温不整，耳尖、四肢发凉，呼吸稍快。

【结合治疗】（1）西药治疗：青霉素80万IU 8支，复方氨基比林注射液40mL，地塞米松磷酸钠注射液8mL；（2）中药治疗：双黄连注射液20mL，鱼腥草注射液20mL，柴胡注射液10mL。一次混合肌肉注射，一天一次连续2~3天治愈。（3）针疗。主穴：**人中【穴位】**、耳尖、尾尖、**鼻梁【穴位】**。配穴：**理中【穴位】**、**交巢【穴位】**、**后三里【穴位】**、**承浆【穴位】**。

【预防措施】加强饲养管理，在气候变化时，做好防寒保暖工作，勤换晒垫草，圈舍经常保持清洁干燥。

2. 仔猪水肿病

【案例描述】某养殖户有生猪约10kg，生病后诊治，检测体温40℃左右。表现症状：眼睑、头部、颈部水肿，严重的全身水肿，指压水肿部位下陷。转圈，痉挛，行走时左右摇摆，粪尿减少，下痢，粪中带血。

【辨证论治】中兽医认为，此证病机系风热所致，热袭肺经，致肺气不宣，不能通调水道，使水液泛滥，溢于肌肤发为水肿；风性上行，易攻阳位，仔猪表现头、颈部水肿严重；热性炎上，风性主动，上扰神明，使其发生神经症状，出现四肢抽搐、颈项强直、两目上吊；风助火势，血热妄行，致使体内多处出血、充血。治则清热凉血、利水消肿。药物可以选择车前草、白茅根等。

【结合治疗】（1）西药。速尿注射液2mL，每天注射一次，连续注射1~2天；青霉素80万IU 3支，复方氨基比林注射液3mL，安溴注射液20mL，维生素B1注射液6mL。一次混合肌肉注射，一天一次，连续2~3天治愈。（2）针疗。主穴：**天门【穴位】**、**蹄门【穴位】**、**带脉【穴位】**、尾尖；配穴：耳尖、**大椎【穴位】**、**三里【穴位】**、尾尖。

【预防措施】应从改善饲养管理着手，防止单一饲料，加强营养。

3. 猪破伤风

【案例描述】某养殖户有生猪约 20kg，生病后诊治，检测体温为 38.5 左右。表现症状：肌肉僵硬，咬肌收缩，张嘴困难，牙关紧闭，耳坚直，有时口角流出白沫。颈伸直，腹收缩，全身各部肌肉强直收缩，触诊时，可触知其硬似木板状。病猪头向前伸，四肢伸直不能弯曲，尾巴稍上举不能来回摆动，倒地后不能自行起来。反射作用增强，光、声、接触及一切动作，都会引起全身肌肉痉挛加剧，强直收缩，并显示出非常痛苦的样子。吞咽困难，病猪常将食物咽到气管和肺，从而引起异物性肺炎，呼吸浅而快。

【辨证论治】风邪从伤口侵入，按六经侵变，由表入里，伤及阴阳经络、血脉，进而内攻脏腑。治则祛风解痉为基础，配合解表、清热、平肝息风等药进行治疗。常用解表药有防风、蝉蜕、细辛等，清热药有犀角、石膏、黄芩、黄连、黄柏等，平肝息风药有天麻、羚羊角、白僵蚕、全蝎、蜈蚣等。

【结合治疗】（1）西药。破伤风抗毒素注射液 2 万 IU，一次肌肉注射，一天一次，连续注射 3~4 天。青霉素 80 万 IU5 支，安溴注射液 40mL，维生素 B1 注射液 10mL，盐酸胃复安注射液 2mL，一次混合肌肉注射。一天一次，连续 4~5 天治愈。（2）中草药。壁虎（蜥蜴）一次 3~5 个，捣碎掺黄酒灌服，一天一次，连续 4~5 天。（3）针疗。主穴：**太阳【穴位】、天门【穴位】、锁口【穴位】、牙关【穴位】、百会【穴位】**。配穴：**肾门【穴位】**、耳尖、尾尖、**大椎【穴位】**。

【预防措施】（1）在猪阉割前后，要严格消毒。（2）加强管理，防止钉伤、刺伤、外伤，猪身如有创伤，应立即用碘酒消毒。

4. 猪气喘病

【案例描述】某养殖户有生猪 30kg，生病后诊治，检测体温 40.5℃。表现症状：呼吸困难（像拉风箱），呈腹式呼吸，吸气时腹壁呈波浪式抖动，趴地喘气，发出喘鸣声，咳嗽，常流灰色黏性或脓性鼻汁，有时鼻腔堵塞，甚至发出吱吱声，精神不振，不愿走动，有时病猪减食或停食等。

【辨证论治】（1）风寒喘。风寒喘为感冒引起，呼吸气粗伴有咳嗽发抖，口色淡，脉色浮紧。其病机为痰瘀内蕴，肺阻塞气逆，使升降失调而引起气喘。治疗以解表温里、化痰、止咳平喘为主。方药可以选择茯苓、枳壳、生姜、陈皮、半夏、白芍、甘草等药。（2）炎热喘。多在暑热夏天，外感热邪，使痰灌滞于肺，闭塞气机，伴有发热不吃，粪干燥，尿黄少，精神差。其病机为脾失健运变痰蕴，脾为生痰之源，肺为储痰之器，说明痰的产生与脾的密切关系。治疗以健脾方药加祛痰为主。（3）虚喘。虚喘，病程久，营养失调，家畜气血两亏，体虚导致肺气虚损而发病。其病机为肾虚，肾主纳气，肺的功能与肾脏有关。肾虚不纳气，吸气短，易引起气喘。治宜补益肾气。

【结合治疗】（1）药方。西药针剂：青霉素 80 万 IU 2 支，硫酸卡那霉素注射液 50 万 IU 5 支，地塞米松磷酸钠注射液 5mL。安乃近注射液 10mL，氨基比林注射液 10mL。中草药针剂：鱼腥草注射液 20mL，柴胡注射液 20mL。中西药混合，一次肌肉注射，一天一次，连续注射 5~6 天治愈。（2）针疗。主穴：**苏气【穴位】、肺俞【穴位】、理中【穴位】、长耳【穴位】、三里【穴位】**。配穴：**人中【穴位】、鼻梁【穴位】**、耳尖，尾尖、**涌泉【穴位】、滴水【穴位】、承浆【穴位】**，扎后见血。

【预防措施】（1）实行自繁自养，减少外地买猪，以避免疫病从外地传入。（2）猪舍要冬暖夏凉，注意通风，防止拥挤，定期消毒，保持猪舍清洁卫生。（3）加强饲养管理，合理配合饲料，增强猪的体质。（4）采用疫苗进行免疫。

5. 猪慢性气喘病

【案例描述】某养殖户有生猪约 40kg，生病后诊治，检测体温为 39.5℃ 左右。表现症状：气喘，呼吸困难（像拉风箱），呈腹式呼吸，吸气时腹壁呈波浪式抖动，趴地喘气，咳嗽，常流灰白色黏性或脓性鼻汁，有时鼻腔堵塞，精神不振，不愿走动，病猪减食或停食等。

【结合治疗】（1）药方。西药针剂：青霉素 80 万 IU3 支，硫酸卡那霉素注射液 50 万 IU5 支，地塞米松磷酸钠注射液 5mL，氨基比林注射液 20mL。中草药针剂：鱼腥草注射液 20mL，双黄连注射液 10mL。中西药混合，一次肌肉注射，一天一次，连续注射 5~6 天治愈。（2）针疗。主穴：人中【穴位】、耳尖、苏气【穴位】、尾尖、长耳【穴位】、三里【穴位】。配穴：蹄叉、理中【穴位】、后三里【穴位】、涌泉【穴位】、滴水【穴位】。

【预防措施】（1）实行自繁自养，减少外地买猪，以避免疫病从外地传入。（2）加强饲养管理，合理配合饲料，增强猪的体质。（3）采用疫苗进行免疫。

6. 羊破伤风

【案例描述】某患病母山羊浑身发抖、食欲废绝，走路时后肢摇摆，时而卧地不起，经肌肉注射安乃近、地塞米松及青霉素等，症状似有好转。然而，停药 2 日后，病情转而加重。经兽医师进一步检查发现：患羊站立稍显困难，换步时四肢均呈短步样，颈部、背部肌肉僵硬，开口困难，体温高达 39.8℃，听诊心音增强、心跳频率每分钟 90 次左右，肺音粗，呼吸稍浅快，胃肠音甚弱，在右侧腹部触压时有轻度腹痛、臌气症状。同时，畜主平时发现该羊起卧困难，遇突然音响时惊慌、发抖严重。

【结合治疗】（1）西药治疗。本病在早期应用破伤风抗毒素治疗，效果很好，皮下或静脉内注入的剂量为 30 万~80 万 IU。同时肌肉注射青霉素 60 万 IU，一日两次，并且要清洗消毒创伤。由于患破伤风的病羊不能采食。应从静脉输入葡萄糖和生理盐水；为了制止体内的酸中毒，还可经静脉输入 5% 碳酸氢钠 200~250mL；为了消除毒素引起的神经症状，还可使用 25% 的硫酸镁 30~40mL 经静脉注射。在发现山羊体温升高时，要注意发生继发感染，可按常规方法和剂量给予抗生素或磺胺类药物。（2）中药治疗，治宜解毒，祛风止痉。处方一：初期用追风散：防风 31g，荆芥 31g，白芷 25g，胆南星 16g，薄荷 31g，蝉蜕 31g，升麻 25g，葛根 19g，天麻 16g，僵蚕 25g。水煎分五份灌服。处方二：中期用防风散：防风 25g，羌活 25g，天麻 19g，炒僵蚕 19g，蝉蜕 31g，全蝎 12g，川椒 12g，细辛 12g，白芷 22g，红花 9g，姜半夏 19g，胆南星 19g。水煎去渣，分五份，候温加黄酒 200mL 灌服。处方三：后期用天麻散：党参 31g，黄芪 31g，当归 31g，玄参 25g，二花 31g，连翘 31g，天麻 31g，僵蚕 22g，乌蛇 12g，胆南星 12g，蝉蜕 12g，全褐 9g，蜈蚣三条。水煎分五份灌服。

【预防措施】注意平时的消毒管理工作。

7. 羊巴氏杆菌病

【案例描述】某养羊场大量羔羊突然发病，部分于数分钟至数小时内死亡。急性精神沉郁，体温升高到 41~42℃，咳嗽，鼻孔常有出血。病程稍长者，初期便秘，后期腹泻，有时粪便全部变为血水，病期 2~5 天，严重腹泻后虚脱而死。慢性病程可达 3 周，病羊消瘦，不思饮食，流黏脓性鼻液，咳嗽，呼吸困难，腹泻。

【结合治疗】（1）西药：氯霉素、庆大霉素、四环素以及磺胺类药物都有良好的治疗效果。氯霉素按每千克体重10~30毫克或庆大霉素按每千克体重1 000~1 500单位或20%磺胺嘧啶钠5~10mL，均肌肉注射，每日2次，直到体温下降，食欲恢复为止。（2）中药：治宜清热凉血，止痢，清肺、利咽、平喘。①金银花、黄连、茵陈、黄芩、马勃、栀子各50g，山豆根、天花粉、连翘、射干、桔梗各60g，牛蒡子30g。水煎取汁，牛一次灌服，羊分5次灌服，连用3天。②大黄、薄荷、玄参、柴胡、桔梗、连翘、荆芥、板蓝根各60g，酒黄芩、甘草、马勃、牛蒡子、青黛、陈皮各30g，滑石120g，酒黄连25g，升麻20g。水煎取汁牛1次、羊分3~5次灌服。连用3天。

【预防措施】对病羊和可疑病羊立即隔离治疗。

8. 鸡大肠杆菌病

【案例描述】某规模化蛋鸡养殖场发生一起以呼吸道症状为主，同时伴有腹泻，中后期病鸡脱水、死亡的疾病。该鸡场新购进2 000羽伊莎褐蛋雏鸡，40日龄时有16只鸡出现张口呼吸且可听见明显的呼噜声，打堆，精神沉郁，采食量下降，继之腹泻、脱水，第二天又有11只鸡发病，第三天又发现31只鸡发病，呼吸症状更加严重，排水样粪便，并有8只鸡死亡。畜主采用呼感康、泰乐菌素、人用感冒冲剂和板蓝根冲剂、泻速治治疗无效。发病鸡初期有呼吸道症状，剧烈腹泻，此时鸡群未出现死亡，3~5天后病鸡出现死亡。鸡群饮水增多，病鸡精神沉郁，闭目呆立，翅膀下垂、鸡爪发干、无光泽，排白色稀粪。呼噜音逐渐加重，雏鸡发病3天即死亡。剖检见死亡鸡脱水，肌肉发红，腿干瘪；喉部肿胀、充血；肾苍白肿大，肾脏形成花斑肾，并有尿酸盐沉积，泄殖腔充满尿酸盐；胸腹腔气囊壁混浊、增厚，有黄白色干酪样渗出物附着；心包膜增厚，并附有大量渗出物，心包膜和胸腔粘连；肝肿大，表面有淡黄色纤维蛋白膜附着；腹腔内有许多纤维素性渗出物，肠系膜粘连。

【辨证论治】根据中兽医"六淫辨证"理论及鸡大肠杆菌病临床症状，鸡大肠杆菌病为湿病。集约化的养殖场中，全封闭或半封闭饲养导致鸡舍的湿度大，湿邪侵入机体使脾阳受困、脾失健运，久之化热而成湿热之邪。脾主运化，具有消化、吸收、运输水湿的功能，脾运化水湿功能失常就会导致水湿停滞形成内湿，水湿停留于肠道形成腹泻。鸡大肠杆菌主要临床症状中，热邪结于肠可见拉黄色或绿色稀粪，热邪伤肝可见肝脏表面散布多量针头大的坏死点，热邪侵害心脏包膜表现为纤维素性心包炎。因此，湿热壅积是鸡大肠杆菌病的主要病机和基本证候类型。此外，鸡大肠杆菌病还表现一定的发生发展过程。在自然发病病例中，病初时病闭在肺卫皮毛，表现为羽毛蓬乱、精神萎靡，病势最浅，为菌血症，属卫分证。后期热邪迅速传气分，表现为发热、呼吸喘粗，为毒血症。严重者热邪逆传心包或直入血分，引起鸡迅速死亡。根据鸡大肠杆菌病的中兽医辨证，治疗原则宜采用清热解毒，燥湿止痢为主。此外，患病鸡抵抗力较差，下痢后易脱水，使用大苦大寒类的清热药易伤脾胃耗损津液，所以在清热的同时应辅以健脾胃养阴凉血的药物。进一步根据卫气营血辨证理论，在病邪在表的卫分证时期，临床治疗应以增本固源、补气养血为主，以解表逐邪、清热解毒为辅。当病邪发展至营血阶段时，治疗上应以燥湿解毒，活血化瘀，清热生津为主，以健脾养胃、行气利水、养阴止痢为辅助。

【结合治疗】（1）西药治疗：硫酸卡那霉素、林可霉素、头孢菌素、解热镇痛药物饮水，连用3~4天。（2）中药治疗：治宜清热解毒、燥湿。①黄连、黄柏、大青叶、穿心莲各100g，大黄、龙胆草各50g。加水3 000mL煎至2 000mL，稀释10倍供2 000只鸡一天饮用，连用5天。②三黄汤（黄连100g，黄柏100g，大黄50g），水煎成1 000mL，10倍稀释于饮水中，供 1 000 只雏鸡饮用，每天 1 剂，连用 5 天。

【预防措施】育雏时可在 3 日龄、9 日龄用Ⅳ系~28/86~H120 三联苗 2 倍量饮水。避免一切应激，尽量减少鸡群转群和免疫注射。提高舍温 2~3℃。

六淫辨证应用效果评价

项目五　八纲辨证理论应用

学习目标

总体目标：在完成八纲概念、性质及其辨证理论学习的基础上，学会八纲辨证理论的临床应用，并利用八纲辨证理论辨证论治动物疾病和掌握八纲辨证临床辨证论治技巧。

理论目标：掌握八纲概念、属性及其辨证理论，重点掌握八纲辨证理论的基本知识点和辨证论治法则。

技能目标：学会应用八纲辨证理论分析疾病病位、病性、邪正力量对比和疾病类型，并应用八纲辨证理论指导畜禽疾病辨证论治，掌握八纲辨证论治方法及临床应用技巧。

任务一　八纲辨证理论

八纲辨证理论

八纲，即表、里、寒、热、虚、实、阴、阳。八纲辨证，就是将四诊所搜集到的各种病情资料进行综合分析，对疾病的部位、性质、正邪盛衰等加以概括，归纳为八个具有普遍性的证候类型。尽管疾病的临床表现错综复杂，但基本上都可用八纲加以归纳。疾病的类别，不外阴证、阳证；疾病部位的深浅，不外表证、里证；疾病的性质，不外热证、寒证；邪正的盛衰，不外虚证、实证。因此，八纲就是把疾病的证候，分为四个对立面，成为四对纲领，用以指导临床辨证论治。其中，阴阳两纲又可以概括其他六纲，即表、热、实证为阳；里、寒、虚证为阴，所以阴阳又是八纲的总纲。

一　表里辨证

表里辨证的作用主要是用于辨病证轻重，表证浅而轻，里证深而重；辨进退，表邪入里为病进，里邪出表为病退。表证是六淫、疫疠等邪气经皮毛、口鼻侵入机体，正气抗邪所表现的轻浅证候的概括。

表主要包括了皮毛、腠理、经络等内容。里证泛指病变部位在内，由脏腑、气血、骨髓等部位病变所反应的证候。多见于内伤杂病，或外感病中后期。其范围主要包括了脏腑、骨髓和气血等部分。

总体来讲，表证浅，病位在皮毛和经络，常为新病，起病急；而里证深，病位在脏腑、气血和骨髓，常为久病，起病缓。

  寒热辨证

寒热是反映疾病性质的一对纲领，寒热证主要用于辨别疾病的性质，了解机体阴阳的偏盛偏衰，根据疾病的性质，为清热滋阴或温阳散寒提供依据。

寒证主要包括了实寒证和虚寒证。实寒证其病因主要是由于机体外感阴寒邪气，过服生冷寒凉，阴寒内盛所致，以阴盛为主要表现。虚寒证主要是由于内伤久病，阳气耗伤所致，以阳虚为主要表现。

热证主要包括了实热证和虚热证。实热证与机体阴阳密切相关，阳盛则热，即阳多阴少，机体表现出一派热象；阴盛则寒，即阴多阳少，动物表现出一派寒象；阳虚则生外寒，即阳不足，机体表现出抗寒能力下降；阴虚则生内热，即阴不足，机体产生内热。因此，实热证主要是由于外感火热之邪，寒邪入里化热，或饮食不节，积久化热所致。虚热证主要是由于阴虚所致，即阴虚则生内热，阴不足，机体产生内热。

三 虚实辨证

虚实是反映邪正盛衰的一对纲领，概括说明了病变过程中机体正气的强弱和致病邪气的盛衰。虚实证的病机有两个，即邪气盛则实，精气夺则虚。

实证主要是指邪气亢盛，正气有余，或正气不虚，邪正斗争剧烈。主要病因是由于病理产物停聚，感受外邪，内脏功能失调，痰饮、水湿、瘀血、脓液、宿食、虫积等蓄积，特点主要是新起、暴病、病情剧烈、体质壮实。

虚证主要是正气虚弱，邪气不盛，邪正交争不剧烈，主要病因包括先天不足、后天失调和疾病耗损等，其病理特点主要包括病程较久、病势较缓、体质素虚等。

四 阴阳辨证

阴阳是对事物相互对立的两个方面的高度概括，是证候分类的纲领。阴证包括了里证、寒证、虚证的综合，阳证包括了表证、热证、实证的综合。从阴阳的基本性质来分析，主要包括了阴阳偏盛、阴阳偏衰、阴阳互损、阴阳格拒、阴阳亡失五个方面的内容，其中，阴阳偏盛包括阴偏盛或阳偏盛，阴阳偏衰包括阴虚和阳虚，阴阳互损包括阴损及阳，阳损及阴等内容。临床常见病证包括阴虚证、阴盛证、阳虚证、阳盛证等。其中，阴虚证主要表现为虚热证，阴盛证主要表现为实寒证，阳虚证主要表现为虚寒证，阳盛证主要表现为实热证，另外还包括了阳亢证、亡阴证和亡阳证等内容。

任务二 八纲辨证临床应用

八纲辨证临床应用

 表里辨病位

表里是辨别疾病病位及病位深浅的两个纲领。一般来说，病邪侵犯肌表而病位浅者属表，病在脏腑而病位深者属里。

1. 表证

《元亨疗马集·八证论》说:"夫表者,一身之外也,皮肤为表,六腑亦然。"表证病位在肌表,病变较浅,多由皮毛受邪所引起。表证常具有起病急、病程短、病位浅等特点。

表证的一般证候表现为舌苔薄白、脉浮、恶风寒(被毛逆立、寒颤)。又因肺合皮毛,故表证又常有鼻流清涕、咳嗽、气喘等证候。表证多见于外感病的初期,主要有风寒表证和风热表证两种。

表证的治疗宜采用汗法,又称解表法,根据寒热轻重的不同,或辛温解表,或辛凉解表。

2. 里证

《元亨疗马集·八证论》中说:"夫里者,一身之内也,诸内为里,五脏亦然。"相对表证而言,里证病位在脏腑,病变较深。多见于外感病的中、后期或内伤诸病。里证的形成大致有三种情况,一是表邪不解,内传入里;二是外邪直接侵犯脏腑;三是饥饱劳役因素影响气血的运行,使脏腑功能失调。

因里证的病因复杂,病位广泛,故症状繁多。临诊时,应进一步辨别疾病所在脏腑及病性的寒热与病势的盛衰(虚实)。

里证的治疗不能一概而论,需根据病证的寒热虚实,分别采用温、清、补、消、泻诸法。

3. 表证与里证的关系

(1)表里转化包括表邪入里和里邪出表两个方面。表里转化,反映了疾病发展的趋势。表邪入里表示病势加重,里邪出表反映病势减轻。

①表邪入里。表邪不解,内传入里,由表证转化为里证。多因机体抵抗力下降,或邪气过盛,或护理不当,或误治、失治等因素所致。如温病初期,多为表热证,若失治、误治,则表热证症状消失,出现高热、舌红苔黄、粪干、尿短赤、脉洪数等里热证候,说明病邪已经由表入里,转化成了里热证。

②里邪出表。病邪从里透达于外,由肌表而出,里证便转化为表证。多为机体抵抗力增强、邪气衰退、病情好转的征象。如某些痘疹类疾病,先有内热、喘促、起卧不安等证候,继而痘疹渐出,热退喘平,便是里邪出表的表现。

(2)表里同病。表里同病指表证和里证同时在同一个机体上出现。如患畜表邪未解,既有发热、恶寒的表证表现,又出现咳嗽、气喘、粪干、尿赤等里热的症状;又如脾胃素虚,常见草料迟细、粪便稀薄等里虚证表现,又感风寒,见发热、恶寒、无汗等表实证症状,这都是表里同病的病证。引起表里同病的原因,一是外感和内伤同时致病;二是外感表证未解,病邪入里;三是先有内伤,而又感受外邪,或先有外感,又伤饮食等。

表里同病,往往与寒热、虚实互见,常见的有表里俱寒、表里俱热、表寒里热、表热里寒、表里俱实、表里俱虚、表虚里实、表实里虚等,临床上需要仔细辨别。表里同病的治疗原则,一般是先解表后攻里或表里同治;如果里证紧急,也可先攻里后解表。

4. 表里辨证要点

(1)辨别表里要掌握其特征,尤其应该掌握表证的特征。如发热恶寒并见的属表证,若发热而没有恶寒,或仅有恶寒者多属里证;脉浮属表证,脉沉属里证。

(2)在辨别表里的同时,还应注意是否有表里同病或兼其他不同证候,如表里俱寒、表里俱热、表里俱虚、表里俱实、表寒里热、表热里寒、表虚里实、表实里虚、半表半里证等。

(3)初病表现为表证,继而出现里证,应辨别表证是否已经入里,查明表证已解或未解。初病里证，继而出现表证，应辨别是否里证出表，或是又感表邪。

5. 表里证典型方剂

表证治宜发汗解表、散寒除湿，代表方剂为**荆防败毒散【方剂】**，里证可以补中益气、和里缓急，代表方剂有**黄芪建中汤【方剂】**。

 寒热辨病性

寒热是辨别疾病性质的两个纲领，用以概括机体阴阳偏盛偏衰的两种证候。一般来说，寒证是感受寒邪或机体机能活动衰退所表现的证候，即所谓"阴盛则寒""阳虚则外寒"；热证是感受热邪或机体机能活动亢盛所反应的证候，即所谓"阳盛则热""阴虚则内热"。

1. 寒证

《元亨疗马集·八证论》中说："夫寒者，冷也，阴盛其阳也。"故寒证就是"阴盛其阳"的证候，或为阴盛，或为阳虚，或阴盛阳虚同时存在。引起寒证的病因，一是外感风寒，或内伤阴冷；二是内伤久病，阳气耗伤，或在内伤阳气的同时，又感受了阴寒邪气。

寒证的一般症状是口色淡白或淡清、口津滑利、舌苔白、鼻寒耳冷、四肢发凉、尿清长、粪稀、脉迟等。有时还有恶寒、被毛逆立、肠鸣腹痛等症状。常见的寒证有外感风寒、寒伤脾胃、寒滞经脉等。

"寒者热之"，故治疗寒证宜采用温法，根据病情，或辛温解表，或温中散寒，或温肾壮阳。

2. 热证

《元亨疗马集·八证论》说："夫热者，暑也，阳盛其阴也。"故热证就是"阳盛其阴"的证候，或阳盛，或阴虚，或阳盛阴虚同时存在。引起热证的病因也主要有两个方面，一是外感风热，或内伤火毒；二是久病阴虚，或在阴虚的同时，又感受热邪。

热证的一般症状表现是口色红、口津减少或干黏、舌苔黄、呼出气热、身热、尿短赤、粪干或泻痢腥臭、脉数。有时还有目赤、贪饮、气促喘粗、恶热等症状。常见的热证有燥热、湿热、虚热、火毒疮痈等。临诊时，须辨清其为表热还是里热、实热还是虚热、气分热还是血分热等。

"热者寒之"，故治疗热证宜用清法，根据病情或辛凉解表，或清热泻火，或壮水滋阴。

3. 寒证与热证的关系

（1）寒热转化。寒热转化是指在一定条件下，寒证可以转化为热证，热证也可以转化为寒证。寒证、热证的互相转化，反映着邪正盛衰的情况。由寒证转化为热证，表示机体正气尚盛；由热证转化为寒证，则代表机体邪盛正虚，正不胜邪。

①寒证转为热证。疾病本为寒证，后出现热证，随热证的出现而寒证消失。多因失治、误治，寒邪从阳化热，致使机体的阳气偏盛所致。例如，外感风寒，出现苔薄白、恶寒重、发热轻、脉浮紧的表寒证；若误治、失治，致使寒邪入里化热，则出现不恶寒、反恶热、口渴贪饮、舌红苔黄、脉数的里热证，这就是由寒证转化为热证的证候。

②热证转为寒证。疾病原属热证，后出现寒证，随寒证的出现而热证消失。多因失治、误治，损伤了机体的阳气，致使机体机能衰退所致。例如，高热病畜，因大汗不止，阳从汗泄；或吐泻过度，阳随津脱，最后出现四肢厥冷，体温降低，脉微欲绝的虚寒证，便是热证转化为寒证的证候。

（2）寒热错杂。寒热错杂是指在同一患畜身上，既有寒证，又有热证，寒证和热证同时存在的情况。

①单纯里证的寒热错杂,有上寒下热和上热下寒两种。

上寒下热指患畜的上部有寒证的表现,而下部有热证的表现。如寒在胃而热在膀胱的证候,患畜上部有胃脘冷痛,草料迟细的寒象,下部又有小便短赤,尿频尿痛的热象。

上热下寒指患畜上部有热证的表现,而下部有寒证的表现。如热在心经而寒在胃肠的证候,上部有口舌生疮,牙龈溃烂的热象,下部又有回头顾腹、起卧不安、粪便稀薄的寒象。

②表里同病的寒热错杂,有表寒里热和表热里寒两种证型。

表寒里热常见于先有内热,又外感风寒;或外感风寒,外邪入里化热而表寒未解的病证。例如,寒在表、热在里的证候,既有发热、恶寒、被毛逆立的表寒症状,又有气喘、口渴、舌红、苔黄的里热症状。

表热里寒多见于素有里寒而复感风热;或表热证未解,误用下法而致脾胃阳气损伤的病证。例如,患畜平素就有草料迟细、口流清涎、粪便稀薄的里寒症状,若外感风热则又可见发热、咽喉肿痛、咳嗽等表热的症状。

(3) 寒热真假。在疾病的发展过程中,特别是在病情危重阶段,有时会出现一些症状与疾病本质相反的假象。这种外部症状表现与疾病本质不一致的现象,叫作"寒热真假"。所谓寒热真假,就是由于寒热格拒所致的疾病现象和本质不符的情况。"真"是疾病的本质,"假"则是疾病的现象。诊断时,应抓住本质,不要为假象所迷惑。

①真热假寒,即内有真热而外见假寒的证候。临床多表现为苔黑、四肢冰冷、脉沉,似属寒证,但体温极高,苔黑且干燥,脉虽沉按之却数而有力,更见口渴贪饮、口臭、舌色深红、尿短赤、粪燥结等内热之象。这种情况下,四肢冰冷,苔黑、脉沉就是假寒的现象,而内热才是疾病的本质。此为内热过盛,阴阳之气不相顺接,阳热郁闭于内,不能布达于四肢下部而形成的阳盛于内,拒阴于外的阴阳格拒现象。

②真寒假热,即内有真寒而外见假热的证候。临床常表现为苔黑、体表发热、脉大,似属热证,但体表虽热而不烫手,苔虽黑却湿润滑利,脉虽大却按之无力,更有小便清长,大便稀薄等一派内寒之象。这种苔黑、体表发热、脉大就是假热的现象,而内寒才是疾病的本质。此为阴盛于内,逼阳于外所形成的阴阳格拒现象。

4. 寒热辨证要点

(1) 辨寒热,一般应综合病畜口渴与二便情况,舌苔、舌质、耳鼻冷热、四肢、脉象等表现来加以辨别。口渴贪冷饮为热,不饮水或喜饮温水为寒;尿液短赤、粪便燥结或便脓血为热,尿液清长、粪便稀薄为寒;耳鼻、四肢不温或冰冷为寒,耳鼻、四肢温热为热;苔黄燥、舌质红为热,苔白滑、舌质青白为寒;脉数滑为热,脉沉迟为寒等。

(2) 辨寒热,须分别部位。如寒热有在表、在里、在上、在下、在脏、在腑、在气、在血等不同。

(3) 辨寒热,应注意寒热错杂及虚实的不同情况,如表热里寒、上寒下热、上下俱热、表里俱寒、虚寒、虚热、实寒、实热等。

(4) 辨寒热,须清真假,不要为其表面的假象所迷惑,只有抓住病证的本质,才能做出正确诊断。

5. 寒热证典型方剂

寒热证有里寒证和里热症。里寒证包括实寒证和虚寒证。里实寒证,治宜温肾散寒,代表方剂有**茴香散【方剂】**;常见的里虚寒证,如中焦虚寒,治宜温中补虚,代表方剂有**小建**

中汤【方剂】。里热证亦包括实热证和虚热证。常见的实热证，如三焦热盛，治宜清热解毒，代表方剂有三子散【方剂】。

 虚实辨邪正盛衰

虚实是概括和辨别机体正气强弱和病邪盛衰的两个纲领。一般而言，虚证是正气不足的证候，而实证则是邪气亢盛有余的证候。故《素问·通评虚实论》说："邪气盛则实，精气夺则虚。"

1. 虚证

虚证是指机体正气虚弱、不足为主所产生的各种虚弱证候的概括，反映机体正气虚弱不足、正邪斗争不剧烈，机体反应性低下，临床表现出一系列虚弱不足证候的病证。虚证的形成，可为外感六淫，也可为饮食所伤。

（1）外感六淫。寒邪、湿邪等阴邪侵入机体，以伤及机体阳气。机体阳气受损，温煦功能减弱，脏腑功能减退，则可产生各种阳虚病证。如湿邪侵入机体，损伤脾阳，致脾阳不振，运化无权，产生纳呆、回头顾腹、泄泻等证候；再如寒邪侵入机体，多伤肾阳，肾阳亏虚，水湿不化，出现腰脊喜按、水肿、少尿等证候。

风、暑、燥、火等阳邪侵入机体，则易耗损机体阴液，导致机体气阴两伤。如风邪客表，开阖失常，营卫失守，卫阳不固，汗出伤阴，气随汗泄，致气阴两伤；再如燥邪侵入机体，则易伤机体阴津，临床上出现一系列干涩病症，如鼻干、唇干、口干津少、吞咽困难、毛发不荣、皮肤干涩皲裂等证候。

（2）饮食所伤。临床上，饮食所伤而致病者主要有三个方面：过饥、过饱、饮食生冷均可引起虚损性疾病的发生。过饥，气血化生乏源，机体得不到足够的气血充养，日久则见体衰。过饱，可致脾胃损伤，脾胃纳化失常，食物停滞，郁而化热，耗伤阴液。饮食生冷，伤及脾胃，中焦阳气受损，不能纳化，升降失司，上逆则为吐，下渗则为泄，横溢则为肿，溃肺则为喘，凌心则为悸。

（3）虚证的辨证理论。《元亨疗马集·八证论》中说："夫虚者，劳伤之过也，真气不守，卫气散乱也。"故虚证是对机体正气虚弱所出现的各种证候的概括。形成虚证的原因主要是劳役过度，或饮喂不足，或老弱体虚，或大病、久病之后，或病中失治、误治等，均可使畜体的阴精、阳气受损而致虚。此外，先天不足的动物，其体质也往往虚弱。

虚证的一般表现是口色淡白，舌质如绵，无舌苔，头低耳聋，体瘦毛焦，四肢无力，脉虚无力。有时还表现虚喘，出虚汗，粪稀或完谷不化等症状。在临诊中，常将虚证分为气虚、血虚、阴虚、阳虚等类型。

"虚则补之"，故治疗虚证宜采用补法，或补气，或补血，或气血双补；或滋阴，或助阳，或阴阳并济。

2. 实证

实证是指机体感受外邪，或疾病过程中阴阳气血失调，或体内病理产物蓄积等所形成的各种临床证候的概括，反映邪气亢盛，机体正气尚未亏虚，抗病能力相对较强，邪正斗争一般较为剧烈，机体反应性强，临床上表现出一系列剧烈有余的证候。由于感邪性质的差异，致病病理产物的不同，以及病邪侵袭的部位不同，临床证候表现多种多样。《元亨疗马集·八证论》中说："夫实者，结实之谓也，停而不动，止而不行也。"这里指的是病邪结聚和停滞，是比较狭义的实证。广义来讲，凡邪气亢盛而正气未衰，正邪斗争比较激烈而反映出来的亢奋证候，均属实证。引起实证的原因有两个方面：一是感受外邪；二是内脏机能活动失调，代谢障碍，以致痰饮、水湿、瘀血等病理产物停留体内。

实证的具体症状表现因病位和病性等的不同，有很大差异。但就一般症状而言，常见舌红苔厚、喘息气粗、起卧不安、回头顾腹、高热、腹部拒按、大便秘结、小便短少或淋漓不通，脉实有力等。

"实则泻之"，故治疗实证宜采用泻法，除攻里泻下之外，还包括活血化瘀、涤痰逐饮、平喘降逆、软坚散结、理气消导等法。

3. 虚证与实证的关系

（1）虚实转化疾病的过程就是正邪斗争的过程，正邪斗争在证候上的反映，主要表现为虚实转化。

①实证转为虚证。先有实证，后出现虚证，随虚证的出现而实证消失。多因误治、失治，损伤正气、津液而致。例如，便秘或结症的动物，本为实证，若因治疗不当或泻下峻猛，则会发生结去后而泄泻不止，继而出现倦怠喜卧、口色淡白、舌体如绵、体瘦毛焦、脉细而无力的现象，这便是由原来的实证转化为了虚证。

②虚证转为实证。先有虚证，后出现实证，随实证的出现虚证消失。例如，外感风寒表虚证，可以转化为汗出而喘的肺热实证。临床上由虚转实比较少见，多见的是先有虚证，后出现虚实错杂证。例如，患畜先有脾胃虚弱，此时又过食不易消化的草料，则可出现草料停滞胃肠，肚腹胀满，以及向纵深发展而形成结症，这便是虚中挟实证。

（2）虚实错杂是一个病患身上同时存在着虚证与实证两种证候。一般来说，虚实错杂的产生，有以下三个方面的原因，一是体虚感受外邪，如素体气虚，复感风寒外邪；二是邪气亢盛，损伤机体正气，如结症日久不除，耗伤正气；三是脏腑功能虚衰，使病理产物停聚体内，如肾虚水泛。虚实错杂的证候，由于在虚实程度及病情的轻重缓急方面存在着不同，所以在治疗上要分清主次和轻重缓急，采取或先补后攻、或先攻后补、抑或攻补兼施的方法进行治疗。

①虚中挟实是以正虚为主，兼有邪实的证候。例如，肾主水，肾虚而水泛，水泛则生痰，痰生则上渍于肺，故临床上除有耳鼻四肢俱冷，动则气喘等肾虚的表现外，还有痰鸣、呼吸困难等痰实的症状，这就是虚中挟实之证。

②实中挟虚是以邪实为主，兼有正虚的证候。例如，动物因暴饮暴食，或草料突然更换而发生结症，若日久不除，脾胃损伤加剧，运化功能下降，气血化生不足，临床上除有粪便不通，肚腹胀满疼痛，起卧打滚等实证的表现外，还有因久病而出现的体瘦毛焦、痿弱无力等脾虚的症状，这便是实中挟虚证。

③虚实并重是正虚与邪实均十分明显的证候，多由以下两种情况引起。一是原为严重的实证，日久则正气大伤，而实邪未减；二是原来正气就虚，又感受了较重的邪气。

（2）虚实真假指疾病发展到严重阶段时，动物所表现出的症状与疾病本质不相符的情况，主要有真实假虚和真虚假实两种证型。辨别虚实真假，一般应从脉象有力无力、舌质的胖嫩与苍老、叫声的低微与洪亮、体质的虚弱与强壮、病证久新等方面进行综合分析。

①真实假虚是本质为实，现象似虚的证候。例如，伤食患畜常表现为精神倦怠、食欲减退、泄泻等证候，似属脾虚泄泻，但强迫其运动过后，精神反而好转，按摩腹部疼痛剧烈，或拒按。泄泻是虚象，但此畜泄后反而精神好了许多，说明其体内有实的地方，而且实是疾病的本质，虚象是一些迷惑人的假象。

②真虚假实是本质为虚，现象似实的证候。例如，脾虚患畜，往往出现间歇性的肚胀，似属实证，但按之不拒，且形体消瘦，口色、脉象一派虚象，实为脾虚，肚胀乃运化失职所致。

4. 虚实辨证要点

（1）一般来说，外感初病，证多属实；内伤久病，证多属虚。临床症状表现为亢盛、有余的属实，表现为衰弱、不足的属虚。其中，声音气息的强弱、痛处的喜按与拒按、舌质的苍老与胖嫩、脉象的有力无力等，对鉴别虚证、实证具有重要的临床意义。若病程短、声高气粗、痛处拒按、舌质苍老、脉实有力的属实证，病程长、声低气短、痛处喜按、舌质胖嫩、脉虚无力的属虚证。

（2）辨虚实要分析虚实的真假，不要被表面现象所迷惑，因为有时会出现"大实有羸状，至虚有盛候"的特殊情况。

（3）辨虚实需分部位和虚实错杂的情况，察其虚实是在上、在下、在表、在里，是独见还是夹杂互见，是在脏还是腑，在脏腑中是气还是血，是一脏独虚，还是脏虚腑实等。

（4）辨虚实应注意是否有寒热、表里等掺杂互见。

5. 扶正祛邪典型方剂

在临床上，一般要预防虚证的产生，治宜扶正壮体，代表方剂可以用**十味育雏散【方剂】**。其他常用代表方剂，如气阴两虚的**生脉散【方剂】**、脾胃气虚的**四君子汤【方剂】**等。

四 阴阳辨整体

阴阳是概括病证类别的两个纲领，是八纲辨证的总纲。临床上，疾病虽然错综复杂，但均可分为阴证和阳证两种。如《类经·阴阳类》指出疾病"必有所本，或本于阴或本于阳，病变虽多，其本则一"。《素问·阴阳应象大论》说："善诊者，察色按脉，先别阴阳。"由此可见，阴阳是辨证的基本纲领。

1. 阴证辨证论治

凡症状表现寒邪凝滞、抑郁、安静等，均称为阴证。患阴证病患，一般表现为精神沉郁、头低耳耷、喜温恶寒、舌津湿润、口色淡白、鼻塞耳冷、肌表不温、喘咳轻微、叫声无力、肠鸣腹泻、小便清长、脉象沉迟等。致于阴证的论治，如因阴盛引起的，应以泄阴为主，如由阳虚引起的，应以助阳为要。

2. 阳证辨证论治

凡表现热邪壅盛、偏亢、兴奋，具有热象症状等，均称为阳证。患阳证病患，一般表现为精神兴奋、起卧不安、口唇燥裂、口渴欲饮、肌表发热、大便秘结、小便短赤、呼吸气粗、高热不退、舌质红绛、脉洪数等。阳证的论治，若由阳盛引起，应抑阳，若由阴虚引起，应以滋阴为主。

3. 亡阴与亡阳

亡阴，是指由于体液大量消耗而表现出阴液衰竭的证候。亡阳，是由于体内阳气严重损耗而表现出阳气虚脱的证候。引起亡阴、亡阳的主要原因是邪毒过盛，或者高热大汗、失血过多、剧烈吐泻，或正不胜邪等，导致阴液或阳气迅速大量亡失，从而出现的危重证候。但亡阳与亡阴的证候，尚有不同之处。

一般来说，亡阴证主要表现为起卧不安、耳鼻温热、口渴喜饮、舌红而干、汗出如油、呼吸短促、脉细数无力等。亡阴的病变，多由热盛或阴虚之体而引起。大出血或吐泻过度多引起亡阴的病变。亡阳证主要表现为耳鼻无温、口不渴、舌淡而润、四肢厥冷、汗冷如珠、呼吸气微、脉微欲绝等。亡阳的病变，多由寒盛或阳虚之体而引起。大汗出则多引起亡阳的病变。

但两者又相互影响，亡阴则阳气必无所依附而散越，亡阳则阴液必无以化生而耗竭。所以，亡阴可迅速导致亡阳，亡阳也可迅速导致亡阴，往往相继出现，只不过是先后主次的不同而已。至于论治，在兽医临床上，应分辨出是亡阴还是亡阳之证，及时地进行抢救。如亡阴者，应急用救阴生津法，代表方剂为**加减复脉汤【方剂】**；亡阳者，应急用回阳救逆法，代表方剂为**四逆汤【方剂】**。但需知阳脱者，亦由阴先亡，而阳无所依，如盏中之油干，其火也熄。故治疗阳脱者，也须补之以阴。又需知道，阳为功能，阳又可化生阴，故治疗亡阴者，也须补之以阳。

4. 阴和阳相互转化的辨证论治

阴和阳是相对的，不是静止不变的，在疾病的发展过程中，它可以相互转化，这主要取决于邪正双方的力量对比。如正气不支，邪气内陷，病情恶化，阳证可以转化为阴证；如正气渐复，邪气外散，病情好转，阴证也可转化为阳证。例如，高热的疾病，本属阳证，若失治误治，延长病期，热邪就要伤气耗阴，便成为气阴两虚之疾，即由阳证转化为阴证。又如，家畜的寒泄，治疗不当，延误时机，液体大量损失，也可由寒化热，即由阴证转为阳证。

任务三　八纲辨证临床应用案例

八纲辨证临床应用案例

一、风寒束表

1. 案例描述

证见发热轻、恶寒重、耳鼻凉、无汗、口不渴、行动不灵活、四肢喜按、舌苔薄白、脉浮紧。

2. 辨证论治

病患感受风寒，风邪首先犯卫，致卫阳之气功能失调，风寒邪气乘之侵入，卫气受遏，外束于肌表。风寒闭塞肌腠，郁而不发，卫阳被阻不能输布，致使卫气不和而致发热。本证常见于外感初期。治宜疏风散寒，辛温解表。方剂为**荆防败毒散【方剂】**加减，方剂构成为：荆芥、防风、羌活、独活、柴胡、前胡、枳壳、桔梗、茯苓、川芎、生姜片、薄荷、甘草，水煎服，每天1剂，使用1剂即可。

3. 结合治疗

兽医分析：本型相当于临床兽医之感冒病。

化药处方：可用青霉素（或链霉素）、利巴韦林等注射液（或病毒灵注射液），与复方氨基比林注射液混合注射。若以上药物治疗效果不佳，可每头同时用维生素 B_1 注射液、654-2 注射液混合肌肉注射。中药用生姜片熬水，加红糖一次服用。

阴虚发热

1. 案例描述

症见形体消瘦，低热不退，午后更甚，起卧不安，唇干口燥、口色淡红而干，舌质红，少苔或无苔，耳鼻微热，身热，被毛凌乱盗汗，粪球干小，尿少色黄，脉细数无力。

2. 辨证论治

由于机体阴液亏耗，阴衰则阳盛，表现为发热，午后体温显著高于午前，故阴虚发热午后尤甚。阳盛则内热，故阴液不足，唇干口燥，口色淡红而干，尿少色黄。虚阳浮越，津液外泄，故盗汗。阴液耗损致虚火旺炽灼烧肌肉，故形体消瘦。脉细数无力是阴虚生内热之象。治宜滋阴清热。代表方剂为**增液汤【方剂】**加减。方剂构成为：玄参、麦冬、地黄、地骨皮、银柴胡、胡黄连、青蒿、知母、当归、肉苁蓉、大黄。盗汗者加生龙骨粉、生牡蛎粉、浮小麦；尿短赤者加泽泻、木通、猪苓。每天1剂，连用2~3剂。

3. 结合治疗

兽医分析：本型相当于兽医某些传染病或热性病的后期或机体虚弱而致的低热不退。以下是治疗方法。

化药处方：黄芪多糖、氨苄青霉素、链霉素等注射液，与复方氨基比林注射液（注意复方氨基比林注射液的用量宜少）、地塞米松注射液混合肌肉注射，每天2次，连用3~4次。黄芪多糖注射液每天1次，连用2次。维生素C注射液、维生素B_1注射液、辅酶A粉针混合肌肉注射，每天2次，连用4次。如同时应用根瘟灵注射液1号、根瘟灵注射液3号混合肌肉注射，疗效更佳。

 热病后期

1. 案例描述

病患体温正常或低热不退，体温较高，徘徊不退，食欲减少或不食，大便干燥或秘结。

2. 辨证论治

在热病发烧过程中，湿得热则成痰，血受热则瘀滞不行，宿食糟粕积滞则难于后行，这些因高烧形成的产物，如痰、血瘀、燥屎等内结，化药无法解决，而中药可以通过调理作用，改善因此形成的一系列功能性障碍，救病患于颓败之际，并结合化药的对症处理，中西兽医结合实现对热病的综合治疗。代表方剂为**麦门冬汤【方剂】**加减。方剂构成为：沙参、玄参、玉竹、地黄、麦门冬、天花粉、青蒿、地骨皮、丹皮、赤芍、柴胡、黄芩、大黄（后下煎）、甘草。每天1剂，连用2~3剂。

3. 结合治疗

临床兽医分析：热病后期相当于兽医某些传染病或热性病的后期。

处方一：黄芪多糖、氨苄青霉素、链霉素等注射液，与复方氨基比林注射液、地塞米松注射液混合肌肉注射，每天2次，连用3~4次。但此阶段氨基比林注射液和地塞米松注射液的使用剂量宜少。胃复安注射液与维生素C注射液、维生素B_1注射液混合肌肉注射，每天2次，连用3~4次。

处方二：配尼霉素与柴胡注射液混合肌肉注射，每天1次，连用2~3次。黄芪多糖注射液，与复方氨基比林注射液、地塞米松注射液混合肌肉注射，每天1~2次，连用3~4次。维生素C注射液，维生素B_1注射液，氯化氨甲酰甲胆碱注射液混合肌肉注射，每天1~2次，连用3~4次。

四 相关案例

1. 斑

【案例描述】斑疹色淡红，隐而不显，口不甚渴，脉不洪数，四肢微冷。

【辨证论治】虎斑因气虚不能摄血所致。代表方剂为**四君子汤合归脾汤、封髓丹【方剂】**加减，方剂构成为黄芪、白术（焦）、党参、当归、川芎、茯苓（碎）、龙眼肉、酸枣仁（捣）、远志、木香、砂仁（捣）、黄柏、甘草（灸）。每天1剂，连用3~4剂。本方采用大量的补气健脾药，是因为气能生血、气能摄血和脾能统血的缘故。黄柏、砂仁、甘草三味药合称为"三才封髓丹"，可纳气归肾，上、中、下并补，重在调和水火，使阴阳合化，交会中宫则水火皆济。诸药合用，则体虚可复、虚斑可止。

【结合治疗】（1）西兽医分析：西兽医认为本症乃因机体虚弱，抗体不足，免疫功能低下所致。（2）西药处方：维生素C注射液，维生素B12注射液，三磷酸腺苷（ATP）注射液，辅酶A粉针混合肌肉注射。每天2次，连用3天。樟脑磺酸钠注射液，654-2注射液混合肌肉注射。每天2次，连用3天。黄芪多糖注射液，氨苄青霉素混合肌肉注射。每天1次，连用3天。维生素B1注射液、氯化氨甲酰甲胆碱注射液混合肌肉注射。每天1次，连用3天。

2. 阳斑初期

【案例描述】体温不甚高，肌表发热不退，口渴欲饮，舌色及口色红，斑疹色红，食欲减退或不食，大便正常或稍现干燥

【辨证论治】此证乃温疫侵袭机体，毒凝气滞，邪热壅滞于皮下及血络之中，故发斑疹。代表方剂为**透斑解毒汤【方剂】**，方剂构成为金银花、连翘、蝉蜕、白芷、牛蒡子（捣）、僵蚕、黄芩、丹皮、大青叶、天花粉、健曲、陈皮、甘草。一剂三煎，3次药液混合均匀分早、晚2次服，每天1剂，连服2剂。如本型出现大便干结者加大黄（后下煎）、芒硝（另兑水溶化）。

【结合治疗】（1）西兽医分析：本型相当于某些热性或传染病的初始阶段。（2）西药处方：氨苄青霉素（或先锋9号）、青霉素，与复方氨基比林注射液、地塞米松注射混合肌肉注射。每天2次，连用3~4次。

3. 阳斑中期

【案例描述】体表发生斑疹，色紫，同时伴有高热、舌质及口色红绛（甚者舌起芒刺）、脉数、大便秘结、无食欲、精神沉郁等症状。

【辨证论治】此乃热邪亢盛，高热耗损津液，故见大便秘结、口渴欲饮；热伤脉络，热邪迫血妄行致阴络灼伤，血离络外溢，故见体表发生斑疹及大便带有血液（如见大便正常，但表面油光呈暗红色，也是阴络灼致大便带血之征象）；血中热邪亢炽，故见舌质及口色红绛。代表方剂为**清温败毒饮【方剂】**加减，方药构成为水牛角粉、地黄、丹皮、赤芍、金银花、川黄连（捣）、黄芩、生石膏（捣成粉）、玄参、大青叶、甘草。大便秘结者加大黄（后下煎）、芒硝（另兑水溶化，1次服完）、侧柏叶；大便带血者加地榆（炒焦）、槐花；尿血者加茜草（炒焦）、小蓟。一剂三煎，3次药液混合均匀分早、晚2次服，每天1剂，连用2~3剂。

【结合治疗】（1）西兽医分析：本型可见于某些传染病或热性病的中期阶段。（2）处方

一：黄芪多糖注射液，先锋9号（或氨苄青霉素）、链霉素，与复方氨基比林注射液、地塞米松注射混合肌肉注射。每天2次，连用3~4次。维生素C注射液、维生素K3注射液混合肌肉注射（无衄血、便血及尿血者不用维生素K3）。每天2次，连用4次。处方二：复方硫酸链霉素粉针、双黄连注射液（柴胡注射液）混合肌肉注射，注射1次即可。病情严重者可间隔2天重复用药1次。黄芪多糖注射液，与复方氨基比林注射液、地塞米松注射液。每天1~2次（视情况而定），连用3~4次。维生素C注射液与维生素K3注射液混合肌肉注射（无衄血、便血及尿血者不用维生素K3）。每天2次，连用4次。

4. 阳斑后期

【案例描述】体温降至正常或稍偏高，大便干燥或秘结，斑疹融成片，常见四肢、耳部及胸腹、后躯等部位整片色泽紫暗，精神沉郁，完全无食欲。

【辨证论治】此为高热侵扰机体而不能宣泄，日久致气津两伤，气滞血瘀所致。代表方剂为**小柴胡汤**【方剂】合**血府逐瘀汤**【方剂】加减，方剂构成主要有柴胡、黄芩、党参、丹参、当归、地黄、桃仁（捣）、红花、赤芍、桔梗、丹皮、川芎、大黄（后下煎）、甘草。每天1剂，连用3剂。本型的治疗应注重活血化瘀药的使用，可加速体表皮肤色泽尽快恢复，并提高治愈率。

【结合治疗】（1）西兽医分析：本型相当于某些传染病或热性病的后期。（2）处方：黄芪多糖注射液，氨苄青霉素、链霉素，与地塞米松注射（治疗本型剂量应小）混合肌肉注射。每天1~2次，连用3~4次。维生素C注射液、辅酶A粉针、安钠咖注射液混合肌肉注射。每天2次，连用4次。维生素B1注射液、氯化铵甲酰胆碱注射液混合肌肉注射。每天1~2次，连用3~4次。

5. 阴斑

【案例描述】有时肌表虽热，以手按之须臾则冷透如冰，一般只胸腹微见数点斑疹，色淡红，并伴有目赤、四肢冷、大便溏泻或水大便等症状。

【辨证论治】阴斑由于阴盛格阳而成，此乃阳为阴逼，上入于肺，传之皮毛，故发斑疹。代表方剂为**理阴煎合理中汤**【方剂】加减。方剂构成为熟地、当归、干姜（或肉桂）、党参、白术（焦）、甘草（炙）。每天1~2剂，连用3~4剂。

【结合治疗】（1）西兽医分析：西兽医学认为本症乃因机体虚弱、抗体不足、免疫功能低下所致。（2）西药处方：维生素C注射液、维生素B12注射混合肌肉注射。每天2次，连用3天。黄芪多糖注射液、氨苄青霉素混合肌肉注射。每天1次，连用3~4天。维生素B1注射液，氯化氨甲酰甲胆碱注射液混合肌肉注射。每天1次，连用3~4天。

项目六 脾胃辨证

学习目标

总体目标： 掌握五行之土及脾的基本属性，掌握甘、化、湿、长夏等自然界及其物质属性和脾胃、肌肉等机体脏腑器官属性间的辨证关系，并结合脾胃辨证在兽医临床应用及临床应用案例，掌握脾胃辨证应用技巧。

理论目标： 掌握五行之土及脾的基本属性，掌握甘、化、湿、长夏等自然界及其物质属性和脾胃、肌肉等机体脏腑器官属性间的辨证关系。

技能目标： 掌握脾胃辨证应用技巧，会脾胃辨证理论的兽医临床应用。

任务一 脾胃辨证理论

脾胃辨证理论

脾位于腹内，其主要生理功能为主运化，统血，主肌肉四肢。脾有经脉络于胃，与胃相表里。脾开窍于口，在液为涎。

一、脾的生理功能

（一）主运化

运，指运输；化，即消化、吸收。脾主运化，主要是指它有消化、吸收、运输营养物质及水湿的功能。机体的脏腑经络、四肢百骸、筋肉、皮毛，均有赖于脾的运化，以获取营养，故称脾为"后天之本""五脏之母"。脾主运化的功能，主要包括以下两个方面。

一是运化水谷精微，即经胃初步消化的水谷，再由脾进一步布散，将营养物质转输到心、肺，通过经脉运送到周身，以供机体生命活动之需。脾的这种功能健旺，称为"健运"。脾气健运，其运化水谷的功能旺盛，全身各脏腑组织才能得到充分的营养以维持正常的生命活动。反之，脾失健运，水谷运化功能失常，就会出现精神倦怠、消瘦、营养不良、腹胀、腹泻等证候。

二是指运化水湿，即脾有促进水液代谢的作用。首先，脾在运输水谷精微的同时，也把水液运送到周身各组织中，以发挥其滋养濡润的作用。因脾要将水谷精微及水湿上输于肺，其气机的特点是上升的，故有"脾主升清"之说。"清"，即是指精微的营养物质。若脾气不升反而下陷，除可导致泄泻外，也可引起内脏垂脱诸证，如脱肛、子宫垂脱等。其次，代谢后的水液，则下注于肾，经膀胱排出体外。若脾运化水湿的功能失常，就会出现水湿停留的各种证候，如停留肠道则为泄泻，停于腹腔则为腹水，溢于肌表则为水肿，水湿聚集则成痰饮。故《素问·至真要大论》中说："诸湿肿满，皆属于脾。"

（二）主统血

统，有统摄、控制之意。脾主统血，是指脾有统摄血液在脉中正常运行，不致溢出脉外的功能。《难经·四十二难》所说的"脾……主裹血，温五脏"，即指脾统血的功能。裹血，就是包裹、统摄血液，不使其外溢。脾之所以能统血，全赖脾气的固摄作用。脾气旺盛，固摄有权，血液就能正常地沿脉管运行而不致外溢；否则，脾气虚弱，统摄乏力，气不摄血，就会引起各种出血性疾患，尤以慢性出血为多见，如长期便血等。

（三）脾主肌肉四肢

指脾可为肌肉四肢提供营养，以确保其健壮有力和正常发挥功能。肌肉的生长发育及丰满有力，主要依赖脾所运化水谷精微的濡养。故《素问·痿论》说："脾主周身之肌肉。"脾气健运，营养充足，则肌肉丰满有力，否则就肌肉痿软，消瘦。故《元亨疗马集·定脉歌》说："肉瘦毛长戊己（脾）虚。"

四肢的功能活动，也有赖脾所运送的营养才得以正常发挥。当脾气健旺，清阳之气输布全身，营养充足时，四肢活动有力，行步轻健；否则脾失健运，清阳不布，营养无源，必致四肢活动无力，行步怠慢。如《素问·阴阳应象大论》说："今脾病，不能为胃行其津液，四肢不得禀水谷气，气日以衰，脉道不利，筋骨肌肉，皆无气以生，故不用焉。"动物患脾虚胃弱时，往往四肢痿软无力，倦怠好卧便是此理。

二 胃的功能

胃位于膈下，上接食道，下连小肠。胃有经脉络于脾，与脾相表里。胃的主要功能为受纳和腐熟水谷。

胃主受纳，是指胃有接受和容纳饮食物的作用。饮食入口，经食道容纳于胃，故胃有"太仓""水谷之海"之称。《安骥集·天地五脏论》中也称"胃为草谷之腑"。

腐熟水谷，是指饮食物在胃中经过胃初步消化，形成食糜。饮食物经胃腐熟或初步消化，一部分转变为气血，由脾上输于肺，再经肺的宣发作用布散到全身。故《灵枢·玉版篇》说："胃者，水谷气血之海也。"没有被消化吸收的部分，则通过胃的通降作用，下传于小肠，由小肠再进行进一步的消化吸收。由于脾主运化，胃主受纳、腐熟水谷，水谷在胃中可以转化为气血，而机体各脏腑组织都需要脾胃所运化气血的滋养，才能正常发挥功能，因此常常将脾胃合称为"后天之本"。

胃受纳和腐熟水谷的功能，称为"胃气"。由于胃需要把其中的水谷下传到小肠，故胃气的特点是以和降为顺。一旦胃气不降，便会发生食欲不振、水谷停滞、肚腹胀满等证候；若胃气不降反而上逆，则出现嗳气、呕吐等证候。胃气的功能状况，对于机体的强健以及判断疾病的预后都至关重要。故《中藏经》说："胃气壮，五脏六腑皆壮也。"此外，还有"有胃气则生，无胃气则死"之说。临床上，也常常把"保胃气"作为重要的治疗原则。

三 脾与胃的关系

脾与胃都是消化水谷的重要器官，两者有经脉相互络属，构成一脏一腑的表里关系。脾主运化，胃主受纳；脾气主升，胃气主降；脾性本湿而恶燥，胃性本燥而喜润。二者一化一纳，一升一降，一湿一燥，相辅相成，共同完成消化、吸收、输送营养物质的任务。

胃喜湿而恶燥，只有在津液充足的情况下，胃的受纳、腐熟功能才能正常，水谷草料才能不断润降于肠。胃受纳、腐熟水谷是脾主运化的基础。胃将受纳、消磨的水谷及时传输到小肠，保持胃肠的虚实更替，故胃气以降为顺。若胃中津液亏虚，胃失濡润，则出现水草迟细、胃中胀满等证候。若胃气不降，可引起水谷停滞、胃脘胀满、腹痛等证候；若胃气不降反而上逆，则出现嗳气、呕吐等证候。

脾喜燥而恶湿，主运化，为"胃行其津液"，脾将水谷精气上输于心肺以形成宗气，并借助心肺的作用布散周身，故脾气以升为顺。若脾气不升，可引起食欲不振、食后腹胀、倦怠无力等清阳不升、脾不健运的证候；若脾不健运，则水湿停聚，阻遏脾阳，反过来又影响到脾的运化功能，可出现便溏、精神倦怠、食欲不振和食后腹胀等湿困脾阳证候；若脾气不升反而下陷，就会出现久泄、脱肛、子宫垂脱等证候。故《临证指南医案》说："脾宜升则健，胃宜降则和。"

因此，脾与胃一湿一燥，燥湿相济，阴阳相合，方能完成水谷的运化过程。由于脾胃关系密切，在病理上常常相互影响。如脾为湿困，运化失职，清气不升，可影响到胃的受纳与和降，出现食少、呕吐、肚腹胀满等证候；反之，若饮食失节，食滞胃脘，胃失和降，亦可影响脾的升清及运化，出现腹胀、泄泻等证候。

四 脾与窍液的关系

（一）开窍于口

脾主水谷的运化，口是水谷摄入的门户；又脾气通于口，与食欲有着直接关联。脾气旺盛，则食欲正常。故《灵枢·脉度篇》说："脾气通于口，脾和则能知五谷矣。"若脾失健运，则动物食欲减退，甚至废绝。故《安骥集·碎金五脏论》说"脾不磨时马不食"。

脾主运化，其华在唇。脾有经络与唇相通，唇是脾的外应。因此，口唇可以反映出脾运化功能的盛衰。若脾气健运，营养充足，则口唇鲜明光润，色如桃花；否则脾不健运，脾气衰弱，则食欲不振，营养不佳，口唇淡白无光；脾有湿热，则口唇红肿；脾经热毒上攻，则口唇生疮。

（二）在液为涎

涎，即口津，是口腔分泌的液体，具有湿润口腔，帮助食物吞咽和消化的作用。《素问·宣明五气篇》说："五脏化液……脾为涎"；《安骥集·师皇五脏论》也说："脾者外应于唇，唇即生涎，涎即润其肉。"脾的运化功能正常，则津液上注于口而为涎，以辅助脾胃消化，但不溢出口外；若脾胃不和，则涎液分泌增加，发生口涎自出等现象；若脾气虚弱，气虚不能摄涎，则涎液自口角而出；若脾经热毒上攻，则口唇生疮，口流黏涎。

五 脾胃理论辨证思路

（一）辨证要点

从五行关系上看，脾胃属土，主运化，即可以运化水谷精微和水液，亦可统血，主管肌肉等。因此，可以以脾胃为中心，结合脾胃的"运化"作用来探讨动物生长、催肥等添加剂开发思路。

第一，脾运化水谷精微，吸收营养物质，是整个添加剂开发的核心。脾喜燥恶湿，脾气主升，宜选择燥湿类中药，如芳香燥湿中药、清热燥湿中药、渗湿利水中药、温里药等。

第二，脾胃易弱，应充实脾胃元气。因此，针对脾胃的功能应将充实脾气与健胃相结合，宜选择消导药为主。

第三，脾主统血，是脾布散营养物质的基础，而脾的统摄作用主要是通过脾气来完成的，宜选择补益脾气的药物。

第四，为了充分发挥脾胃功能，需要气机通畅，宜配伍补气理气药物。

（二）辨证用药思路

1. 燥湿类中药

脾恶湿喜燥，宜选择燥湿类中药以保证脾运化功能的发挥。

（1）芳香化湿中药：**苍术【中药】**等。
（2）清热燥湿中药：**黄连【中药】**等。
（3）渗湿利水中药：**茯苓【中药】**等。
（4）温里药：**干姜【中药】**、**茴香【中药】**等。

2. 消导药

消导药：**神曲【中药】**、**山楂【中药】**、**麦芽【中药】**等。

3. 补益脾气中药

补益脾气：**白术【中药】**等。

4. 调畅气机类中药

（1）理气药：**陈皮【中药】**等。
（2）补气药：**黄芪【中药】**、**党参【中药】**等。

通过以上药物的辨证组合，即可以形成苍术、茯苓、神曲、山楂、白术、黄芪、陈皮等构成的脾胃保健方剂。

任务二　脾胃辨证临床应用

脾胃辨证临床应用

脾胃为后天之本，是气血化生之源。五脏六腑、四肢百骸等，都依赖于脾的营养。正常情况下，脾气主升，脾的生理功能，主要是运化水谷、水湿和统摄血液，主四肢肌肉等。故脾发病时，主要表现在运化水谷的功能失常，脾不统血而发生的出血，以及脾气不升而下陷，表现为脱肛、子宫脱等证候。脾与胃相表里，胃气主降，胃的生理功能，是受纳和腐熟水谷，故胃的病变大都表现为和降失常、胃气上逆、消化不良等证候。如病在胃而不在脾，则知饥不能食；病在脾而不在胃，则不知饥饿。脾主运化，脾升则健；胃主纳食，胃降则和。脾喜刚燥，得阳始运；胃喜柔润，得阴自安。阳无阴则无以化，胃阴是能源，胃阳是胃中津液所化之气，阳得阴助，则化生无穷，阴得阳助，则源泉不竭。故脾胃的关系是非常密切的，正常情况下，相互滋助，病理情况下，又互相影响。

脾病辨证

脾恶湿，脾气主升，脾主运化，统血。运化功能异常，主要包括运化水谷精微异常，证候为脾气虚，进一步发展为脾阳虚；运化水湿异常，证候为脾虚水肿。脾统血功能异常，证候为脾不统血。脾气不升反降，证候为中气下陷。在六淫中，湿最易犯脾，证候表现为寒湿困脾、湿热困脾，或者寒邪直中，证候为脾胃虚寒。

（一）脾气虚弱

脾气虚弱多由于饮食失调，劳役过度，以及其他疾患耗伤脾气所致，见于慢性消化不良的病程中。

证候：草料迟细，体瘦毛焦，倦怠肯卧，肚腹虚胀，肢体浮肿，尿短，粪稀，口色淡黄，舌苔白，脉缓弱。

病机：脾胃为后天之本，气血化生之源。脾主运化，脾气虚，运化功能失司，故食欲减退，大便溏稀。脾气虚弱，则化生不足，畜体失养，故体瘦毛焦。脾主四肢，脾气虚弱，四肢乏养，故四肢倦怠。脾为气血化生之源，脾气虚，气血乏源，不能上荣于口，故口色淡白。脉象缓弱为脾气虚弱之象。

治则：益气健脾。

论治：以健脾益气为主。因脾气的生成又需要阴血的滋助，故在健脾益气的同时，兼以补血之品，疗效较佳，代表方剂为**四君子汤【方剂】**加减。参考方药如下：党参45g、茯苓30g、白术45g、甘草21g、当归30g、黄芪60g。

（二）脾阳虚弱

多由脾气虚发展而来，或因过食冰冻草料，暴饮冷水，损伤脾阳所致，见于急、慢性消化不良。

主证：食欲减少，耳鼻发凉，肢冷倦怠，时而起卧，回头顾腹，口唇松弛，口流清涎，大便稀无臭味，小便清少，肢体浮肿，舌淡苔白，脉沉细弱。

病机：脾阳虚，运化无权，故食欲减少。阳虚生外寒，故耳鼻发凉，肢冷倦怠。脾阳不振，则阴寒内盛，寒性凝滞，阻塞气机，气机不能畅达，时而腹痛，故时起时卧，回头顾腹。脾外应于唇，脾阳虚弱，故口唇松弛。脾阳虚之体，寒饮则内生，寒饮上泛，则口流清涎。脾阳不足，水湿失运，应归不归，而入肠间较多，故大便稀，无臭味，小便清少。水湿流溢于肌肤，则肢体浮肿。舌淡苔白，脉沉细弱，均为脾阳虚弱之象。

治则：温中散寒。

论治：以温中散寒，振奋脾阳为主，又因脾阳需要肾阳煦助，可兼以温肾之品，疗效较佳，方如**理中汤【方剂】**加减。参考方药如下：党参30g，白术30g，干姜30g，炙甘草21g，肉桂30g。

（三）脾虚水肿

证候：肚胀纳呆，大便溏泻，四肢无力，四肢或腹下浮肿，舌体胖大，舌淡苔白，脉象濡缓。

病机：脾虚不能运化水谷，则清气不升，浊阴不降，大便溏泻。脾主四肢，脾虚则四肢失主，故四肢无力。脾虚不能运化水湿，水湿停留，湿邪沉重趋下，故四肢或腹下浮肿。水湿潴留肌体，故舌体胖大。舌淡苔白，脉象濡缓，为脾虚湿邪滞留之象。

论治：以健脾行水为主。方如**实脾散【方剂】**加减。参考方药如下：白术 30g、厚朴 30g、木香 21g、木瓜 30g、附子 21g、干姜 30g、茯苓 30g、大腹皮 30g、草豆蔻 30g、生姜 30g、大枣 12 个、甘草 15g。

（四）脾不统血

多因久病体虚，脾气衰虚，不能统摄血液所致。见于某些慢性出血病和某些热性疾病的慢性病程中。

主证：便血、尿血、皮下出血等慢性出血，并伴有体瘦毛焦，倦怠肯卧，口色淡白，叫声低微，食少纳呆，舌质淡，脉细弱。

病机：脾虚，不能运化水谷，故食少纳呆。正常情况下，血液之所以循脉运行，是受脾气的统摄，如脾气虚弱，失其统血，血则外溢，脱陷妄行，故见便血、尿血、子宫出血等；脾气虚又不能生血，故出现口色淡白，倦怠无力，叫声低微；血无所养，脉血则不足，赤色不外荣，故舌质淡，脉细弱。

治则：益气摄血，引血归经。

论治：以益气摄血为主，方如**归脾汤【方剂】**加减。参考方药如下：党参 30g、白术 30g、茯神 25g、黄芪 30g、龙眼肉 30g、枣仁 30g、木香 15g、炙甘草 15g、当归 15g、远志 15g、生姜 10g、大枣 12 个。

注：因虚而致出血，以上方为妥，若为实热迫血妄行，本方则不能胜任。

（五）中气下陷

多由脾不健运进一步发展而来，见于久泻久痢、直肠脱、阴道脱、子宫脱等证候。

主证：体瘦乏力，声低气短，久泻不止，脱肛或子宫脱或阴道脱，尿淋漓难尽，并伴有体瘦毛焦，倦怠肯卧，多卧少立，草料迟细，口色淡白，苔白，脉缓无力等。

病机：中气下陷，即指脾气下陷。脾气为后天之本，若脾气虚衰，升举无力，则见体瘦乏力，声低气短。脾气以升为健，如脾气不升，则脏腑肌肉松弛，陷而为患，则见脱肛，子宫脱垂。脾为后天之本，肾为先天之本，先天必赖后天滋养，如后天中气虚而下陷，则导致肾气虚衰，二便失司，故小便淋漓不尽，久泻不止。舌淡苔白，脉缓无力，为气虚之象。

治则：益气升阳。

论治：以健脾补中，升提益气为主，方如**补中益气汤【方剂】**加减。补中益气汤加枳壳，升提中气更效，这是欲升先降的道理。对于子宫脱，再加入益母草，则疗效更佳。

（六）寒湿困脾

多因长期过食冰冻草料，暴饮冷水，使寒湿停于中焦，或久卧湿地，或阴雨久淋，导致寒湿困脾。见于消化不良、水肿、妊娠浮肿、慢性阴道炎及子宫炎的病程中。

主证：食欲不振，耳聋头低，四肢沉重肯卧，屈伸不利，草料迟细，粪便稀薄或溏，小便不利，或见浮肿，口黏不渴，舌苔白腻，脉象迟缓而濡。

病机：本证多因久卧湿地，淋雨涉水，饮水过多等引起。脾喜燥恶湿，湿邪困之，故食欲不振。湿邪为患，故口津黏滑。湿性黏滞沉重，能使经气不畅，故四肢运步黏着，屈伸不利。湿邪内盛，脾失健运，故大便溏泄，小便不利。舌白腻，脉濡细，均为湿邪困脾之象。

治则：温中化湿。

论治：以祛邪健脾为主。方如**胃苓汤【方剂】**加减。参考方药如下：苍术 30g、厚朴 30g、陈皮 30g、甘草 15g、生姜 21g、大枣 12 个、茯苓 30g、白术 30g、泽泻 30g、桂枝 21g、猪苓 30g。

（七）湿热伤脾

证候：食少纳呆，倦怠无力，小便短黄，大便稀薄或便干，眼结膜及口色微红带黄，舌苔黄腻，脉濡而数。

病机：脾被湿邪所伤，不能运化水谷，故食少纳呆。脾伤，则气血乏源，故倦怠无力。温热阻遏，故小便短黄。湿热交阻而下迫，热重则便干，湿重则便稀，故大便稀薄或便干。湿热郁蒸中焦，胆汁不能循常道进入小肠，进而循肝血达全身，故眼结膜及口色微红带黄。湿热内蒸，故舌苔黄腻，脉濡而数。

论治：以清热利湿为主。方如**茵陈五苓散【方剂】**加减。参考方药如下：茵陈 30g、茯苓 30g、猪苓 30g、泽泻 30g、桂枝 21g、白术 30g。

（八）脾胃虚寒

证候：时而腹痛，喜温避寒，大便稀溏，耳鼻俱凉，四肢不温，口流清水，或口干咽燥，舌淡苔白，脉象沉细。

病机：寒气凝滞，时而腹疼，时而起卧，回头顾腹，又因是虚寒之证，故喜温避寒。脾胃虚寒，运化水谷失司，故大便稀溏。脾胃虚寒，则阳气低落，不能温煦肌表，故耳鼻俱凉，四肢不温。虚寒之体，则阳气亏乏，阳气低落之处，则为水湿留恋之乡，故口流清水。脾胃虚寒，热火低落，犹釜下无薪，不能蒸腾水汽，釜盖终干，口干津少可知。舌淡苔白，脉象沉细，为虚寒之象。

论治：因是中焦虚寒之证，故以温中散寒为主。方如**理中汤【方剂】**加减，参考方药如下：附子 30g、党参 45g、干姜 30g、白术 30g、甘草 21g。

二 胃病辨证

胃喜润，胃气主降，胃主纳食。胃纳食功能不足，证候为胃气虚弱，进一步发展为胃食滞证，或者胃有瘀血，不能纳食，证候为胃中血瘀。高热伤津，易致胃阴不足，证候为胃阴虚。在六淫中，寒、热易侵袭胃腑，证候为胃寒证和胃热证。

（一）胃气虚弱

证候：不愿饮食，嗳气频作，在牛表现为动则左肷（瘤胃）轻度鼓胀，静则自消，大便不实，小便清长，舌淡苔少，脉象虚弱。

病机：脾主化，胃主纳，胃气虚弱，不能纳食，故不愿饮食。胃气以降为健，胃气虚，则失其通降之能，气则上逆，故嗳气频作。牛不同于马，是反刍兽，本胃气虚弱，加之动则耗气，气虚更甚，不能通降，故在牛表现动则左肷轻度鼓胀，静则自消。脾与胃相表里，胃气虚而脾气也非健，水湿不能运化，故大便不实，小便清长。舌苔为胃蒸脾湿上潮而患，胃气虚，无力上潮为苔，故舌苔少。脉象虚弱为气不足之象。

论治：因脾与胃相表里，胃气虚弱，脾气也不强健，故以益气健脾为主。方如**六君子汤【方剂】**加减。参考方药如下：党参 30g，白术 30g，茯苓 30g，甘草 15g，陈皮 45g，半夏 21g。

（二）胃食滞证

胃食滞证多由于暴饮暴食，伤及脾胃，食滞不化，或草料不易消化，停滞于胃所致。

主证：食欲废绝，肚腹胀满，嗳气酸臭，肠音减弱，骡马则头向前伸而高抬，起卧不安，回头顾腹，粪干或泄泻，矢气酸臭，呼吸粗厉，胸前出汗，口色深红而燥，苔厚腻。在牛触压瘤胃坚硬，排粪似算盘珠状或如煤焦油状，软而黑，似柿形，脉滑实或沉涩。

病机：食滞胃腑，胃不能通降，故食欲废绝。食滞发酵腐败，浊气上逆，故口内酸臭。食停胃腑，不能运化，故肠音减弱，如骡马食滞严重，则胃部扩张，向前挤压膈膜，故头向前伸、高抬，因腹疼而起卧不安，回头顾腹，呼吸粗厉。胸前出汗是胃部疼痛而引起。食滞胃中，肠无阻塞，机体为了排除胃中食滞，故肠中粪便先排出，见排粪稀软量少次多。食滞胃腑，胃气不降，挟湿上逆于口，故舌不燥。牛为多室胃，如食滞瘤胃，则触压瘤胃坚硬；如食滞瓣胃，则见排粪似算盘珠状；如食滞真胃，则粪似煤焦油状，软而黑，似柿形。胃中有物，则舌苔厚腻，内有积滞，故脉滑或沉涩。

治则：消食导滞。

论治：因是胃食滞证，故以通降胃腑，消食导滞为主，可用**曲蘖散【方剂】**加减。

(三) 胃中血瘀

证候：食少纳呆，体瘦毛焦，吃草时常回头顾腹，大便黑色或带暗色瘀血，舌质暗或见瘀点，脉弦涩。

病机：本证多由胃积食、胃臌气、胃火冲盛、异物刺伤胃壁、中毒等原因所致。胃中血瘀，则影响受纳食物，气血化源不足，故食少纳呆，体瘦毛焦。胃中血瘀，阻塞胃气和降之通道，故吃草时常回头顾腹，这是胃疼的症状。大便黑色或带暗色瘀血，舌质紫暗或见瘀点，脉弦涩，均为瘀血之象。

论治：因是胃中血瘀之证，故以活血化瘀，调气止痛为主。方如**丹参饮【方剂】**加减。参考方药如下：丹参45g，檀香30g，砂仁30g，当归30g，红花30g，桃仁21g，蒲黄21g，五灵脂21g。

(四) 胃阴虚（胃阴不足）

多由高热伤阴，津液亏耗所致，见于热性病后期。

主证：体瘦毛焦，皮肤松弛，弹性减退，食欲减退，甚至饥不欲食，口干舌燥，粪球干小，尿少色浓，口色红，苔少或无苔，脉细数。

病机：本证多为温邪久灼，津液亏损，耗液伤气所致。胃阴不足，热邪内生，炼液成痰。虚热灼津，故口干舌燥，大便干燥。胃津不足，受纳失职，故饥不欲食。舌红少苔，脉象细数，均属阴虚内热之象。

治则：滋养胃阴。

论治：胃阴不足，燥而不食，食少不化，犹如壶中无水，不能熟物，治用甘寒之品为主，兼以酸味之品。因独用甘寒阴盛之品，胃阴难复，可适当加入酸味，甘酸合用，一敛一滋，相互配伍，则可化阴升津。方如**养胃汤【方剂】**加减。

(五) 胃寒证

多由外感风寒，或饮喂失调，如长期过食冰冻草料，暴饮冷水等。见于消化不良病程中。

主证：腹疼绵绵，形寒怕冷，耳鼻发凉，四肢不温，遇寒则重，得热则轻，食欲减退，粪便稀软，尿液清长，口腔湿滑或口流清涎，口色淡或青白，苔白而滑，脉象沉迟或沉弦。

病机：寒邪凝滞，导致气机不畅，时而起卧，回头顾腹，因其腹痛绵绵。寒邪易伤阳气，阳气伤损，肌表失煦，故鼻寒耳冷，四肢不温。寒邪为患，遇寒为同气相求，则冰涸不解，当然则重。寒得热则寒邪解，当然则轻。胃气以降为顺，胃寒之证，其气失降，不降则逆，津液上泛，故口流清涎。胃寒之证，导致其受纳失司，故食欲减退。舌白滑，脉沉迟或沉弦为胃寒之象。

治则：温胃散寒。

论治：以暖胃散寒为主。方如**温脾散【方剂】**加减。

（六）胃热证

多由胃阳素强，或外感邪热犯胃，或外邪传内化热，或急性高热病中热邪波及胃脘所致。

主证：食欲减少，耳鼻温热，草料迟细，大便干燥，小便黄短，口干舌燥，口渴贪饮，口腔腐臭，齿龈肿痛，上堂高突，口色鲜红，舌苔黄厚，脉象洪数。

病机：胃热之证，导致胃失受纳之功，故食欲减少。胃热则耗胃津，津液不能上润，故口干舌燥。胃热熏蒸，腐气上逆，故口臭。热邪为患，故耳鼻温热。胃热炽盛，灼伤津液，故渴喜冷饮。齿龈为胃经络所过，胃热上冲，故牙龈、上堂高突。胃热熏蒸，故口色红。胃热伤津涸液，故大便干燥，小便黄短。胃热蒸脾上潮，故舌苔黄厚，热扰营血，故脉象洪数。

治则：清热泻火，生津止渴。

论治：以清泻胃热为主，如**清胃散【方剂】**加减。参考方药如下：黄连30g，生地45g，丹皮30g，升麻25g，当归身25g。据临床运用体会，本方加石膏60g，疗效较佳。

任务三　脾胃辨证临床应用案例

一　中草药添加剂

中草药添加剂与动物生产

近年来，世界各国均意识到抗生素滥用产生的问题，在发达国家已开始流行不使用抗生素养殖的方法，即无抗养殖法，代表了健康养殖的发展方向。中草药及植物提取物以其天然性、多能性、安全性、可靠性等特点越来越受到养殖业的青睐。

中草药饲料添加剂的概念是指以中草药的物性（阴阳、寒热、温凉）、物味（辛、酸、苦、甘、咸）关系等传统中医药理论为指导，辅以动物饲养和饲料工业等相关现代化科学技术而制成的纯天然饲料添加剂。在动物生产中添加的目的是用以改善畜禽机体营养代谢，改变动物的适口性，增强机体免疫功能，提高畜禽生产性能，从而达到提高畜禽产品数量、改良畜禽产品品质、预防疾病、减少动物源性食品污染的目的。

（一）中草药饲料添加剂的特点

1. 天然性

中草药饲料添加剂的材料来自自然环境，来源十分广泛，在研发和使用过程中已经对其进行了科学去毒，并保存其天然性，使得中草药饲料添加剂的安全性有所提高。

2. 功能多

中草药饲料添加剂中含有多种有效成分，能够在生产性能、抵抗力、肠道功能等方面发挥其针对性作用，具有较高的营养与药用价值。

3. 无残留

使用中草药饲料添加剂，在其发挥药用价值的同时，能够解决药物残留问题，从而满足社会各界对绿色食品生产的要求。

4. 少污染

中草药饲料添加剂的一个特点是经济环保，生产过程中不会产生对环境有害的污染物。同时，使用后也不会残留，也不会通过动物粪便污染环境，符合当今社会大力推广的环保理念。

（二）中草药饲料添加剂的成分

中草药饲料添加剂对动物生产的多重作用就是由营养成分和药物成分共同作用的结果。

1. 营养成分

包括碳水化合物、蛋白质、矿物质、维生素等。

2. 药物成分

包括多糖、生物碱、有机酸、皂苷、单宁、黄酮类、萜类、挥发油等。

（三）中草药饲料添加剂对动物的作用

1. 营养作用

中草药营养作用主要体现在中草药中含有动物生长发育所必需的多种物质，如蛋白质、氨基酸、维生素、微量元素等。这些营养成分和生物活性物质可促进动物生长发育，提高畜产品的产量和质量。

2. 增强免疫作用

许多中草药中的多糖、有机酸、生物碱、皂苷等成分具有增强免疫作用，并且可以避免化药类免疫预防剂对动物机体有交叉反应、副作用等弊端。

3. 抗应激作用

中草药可以有效提高机体的防御能力和缓解环境恶性刺激（寒、热、惊吓和疲劳等）。

4. 激素样和维生素样作用

许多中草药本身不是激素，但可以起到与激素相似的作用，并可减轻、防止或消除外援激素的毒副作用。

5. 抗微生物作用

许多中草药具有抗菌抗病毒作用。天然中草药通过其调理作用，可恢复机体正常的生理状况，多种活性因子可干扰病原微生物代谢。这与抗生素的作用机理大不相同，具有无毒、无害、无残留、无抗药性等特点。

6. 驱虫、防霉、防腐作用

中草药具有增强机体抗寄生虫侵害的能力和驱除体内寄生虫的作用。如槟榔、贯众、使君子、百部、南瓜子、硫磺、乌梅等对绦虫、蛔虫、姜片虫、蛲虫等寄生虫的驱虫作用。中草药香辛料的精油中含抗菌成分，有不同程度的抗菌活性。将香辛料单用或与某种化学防腐剂合用，效果更好，如土槿皮、白鲜皮、花椒、木姜子、红辣椒、儿茶等。

7. 双向调节作用

机体内的器官组织功能，常以兴奋（增强）或抑制（低下）两个截然不同的功能或状态来表示。有些中草药具有对动物某一脏腑的不同功能状态进行调节的作用，即处于抑制时可以调至兴奋，处于亢奋时可以调至正常。

8. 育肥促生长作用

有些中草药具有特殊气味可改善饲料适口性，增进动物食欲，提高饲料消化率及动物产品质量。

（四）中草药添加剂存在的问题

由于中草药饲料添加剂在畜禽养殖业中展示了良好的使用效能，因此适时适度地开发无耐药性、无残留、无毒副作用、既有营养又可防病治病作用的天然植物添加剂，具有经济和社会的双重效益，在畜牧业有广阔的发展前景。虽然中草药添加剂在动物生产中表现出众多的作用，但在开发利用中也存在一些问题。

1. 有效成分多，功能复杂

中草药饲料添加剂的有效成分多，作用复杂，每一味中草药之中存在着多种成分，他们之间相互作用，并且在复方中其成分可能会发生变化。因此，对于中草药不能孤立地去认识和研究。

2. 药效成分评价和质量控制难度大

由于中草药成分复杂，往往是各种成分综合起作用，并且中药采收和使用上受不同季节和地区的限制，中药本身的有效成分相差很大，因而其产品难以进行准确的药效成分评价和质量控制。

3. 科技含量相对较低

目前绝大多数中草药饲料添加剂，不论是单味还是复方，仍然停留在原始的散剂或煎剂上，精制品少。因此产品科技含量不高制约着它向更高层次发展。

4. 中西药结合有难度

虽然抗生素及化学合成药弊端不断显露，但不可否认一些化药对畜禽的确有明显的作用效果。因此，找出中西结合的规律，取长补短，相互协同，取得更好的效果将是未来的一个发展方向。

5. 药物作用研究不够深入

对中草药饲料添加剂机理的研究大多沿用传统的中医理论，其远远不能解释中草药的真正作用机制，一般只限于对中草药饲料添加剂的饲养效果进行研究，并且只对畜禽增重、抗病等方面进行了研究报道，另外与抗生素、化学合成药物等添加剂的横向比较研究较少。

6. 中草药标准化生产欠缺

由于中药产地、季节、炮制方法等因素不同，中药的品质也常不同，这就给中草药添加剂的使用剂量造成一定的影响。用同样的配方而效果有差异，所以应该稳定药材的质量，制定新的标准。

提高采食量的措施

（一）采食量的概念

动物的采食量通常是指动物在一定时间内（24小时）采食饲料的重量。它包括随意采食量、实际采食量和规定采食量。随意采食量是指单个动物或动物群体在自由接触饲料的条件下，一定时间内采食饲料的重量。它是动物在自然条件下采食行为的反映，是动物的本能。实际采食量是指在实际生产中，正常健康的动物在一定时间内，实际采食饲料的总量。规定采食量是指动物

动物采食量

饲养标准或动物营养需要中所规定采食量的定额。

(二) 影响动物采食量的因素

1. 动物因素

动物因素包括遗传因素、动物的生理阶段、生理状况、动物的感觉系统等。从遗传因素来看，采食量是一个低遗传力性状，在以生长速度和瘦肉率为选择性状时提高了动物的采食量，这也是猪易过食的主要原因。另外，不同动物其采食习性不同，如鸡早、晚采食较多；猪主要在白天采食；草食家畜白天、晚上都采食。从生理阶段看，当不同动物处在妊娠、泌乳和产蛋等生理阶段时均能刺激食欲，提高采食量。再如母猪妊娠期的采食量不仅影响妊娠期母猪的增重、胎儿的发育，也会影响泌乳期的采食量，从而影响产乳量。从生理状况看，患病和处于亚临床感染的动物常表现出食欲下降。另外，动物过度疲劳，采食量也会下降。感觉系统是调节采食量的重要因素之一，如鱼对听觉敏感；猪对味觉敏感；鸡对视觉敏感。因此，应从全局的观点来调节动物各阶段的采食量。

2. 饲粮因素

饲料因素范围较为广泛。首先，饲粮的适口性及营养指标。适口性是一种饲粮的滋味、香味和质地特性的总和，是动物在觅食、定位和采食过程中，动物视觉、嗅觉、触觉和味觉等感觉器官对饲粮的综合反应。通过影响动物的食欲来影响采食量。一般来说，饲粮的适口性对慢性咀嚼动物影响特别大，如猪、反刍动物对饲粮的适口性比较敏感。饲料的滋味如甜、酸、鲜和苦对动物的采食会有影响，许多动物均喜好甜味，如猪、牛特别喜爱甜味，而鸡怕酸不怕苦。饲料的香味来自许多挥发性物质，也会影响动物的采食量。其次，饲粮能量浓度是影响采食量的重要因素。恒温动物要保持能量的平衡，即：采食能量=散失能量+产品能量。家禽具有较强的"为能而食"的本领。当饲粮能量浓度升高，会降低动物的采食量；相反能量浓度下降，会提高动物的采食量。因此，在生产中要保持饲粮中适宜的能量浓度。也可以通过改变能量浓度来实现对动物采食量的调控，进而调控动物的生产性能。第三，蛋白质缺乏或过高均会引起采食量下降，饲粮的氨基酸含量及平衡情况也会影响动物的采食量。饲粮中脂肪含量也会影响动物采食量，如对于反刍动物，饲粮的脂肪含量高，会干扰瘤胃的正常功能，大大降低采食量。单胃动物能够耐受更高水平的饲粮脂肪，但随脂肪水平提高，采食量也会大大下降。另外，饲粮中的中性纤维含量和消化率是影响反刍动物采食量的重要因素。第四，矿物元素和维生素含量。任何矿物元素的缺乏，都会造成采食量的下降。维生素过多或缺乏，也会造成采食量下降。如生产中硫胺素、叶酸、泛酸、食盐、锌的缺乏和钙、碘、铁、锰的过量，均会造成动物采食量下降。第五，饲料添加剂。如当饲粮中加入少量的抗菌物质，可提高动物采食量的7%～15%；而大量添加尿素会降低采食量；添加风味剂，可以提高动物采食量。第六，饲料形态。如对于单胃动物，颗粒料可提高其采食量；对于反刍动物，粗饲料磨碎或制粒，可增加采食量；任何降低饲料粉尘的方法均可提高采食量。

3. 饲养管理因素

饲养管理因素：一是饮水。生产中清洁而充足的饮水可保证采食量达到最大。二是饲喂方式和时间。自由采食、少喂勤添可提高其采食量。在饲喂时间上，鸡早、晚采食较多；猪主要在白天采食；草食家畜白天、晚上都采食。饲喂的连续性也会影响采食量。

4. 环境因素

温度、湿度、气流、光照、饲养密度、有毒有害气体及应激状态均会影响动物采食量。

从上述分析影响动物采食量的各因素出发，提出以下几种调控措施：一是提供营养平衡的饲粮；二是提高饲料的适口性，选择适当的原料，可通过添加抗氧化剂防止饲料氧化酸败；添加防霉剂防止饲料霉变，添加风味剂来改善饲粮的风味以提高动物采食量；三是改进饲养管理技术，降低应激反应。

 脾胃证候典型案例

（一）猪消化不良

1. 案例描述

某养殖户有生猪约30kg，生病后去诊治，体温检测正常。表现症状：不爱吃食，生长迟缓，精神不振，喜饮水，口臭，腰痛，肚胀，呕吐，粪内混有未消化的饲料。

2. 辨证论治

消化不良属于中医"痞满""胃脘痛"等范畴。消化不良的病因多为感受外邪、饮食失调等，致脾虚气滞、胃失和降而发为本病，气滞是本病最基本的病机。病位在胃，与肝、脾密切相关。治疗本病的原则先是消除病因，然后消积导滞，健脾和胃。药物可以选择党参、白术、甘草等补益脾气，神曲、山楂、麦芽等消导和胃，陈皮、枳实、厚朴等理气消积，低剂量的大黄、芒硝等缓泻消积，进行综合性治疗。临床常使用党参、白术、甘草、干姜与化药进行配合治疗，初期采用这四种药物加上山楂、麦芽等健脾和胃，帮助病猪进行消化。代表方剂为异功散【方剂】加减。

3. 结合治疗

（1）化药治疗。碳酸氢钠注射液20mL，一次肌肉注射，一天一次，连续1~2天。硫酸庆大霉素注射液4万IU 8支，维生素B_1注射液12mL，一次混合肌肉注射，一天一次，连续2~3天治愈。

（2）中药治疗。

①萝卜籽200g，山楂200g，碾成粉末拌料喂食，一天2次，连续喂2天。

②人工盐150g，拌料喂食，每次25g，一天2次连续喂2~3天。

③干酵母片30~40片，大黄苏打片30~40片，一次内服。

（3）针疗治疗。

①主穴：**涌泉**【穴位】、尾尖。

②配穴：蹄叉、**承浆**【穴位】。

4. 预防管理

注意饲料调配，定时定量饲喂，应给予易消化的饲料。

（二）母牛瘤胃积食

1. 案例描述

某养殖户饲喂的1头3岁母牛，某日偷吃小麦发病，开始食欲减退，反刍次数减少，两天后采食、反刍均停止，遂前来就诊。测得体温39.4℃，心率（脉搏）次数63次/分钟，呼吸次数36次/分钟；听诊瘤胃蠕动音2分钟无蠕动；触诊左侧瘤胃内容物坚实，手压后留有压痕；大便干燥，小便色黄，口腔分泌液稀薄，嗳气稍臭，被毛粗乱。诊断为瘤胃积食。

2. 病因分析

多因使役或饥饿后，一次贪食或连续喂给过多难消化而易膨胀的草料，诸如干稻草、麦秸、豆角皮、花生秧、玉米、豆类等；或突然更换可口饲料及脱缰偷食过多精料；或长期运动不足等，导致脾胃受伤而发病。家畜脾胃虚弱，腐熟运化无力，加之长期饲养管理不当，如劳役过重、久喂粗硬干草，或久渴失饮，致草料难以消化，停滞于胃，即可导致本病的发生。

3. 辨证论治

（1）过食伤胃。证见发病较急，病初精神不振，耳耷头低，食欲反刍减少或停止，鼻镜干燥；左腹胀痛，触如面团样，或坚硬如板，时现疼痛起卧，卧地短暂又复起，回头顾腹，后肢蹴腹；拱背拧尾，时作排粪状，粪便干黑难下且臭；空嚼伸舌，嗳气酸臭，偶见喷出食团。口色赤红而燥。脉象沉涩。听诊瘤胃蠕动音减弱或消失。病重者，左腹胀大似鼓，呼吸喘急，四肢张开。口色青紫；脉象滑数。后期，痛苦呻吟，卧地难起，或昏迷不醒。过食豆谷引起者，可见视力障碍，盲目直行或转圈，甚或狂躁，冲墙撞壁，攻击人畜。

治宜消积导滞，攻下通便，狂躁者辅以镇惊熄风。方用**大承气汤【方剂】**、**木香槟榔丸【方剂】**或**曲蘖散【方剂】**加减。亦可用洗胃法进行治疗。经胃导管灌入温水，反复灌入和导出多次。对偷吃、过食精料的病畜，须基本洗空瘤胃；对一般积食，须洗出大部分内容物，并取健牛口内反刍食团接种纤毛虫。危重病例应及时行瘤胃切开术，掏出内容物约 1/3 以上，随即接种健牛瘤胃液。可针灸**脾俞【穴位】**、**百会【穴位】**，电针两侧**关元俞【穴位】**。必要时，配合补液、强心、镇静，解除酸中毒。

（2）脾胃虚弱。证见发病缓慢，病势较轻，左腹胀满。上虚下实，腹痛不明显或无；呆立拱背，神疲乏力，肢体颤抖，或卧地呻吟；粪便干少，间有拉稀。口色稍红，间有青白，口津少黏，或流口水；脉象细数。

治宜补脾健胃，消积导滞。方用**曲蘖散【方剂】**合**四君子汤【方剂】**加减。亦可采用洗胃法及接种健牛胃液法。

4. 结合治疗

在病牛的一侧注射 400 万 IU 的青霉素钾和 20mL 的清开灵混合液，在另一侧注射 4mL 的维生素 B_1 和 30mL 的氨胆注射液，以此帮助病牛快速清热解毒、开胃利胆。

5. 护理与预防

治疗期间禁饲，饮水不宜过多。适当牵遛，并按摩腹部。恢复期给予适当容易消化的草料。

（三）牛瘤胃臌气

1. 案例描述

5 岁牛，体质弱，喂食了霉烂稻草后发生臌气。患牛左肷部突出，触诊有弹性，叩诊发鼓音，其食欲、反刍、嗳气完全停止，听诊肠蠕动音少、弱，脉细弱，静脉怒张，腹痛明显，呼吸困难，精神欠佳，行步困难，结膜充血、发绀。诊断为瘤胃臌气。

2. 病因分析

（1）草料所伤。过食易于膨胀发酵的饲料，如鲜嫩多汁的青草、禾苗及块根、酒糟、糖糟、玉米、大麦、豆类等；或突然更换饲料；或采食过量可口饲料；或长期舍饲突然放牧而过食青草；或春初放牧过食青草，草料在瘤胃中产生大量气体；或过饥喂急，料伤脾胃，运化腐熟乏力，升降转运失司，气滞结聚而发病。

（2）水湿内阻。空腹过饮冷水或饲喂冰凉霜露草料；或被阴雨苦淋，久卧湿地等，致脾胃受损，寒湿内侵，湿困脾土，运化失常，清阳不升，浊阴不降，清浊相混，气水相杂，湿浊不化，聚于瘤胃而发病。

（3）湿热蕴脾。天气炎热，久渴失饮，过饮污秽浊水；或使役过重，乘热饮冷；或喂堆积发热、霉败变质饲料；或秘结经泻虽通而脾胃受损；或水湿困脾失治，久郁化热等，致湿热相搏，阻遏气机，脾胃运化失职而发病。

（4）脾胃素虚。畜体素虚，长期饮喂失宜，饥饱不匀，营养缺乏，劳役过度，损伤脾胃而致病。

（5）其他病因。采食毒物或误食有毒植物，如曼陀罗、夹竹桃等；或采食时误食有毒昆虫、毒蜘蛛等，毒物损伤脾胃而发。此外，本病还可继发于食道阻塞、创伤性胃炎、瓣胃阻塞等病。

3. 辨证论治

（1）急性瘤胃臌气。

突然发作，左腹部急剧臌胀，叩之如鼓，喘粗不安，回头顾腹，后脚踢腹；腹壁紧张，前肢张开；食欲、反刍、嗳气及瘤胃蠕动停止；心动急速，不愿卧地；口色红，脉象虚数。严重者，呼吸困难，张口伸舌，呻吟，口中流涎，肛门突出，四肢外展，站立不稳。口色青紫，脉象细弱，最后神志痴呆，左右摇晃，倒地不起，全身痉挛。若不及时救治，可能很快窒息而亡。

急则治其标，宜行气消胀，化食导滞。可采取以下方法排除瘤胃中的气体。肷部穿刺法；探咽法，用一根直径3cm，长约60cm的圆木棒，一头包扎适量纱布，浸植物油，并蘸少许食盐，然后打开口腔，用它刺激牛的咽部，促使嗳气；衔棒法，用一根直径3~4cm，长约30cm的圆木棒，横衔在病畜口中，两端系绳固定于角根。也可在木棒的中间系绳，将木棒的一头纵向放入口腔，绳分两股，通过两侧口角固定于角基部。方剂可以用**平胃散【方剂】**加减，可以加减配伍枳实、青皮、青木香、醋香附、郁金、醋等药物，根据情况还可以配伍大黄、芒硝、神曲、山楂等药物。

（2）慢性瘤胃臌气。病势发展缓慢，病程较长。反复发作，腹胀较轻，多于食后臌气，时胀时消，按之上虚下实；体倦乏力，体瘦毛焦，食欲、反刍减少，瘤胃蠕动音弱，或时好时坏；粪便多溏或偶干；穿刺放气后不久又胀气。口色淡白，舌体绵软；脉象迟细，或虚细。

缓则治其本，治宜健脾益气。方用**四君子汤【方剂】**或**参苓白术散【方剂】**合平胃散【方剂】加减，可配伍槟榔、枳实、乌药、醋香附、山楂、藿香、半夏等药物。

4. 结合治疗

植物油2500mL，二甲基硅油片100片，小苏打100片，一次投服。或者利用套管针筒向瘤胃注射3%福尔马林溶液10mL，或者3%来苏尔溶液25mL。同时，还可配合肌肉注射青霉素400IU，维生素B_1 20mL，20%磺胺嘧啶注射液20mL。同时，白针刺**关元俞【穴位】、脾俞【穴位】、后三里【穴位】**等穴位。

（四）肉鸡腹水综合征

1. 案例描述

某养殖户新调进1 500只艾维因肉鸡，25日龄部分肉鸡出现食欲不振，拉稀等症状，用庆大霉素、氯霉素治疗，效果不明显。发病2天后，开始出现死鸡，发病3天后临床诊断见病鸡腹部肿大，腹部皮肤变薄发亮，用手触压有波动感，食欲减少，以腹抵地，似企鹅，行动迟钝。严重者生长缓慢，呼吸困难，皮肤发绀，冠和肉垂呈紫红色，突然倒地死亡。死亡病鸡全身瘀血。剖检见腹腔内有大量积液，液体清亮呈淡黄色或淡红色，可见有纤维蛋白凝块，心包积液，右心明显扩张，肝脏略见肿大。部分病鸡肝表面有一层胶状物质，肾稍肿大，肠壁充血。根据临床症状及腹部大量淡黄色积液且群发,初步诊断为肉鸡腹水综合征。

2. 病因分析

引起肉鸡腹水综合征的病因较复杂,但概括起来有遗传因素,肉鸡快速生长,对能量和氧的消耗量多,易造成红细胞不能在肺毛细血管内通畅流动,导致肺动脉高血压及右心衰竭;慢性缺氧,饲养在高海拔地区的肉鸡,空气稀薄,氧的分压低,或者冬季门窗关闭,通风不良,二氧化碳、氨、尘埃浓度增高导致氧气减少,引起肺毛细血管增厚、狭窄,肺动脉压升高,出现右心肥大衰竭。此外,天气寒冷,肉鸡代谢率增高,耗氧量大,引发腹水综合征;饲喂高能日粮或颗粒料。饲喂颗粒料,肉鸡采食量增加,导致消耗能量多、需氧多而发病。继发因素,如某些营养物质缺乏或过剩(如硒和维生素E缺乏或食盐过剩),环境消毒药剂量不当,莫能霉素过量或霉菌毒素中毒等,均可导致肉鸡腹水综合征。

4. 辨证论治

病初精神沉郁、食欲减退或废绝,个别鸡排白色稀便。随后很快(1天左右)发展为"大肚子",即腹部高度臌大,不能维持身体的正常平衡状态,站立困难,以腹部着地呈企鹅状;行动困难,腹部皮肤发紫,用手触摸腹部软如水袋状,有明显波动感。

中兽医认为,脾主运化,如果脾阳虚衰,运化失职,就会出现精神沉郁,食欲不振或废绝等症状。脾喜燥恶湿,且湿邪尤喜侵害脾脏,一旦鸡舍潮湿或通风不良、空气污浊,加之肉鸡生长速度快,需脾胃加速运化才能完成。这样,迫使脾脏超常运化而过劳,湿邪就乘虚侵入。湿浊之邪一旦困脾,或聚而为痰阻止气道,造成肺输布津液功能降低,出现呼吸困难,肺充血水肿;或水湿停滞影响肝脏正常的疏泄功能及肝脏调节血量的功能,而造成肝脏瘀血、肿胀;或寒湿向下损及肾阳,使机体水脏受损,水液传输失常而外溢,停于腹部出现腹水。另外,脾脏统摄血液循行脉道,一旦湿邪困脾,损及脾阳会使脾脏失其正常固摄血液的功能,而溢于脉外,造成各种出血或瘀血。如肌肉出血,肠道出血,冠髯瘀血等症状。脾阳虚,继发肾阳虚,不能温煦肌肉四肢,故而病鸡还可出现形寒怕冷的症状。治宜温补脾阳,燥湿利水。方剂可以选择**温脾汤【方剂】**加减。

5. 结合治疗

化药治疗:腹腔注射青霉素G钠2万IU;服用大黄苏打片(20日龄雏鸡1片/只/日);配合应用维生素C;肌肉注射1g/L亚硒酸钠0.1mL。

中药治疗:治宜健脾利水。参考方剂如下:二丑、泽泻、木通、商陆根、苍术、猪苓、灯芯草各500g,竹叶250g,共研细末。每只鸡每次喂服1g,连用3天。

6. 护理与预防

在冬季和早春养鸡,应加强鸡舍的通风换气,并防止慢性呼吸道病的发生;饲喂饲料,注意饲料中各种维生素和微量元素的饲喂量,防止食盐及各种药物超量。

脾胃辨证应用效果评价

项目七 肾系辨证

学习目标

总体目标：掌握五行之水及肾的基本属性，掌握咸、藏、寒、冬等自然界及其物质属性和肾、膀胱、骨等脏腑器官属性间的辨证关系，并通过肾系病证在兽医辨证应用和临床案例处理，掌握肾系理论兽医辨证论治技巧。

理论目标：掌握五行之水及肾的基本属性，掌握咸、藏、寒、冬等自然界及其物质属性和肾、膀胱、骨等脏腑器官属性间的辨证关系。

技能目标：掌握肾系理论兽医辨证论治应用技巧，会动物肾系病证临床辨证和临床案例处理。

任务一 肾系理论

肾系理论

肾位于腰部，左右各一（前人有左为肾，右为命门之说），故《素问·脉要精微论》有"腰者，肾之府也"之说。肾主藏精，主命门之火，主水，主纳气，主骨，生髓，通于脑。肾开窍于耳，司二阴，在液为唾。肾有经脉络于膀胱，与膀胱相表里。

肾的生理功能

（一）肾藏精

肾藏精，是指精的产生、贮藏及转输均由肾所主。"精"是一种精微物质，肾所藏之精即肾阴（真阴、元阴），是构成机体的基本物质，也是机体生命活动的物质基础，它包括先天之精和后天之精两个方面。

先天之精，即本脏之精，是构成生命的基本物质。它禀受于父母，先身而生，与机体的生长、发育、生殖、衰老都有密切关系。胚胎的形成和发育均以肾精作为基本物质，同时它又是动物出生后生长发育过程中的物质根源。当机体发育成熟时，雄性则有精液产生，雌性则有卵子发育，出现发情周期，开始有了生殖能力；到了老年，肾精衰微，生殖能力也随之下降，直至消失。后天之精，即水谷之精，由五脏、六腑所化生，故又称"脏腑之精"，是维持机体生命活动的物质基础。先天之精和后天之精，融为一体，相互资生、相互联系。先天之精有赖后天之精的供养才能充盛，后天之精需要先天之精的资助才能化生，故任何一方的衰竭必然影响到另一方的功能。

肾所藏之精化生肾气，通过三焦，输布全身，促进机体的生长、发育和生殖。因而，临床上所见阳痿、滑精、精亏不孕等病证，都与肾有直接关系。

（二）主命门之火

命门，即生命之根本的意思；火，指功能。命门之火，一般称元阳或肾阳（真阳），也藏之于肾。

元阴，又称肾阴、真阴，是全身阴液的根本，对机体各个脏腑器官起着滋润和濡养的作用。元阳，既是肾脏生理功能的动力，又是机体热能的来源，有温煦五脏、六腑，维持其生命活动的功能。肾所藏之精需要命门之火的温养，才能发挥其滋养各组织器官及繁殖后代的作用。五脏、六腑的功能活动，也有赖于肾阳的温煦才能正常，特别是后天脾胃之气需要先天命门之火的温煦，才能更好地发挥运化作用。故命门之火不足，常导致全身阳气衰微。

肾阳和肾阴概括了肾脏生理功能的两个方面，肾阴对机体各脏腑起着濡润滋养的作用，肾阳则起着温煦化生的作用，二者相互制约，相互依存，维持着相对的平衡，否则就会出现肾阳虚或肾阴虚的病理过程。由于肾阳虚和肾阴虚的本质都是肾精气不足，故二者之间存在着内在的联系，肾阴虚到一定程度可累及肾阳，反之肾阳虚也能伤及肾阴，甚至导致肾阴肾阳俱虚的病证出现。

（三）主水

肾主水是指肾在机体水液代谢过程中起着升清降浊的作用。机体内的水液代谢过程，是由脾、肺、肾三脏共同完成的，其中肾的作用尤为重要。故《素问·逆调论》说："肾者，水脏，主津液也。"肾主水的功能，主要靠肾阳（命门之火）对水液的气化来完成。水液进入胃肠，由脾上输于肺，肺将清中之清部分布散全身，而清中之浊部分则通过肺的肃降作用下行于肾，肾再加以分清泌浊，将浊中之清经肾阳的气化作用上输于肺，浊中之浊的部分下注膀胱，排出体外。肾阳对水液的这一作用，称为"气化"。如肾阳不足，命门火衰，气化失常，就会引起水液代谢障碍，发生水肿、胸水、腹水等病证。

（四）主纳气

纳，有受纳、摄纳之意。肾主纳气，是指肾有摄纳呼吸之气，协助肺司呼吸的功能，其动力主要依赖肾中元气的激发和推动。呼吸虽由肺所主，但起直接推动作用的是宗气，而宗气由元气所派生。因此，肾精充足，元气充沛，则呼吸正常，深入调匀；若肾精不充，元气亏乏，呼吸失于鼓动，即难于保证一定的深度和节律，出现气短不续，动辄气喘等呼吸异常表现。因此，吸入之气必须下纳于肾，才能使呼吸调匀，故有"肺主呼气，肾主纳气"之说。从二者关系来看，肺司呼吸，为气之本；肾主纳气，为气之根。只有肾气充足，元气固守于下，才能纳气正常，呼吸和利；若肾虚，根本不固，纳气失常，就会影响肺气的肃降，出现呼多吸少，吸气困难的喘息之证。

（五）主骨、生髓、荣发

肾有主管骨骼代谢，滋生和充养骨髓、脊髓及大脑的功能。肾所藏之精有生髓的作用，髓充于骨中，滋养骨骼，骨赖髓而强壮，这也是肾精气促进生长发育功能的一个方面。若肾精充足，则髓的化生有源，骨骼得到髓的充分滋养而坚强有力；若肾精亏虚，则髓的化源不足，不能充养骨骼，可导致骨骼发育不良，甚至骨脆无力等证候。故《素问·阴阳应象大论》说："肾生骨髓"，《素问·解精微论》也说："髓者，骨之充也。"肾主骨，"齿为骨之余"，故齿也有赖肾精的充养。肾精充足，则牙齿坚固；肾精不足，则牙齿松动，甚至脱落。

髓由肾精所化生，有骨髓和脊髓之分。脊髓上通于脑，聚而成脑。故《灵枢·海论》说："脑为髓之海。"脑主持精神活动，又称"元神之府"。脑需要依靠肾精的不断化生才能得以滋养，否则就会出现呆痴，呼唤不应，目无所见，倦怠嗜卧等症状。

《素问·五脏生成论》指出："肾之合骨也，其荣发也。"被毛的生长，其营养来源于血，而生机则根源于肾气，故毛发为肾的外候。被毛的荣枯与肾脏精气的盛衰有关。肾精充足，则被毛生长正常且有光泽；肾气虚衰，则被毛枯槁甚至脱落。

二 膀胱的功能

膀胱位于腹部，有经脉络于肾，与肾相表里。膀胱的主要功能为贮存和排泄尿液。故《安骥集·天地五脏论》说："膀胱为津液之腑。"水液经过小肠的吸收后，下输于肾的部分，经肾阳气化后形成尿液，下渗膀胱，到一定量后，引起排尿动作，排出体外。若肾阳不足，气化不利，可出现尿少、尿秘；若肾阳不足，膀胱功能减弱，不能约束尿液，便会引起尿频、尿不禁；若膀胱有热，湿热蕴结，可出现排尿困难、尿痛、尿淋、血尿等。

三 肾与膀胱的关系

肾与膀胱的经脉相互络属，二者互为表里。肾主水，膀胱有贮存和排泄尿液之功，两者均参与机体的水液代谢过程。肾气有助膀胱气化及司膀胱开合以约束尿液的作用，若肾气充足，固摄有权，则膀胱开合有度，尿液的贮存和排泄正常；若肾气不足，失去固摄及司膀胱开合的作用，则引起多尿及尿失禁等证候；若肾虚气化不及，则导致尿闭或排尿不畅。

四 肾与窍液的关系

（一）开窍于耳，司二阴

肾的上窍是耳。耳为听觉器官，其功能的发挥，有赖于肾精的充养。肾精充足，则听觉灵敏，故《灵枢·脉度篇》说："肾气通于耳，肾和则耳能闻五音矣。"若肾精不足，可引起听力减退等证候。

肾的下窍是二阴。二阴，即前阴和后阴。前阴有排尿和生殖的功能，后阴有排泄粪便的功能。这些功能都与肾有着直接或间接的联系，如前阴与生殖有关，但仍由肾所主；又排尿虽在膀胱，但要依赖肾阳的气化；若肾阳不足，则可引起尿频、阳痿等证候。粪便的排泄虽通过后阴，但也受肾阳温煦作用的影响。若肾阳不足，阳虚火衰，可引起粪便秘结；若脾肾阳虚，可导致粪便溏泻。

（二）在液为唾

唾为口津，自口腔分泌，有帮助食物吞咽和消化的作用。《素问·宣明五气论》说："五脏化液……肾为唾"，认为唾的分泌与肾相关。唾与涎，均为口津，二者的区别在于涎自两腮出，溢于口，可自口角流出；唾生于舌下，从口中唾（吐）出。在中医临床上，口角流涎多从脾论治，唾液频吐多从肾论治。但在兽医临床上，二者很难区分。

五 肾系理论辨证应用思路

(一) 辨证要点

肾主生殖，与动物产蛋、产奶等相关，以肾系辨证为核心，可以用于开发提高产蛋率、催乳等添加剂，以提升畜禽生产性能。

（1）依据肾藏精理论，可知肾主先天之精，脾主后天之精。先天之精即肾脏之精，即元阴、元阳；后天之精即水谷之精，即脾胃消化吸收的水谷精微。

（2）"先天之精"主要是指"肾精"，可通过"肾"保健来充实"先天之精"。肾保健调理的药物主要有滋阴药和助阳药两大类。其中，滋阴药有熟地、阿胶等，助阳药有淫羊藿、杜仲等。

（3）"后天之精"主要来自脾胃的运化，因此，通过脾胃保健可以充实提升"后天之精"。

（4）"后天之精"还可直接通过补益气血来得到补充。

（5）结合临床生产应用实际，也可以配合使用活血祛瘀等药物。

(二) 辨证用药思路

1. 充实"先天之精"药物选择

（1）滋阴药：**熟地【中药】、阿胶【中药】**等。
（2）助阳药：**淫羊藿【中药】、杜仲【中药】**等。

2. 充实"后天之精"，脾胃调理药物选择

（1）补益脾气：**白术【中药】**等。
（2）清热燥湿中药：**黄连【中药】、黄柏【中药】**等。
（3）芳香化湿中药：**苍术【中药】**等。
（4）渗湿利水中药：**茯苓【中药】、车前子【中药】**等。
（5）温里药：**干姜【中药】**等。
（6）消导药：**神曲【中药】、山楂【中药】、麦芽【中药】**等。

3. 补益气血药物选择

（1）补气药：**党参【中药】、黄芪【中药】**等。
（2）理气药：**陈皮【中药】、木香【中药】**等。
（3）补血药：**当归【中药】**等。
（4）活血药：**川芎【中药】**等。

任务二　肾系辨证理论临床应用

肾系理论临床应用

肾是重要的器官，前人认为"肾系命门，内寓真阴真阳之本，三焦之源"。因此，具有"先天之本""生命之根"之称。

肾病辨证

肾藏精，主命门之火，包括元阴和元阳，具有纳气和主水等功能。肾藏精，包括元阴和元阳，是机体生殖发育的根本，无论元阴或元阳，均宜固秘，不宜耗泄，肾少实证，多为虚证，耗泄过度，一旦发病，非肾阳虚，则肾阴虚。而肾阳素虚，又易出现肾气虚衰，甚至伴发肾不纳气和肾虚水泛等证候。

（一）肾阳虚衰

素体阳虚，或久病伤肾，或劳损过度，或年老体弱，下元亏损，均可导致肾阳虚衰。

证候：精神不振，形寒肢冷，耳鼻四肢不温，腰痿，泄泻，小便减少，公畜性欲减退，阳痿不举，脉迟无力。腰腿不灵，乏力，难起难卧，四肢下部浮肿，粪便稀软或垂缕不收，母畜宫寒不孕，小便频数或尿少浮肿。口色淡，舌苔白，脉沉无力。

病机：肾阳不足，功能减退，故精神不振。肾阳虚衰，气血乏力，不能上荣头部，故口色淡白。肾阳虚，阳气不能外达，肢体得不到阳气的温煦，故形寒肢冷。肾阳虚衰，失其主水功能，气化失常，故小便频数，或尿少浮肿。肾主骨，生髓，腰为肾之府，肾阳不足，则骨失其充养，故腰肢乏力。肾藏精，为生殖之源，肾阳不足，不能鼓动阳事，故公畜阳痿或母畜宫寒不孕。脉象沉迟为肾阳虚衰之象。

治则：温补肾阳。

论治：肾阳不足，易生虚寒，非水之有余而致，乃真阳亏损而引，治遵益火之源，以消阴翳，并采取水中求火之法，因水中之火，即是阴火，犹灯烛之火，须以膏油养之，不得杂一滴寒水，得水即灭。方如**金匮肾气丸（或汤）【方剂】**加减。方剂药物组成如下：附子 30g，肉桂 30g，熟地 30g，山萸肉 30g，丹皮 21g，茯苓 21g，泽泻 21g，山药 45g。

经现代研究，附子可兴奋肾上腺皮质系统。生地、山萸肉、山药分别含有维生素 A、甘露醇、精氨酸、淀粉酶、苹果酸、山萸肉甙、胆碱等，有滋养、强壮、降血糖、强心、利尿等作用。茯苓除有利尿作用外，尚有补性，这同它含有茯苓糖、蛋白质、脂肪、卵磷脂等有关。泽泻、丹皮可利尿、清热。肉桂含肉桂醛及挥发油，可扩张血管而使血液循环旺盛，并可促进胃液分泌而健胃。通过以上各药的作用，说明古人认为阴中求阳，即供给机体一定的营养物质，同时提高机体内分泌水平，促进血液循环及能量代谢，从而使全身衰竭状况得以改善。调动机体自身抗病能力，使原发病随之好转。

（二）肾阴虚

因伤精、失血、耗液而成；或急性热病耗伤肾阴，或其他脏腑阴虚而伤及于肾，或因过服温燥劫阴之药所致。见于久病体弱，慢性贫血，或某些慢性传染病过程中。

主证：毛焦体瘦，腰胯无力，精神不振，夜热昼凉，夜间出汗，大便干燥，小便短黄，公畜举阳不坚，滑精，母畜不孕，口干舌红，或口舌生疮，苔少或无，脉象细数。

病机：多因久病伤损肾阴，或配种次数过多，或饲养不当，劳役过度，日久亏损肾元所致。肾阴虚，阴血必不足，皮肌失润，骨骼失养，故毛焦体瘦，腰胯无力，精神不振，阴虚之体，自旺于阴分，夜间主阴，夜间阴虚，受天时之助，奋力与阳交争，故夜热昼凉。卫气昼行于阳，夜行于阴，夜间肌表少卫气的固护，阴虚不能恋阳，阳越挟津外泄，故夜间出汗（盗汗）。阴虚则生内热，虚热伤津，故大便干燥，小便短黄。肾阴虚，不能制阳，虚阳妄动，乏阴供给，故公畜举阳不坚。肾阴虚，精室封藏不固，故滑精。阴虚则生内热，热扰宫室,故母畜不孕。肾阴虚,不能上抑心阳,即水火不济,虚火灼烤,故口干舌红,口舌生疮。苔少或无,脉象细数,皆为肾阴虚之象。

治则:滋阴补肾。

方例:遵"壮水之主,以制阳光"之法,才收良效。方如**六味地黄丸(汤)【方剂】**加减。方剂药物组成如下:熟地90g,山萸肉45g,山药45g,丹皮30g,泽泻30g,茯苓30g。

(三)肾气不固

多由肾阳素亏,劳损过度,或久病失养,肾气亏耗,失其封藏固摄之权而致。

主证:小便频数而清,或尿后余沥不尽,甚至遗尿或小便失禁,腰腿不灵,难起难卧,公畜滑精早泄,母畜带下清稀,肾气不足,胎动不安,舌淡苔白,脉沉弱。

病机:肾气不固,膀胱失约,故小便频数清长或失禁。肾失封藏固摄之权,故母畜带下稀而淡白,公畜滑精早泄。肾气不足,故舌淡白,脉象细弱。

治则:固摄肾气。

方例:以固摄肾气为主,方如**金锁固精丸【方剂】**等。参考药物组成如下:沙苑蒺藜45g,芡实45g,莲须30g,煅龙骨60g,煅牡蛎60g,莲子肉30g。

(四)肾不纳气

由于劳役过度,伤及肾气,或久病咳喘,肺虚及肾所引起。见于慢性支气管炎、慢性肺泡气肿等病程中。

主证:咳嗽,气喘,呼多吸少,动则喘甚,重则咳而遗尿,形寒肢冷,入气有音,汗出,口色淡白,脉虚浮。

病机:肾主纳气,肾虚纳气无权,故呼多吸少。肾为气之根,动则更耗其气,故动则喘甚。出气不爽为肺病,气入有音为肾病,因肾不纳气,故气入有音。舌淡脉虚为肾不纳气之象。

治则:温肾纳气。

方例:以补肾纳气为主。方如**都气丸【方剂】**加减。

(五)肾虚水泛

由于素体虚弱,或久病失调,损伤肾阳,不能温化水液,致水邪泛滥而上逆,或外溢于肌肤。见于慢性肾炎、心衰、胸腹下水肿、阴囊水肿等病程中。

主证:体虚无力,腰脊板硬,耳鼻四肢不温,尿量减少,四肢腹下浮肿,肢体厥冷,尤以两后肢浮肿较为多见,严重者宿水停脐,或阴囊水肿,喘咳痰鸣,小便少,舌质淡胖,苔白,脉沉细。

病机:肾虚,水液失主,势必趋下泛溢于肢体及腹下,故四肢或腹下浮肿。肾虚,司二便失职,故小便少。肾虚水泛,阳气不能温煦肢体,故肢体厥冷。肾虚水湿不能温化而潴留于组织,故见舌质胖大。脉象沉细,为里虚之象。

治则:温阳利水。

方例:以温肾利水为主。方剂如**真武汤【方剂】**。方剂药物组成如下:附子30g,白术30g,茯苓45g,白芍21g,生姜30g。

  膀胱病辨证

肾与膀胱的经脉相互络属,二者互为表里。若肾阳不足,则膀胱失其温煦,引起膀胱虚寒。同时，在六淫外感中，由于湿热之邪下注膀胱，气化功能受阻，则引起膀胱湿热。

（一）膀胱虚寒

证候：小便清长而频数，或尿后余沥不尽，或排尿不爽，或排尿失禁，舌淡苔白，脉象沉迟而细。

病机：肾与膀胱相表里，故膀胱虚实多由肾阳不足引起。膀胱虚寒，气化功能失常，故小便清长而频数，或尿后余沥不尽，或排尿不爽，或排尿失禁。舌淡苔白，脉象沉而细，为里虚寒证共有之象。

论治：以温补肾阳为主，如**右归饮【方剂】**加减。方剂药物组成如下：熟地 30g，炒山药 41g，枸杞 30g，菟丝子 21g，杜仲 30g，熟鹿角胶 21g，山茱萸 30g，当归 30g，熟附子 30g，肉桂 30g。

（二）膀胱湿热

由湿热下注膀胱，气化功能受阻所致。

主证：尿频而急，尿疼，尿液排出困难，常作排尿姿势，痛苦不安，或尿淋漓，尿色浑浊，或尿色黄赤，或有脓血，或有砂石，口色红，苔黄腻，脉濡数或滑数。

病机：本证多由湿热下注膀胱，气化功能受阻所致，湿热蕴结膀胱，影响肾脏气化而致排尿机能异常，故见尿频、尿疼，或排尿困难。湿热灼伤膀胱，故尿色黄赤、尿血。舌苔黄腻，脉象滑数，为湿热之象。

治则：清利湿热。

方例：以清利湿热为主，方剂如**八正散【方剂】**加减。方剂组成参考如下：木通 30g，车前子 30g，萹蓄 45g，大黄 30g，瞿麦 30g，栀子 30g，甘草梢 30g，滑石 60g，灯芯草 5g。

任务三　肾系辨证理论临床应用案例

一　动物繁殖力

动物繁殖力

（一）繁殖力的概念

繁殖力是指动物维持正常繁殖机能、生育后代的能力。种畜的繁殖力就是生产力。随着科学技术的发展，外部管理因素，如良好的饲养管理、准确的发情鉴定、标准的精液质量控制、适时输精、早期妊娠诊断等，已经成为保证和提高动物繁殖力的有力措施。

（二）影响动物繁殖力因素

生产中如何提高动物繁殖能力取决于影响繁殖力的因素，如果我们控制好这些因素，就可以大大提高动物的繁殖率。

1. 遗传因素

繁殖力高是选种的重要要求，繁殖力的遗传可由品种间的杂交结果证明，近交明显引起繁殖性能下降，而杂交可以提高窝产子数。公畜的精液质量和受精能力与其遗传性也有关系，精液品质和受精能力是影响受精卵数目的决定因素。

2. 环境因素

（1）热应激。温度对繁殖力的影响很大，高温会使动物的受胎率降低，胚胎死亡率增加。高温不利于卵子受精及受精卵在输卵管内的运行，高温亦会导致公畜睾丸温度同步升高，降低繁殖力。

（2）光照。光照对季节性繁殖动物的影响较大，人工增加光照时间，特别是在光照缩短的季节，可改进种公畜的精液品质。畜牧生产集约化程度越高，越应考虑光照对性活动的影响。

（3）季节。野生动物为了使其后代在出生后有良好的发育条件，其繁殖活动常呈现出季节性。长期驯养后，牛猪的繁殖季节性已不明显，而羊马仍保留着季节性繁殖。高温是季节性产生的主要影响因素，主要是影响母畜胚胎成活率及公畜的精子成活率。

3. 营养因素

（1）营养水平。用低营养水平饲料饲喂的泌乳母牛，其卵巢机能较低。泌乳能力高的奶牛，卵巢机能低，多由营养不足引起，说明母牛卵巢机能、繁殖与营养水平关系甚为密切。公畜缺乏蛋白质，会使精液量减少，精液品质下降。高营养水平能加快猪的性成熟，精液量较多，但精液品质并没有提高。营养过度也会造成恶果，营养过度必然会导致肥胖，特别是蛋白质过多时，除引起代谢障碍外，还影响精液成分，使畸形精子增加，精液品质下降，同时性欲减退，交配困难。过肥往往和运动不足相关，历来为种畜所忌。

（2）维生素和矿物质水平。维生素、矿物质对动物的健康、生长、繁殖都有重要作用，如维生素 A、维生素 E 可改善精液品质，降低胚胎死亡率。维生素、矿物质缺乏和过量时可影响家畜的繁殖。

（3）植物雌激素。植物中除各种营养物质外，还有家畜机体正常生理过程所必需的生物活性物质，植物雌激素可使垂体和卵巢之间的正常激素调节发生紊乱，或者抑制垂体促性腺素的分泌。

4. 管理因素

家畜繁殖主要受人类活动的控制，良好的管理工作应建立在对整个畜群或个体繁殖能力全面了解的基础上。合理的放牧、饲养、运动、调教、使役、休息、厩舍卫生设施和交配制度等管理措施，均影响家畜繁殖力。管理不善，不但会使一些家畜的繁殖力降低，也可能造成不育。

（三）提高动物繁殖力的措施

（1）选择品种优良、繁殖力高的杂种公母畜做种用。

（2）保证公畜优良的精液品质和母畜卵子的高活性，尽量与生殖季节保持一致。

（3）做好发情鉴定和适时配种。

（4）推广繁殖新技术，采用一些新兴技术，如人工授精及冷冻精液技术，胚胎移植技术，还可适当地使用一些生殖激素等。

（5）减少胚胎死亡和流产率，主要是控制光照和温度条件。

（6）科学地饲养管理，加强饲养管理，是保持动物正常繁殖能力的基础。

（7）做好繁殖组织和管理工作。

肾系病证临床案例

(一) 母猪不孕

1. 案例描述

某养殖户有母猪约110kg，生病后检测体温38.7℃，表现症状为性欲缺乏或显著减退，很长时间不发情，发情证候不明显或完全不显，排卵失常，交配不孕。

2. 辨证论治

肾系理论认为本病与肾、肝、脾三脏相关，冲任二脉与胞宫的关系极为密切。一是肾阳不足致肾精亏虚，表现为肾虚不孕；二是血虚致肾阴不足，表现为血虚不孕；三是挟痰、挟瘀、挟湿热，壅滞冲任二脉，胞脉受阻，表现为痰湿不孕。

(1) 肾虚不孕。表现为不发情或发情没有规律，屡配不孕，精神倦怠，低头耷耳，腰胯疼痛，后躯无力，口色青白，脉象沉细。主要是由于饲养管理不善，营养不良所致。以温肾壮阳，益血养精为治则。方剂为**菟丝子丸【方剂】**加减。

(2) 血虚不孕。表现为发情不明显，配而不孕，口色淡红，脉象沉细，形体消瘦。主要是由于生病后失调，体质衰弱，阴血不足，不能受精怀胎；或阴虚火旺，内热血枯，难以受精怀胎。故以滋阴补血为治则。方剂为**毓麟珠【方剂】**加减。

(3) 痰湿不孕。表现为腰满体肥，发情无规律，交配不孕，口有黏涎，舌苔白腻，口色微黄，脉滑。主要由于母畜膘肥肉满，缺乏运动，久则痰湿内生，脂盛壅滞，不能受精怀孕。故以燥湿化痰为治则。方剂为**二陈汤【方剂】**加减。

3. 结合治疗

(1) 中草药。

①十味片40~50片，一次喂母猪，一天一次，连续2~3天。

②母猪在配种前20分钟左右，白酒200mL一次灌服。

③陈艾全棵0.5kg，益母草全棵1kg，当归100g，一次水煎服。

(2) 化药。

①苯甲酸雌二醇注射液1mL×10支，一次肌肉注射。

②硫酸庆大霉素注射液4万IU 15支，复方氨基比林注射液20mL，当归注射液2mL×10支。一次混合肌肉注射，一天一次，连续2~3天。

4. 预防管理

加强管理，注重种猪营养，防止种猪过肥或过瘦，维持良好体况。

(二) 猪膀胱炎

1. 案例描述

某养殖户有生猪约60kg，生病后去诊断，检测体温为40.5℃，表现症状为小便频繁，病猪常作排尿状，但尿量少或无，有疼痛感，尿色浑浊而带臭，有时尿中因为有大量红血球而变成红色，不断呻吟，减食或停食。

2. 辨证论治

膀胱炎属于中医学"淋证"范畴，病变在膀胱，但与肾、脾、肝关系非常密切。

（1）湿热内蕴。膀胱炎以尿频、尿急、尿血为主要证候，病位在膀胱，临床中首先应该从"淋证"角度来认识本病。湿热蕴结侵袭损伤膀胱是本病早期的主要病机。主要为外阴不洁而感受湿热，或肝胆湿热循经下注膀胱，湿热之邪蕴结侵袭损伤膀胱，从而发生尿频、尿急、尿血等症状。针对湿热内蕴证。方剂用**八正散**【方剂】加减，加减配伍常用药物有白花蛇舌草、蒲公英、石苇、萹蓄、瞿麦、滑石、土茯苓、甘草等。

（2）肾气亏虚。肾与膀胱相表里，肾气主宰膀胱气化、约束膀胱开合、控制膀胱排尿的功能，若大病久病等因素耗伤肾气，导致肾气亏虚，表现为膀胱虚寒。肾气亏虚，不能固摄膀胱，导致膀胱开多合少，津液不藏，从而发生尿频、尿急等证候。肾藏元阴元阳，蕴先天之精与脏腑之精而化元气，对机体抗御外邪能力有重要影响，若肾气亏虚，外邪乘虚侵袭膀胱，除了能影响膀胱功能，发生尿频、尿急等证候外，还极易损伤膀胱组织。治则为补益肾气。方剂可用**右归饮**【方剂】加减，配伍常用药物有人参、补骨脂、巴戟天、山茱萸、覆盆子、桑螵蛸等。

3. 结合治疗

（1）中草药。柳絮250g，车前草全棵1kg，黄糖150g，熬水掺食喂猪，一天两次，连续喂1~2天。

（2）结合方剂。

①青霉素100万IU 2~5支，复方氨基比林注射液3~5mL，速尿注射液6mL，一次混合肌肉注射。

②鱼腥草注射液30mL，一天一次，连续2~3天治愈。

（3）针疗。

①主穴：肾俞【穴位】、百会【穴位】、涌泉【穴位】。

②配穴：尾尖、后三里【穴位】。

4. 预防管理

对病猪应停止喂给有刺激性的饲料，多给青饲料，多饮水。

肾系辨证应用效果评价

项目八 肝胆辨证

学习目标

总体目标：掌握五行之木及肝的基本属性，掌握酸、生、风、春等自然界及其物质属性和肝、胆、目、泪等脏腑器官属性间的辨证关系，并通过肝胆辨证理论兽医临床应用及临床应用案例学习，掌握肝胆辨证理论的应用技巧。

理论目标：掌握木及肝胆的基本属性，掌握酸、生、风、春等自然界及其物质属性和肝、胆、目、泪等脏腑器官属性间的辨证关系。

技能目标：掌握肝胆辨证理论应用技巧，会肝胆辨证理论的临床应用。

任务一 肝胆辨证理论

肝胆辨证理论

　　肝位于腹腔右上侧季肋部，有胆附于其下（马属动物无胆囊）。肝的主要生理功能是藏血，主疏泄，主筋。肝开窍于目，在液为泪。肝有经脉络于胆，与胆相表里。

一 肝的生理功能

（一）肝藏血

　　肝藏血是指肝有贮藏血液及调节血量的功能。当动物休息或静卧时，机体对血液的需要量减少，一部分血液则贮藏于肝脏；而在使役或运动时，机体对血液的需要量增加，肝脏便排出所藏的血液，以供机体活动所需。故前人有"动则血运于诸经，静则血归于肝脏"之说。肝血供应的充足与否，与机体耐受疲劳的能力有着直接关系。当使役或运动时，若肝血供给充足，则可增加机体对疲劳的耐受力，否则便易于产生疲劳，故《素问·六节脏象论》中称"肝为罢极之本"。肝藏血的功能失调主要有两种情况，一是肝血不足，血不养目，则发生目眩、目盲；或血不养筋，则出现筋肉拘挛或屈伸不利。肝的阴血不足，还可引起阴虚阳亢或肝阳上亢，出现肝火、肝风等证候。二是肝不藏血，则可引起病患不安或出血。

（二）主疏泄

　　疏，即疏通；泄，即发散。肝主疏泄，是指肝具有保持全身气机疏通调达，通而不滞，散而不郁的作用。气机是机体脏腑功能活动基本形式的概括。气机调畅，升降正常，是维持内脏生理活动的前提。"肝喜调达而恶抑郁"，全身气机的舒畅调达，与肝的疏泄功能密切相关，这与肝含有清阳之气是分不开的。如《血证论》所说："设肝之清阳不升，则不能疏泄。"肝的疏泄功能，可以调畅气血运行、通调津液代谢，从而协调脾胃运化、调控精神活动。

1. 调畅气血运行

肝的疏泄功能直接影响到气机的调畅，而气与血，如影随形，气行则血行，气滞则血瘀。因此，肝疏泄功能正常是保持血流通畅的必要条件。若肝失条达，肝气郁结，则见气滞血瘀；若肝气太盛，血随气逆，则见呕血、衄血。

2. 通调津液代谢

三焦疏利，是津液升降的通路。肝气疏泄可疏利三焦，进而通调津液升降通路。若肝气疏泄功能失常，气不调畅，三焦失利，则引起水肿、胸水、腹水等津液代谢障碍。

3. 协调脾胃运化

肝气疏泄是保持脾胃正常运化功能的重要条件。一方面，肝的疏泄功能，使全身气机疏畅达通，协助脾胃之气的升降和二者的协调；另一方面，肝能输注胆汁，帮助消化食物，而胆汁的输注又直接受肝疏泄功能的影响。若肝气郁结，疏泄失常，则引起黄疸、食欲减退、嗳气、肚腹胀满等消化功能异常证候。

4. 调控精神活动

精神活动，除"心藏神"外，与肝气有密切关系。肝疏泄功能正常，气机舒畅调达，气血才能供给。因此，肝疏泄功能正常，是保持精神活动正常的必要条件。如肝气疏泄失常，气机不调，则引起精神活动异常，出现躁动、精神沉郁，胸胁胀满等证候。

（三）主筋

筋，即筋膜（包括肌腱），是联系关节、约束肌肉、主司运动的组织。筋附着于骨及关节，由于筋的收缩及弛张而使关节运动自如。肝主筋，是指肝有为筋提供营养，以维持其正常功能的作用。如《素问·痿论》说："肝主身之筋膜。"肝主筋的功能与"肝藏血"有关，因为筋需要肝血的滋养，才能正常发挥其功能。故《素问·经脉别论》说："食气入胃，散精于肝，淫气于筋。"肝血是物质基础，气机舒畅调达是必要条件。因此，肝血充盈，筋才能得到充分的濡养，其活动才能正常。若肝血不足，血不养筋，可出现四肢拘急，或痿弱无力，伸屈不灵等证候。若邪热劫津，导致津伤血耗，则血不营筋，引起四肢抽搐、角弓反张、牙关紧闭等肝风内动病证。

"爪为筋之余"，爪甲亦有赖于肝血的滋养，故肝血的盛衰，可引起爪甲（蹄）荣枯的变化。肝血充足，则筋强力壮，爪甲（蹄）坚韧；肝血不足，则筋弱无力，爪甲（蹄）多薄而软，甚至变形而易脆裂。故《素问·五脏生成篇》说："肝之合筋也，其荣爪也。"

二 胆的功能

胆有经脉络于肝，与肝相表里。胆附于肝（马有胆管，无胆囊），内藏胆汁。胆贮藏和排泄胆汁，和其他腑的转输作用相同，故为六腑之一；但其他腑所盛者皆浊，唯胆所盛者为清净之液，与五脏藏精气的作用相似，故又把胆列为奇恒之腑。因胆汁为肝之精气所化生，清而不浊，故《安骥集·天地五脏论》中称"胆为清净之腑"。胆的主要功能是贮藏和排泄胆汁，以帮助脾胃运化。胆汁由肝疏泄而来，故《脉经》说："肝之余气泄于胆，聚而成精。"胆汁的产生、贮藏和排泄均受肝疏泄功能的调节和控制。

肝胆本为一体，二者在生理上相互依存，相互制约，在病理上也相互影响，往往是肝胆同病。如肝胆湿热，临床上常见到动物食欲减退、发热口渴、舌苔黄腻、口色黄赤、尿色深黄、脉弦数等证候，治宜清湿热、利肝胆。

三 肝与胆的关系

胆附于肝，肝与胆有经脉相互络属，构成一脏一腑的表里关系。胆汁来源于肝，肝疏泄失常则影响胆汁的分泌和排泄；而胆汁排泄失常，又影响肝的疏泄，出现黄疸、消化不良等。故肝与胆在生理上关系密切，在病理上相互影响，常常肝胆同病，在治疗上也应肝胆同治。

四 肝与窍液的关系

（一）开窍于目

目主视觉，肝有经脉与之相连，其功能的发挥有赖于五脏六腑之精气，特别是肝血的滋养。如《素问·五脏生成论》说："肝受血而能视"，《灵枢·脉度篇》也说："肝气通于目，肝和则能辨五色矣。"由于肝与目关系密切，故肝的功能正常与否，常常在目上得到反映。若肝血充足，则双目有神；若肝血不足，则两目干涩；肝经风热，则目赤流泪；肝火上炎，则目赤流泪生翳。

（二）在液为泪

肝开窍于目，泪从目出，故泪为肝之液。如《素问·宣明五气篇》说："五脏化液……肝为泪。"在正常情况下，泪有濡润和保护眼睛的功能，但不会溢出目外。如《安骥集·师皇五脏论》中说："肝者外应于目，目即生泪，泪即润其眼。"当异物侵入目中时，则泪液大量分泌，起到清洁眼球和排除异物的作用。在病理情况下，肝的病变常常引起泪的分泌异常。如肝之阴血不足，则泪液减少，两目干涩；肝经风热，则两目流泪生眵。如《安骥集·碎金五脏论》说："肝盛目赤饶眵泪，肝热睛昏翳膜生，肝风眼暗生碧晕，肝冷流泪水泠泠。"

五 肝胆理论辨证应用思路

（一）辨证要点

肝胆辨证，以"肝藏血，主疏泄"理论为核心，在预防保健方面，通过提升"肝藏血""疏泄"功能，可以提高动物耐受力，从而起到抗应激等保健作用。

第一，"肝藏血"的物质基础是气血，补益气血或补益脾胃，可以充实机体气血之源。

第二，疏肝解郁可以直接提升肝主疏泄功能。

第三，肝主疏泄，与"气机调畅、三焦疏利"关系密切，气机调畅则气血运行调畅，三焦疏利则津液代谢通调，理气及消导可以调畅气机、疏利三焦，从而保证气血津液的正常供给。

第四，肝主疏泄，与脾胃运化协调、精神活动正常亦密切相关，调理脾胃功能和养心安神等可以提升肝主疏泄功能。

（二）药物选择思路

（1）充实机体气血之源。

①补气：黄芪、党参等补气药。

②补血：当归、鸡血藤等补血药。
③补益脾胃：白术等补益脾气药。
④调理脾胃：黄连、黄柏、黄芩、苍术、茯苓等燥湿类中药。
（2）疏肝解郁：柴胡等疏肝药。
（3）调畅气机和疏利三焦。
①理气：陈皮、木香等理气药。
②消导：神曲、山楂、麦芽等消导药。
（4）养心安神：远志、菖蒲等安神药。

任务二 肝胆辨证理论临床应用

肝胆辨证理论临床应用

肝的生理功能是藏血、主疏泄、主筋爪、开窍于目等。因此肝的病理变化多表现在血不归藏、疏泄失常和筋脉不利、肝火上炎等方面。肝与胆相表里，胆的主要功能是贮藏和排泄胆汁，促进饮食物的消化，所以胆的病理变化主要反映在胆汁排泄异常、消化不良等方面。肝胆关系非常密切，正常时互相协调，发病时相互影响。

 肝病辨证

肝藏血，如肝藏血乏源或肝血不足，则会导致肝血虚，进一步发展可形成阴虚阳亢。同时，肝主疏泄，可协调脾胃运化，如肝气不舒，失其条达，可导致肝气犯胃，针对脾虚之体，会进一步导致肝气乘脾之证。第三，在六淫致病方面，常见证候有肝风内动、肝火上炎、寒滞肝脉等证候。

（一）肝血虚

多因脾肾亏虚，化生之源不足，或慢性病耗伤肝血，或失血过多所致。

主证：眼干，或倦怠肯卧，蹄壳干枯皲裂；或转圈，站立不稳，时欲倒地；或见震颤，四肢拘挛抽搐，口色淡白，脉弦细。

病机：肝血虚，不能养脑，故精神沉郁而嗜卧懒动，头低眼闭。肝血不足，不能生肌养肤，故体瘦毛焦。肝肾同源，肝血虚，肾也受累，腰为肾之腑，故腰腿无力，倦怠肯卧。血虚不能充养筋脉，故筋脉拘急，蹄甲枯干。肝血虚，不能上荣于口，故口色苍白，舌质色淡。肝血虚，则脉不充盈，故脉沉细无力。

治则：滋阴养血，平肝明目。

方例：以补养肝血为主，肝血足，则诸证自愈。方如**四物汤【方剂】**加减。

（二）阴虚阳亢

证候：除肝阴不足的症状外，还见头低，脑部热，行如酒醉，舌红苔薄，脉弦紧。

病机：肝阴虚必不恋阳，肝阳上亢，扰乱清窍，故头低，脑部热，行如酒醉，肝阴虚则生内热，故舌红苔薄黄，脉弦数。

治则：滋阴平肝潜阳。

论治：阴虚阳亢，实为本虚标实，下虚上实之证。故治以滋阴平肝潜阳为主。方如**天麻钩藤饮**【方剂】加减。

（三）肝气犯胃

肝体阴而用阳，体柔而性刚，喜条达而怕抑郁，郁则激，激则横，横则失其和畅，多犯胃乘脾，故肝气郁结。

证候：精神沉郁，胸腹胀满，眼结膜微黄，时而回头顾胸，食欲不振，在猪则呕吐，舌薄白，脉弦。

病机：肝气不舒，失其条达，故精神沉郁而嗜卧懒动，肝气郁滞不畅，故胸腹胀满。肝气郁结，则胆不能正常疏泄，则退而入血，故眼结膜微黄；肝经布胸肋，肝气不舒，则胸肋胀痛，故时而回头顾胸。肝主疏泄，胃主受纳与和降，肝气郁结，疏泄失职，不能助脾胃进行消化，胃气不能和降，则上逆，故食欲不振，猪呕吐中枢发达，在猪则呕吐。肝气犯胃，胃功能失常，故舌苔薄白。肝气郁结，则脉气不舒，故脉弦。

治则：舒肝和胃。

论治：因是肝气犯胃之证，故以舒肝和胃为主。方如**逍遥散**【方剂】加减。

（四）肝气乘脾

证候：除有精神沉郁，胸腹胀满的肝郁症状外，还有肠鸣泄泻，腹痛的脾经症状。

病机：肝气乘脾，实为肝盛脾虚之证，肝盛则气横逆，脾虚则受木克制。

治则：泻肝补脾。

论治：根据盛则宜泻，虚则宜补的原则，故以泻肝补脾为主。方如**痛泻要方**【方剂】。本方之证，莫与伤食之证混合。二证虽都呈现泄泻腹痛，有未消化的饲草之症状，但本方之证，泄后腹痛不减，而伤食的痛泻，泻后疼痛减轻，二者可由此分辨。

（五）肝风内动

风有内外之分，一般所称肝风，均指内风而言，以抽搐、震颤等为主要症状，常见的有热极生风、肝阳化风、阴虚生风和血虚生风四种。

1. 热极生风

多由邪热内盛，热极生风，横窜经脉所致。见于温热病的极期。

主证：高热，四肢痉挛抽搐，项强，甚则角弓反张，神识不清，撞壁冲墙，转圈运动，舌质红绛，脉弦数。

病机：热极生火，火大生风，风乘火势，火借风威，互相鼓煽，燔灼肝络，热陷心包所致。热盛伤津，故高热口渴。热邪深重，内陷厥阴，筋脉失养而动风，故抽搐项强。肝木为内风之源，热极生风，风火相煽，鼓动内外，扰乱心神，故躁扰不安，撞壁冲墙，行如醉狗。舌红苔黄，脉弦而数，为肝热之象。

治则：清热，熄风，镇痉。

论治：以清热熄风为主。方如**羚角钩藤汤**【方剂】。

2. 肝阳化风

多因肝肾之阴久亏，肝阳失潜而致。

主证：神昏似醉，站立不稳，时欲倒地或头向左或向右盘旋不停，偏头直颈，歪唇斜眼，肢体麻木，拘挛抽搐，舌质红，脉弦数有力。

病机：素体阴虚，肝阳易亢，或肝火上炎，升发太过，阳动化风，风邪煽动，火气浮亢，故四肢震颤，角弓反张，卒然昏倒。肝外于目，肝阳化风，上扰目窍，故眼结膜红绛，双目上翻，目不视物。舌质红，脉弦细，为肝阳亢盛之象。

治则：平肝熄风。

方例：以平肝熄风为主，方如**镇肝熄风汤【方剂】**加减。

3. 阴虚生风

多因外感热病后期，阴液耗损，或内伤久病，阴液亏虚而发病。

主证：形体消瘦，四肢蠕动，午后潮热，口咽干燥，舌红少津，脉弦细数。

治则：滋阴定风。

方例：**大定风珠【方剂】**加减。

4. 血虚生风

多由急慢性出血过多，或久病血虚所引起。

主证：除血虚所致的眩晕，站立不稳，时欲倒地，蹄壳干枯皲裂，口色淡白，脉细之外，尚有肢体震颤，拘挛抽搐的表现。

病机：肝血虚不能充荣于口，故口色淡白。肝主筋爪，肝血虚，筋爪失养，故四肢抽搐。肝外应于目，肝血虚，不能上注于目，故目不视物。脉象弦细，为肝血虚之象。

治则：养血熄风。

论治：以补血熄风为主，方如**补肝汤【方剂】**。

（六）肝火上炎

多由外感风热或由肝气郁结化火所致。

主证：起卧不安，两目红肿，羞明流泪，睛生翳障，目不视物，或有鼻衄，粪便干燥，尿浓赤黄，口色鲜红，脉象弦数。

病机：肝外应于目，肝火上炎，则目赤肿痛，眵盛难睁，睛生云翳。肝火扰乱心神，故起卧不安。肝火迫血妄行故衄血。火能伤阴，故大便干燥，小便黄短。肝火内蒸，故舌红苔黄，脉弦数。

治则：清肝泻火，明目退翳。

论治：因是肝经实火之证，故以清肝泻火为主。方如**龙胆泻肝汤【方剂】**加减。

（七）寒滞肝脉

多由外寒客于肝经，致使气血凝滞而成。

主证：形寒肢冷，耳鼻发凉，睾丸胀大下坠，后肢运步困难，口色青，舌苔白滑，脉沉弦。

病机：多因外感寒邪，侵袭厥阴肝经，导致气血凝滞而发病。气血不利，气不得煦，血不得濡，肝脉环绕阴器，故睾丸胀大下坠。寒主收引，肝脉致寒，故见阴囊冷缩。肝经寒盛，故舌润苔白，脉多沉弦。

治则：温肝暖经，行气破滞。

论治：以暖肝散寒为主，方如**茴香散【方剂】**加减。

二 胆病或肝胆同病辨证

"胆为清净之腑"，胆的主要功能是贮藏和排泄胆汁，以帮助脾胃运化，与脾胃相通，易发胆虚证。在感受六淫方面，肝胆易受湿邪侵扰，发为肝胆湿热或肝胆寒湿。

（一）胆虚证

证候：见人举棒近前，或大声吆喝，则害怕万分，表现为肌肉发抖，惊恐不安。舌苔黄腻，脉象弦滑。

病机：胆为清净之府，盛则胆壮，虚则胆怯，故见人举棒近前，大声吆喝，则害怕万分，表现为肌肉发抖，惊恐不安。胆虚，则易患气郁痰浊之证。痰浊日久则化热，痰热内扰，故舌苔黄腻，脉象弦滑。

论治：以清化热痰、祛湿和胃为主，方如**温胆汤【方剂】**加减。

（二）肝胆湿热

多因感受湿热之邪，或脾胃运化失常，湿邪内生，郁而化热所致。

主证：黄疸鲜明如橘色，尿液短赤或黄而浑浊，大便干燥。母畜带下黄臭，公畜睾丸肿胀发热，拒按，阴囊湿疹，舌苔黄腻，脉弦数。

病机：肝胆湿热蕴结，疏泄失常，不能帮助脾胃消化，故食欲不振，腹胀。热则伤津，故大便干燥。湿热下注，故小便黄短。肝胆湿热，郁结在里，阻滞胆道，导致胆汁不能疏泄脾胃而循肝血达周身，故呈黄疸。因以热为主，为阳黄，故黄疸色泽鲜明，口色红黄。肝胆湿热蕴结，故舌苔黄腻。肝脉络阴器，肝胆湿热下注，故外阴异常。肝胆有湿热，故脉弦滑而数。

治则：清利肝胆湿热。

论治：以清利肝胆湿热为主。方如**茵陈蒿汤【方剂】**加减。本证为热重于湿，故为阳黄。如湿重于热，便为阴黄。阳黄黄色鲜明，阴黄黄色晦暗，二者由此而别之。

（三）肝胆寒湿

多因夜卧湿地，寒湿之邪内侵，或因脾不健运，水湿内生，又感寒邪，致使寒湿合邪侵入肝胆所致。

主证：黄疸晦暗如烟熏，食少便溏，舌苔滑腻，脉沉迟。

治则：祛寒利湿退黄。

方例：**四逆汤【方剂】**加减，可以配伍茵陈等药物。

任务三　肝胆辨证理论临床应用案例

一　动物应激反应

（一）动物应激反应概念

动物应激反应是指机体在受到体内外各种强烈因素（即应激原）刺激时，所出现的交感神经兴奋和垂体-肾上腺皮质分泌增多为主的一系列神经内分泌反应，以及由此而引起的各种机能和代谢的改变。任何对动物机体或情绪的刺激，只要达到一定的强度，都可以成为应激原。当这种应激反应真正威胁到动物的健康时，动物就

动物应激反应

会觉得不适。

（二）养殖生产中常见的应激因素

物理性应激因素包括过热、过冷、强辐射、贼风、强噪声等；化学性应激因素有畜禽舍中的氨、硫化氢、二氧化碳等有毒有害气体；饲养性应激因素有饥饿或过饱、日粮营养不均衡、急剧变更日粮与饲养水平、饮水不足和饮水不卫生或水温过低、饲料投饲时间过长等；生产性应激因素有饲养规程变更、饲养员更换、断奶、称重、转群、饲养密度过大、组群过大等；外伤性应激因素有去势、打耳号、断尾等；心理性应激因素有争斗、在畜群中的等级地位、惊吓、饲养员的粗暴对待等；运输应激因素有装卸和运输行程中的不良条件及刺激等；还有兽医预防或治疗方面的应激因素，如疫苗注射、消毒、兽医治疗等。

（三）动物应激反应的作用机理

应激反应的发生过程及其机制是十分复杂的，作为一个有机整体，当动物受到应激原的刺激后，如捕捉、驱赶、运输、高温、寒冷、拥挤、咬斗、注射、手术等刺激，神经系统下丘脑兴奋，分泌促肾上腺皮质释放激素，通过垂体门脉系统进入垂体前叶，使垂体前叶分泌肾上腺皮质激素增多，肾上腺皮质激素通过血液循环到达肾上腺促使糖皮质激素的释放，以对付应激原的刺激。这是机体对抗损伤性刺激的一种抗病措施，机体通过极复杂的神经体液调节，以保持体内生理生化过程的协调与平衡，并建立新的稳恒状态。

（四）应激反应对动物机体的危害

1. 精神危害

当动物受到应激因素的刺激时，机体所产生的应激反应会使动物极度兴奋，狂躁不安，攻击性增加，或者精神沉郁，活动量减少，使动物的生理机能降低。

2. 心脏负担

动物出现应激反应会使心率加快，心收缩力加强及血压升高，血液浓稠，低血氮，高血钾，给心脏带来严重的负担，特别是在捕捉、打斗、运输等运动强烈时会引起动物的猝死。

3. 对消化系统的影响

应激反应会使胃肠道持续性缺血，胃酸、胃蛋白酶分泌增多，胃肠的黏液分泌不足，肠道菌群紊乱，发生消化功能紊乱，严重时发生胃肠性溃疡、腹泻。临床症状表现为采食量减少、饮水增加、机体蛋白质合成减少、分解代谢增强、合成代谢减弱、出现负氮平衡、饲料转化率低、导致生长发育减缓或停滞等。

4. 对呼吸系统的影响

应激反应会使动物的代谢功能加快，需氧量增加，呼吸加快，呼吸负担加重，引起肺部缺氧、缺血，这会给病菌入侵带来可乘之机，因而动物的呼吸道、肺部容易受感染而发病。

5. 对免疫系统的危害

应激反应会使免疫器官严重萎缩，特异性的细胞及体液免疫功能严重下降，会诱发感染各种传染性疾病，甚至使动物死亡。

6. 机体代谢紊乱

应激反应会使动物机体严重消耗，体内有毒代谢产物成倍增加，电解质及酸碱平衡紊乱，致使动物的生产性能下降。

总之，应激反应会造成动物的生理机能紊乱、生产性能如产肉、产蛋、产奶等下降，甚至会危及动物的生命。

（五）应激反应应对措施

1. 培育抗应激品种

动物对应激的敏感程度与遗传基因有关，通过育种方法选育抗应激品种，淘汰应激敏感动物，建立抗应激种群是从根本上解决动物应激的重要方法。

2. 合理利用现有优势

种群生产中可利用杂种优势降低动物对应激的敏感性。

3. 加强饲料营养调控

使用抗应激类药物，动物处在应激状态时配制日粮，在饲料中需要添加容易引起缺乏又与营养物质代谢密切相关的营养物质加以调控。营养物质包括有维生素、微量元素、常量元素、氨基酸等。其次，还要考虑饲料原料的可消化性和内在品质，蛋白质水平要适宜，氨基酸要平衡，不要使用发霉变质原料，防止饲料中的霉菌毒素引起的应激。

4. 创造良好的生活环境

猪场的选址、设计、舍内设备等生物安全设施设计合理，在原则上要满足动物的生理需要，应避免外界因素过多的干扰。要依据动物的个体大小和用途确定饲养密度和圈舍空间。舍内保证适宜的温度和湿度，做到冬季保温，夏季防暑，舍内温度尽量稳定，减小温差。加强畜舍的通风换气，降低有害气体含量，给动物一个清洁、安静的生活环境，减少环境带来的应激因素。

5. 适应性饲养

要依据动物生理特点，掌握关键阶段，避免应激发生在动物生产管理中，一切以满足动物的生理特点为标准，减少和避免应激反应发生。如母畜的生产前后、仔畜的断奶前后、转群前后、运输前后、免疫前后、保育阶段、天气气候突变等，这些阶段都是应激反应的高发阶段，都要精心地饲养管理，避免应激发生。

6. 树立动物福利观念

就是呵护动物的生活习性，饲养员要温和对待动物，让动物的身体及心理与环境相协调，使其健康快乐地生活。

7. 加强环境卫生

消毒、做好疾病预防。疾病本身就是一种应激反应，在动物的日常管理中要做好畜舍的环境卫生消毒工作，搞好预防接种免疫，防疫措施搞好了，机体抗病能力增强了，疾病没有了，应激原消除了，当然就不会有应激反应。

 肝胆病证典型案例

（一）猪乳房炎

1. 案例描述

某养殖户有约140kg母猪，生病后检测体温40.5℃左右。表现症状：乳房红肿，发热，发硬，有疼痛感，不让仔猪吃奶，常常横卧，食欲减退，精神不振，乳汁少而浓，混有白色乳状物，有时带血丝，甚至黄褐色的脓液，有臭味，严重时乳房溃烂，不产乳汁。

2. 辨证论治

乳房炎属中医学中的奶肿、奶黄、乳痈，本病的发生与胃热滞和肝气郁结相关。

（1）热毒壅盛型。主要是由于患畜采食精料过多，致胃热壅盛，气血凝滞，乳房经气阻塞。治疗应以清热解毒、消肿散结、活血通经为治则。方剂可用**银花解毒汤【方剂】**加减。加减配伍方药可以选择板蓝根、双花、连翘、蒲公英、王不留行、丹参、陈皮、甘草等。

（2）气血瘀滞型。主要是由于外邪入侵，与积乳互结，致使肝气郁结，气机不舒，气血凝滞、郁结。治疗应以清热解毒，疏肝解郁，消肿散结，补益气血，活血通经为治则。方剂可用**柴胡疏肝散【方剂】**加减。配伍中药包括蒲公英、鱼腥草、金银花、连翘等清热解毒药，赤芍、桃仁、制乳香、制没药、穿山甲、王不留行等活血化瘀、通经活络药物，陈皮、木香等理气药。

3. 结合治疗

青霉素80万IU 1~4支，复方氨基比林注射液50mL，地塞米松磷酸钠注射液10mL。双黄连毒注射液10mL，柴胡注射液10mL，鱼腥草注射液20mL。中西药混合，肌肉注射，一天一次，连续注射2~3天治愈。

4. 预防管理

加强饲养管理，合理搭配饲料，保持猪舍温暖和空气流通。

（二）猪李氏杆菌病

1. 案例描述

某养殖户有生猪约20kg，生病后去诊治，检测体温41.5℃。表现症状为精神沉郁、厌食、呼吸急促。步态异常，后肢叉开，坐地呈现观星姿态，转圈不停，痉挛，后肢逐渐麻痹，倒地后四肢划动，叫声尖利，口吐白沫等。

2. 辨证论治

通过肝胆辨证分析可知，此证候乃心肝两经之病，热胜风搏，流于经络，风主动而不宁，风火相乘。治宜祛风疏肝，涤热定惊，安神，使其神智清，则抽搐亦定。方剂可以选择**清空汤【方剂】**加减。方药可以选择牛黄、郁金、丁香、黄连、钩藤等。

3. 结合治疗

（1）化药。青霉素80万IU 3支，复方氨基比林注射液10mL，安溴注射液20mL，维生素B_1注射液5mL。

（2）中药。双黄连注射液10mL，柴胡注射液5mL，一次混合肌肉注射，一天一次，连续注射3~4天治愈。

（3）针疗。

主穴：**素髎【穴位】**、**风府【穴位】**、耳尖、尾尖、蹄叉。

配穴：**百会【穴位】**、**涌泉【穴位】**、**陷谷【穴位】**。

4. 预防管理

（1）加强营养，搞好环境卫生，使猪群保持较好的抗病力。

（2）用漂白粉液和草木灰水对猪舍及环境进行消毒。

（三）慢性猪李氏杆菌病实例

1. 案例描述

某养殖户有约55kg生猪，生病后去诊治，检测体温39℃。表现症状为精神沉郁，厌食，转圈不停，步态异常，后肢叉开，坐地呈观星姿态，后肢逐渐麻痹，倒地后四肢划动。

2. 结合治疗

（1）化药。青霉素80万IU 8支，复方氨基比林注射液25mL，安溴注射液60mL，维生

素 B_1 注射液 10mL。

（2）中药。双黄连注射液 10mL，一次混合肌肉注射，一天一次，连续 3~4 天治愈。

（3）针疗。

主穴：**素髎**【穴位】、**承浆**【穴位】、耳尖、尾尖。

配穴：**风府**【穴位】、**太阳**【穴位】、**百会**【穴位】、蹄叉。

3. 预防管理

加强营养，搞好环境卫生，加强猪舍及环境的消毒。

肝胆辨证应用效果评价

项目九　心系辨证

学习目标

总体目标：掌握五行之火及心的基本属性，掌握苦、长、暑、夏等自然界及其物质属性和心、小肠、脉等脏腑器官属性间的辨证关系，并通过心系辨证理论的兽医临床应用和临床应用案例学习，掌握心系辨证理论临床应用技巧。

理论目标：掌握火及心的基本属性，掌握苦、长、暑、夏等自然界及其物质属性和心、小肠、脉等脏腑器官属性间的辨证关系。

技能目标：掌握心系辨证理论辨证论治技巧，会心系辨证理论的兽医临床应用。

任务一　心系理论

心系理论

心是脏腑中最重要的器官，在脏腑功能活动中起主导作用，使之相互协调，为机体生命活动的中心。心位于胸中，有心包护于外。心的主要生理功能是主血脉和藏神。心开窍于舌，在液为汗。心的经脉下络于小肠，与小肠相表里。如《灵枢·邪客篇》说："心者，五脏六腑之大主也，精神之所舍也"；《安骥集·师皇五脏论》也说："心是脏中之君"，都指出了心有统管脏腑功能活动的作用。

一　心的生理功能

（一）主血脉

心是血液运行的动力，脉是血液运行的通道。心主血脉，是指心有推动血液在脉管内运行，以营养全身的作用。故《素问·痿论》说："心主身之血脉。"由于心、血、脉三者密切相关，所以心脏的功能正常与否，可以从脉象、口色上反映出来。如心气旺盛、心血充足，则脉象平和，节律调匀，口色鲜明如桃花色。反之，心气不足，心血亏虚，则脉细无力，口色淡白。若心气衰弱，血行瘀滞，则脉涩不畅，脉律不整或有间歇，出现结脉或代脉，口色青紫等症状。

（二）藏神

神，指精神活动，即机体对外界事物的客观反映。心藏神，是指心为一切精神活动的主宰。如《灵枢·本神篇》说："所以任物者谓之心。"任，即担任、承受之意。《安骥集·清浊五脏论》也有"心藏神"之说。正因为心藏神，心才能统辖各个脏腑，成为生命活动的根本。如《素问·六节脏象论》中说："心者，生之本，神之变也。"

心藏神的功能与心主血脉的功能密切相关。因为血液是维持正常精神活动的物质基础，血为心所主，所以心血充盈，心神得养，则动物"皮毛光彩精神倍"。否则，心血不足，神不能安藏，则出现活动异常或惊恐不安。故《安骥集·碎金五脏论》说："心虚无事多惊恐，心痛癫狂脚不宁。"同样，心神异常，也可导致心血不足，或血行不畅，脉络瘀阻。

二 小肠的功能

小肠有经脉络于心，与心相表里。小肠上通于胃，下接大肠。小肠的主要生理功能是受盛化物和分别清浊，即小肠接受由胃传来的水谷，继续进行消化吸收以分别清浊。清者为水谷精微，经吸收后，由脾布散到身体各部，供机体活动之需；浊者为糟粕和多余水液，下注大肠或肾，经由二便排出体外。故《素问·灵兰秘典论》说："小肠者，受盛之官，化物出焉"；《安骥集·天地五脏论》也说："小肠为受盛之腑。"《医学入门》中指出："凡胃中腐熟水谷……自胃之下口传入于小肠，…分别清浊，水液入膀胱上口，滓秽入大肠上口。"因此，小肠有病，除影响消化吸收功能外，还出现排粪、排尿的异常。

三 心与小肠的关系

心与小肠的经脉相互络属，构成一脏一腑的表里关系。在生理情况下，心气正常，有利于小肠气血的补充，小肠才能发挥分别清浊的功能；而小肠功能的正常，又有助于心气的正常活动。在病理情况下，若小肠有热，循经脉上熏于心，则可引起口舌糜烂等心火上炎之症。反之，若心经有热，循经脉下移于小肠，可引起尿液短赤、排尿困难等小肠实热的病证。

四 心与窍液的关系

（一）开窍于舌

舌为心之苗，心经的别络上行于舌，因而心的气血上通于舌，舌的生理功能直接与心相关，心的生理功能及病理变化最易在舌上反映出来。心血充足，则舌体柔软红润，运动灵活；心血不足，则舌色淡而无光；心血瘀阻，则舌色青紫；心经有热，则舌质红绛，口舌生疮。故《素问·阴阳应象大论》中说："心主舌……开窍于舌"，《安骥集·师皇五脏论》也说"心者外应于舌。"

（二）在液为汗

汗是津液发散于肌肤腠理的部分，即汗由津液所化生。如《灵枢·决气篇》说："腠理发泄，汗出溱溱，是谓津。"津液是血液的重要组成部分，血为心所主，血汗同源，故称"汗为心之液"，又称心主汗。如《素问·宣明五气篇》指出："五脏化液，心为汗。"心在液为汗，是指心与汗有密切关系，出汗异常，往往与心有关。如心阳不足，常常引起腠理不固而自汗；心阴血虚，往往导致阳不摄阴而盗汗。又因血汗同源，津亏血少，则汗源不足；而发汗过多，又容易伤津耗血。故《灵枢·营卫生会篇》有"夺血者无汗，夺汗者无血"之说。临床上，心阳不足和心阴血虚的动物，用汗法时应特别慎重。汗法不仅伤津耗血，而且也耗散心气，甚至导致亡阳的病变。

[附] 心包络

心包络，又称心包或膻中，与六腑中的三焦互为表里。它是心的外卫器官，有保护心脏的作用。当外邪侵犯心脏时，一般是由表入里，由外而内，先侵犯心包络。如《灵枢·邪客篇》说："故诸邪在于心者，皆在于心之包络。"实际上，心包受邪所出现的病证与心是一致的。如热性病出现神昏症状，虽称为"邪入心包"，而实际上是热盛伤神，在治法上可采用清心泄热之法。由此可见，心包络与心在病理和用药上基本相同。

五 心系理论辨证应用思路

（一）辨证要点

第一，"心藏神"，神安则动物精神活动正常。可以直接用安神中药以助心藏神。

第二，心主血脉，气血是"心藏神"的物质基础，气血可以养心，养心则可以安神。因此，可以补益气血而实现养心安神。

第三，为了让补气药、补血药的作用得到充分发挥，在补气的同时需要理气，在补血的同时需要活血。

（二）药物选择思路

1. 助心藏神

安神：远志【中药】、石菖蒲【中药】等安神药。

2. 补益气血，养心安神

（1）补气理气：**黄芪【中药】、党参【中药】、白术【中药】、山药【中药】**等补气药，**陈皮【中药】、木香【中药】**等理气药。

（2）补血活血：**当归【中药】、鸡血藤【中药】**等补血药，**川芎【中药】**等活血药。

心系理论临床应用

任务二　心系辨证理论临床应用

心的生理功能是主血脉，主神明。舌为心之苗，心与小肠相表里。

一 心病辨证

心的生理功能是主血脉，又主神明，所以心的病理变化多表现在血液运行障碍和神志活动异常等方面。首先，心主血脉，气为血帅，血为气母，气血不足，易致心气虚和心血虚；心气虚进一步发展，则形成心阳虚，心气虚与心阳虚再进一步恶化发展，则会形成心阳虚脱；心血虚进一步发展，则形成心阴虚；心阴虚，心阴不足，心失其养，可进一步恶化发展，则会形成阴阳俱虚。其次，六淫内郁化火，致心火上炎和邪犯心包。第三，心阳不通，易致心血瘀血；气郁化火，炼液为痰，可致痰火扰心和痰迷心窍。

（一）心气虚

多由久病体虚，暴病伤正，误治、失治，老龄动物脏气亏虚等因素引起。

主证：气短乏力，自汗，运动后尤甚，舌淡苔白，脉虚。

病机：心主血脉，气为血帅，心气不足，鼓动乏力，气血不能正常循脉畅行，故气短。动则耗气，故劳役或运动后加重。气虚，卫气失固肌表，故自汗。心气虚，心功能降低，故倦怠无力。舌为心之苗，心气不足，水湿失其布散而潴留于舌，故舌胖淡而苔白。气为血之帅，气行血则行，气虚则血乏动力，不相连续故脉细弱或结代。

治则：养心、益气、安神。因是心气虚之证，故针对性地施补，才可收良效，以补心益气为主。

方例：**养心汤【方剂】**加减或**四君子汤【方剂】**加减。本方四味药均属于平、温药材，不热不燥，补中有泻，补而不滞，平补不峻，诸药合用能使脾气足而气血生化有源，脾健运而湿气得消。

（二）心血虚

多因久病体虚，血液化生不足；或失血过多，劳伤过度，损伤心血所致。

主证：躁动，易惊，口色淡白，脉细弱。

病机：多因久病体虚，或大失血之后，或血的化生不足等而致。心主血，又藏神，心血不足，心神失养，故易惊，躁动不安。心血虚，不能上荣头部，故结膜苍白、口色淡白。心血虚，不能充盈脉管，故脉细而弱。

治则：补血养心，镇惊安神。

论治：其证为心血虚，故以补养心血，兼安心神为主，方如**归脾汤【方剂】**加减或**当归补血汤【方剂】**加减。黄芪大补脾肺之气，以滋生血之源，当归补血和营，芪归合用，阳生阴长，气旺血生，有形之血难以速生，无形之气可骤补其血，故前人有"血脱者，益其气"之说。

（三）心阳虚

多由久病体虚，暴病伤正，误治、失治，老龄动物脏气亏虚等因素引起，或者由心气虚发展而来。

主证：气短乏力，自汗，运动后尤甚，兼有形寒肢冷，耳鼻四肢不温，舌淡或紫暗，脉细弱或结代。

病机：心阳居清旷之野，犹阳照当空。如心阳不振，则寒浊上犯，不能温煦肌表，外达四肢末端，故耳鼻俱冷，四肢发凉，畏寒。心阳虚弱，血乏温运，则滞而不畅，故唇色青紫。心阳虚弱，功能衰退，血乏鼓运之力，故脉细弱无力或结代。

治则：温心阳，安心神。因是心阳虚之证，故以温通心阳为主。

方例：**保元汤【方剂】**加减。可以配伍桂枝、炙甘草、牡蛎等。桂枝、甘草，辛甘相合，温通心阳，心阳得复。牡蛎潜敛心神，以达宁心安神之目的。

（四）心阳虚脱

为心气虚、心阳虚发展到恶化阶段，按临床证候不同，分为阳虚厥逆、阴盛格阳、亡阳虚脱三型。

（1）阳虚厥逆。

证候：除心气虚、心阳虚的症状外，兼见四肢逆冷，大便稀溏，无臭味，脉象极微等。

病机：多因大失血等原因引起。阳气衰败，不能达于四肢末端，故四肢逆冷。心阳衰竭，脾阳亦衰，不能温腐水谷，故大便稀溏，无臭味。心阳衰败，血乏鼓动之力，故脉象极微。

论治：以回阳救逆为主，以振奋欲绝之心阳。方如**四逆汤【方剂】**。附子大辛大热，振奋心阳，干姜温中散寒，使脾得温，附姜并用，心脾兼顾，回阳之力更著，所谓"附子无姜不热"，二者相得益彰。甘草益气补脾，并有缓和姜附烈性，共收回阳救逆之功。据近代研究，四逆汤能兴奋心脏及胃肠功能，促进血液循环，故能治疗新陈代谢机能低下或衰竭的虚脱证。

（2）阴盛格阳。

证候：体热喜温，口渴不欲饮，烦躁不安，下利清谷，脉微欲绝。

病机：阳气衰竭，阴寒独盛于内，虚阳被拒于外，而见真寒假热证，故体热喜温，口渴不欲饮。外有假热，故烦躁不安。内有真寒，故下利清谷。阳气衰微，乏力运血，故脉微欲绝。

病机：以温寒回阳，通达内外为主，方如**四逆汤【方剂】**加减。参考方药如下：附子45g、干姜45g、炙甘草30g。本方与四逆汤药味相同，唯姜附量大，取干姜温阳而守中，回阳而通脉，附子益火消阴。此大热大辛之剂，以速破在内之阴寒，而除阴阳格拒之势。

（3）亡阳虚脱。

证候：心悸，气短，自汗，运动后加重，兼见大汗淋漓，四肢厥冷，口唇青紫，呼吸微弱，脉微欲绝。

病机：本证先有阳虚的症状，故心悸，气促，自汗，运动后加重。心阳暴脱，宗气大泄，心阳不能宣通卫阳，卫阳失固，腠理大开，故大汗淋漓（冷汗），心阳虚脱，不能温达四末、肌表，故四肢厥冷。宗气大泄，使心气无力推动气血运行，故口唇青紫。心肺同居上焦，心阳虚脱，肺气亦衰，故呼吸微弱，亡阳虚脱，血乏力运，故脉微欲绝。

论治：以生阳固脱为主。方如**参附汤【方剂】**加减。参考方剂如下：人参21g、附子30g。补后天之气，无如人参，补先天之阳，无如附子，二药相伍，用之得当，瞬息化气固脱，顷刻生阳于命门之内，有神捷之效。

（五）心阴虚

除引起心血虚的病因之外，热证损伤阴津，腹泻日久等均可损伤心阴而致病。

主证：除有心血虚的主证外，尚兼有午后潮热，低热不退，盗汗，舌红少津，脉细数。

病机：心阴不足，心阳偏亢，故心悸。心阴虚弱，心神失养，神不内守，故惊恐烦躁。心阴虚弱，阴虚生内热，故低热，虚热逼液外泄，故盗汗。心阴虚，阴不制阳，虚热内生，耗津伤液，故口内干燥，舌红乏津。因为是阴虚内热之证，故脉细而数。

治则：养心阴，安心神。

方例：本证以补心安神，滋阴清热为主。方如**天王补心丹【方剂】**加减。

（六）阴阳俱虚

证候：心悸，舌红胖嫩，脉结代。

病机：心阴不足，心失其养，故心悸，因是阴阳俱虚之证，阴虚则舌红，阳虚则胖嫩。阴阳俱虚，脉道乏力，故脉结代。

论治：以养心阴补心阳为主。方如**炙甘草汤【方剂】**加减。

（七）心热内盛

多因感受暑热之邪或其他淫邪内郁化热，或过服温补药物所致。

主证：高热，大汗，精神沉郁，气促喘粗，粪干尿少，口渴，舌红，脉象洪数。

治则：清心泻火，养阴安神。

方例：**香薷散【方剂】**或**白虎汤【方剂】**加减。

（八）心火上炎

多由六淫内郁化火而致。

主证：舌尖红，舌体糜烂或溃疡，躁动不安，口渴喜饮，苔黄，脉数。

治则：清心泻火。

方例：**泻心汤【方剂】**加减。

（九）邪犯心包（热陷心包）

证候：体热神昏，四肢抽搐，舌苔黄腻，脉数或滑数。

病机：热邪内陷心包，扰乱心神，故体热神昏，邪热内陷，灼液为痰，痰阻气血运行之道；筋脉失常，故四肢抽搐。热痰内蒸，故舌苔黄腻，脉象滑数。

论治：以清营开窍为主，使心包邪热向外透达而解，方如**清营汤【方剂】**加减。

（十）心血瘀阻

证候：回头顾胸，有疼状，四肢逆冷，自汗，舌质红，脉细涩或结代。

病机：心血瘀阻，心阳不通，气机受阻，不通则疼，心又位于左侧，故有时回头顾左胸。心血瘀阻，阳气不能外达，故四肢逆冷，自汗，心血瘀阻，全身血脉流通不畅，故舌质暗红，脉细涩或结代。

论治：本证为标实本虚之证，以温通心阳，化瘀滞为主。方如**瓜蒌薤白白酒汤【方剂】**。

（十一）痰火扰心

多因气郁化火，炼液为痰，痰火内盛，上扰心神所致。

主证：发热，气粗，眼急惊狂，蹬槽越桩，狂躁奔走，咬物伤人以及一些其他兴奋型的表现，苔黄腻，脉滑数。

病机：火属阳，阳主动，阳盛则狂。《素问·至真要大论》说："诸躁狂越，皆属于火。"痰火扰心，故发热狂躁，狂奔急走，蹬槽越桩。痰火扰心，肺也受累，故气促喘粗。内热迫津外泄，故浑身出汗。痰火内盛，导致气滞血瘀，故口色红绛。痰火熏蒸，故舌苔黄腻，脉弦滑有力。

治则：清心祛痰，镇惊安神。

方例：**朱砂安神丸【方剂】**加减。

（十二）痰迷心窍

多因湿浊内生，气郁化痰，痰浊阻闭心窍所致。

主证：神识痴呆，行如酒醉，或昏迷嗜睡，口流痰涎或喉中痰鸣，苔腻，脉滑。

病机：心窍为君位，是清旷之区，灵明之府，若为痰浊弥漫，犹云雾之乡，势必神明失主，故精神沉郁，神识痴呆，行如酒醉。痰迷心窍，脑神失摄，故口垂痰涎。痰阻气逆，故喉中痰鸣。痰阻心窍，血气流通不畅，故色暗而唇紫。痰浊内壅，故舌苔白腻，脉沉弦滑。

治则：涤痰开窍。

方例：以涤心痰开心窍为主，方如**导痰汤【方剂】**。

二 小肠病辨证

心与小肠相表里，小肠的主要功能是受盛胃中传来之水谷，起分清泌浊的作用，清者吸收，经脾布散至周身。浊者，下注大肠或膀胱，排出体外。所以小肠的病理变化主要反映在消化功能障碍和清浊不分致二便异常等方面。但小肠与外界相通，易致六淫病证，主要包括小肠实热、小肠中寒和小肠气痛。

（一）小肠实热

多由六淫内郁化热或心热下移所致。

主证：小便赤涩，尿道灼痛，尿血，舌红，苔黄，脉数。

病机：本证多因心经之火下移而致，热伤津液，故口干欲饮，小便短赤。热邪内蒸，故舌红黄，脉滑而数。热的规律从无形到有形，如热结小肠，有形之热阻塞肠道，气机不通，不通则痛，腹痛不安，故频频起卧，气促喘粗，卷尾行跑。

治则：清利小肠。

论治：因心与小肠相表里，故治以清心泻热为主。方如**导赤散【方剂】**。如为小肠热结，以通肠泻下为主，方如**大承气汤【方剂】**。

（二）小肠中寒

多因外感寒邪或内伤阴冷所致。

主证：腹痛起卧，肠鸣，粪便稀薄，口内湿滑，口流清涎，口色青白，脉象沉迟。

病机：寒客小肠，气机受寒凉阻滞，阻滞则不通，不通则痛，腹疼故时起时卧。小肠虚寒，不能分清泌浊，故肠鸣泄泻。阴寒内盛，水湿潴留，故口流清涎，舌津滑利，舌淡苔白。小肠虚寒，水湿不能运化，故小便频数不爽。寒客小肠，阳气不足，血脉乏力鼓动，故脉象沉缓。

治则：温阳散寒，行气止痛。

论治：以温阳散寒为主。方如**黄芪建中汤【方剂】**加减。加减配伍药包括青皮、陈皮、厚朴等行气药，桂心、细辛、小茴香等温里药。

（三）小肠气痛

证候：腹疼起卧，腹胀肠鸣，阴囊胀大，舌质淡，舌薄白，脉弦紧。

病机：此为小肠气机寒滞之证，滞则气机不畅，腹疼故时起时卧，腹胀肠鸣。小肠气疼可概括为寒滞肝脉证，肝脉络阴器，故阴囊胀大（见于疝气）。因是寒滞导致气疼之证，故舌质淡，舌苔薄白。脉弦紧是寒滞肝脉而引起的。

论治：以温肠行气，散结止痛为主。方如**天台乌药散【方剂】**加减。

任务三　心系辨证理论临床应用案例

暑热应激
添加剂开发

一　暑热应激方剂开发

以养鸡为例，环境温度在15~27℃的适中温度范围内，温度与动物采食量呈正相关，但当气温超过27℃时，温度与采食量呈负相关，温度每上升1℃，采食量下降1.5%；在32℃~38℃范围内，环境温度每上升1℃，采食量降低4.6%以上。所以，随着夏季气温的上升，在动物养殖中必须强化饲料中的维生素、矿物质和氨基酸等营养指标。

首先，在炎热季节，机体为呼吸加快和排汗增加，会导致过多的水分流失，从而降低体内矿物质水平，故炎热季节通过补充微量矿物质，可以提高动物生产性能，如提高奶牛泌乳量和蛋鸡产蛋率等。另外，不同矿物质的添加形式也会影响动物的吸收及效价。如氨基酸、小肽螯合形式的微量矿物质使用效果优于有机形式微量矿物质，后者的使用效果又优于无机盐形式微量矿物质。考虑到生产成本等因素，养殖者或饲料生产企业选择适宜的添加形式进行补加。

同时，考虑到暑热季节因动物汗液排泄会引起体内钠盐的损失，应在饲料中补加一定的食盐，食盐的组成是钠和氯，它们在维持机体细胞外液渗透压和调节机体酸碱平衡方面起重要作用。另外钠和氯还参与水的代谢。钠可促进神经和肌肉兴奋性，并参与神经冲动的传递。氯为胃液盐酸的成分，有助于消化。盐酸可保持胃液呈酸性，具有杀菌作用。

热应激可导致动物胰岛素有效性和敏感性增加。胰岛素是一种有效的抗脂肪分解信号和细胞葡萄糖进入的主要驱动因素。如针对奶牛而言，热应激导致奶牛对胰岛素状态发生改变，并且会减少或阻止脂肪动员并增加葡萄糖燃烧以试图代谢产热最小化，从而导致泌乳量降低。因此，添加葡萄糖可以缓解热应激。

在维生素抗热应激方面，如在猪的饲粮中添加维生素 E 和维生素 C，可缓解热应激，并提高猪在持续高温条件下的生产性能。

中兽医认为，暑为火热之气所化生，性属纯阳，气热燔灼，并且暑多挟湿，暑热之邪易伤津耗气，扰动心神，湿易影响脾胃运化。因此，针对暑热应激的保健主要是养心安神、健脾益气。方剂如**石竹热应康【方剂】**，方药主要包括了石膏、板蓝根、黄芩、苍术、白芍、黄芪、党参、淡竹叶、远志、甘草等。

在石竹热应康中，石膏清热泻火，板蓝根清热解毒，以清除夏天的暑热为君药，黄芩清热燥湿、苍术芳香化湿为君药，淡竹叶渗湿利水，以克制暑所挟之湿；白芍滋阴补阴，黄芪、党参补气以预防或克制暑热耗气伤津，共为臣药；甘草调和诸药，为佐药；远志引气血药入心，以利养心安神，为使药。

在临床上，如果针对特定临床案例，需要结合现代营养学原理和中兽医对暑热应激的辨证应用，中草药抗热应激添加剂配伍矿物质和维生素，以实现暑热应激的综合防治。

  心系病证典型案例

（一）猪湿疹病

1. 案例描述

某养殖户有约 30kg 生猪，生病后去诊治，检测体温为 38.5℃，表现症状多发生在耳根、下腹部、四肢内侧等皮肤。皮肤渐红，肿胀发炎，发生米粒、豌豆大的扁平丘疹，形成水泡、脓泡，因摩擦而破溃，结成糠麸样黑色痂皮，布满整个躯体。猪因奇痒，故用力摩擦，脱毛出血，使皮肤边缘粗糙。

2. 辨证论治

中医有"诸痛痒疮，皆属于心"的论述，表明以痒痛为主的疾患应主要从"心"论治。

第一，心属火，为阳热之性，火曰炎上，易致痛痒疮等躁动证候。疮痒，即疮疡，包括痈、疽、疔、疖、丹毒等，多指疮痈、痈疽等多种皮肤证候。心经本火毒炽盛，又心气通于夏气，同气相求。因此，夏季患湿疹，若不及时治疗，更易致痛成疮疡甚或糜烂成脓结痂。

心经有火，轻则致痒，甚则致痛成疮。此为从心属火来论湿疹发生的病因。

第二，心主血脉，指心气推动和调控血液在脉道运行，流注全身，发挥濡养和滋润四肢皮肤肌肉的作用。心主血脉的前提条件为心气充沛、脉道通利和血液充盈，三者缺一不可。若心气不足，脉道空虚，血液亏虚，血虚不能濡养四肢肌肤，可见肌肤爪甲无华，皮肤干燥粗糙、严重瘙痒等证候。而外邪阻断血脉，气血运行不通，瘀血阻滞，耗伤阴血，四肢皮肤肌肉失去濡养，易化燥生风，甚者与热相搏成痛成疮。血虚生风又易感外邪，虚弱气血与六淫邪气相搏，发为瘙痒。痒为痛之微，痛为痒之甚。瘙痒难耐，搔抓过度则易成痛成疮。

第三，心藏神，统帅一切生命活动，主宰意识、思维等精神活动。而湿疹之痒痛等本为一种神经性感受症状。从中医角度考虑，火之阳热之性使患者躁动不安，瘙痒加重甚致疮疡。与此同时瘙痒日久，反复缠绵，夜卧不安，暗耗阴精又加重瘙痒，二者互为影响，由此形成恶性循环。

第四，心在液为汗。若汗出不彻或不得汗出，邪郁于肌表，客于肌肤，发为瘙痒。若汗液宣散不通或气行不畅，使得汗液难以排出，则会发于肌表，使瘙痒难耐。

第五，心与小肠互为表里，心经火热，血肉相搏，气血壅滞，发为痒痛，此则热邪不可外透。心主血，血虚生风化湿，与热相结，湿热蕴肤，湿疹加重，瘙痒愈甚，甚则疼痛溢水，结脓结痂。若小便不通，热邪难以下注而去，则发为痒痛。

因此，湿疹的发生与"心"密切相关，主要体现在心属火、心主血脉、心藏神，心在液为汗，心与小肠相表里等方面。因此，从因而治，从清心泻火、养血活血、安神镇静、发汗止痒、通利小便等综合治疗。

（1）清心泻火法。首先，针对有典型实热症状者即可用清心泻火法，常用方剂有**泻心汤【方剂】、犀角地黄汤【方剂】**等，根据辨证酌情加味清热泻火药物，如银花、菊花、连翘、栀子、竹叶、生地等。

（2）养血活血。针对感受外邪或血虚生风生燥者，多由心主血脉，心血虚，导致营卫不和，风燥生痒，当以养血生血之品，如当归、熟地、阿胶、何首乌等；针对血脉瘀阻、气血凝滞等导致血瘀生风、斑疹瘙痒难消，有"治风当行血，血行风自灭"，治宜行血活血，使血行风散疹退，可加活血之品，如川芎、乳香、没药、延胡索、郁金、丹参、益母草、鸡血藤、红花、桃仁等。

（3）安神镇静。湿疹由于瘙痒难耐、迁延难愈等原因，需要安神镇静。方药可以选择酸枣仁、柏子仁、僵蚕等。

（4）发汗止痒。发汗与否与湿疹发生的关系十分密切，痒的发生与汗液的宣散密不可分，若汗不得出，郁在内里，则会肌肤瘙痒，挠之愈痒。常用发汗的方药有**桂枝汤【方剂】、麻黄汤【方剂】**等，常用发汗药物包括麻黄、桂枝、生姜、甘草、芍药等。

（5）通利小便。心主血，心血虚而病程迁延可致津枯血燥，出现痛痒等症状，可用宣化利湿，通利小便之法，使弥漫在三焦之湿邪从小便而去，热邪也随之外透，既能祛湿泄热，又可使心火随小便而清泻，达到湿热既去、痛痒即消的目的。常用利小便药包括泽泻、猪苓等利水渗湿药。

3. 结合治疗

硫酸庆大霉素注射液4万IU 8支，地塞米松磷酸钠注射液8mL，维丁胶性钙注射液7mL，扑尔敏注射液4mL，混合肌肉注射，一天一次，连续注射2~3天治愈。

4. 预防管理

给猪只饲喂富含维生素和矿物质的饲料。猪舍要干燥，阳光充足，注意猪皮肤清洁，防止蚊、蝇叮咬，加强饲养管理。

心系辨证应用效果评价

项目十 肺系辨证

学习目标

总体目标：掌握金及肺的基本属性，掌握辛、收、燥、秋等自然界及其物质属性和肺、大肠、皮毛、鼻、涕等脏腑器官属性间的辨证关系，并通过肺系辨证理论兽医临床应用及临床案例学习，掌握肺系辨证理论应用技巧。

理论目标：掌握金及肺的基本属性，掌握辛、收、燥、秋等自然界及其物质属性和肺、大肠、皮毛、鼻、涕等脏腑器官属性间的辨证关系。

技能目标：掌握肺系辨证理论应用技巧，会肺系辨证理论临床应用。

任务一 肺系理论

肺系理论

肺位于胸中，上连气道。肺的主要功能是主气、司呼吸，主宣发和肃降，通调水道，外合皮毛。肺开窍于鼻，在液为涕。肺的经脉下络于大肠，与大肠相表里。

一 肺的生理功能

（一）主气、司呼吸

肺主气，是指肺有主宰一身之气的生成、出入与代谢的功能。《素问·六节脏象论》说："肺者，气之本"；《安骥集·天地五脏论》也说："肺为气海。"肺主气，包括主呼吸之气和一身之气两个方面。

肺主呼吸之气，是指肺为体内外气体交换的场所，通过肺的呼吸作用，机体吸入自然界的清气，呼出体内的浊气，吐故纳新，实现机体与外界环境间的气体交换，以维持正常的生命活动。《素问·阴阳应象大论》中所说的"天气通于肺"便是此意。

肺主一身之气，是指全身之气均由肺所主，特别是和宗气的生成有关。宗气由水谷精微之气与肺所吸入的清气，在元气的作用下生成。宗气是促进和维持机体机能活动的动力，它一方面维持肺的呼吸功能，进行吐故纳新，使内外气体得以交换；另一方面由肺入心，推动血液运行，并宣发到身体各部，以维持脏腑组织的机能活动，故有"肺朝百脉"之说。血液虽然由心所主，但必须依赖肺气的推动，才能保持其正常运行。

肺主气的功能正常，则气道通畅，呼吸均匀；若病邪伤肺，使肺气壅阻，引起呼吸功能失调，则出现咳嗽、气喘、呼吸不利等症状；若肺气不足，则出现体倦无力、气短、自汗等气虚症状。

（二）主宣发和肃降

宣发，即宣通、发散；肃降，即清肃、下降。肺主宣发和肃降，实际上是指肺具有向上、向外宣发和向下、向内肃降作用。

肺主宣发，一是通过宣发作用将体内代谢过的气体呼出体外；二是在元气的作用下，统纳肺所吸入的清气和水谷精微之气生成宗气，配合经肾气化后的津液，布散全身，外达皮毛；三是宣发卫气，以发挥其温分肉和司腠理开合的作用。故《灵枢·决气篇》说："上焦开发，宣五谷味，熏肤，充身，泽毛，若雾露之溉，是谓气。"若肺气不宣而壅滞，则引起胸满、呼吸不畅、咳嗽、皮毛焦枯等证候。

肺主肃降，一是通过肺的下降作用，呼出二氧化碳；二是将代谢产物和津液下输于肾，经肾气化后，多余部分下注膀胱，排出体外；三是保持呼吸道的清洁。只有这样才能保持其正常的生理功能。若肺气不能肃降而上逆，则引起咳嗽、气喘等证候。

（三）通调水道

通，即疏通；调，即调节；水道，是水液运行和排泄的通道。肺主通调水道，是指肺的宣发和肃降运动对体内水液的输布、运行和排泄有疏通和调节的作用。通过肺的宣发，将津液及水谷精微布散全身，并通过宣发卫气而司腠理的开合，调节汗液的排泄。通过肺的肃降，代谢产物和津液经肾的气化作用，多余部分化为尿液由膀胱排出体外。故《素问·经脉别论》说："饮入于胃，游溢精气，上输于脾，脾气散精，上归于肺，通调水道，下输膀胱。"肺通调水道的功能，是肺宣发和肃降作用共同配合的体现，若肺的宣降功能失常，就会影响到机体的水液代谢，出现水肿、腹水、胸水以及泄泻等证候。由于肺参与了机体的水液代谢，故有"肺主行水"之说。又因肺居于胸中，位置较高，故也有"肺为水之上源"的说法。

（四）主一身之表，外合皮毛

一身之表，简称皮毛，包括皮肤、汗孔、被毛等组织，是机体抵御外邪侵袭的外部屏障。肺合皮毛，是指肺与皮毛不论在生理或是病理方面均存在着极为密切的关系。在生理方面，一是皮肤汗孔（又称"气门"）具有散气的作用，参与呼吸调节，而有"宣肺气"的功能；二是皮毛有赖于肺气的温煦，才能润泽，否则就会憔悴枯槁。正如《灵枢·脉度篇》所说："手太阴气绝，则皮毛焦。太阴者行气温于皮毛者也，故气不荣则皮毛焦。"在病理方面，肺经有病可以反映于皮毛，而皮毛受邪也可传之于肺。如机体肺气虚，不仅易汗，而且常见皮毛焦枯或被毛脱落；而外感风寒，也可影响到肺，出现咳嗽、流鼻涕等症状。故《素问·咳论》说："皮毛者，肺之合也，皮毛先受邪气，邪气以从其合也。"

二 大肠的功能

大肠上通小肠，下连肛门。大肠有经脉络于肺，与肺相表里。大肠的主要功能是传化糟粕，即大肠接受小肠下传的水谷残渣或浊物，经过吸收其中的有用津液，最后燥化成粪便，由肛门排出体外。故《安骥集·天地五脏论》说："大肠为传送之腑。"大肠有病可见传导失常的各种病变，如大肠虚不能吸收水液，致使粪便燥化不及，则肠鸣、便溏；若大肠实热，消灼水液过多，致使粪便燥化太过，则出现粪便干燥、秘结难下等证候。

三 肺与大肠的关系

肺与大肠的经脉相互络属,构成一脏一腑的表里关系。在生理情况下,大肠的传导功能正常,有赖于肺气的肃降,而大肠传导通畅,肺气也才能和利。在病理情况下,若肺气壅滞,失其肃降之功,可引起大肠传导阻滞,导致粪便秘结;反之,大肠传导阻滞,亦可引起肺气肃降失常,出现气短、咳喘等病证。在临床治疗上,肺有实热时,常泻大肠,使肺热由大肠泻出。反之,大肠阻塞时,也可宣通肺气,以疏利大肠。

四 肺与窍液的关系

(一) 开窍于鼻

鼻为肺窍,有司呼吸和主嗅觉的功能。肺气正常则鼻窍通利,嗅觉灵敏。故《灵枢·脉度篇》说:"肺气通于鼻,肺和则鼻能知香臭矣。"同时,鼻为肺的外应,如《安骥集·师皇五脏论》中说:"肺者,外应于鼻。"在病理方面,如外邪犯肺,肺气不宣,常见鼻塞流涕、嗅觉不灵等症状。又如肺热壅盛,常见鼻翼扇动等。鼻为肺窍,鼻又可成为邪气犯肺的通道,如湿热之邪侵犯肺卫,多由鼻窍而入。此外,喉是呼吸的门户和发音器官,又是肺脉通过之处,其功能也受肺气的影响,肺有异常,往往引起声音嘶哑、喉痹等病变。

(二) 在液为涕

涕,即鼻涕,是鼻黏膜的分泌物,有润泽鼻窍的作用。鼻为肺窍,故其分泌物属于肺。如《素问·宣明五气篇》说:"五脏化液……肺为涕。"肺气正常与否,常可以通过鼻涕的变化反映出来。肺气正常,则鼻涕润泽鼻窍而不外流;若肺受邪气,则鼻涕的分泌和性状均会发生变化。如肺受风寒之邪,则鼻流清涕;肺受风热之邪,则鼻流黄浊脓涕;肺败,则鼻流黄绿色腥臭脓涕;肺受燥邪,则鼻干无涕。

五 肺系理论辨证思路

(一) 辨证要点

第一,"肺主气",司呼吸,而呼吸的顺畅与津液的滋润相关,故肺宜滋阴润肺,保障肺能正常吸入清气和呼出二氧化碳。

第二,"肺主气",包括一身之气,"气为血帅,血为气母",肺的宣发宜补益气血。

第三,肾主纳气,元气可以摄纳水谷精微之气和肺吸入的清气生成宗气,在肾气化津液的滋润下,布散全身,故宜补益肾气,激发机体先天元气或肾阳的气化功能。

第四,脾胃可运化水谷精微,是肺宣发的目的,治宜健脾益胃。

(二) 药物选择思路

1. 滋阴润肺

滋阴药:**百合【中药】、玄参【中药】、天冬【中药】、麦冬【中药】**等。

2. 补益气血

(1) 补气理气药:**党参【中药】、黄芪【中药】、陈皮【中药】、木香【中药】**等。

(2) 补血活血药:**党参【中药】、川芎【中药】**等。

3. 补益肾气

(1) 助阳药:**杜仲【中药】、淫羊藿【中药】、菟丝子【中药】**等。

（2）温补肾阳药：**肉桂【中药】、干姜【中药】、附子【中药】**等。

4. 健脾益胃

（1）补益脾气：**白术【中药】、苍术【中药】**等。

（2）消导药：**神曲【中药】、山楂【中药】、麦芽【中药】**等。

任务二 肺系辨证理论临床应用

肺系辨证理论
临床应用

肺的生理功能是主气，司呼吸。肺主管呼吸运动，吸清呼浊，是机体内外气体交换的主要器官。主宣发与肃降，宣发是向外向上散发，肃降是向内向下收敛，相互对立，又相互联系，没有正常的宣发，就不能很好的肃降，没有正常的肃降则失去正常的宣发功能。外合皮毛，包括皮肤、汗腺、皮毛等，是抵抗外邪侵袭之屏障，皮毛的这些功能，是卫气作用的结果。通调水道，指肺有促进和维持水液代谢平衡机能而言。因鼻是呼吸的通道，即外口，故有"鼻为肺窍"之称。由此可知，呼吸的功能，主要与肺有关，所以，呼吸的异常，也多从肺脏中求治。肺与大肠相表里，大肠的功能是传导糟粕，燥化大便，故大肠的病变主要表现为传导失常方面。

 肺病辨证

肺主气，主一身之气，易致肺气虚弱。肺主宣发与肃降，需要津液滋润，易发肺阴虚。肺主通调水道，对体内水液有疏通和调节作用，水液运行异常，多因肺失通调。其次，由于肺主表，外合皮毛，与外界相通，易感六淫邪气，发为风热犯肺、风寒束肺、燥邪伤肺、火热乘肺。第三，因脾主运化水湿，脾失健运，则湿聚为痰饮，上贮于肺，则痰饮阻肺；痰饮停蓄，肺失宣降，则发为痰浊阻肺；六淫侵袭肺经，日久不解，郁而化热，炼液成痰，发为痰热壅肺。

（一）肺气虚

多因久病咳喘伤及肺气，或其他脏器病变影响及肺，使肺气虚弱而成。

主证：久咳气喘，且咳喘无力，动则喘甚，**鼻流清涕，畏寒喜暖**，易于感冒，容易出汗或自汗，日渐消瘦，皮燥毛焦，倦怠肯卧，口色淡白，脉象细弱。

病机：肺气虚，宗气不足，呼吸功能减弱，气机失畅，故咳嗽无力，气短喘促。气虚之证，动则更耗其气，其气更虚，故动则喘甚。肺合皮毛，主卫气，肺气虚，卫气失固，故畏寒自汗。肺合皮毛，肺气虚，皮毛失其滋养，故皮毛无汗。肺气虚，不能推动赤血显露于外，故舌质淡。肺气虚，血乏鼓动之力，故脉虚弱。

治则：补肺益气，止咳定喘。

论治：以补肺益气为主，方如补肺汤**【方剂】**。

（二）肺阴虚

多因久病体弱，或邪热久恋于肺，损伤肺阴所致，或由于发汗太过而伤及肺阴所致。见于慢性支气管炎及肺结核。

主证：体瘦毛焦，干咳连声，昼轻夜重，甚则气喘，**鼻液黏稠**，低热不退，或午后潮热，夜间出汗（盗汗），口干舌燥，粪球干小，尿少色浓，口色红，舌质红绛，舌光无苔，脉细数。

病机：肺主皮毛，肺阴虚，不能滋养机体及皮毛，故体瘦毛焦。肺阴不足，肺气则上逆，故干咳无力。肺阴虚，阴虚生内热，故低热不退。热伤津液，故口干舌燥。阴虚则阳显盛，阳盛则热，虚热内蒸，逼液外泄，故出汗。阴虚之热，受天时之助，自旺于阴分，夜间主阴，二阴相合，奋之与阳交争，故夜间出汗。虚热内扰营血，故舌质红绛，舌光少苔，脉象细数。

治则：滋阴润肺。

方例：以滋阴润肺为主。方如**百合固金汤【方剂】**加减。方中桔梗如舟船，载药能上行，为本方的引药。因药材众多，非所引药，则众药无所依归，反致生害。有其引药，可帅诸药直达病宅，犹对敌宣战，攻打匪穴之况。

（三）肺失通调

证候：头部浮肿，咳嗽气促，小便短赤，甚则癃闭，舌苔白滑，脉象濡数。

病机：水液的运行与肺气通调、脾气传输、肾气蒸化有密切的关系，缺一不可。当肺失通调时，水液则潴留体内，泛滥肌肤，引起水肿。肺居上焦，故以头部浮肿为主。肺失通调，则肺气郁闭，故咳嗽气促。肺失通调水道，水液则潴留体内，不能气化，故小便短赤，甚则癃闭。水湿潴留体内，故舌白滑，脉象濡数。

论治：以宣肺利水为主，方剂如**越婢汤【方剂】**。方中麻黄辛热，石膏辛寒，二者同用，发越水气，起到龙升雨降之效。甘草、生姜、大枣共为调和营卫，驱邪而不伤正。

（四）风热犯肺

多因外感风热之邪，以致肺气宣降失常所致。见于风热感冒、急性支气管炎、咽喉炎等病程中。

主证：以咳嗽和风热表证共见为特点。食欲不振，精神沉郁，发热汗出，咳声洪亮，气粗喘急，咳嗽，鼻流黄涕，咽喉肿痛，触之敏感，耳鼻温热，身热，口干贪饮，口色偏红，舌苔薄白或黄白相间，脉浮数。

病机：辨证论治强调整体论，一脏有病，诸脏不安。风热犯肺，若影响脾胃则食欲不振，影响心脑，则精神沉郁。风热犯肺，为阳邪侵袭，故耳鼻温热，发热汗出。肺主气，风热助肺气之出入，故咳声洪亮，气粗喘急。风热上壅，则咽喉疼痛。舌红苔黄，脉象浮数，为外感风热之象。

治则：疏风散热，宣通肺气。

论治：以清肺泄热为主。表热重者，用**银翘散【方剂】**加减；咳嗽重者，用**桑菊饮【方剂】**。

（五）风寒束肺

因风寒之邪侵袭肺脏，肺气闭郁而不得宣降所致。见于感冒、急慢性支气管炎。

主证：以咳嗽、气喘为主，兼有发热轻而恶寒重，无汗，运步困难，鼻流清涕，咳嗽气急，口色青白，舌苔薄白，脉浮紧。

病机：肺主皮毛，风寒束肺，寒邪在表，故恶寒。风寒束表，肺卫失宣，内热不能外达，故发热。风寒袭表，玄腑紧闭，营卫失和，气机不畅，故无汗而运步困难。肺开窍于鼻，肺受寒邪，其窍不利，故鼻流清涕。风寒束肺，肺失宣降，故咳嗽气急。风寒在表，故舌苔薄白，脉象浮紧。

治则：宣肺散寒，祛痰止咳。

方例：以宣肺散寒为主，方如**麻黄汤【方剂】**或**杏苏散【方剂】**加减。

（六）燥邪伤肺

由感受燥热之邪，在表未解，入里伤及肺脏所致。

主证：咳嗽，干咳无痰，咳而不爽，被毛焦枯，唇焦鼻燥，口色红而干，苔薄黄少津，脉浮细而数。常伴有发热微恶寒。

病机：肺为娇脏，不耐寒热。夏秋之季，天气暑燥，易伤肺阴，肺阴伤，则肺失清润，故咳嗽。肺外应于鼻，燥邪伤肺，耗津灼阴，故鼻干舌燥，口渴。肺居上焦，感受燥气，燥为阳邪（指温燥，非凉燥），舌尖应上焦，故舌尖红。燥热之邪内蒸，故舌苔薄黄脉数。

论治：以清肺润燥为主。方如**清燥救肺汤【方剂】**。

（七）火热乘肺（无表证者）

证候：鼻出热气，流黄稠涕，喘气急促，**鼻翼扇动**，躁动不安，口干大渴，小便赤涩，大便干燥，舌红无津，苔黄而燥，脉象数而有力。

病机：肺外应于鼻，火热乘肺，故鼻出热气，流黄稠涕。火热乘肺，肺失宣发，故喘气急促，鼻翼扇动。火热内扰，故躁动不安。热伤阴津，故口干大渴，小便赤涩，大便干燥，舌红无津。肺火内烤，故苔黄而燥。火热乘肺，肺朝百脉，故脉象数而有力。

论治：以清肺泄火为主。方如**养阴清肺汤【方剂】**加减。

（八）痰饮阻肺

因脾失健运，湿聚为痰饮，上贮于肺，使肺气不得宣降而发病。

主证：咳嗽，气喘，鼻液量多，色白而黏稠，苔白腻，脉滑。

治则：燥湿化痰。

方例：**二陈汤【方剂】**加减。

（九）痰浊阻肺

证候：咳嗽气促，喉中痰鸣，舌苔白腻，脉滑。

病机：本证为痰饮停蓄，肺失宣降所致。"脾为生痰之源，肺为贮痰之器"。痰湿滋于脾，责于肺，湿痰阻塞肺气出入之道，气机不得升降，故咳嗽气促。痰浊阻塞肺之气道，气吹痰浊，发出振痰音，故见喉中痰鸣。舌苔白腻，脉滑，皆为痰湿之象。

论治：以燥湿理气化痰为主。方如**二陈汤【方剂】**加减。加减配伍药物如下：陈皮、半夏、茯苓、甘草、白术等。

（十）痰热壅肺

证候：发热咳嗽，呼吸气粗，鼻流黄色腥臭脓涕，舌质红，苔黄腻，脉滑数。

病机：本证多由邪袭肺经，日久不解，郁而化热所致。热郁于肺，肺失宣降，故发热咳嗽，呼吸气粗。肺外应于鼻，痰热壅肺，灼腐肺器，故鼻流黄色腥臭脓涕。舌质红，苔黄腻，脉滑数，为痰热壅肺之象。

论治：以清热化痰，解毒排脓为主。方如**苇茎汤【方剂】**加减。本证类似现代兽医学的大叶性肺炎、肺化脓等病。据实践应用，加减药物如下：苇茎、冬瓜仁、桃仁、薏苡仁、银花、蒲公英、地丁等。

大肠病辨证

肺与大肠相表里，久病易伤耗正气，发为肠虚滑脱；燥热或胃阴不足等，可使大肠液亏。肺与大肠相表里，感受六淫之邪，易致大肠热证、大肠湿热和大肠寒泻。

（一）肠虚滑脱

证候：精神不振，纳呆，久泻不止，肛门下坠或脱肛，四肢不温，舌淡苔白，脉象细弱。

病机：肠虚滑脱，多因久病，伤耗正气，进而导致正气虚陷而发病。正气不足，故精神不振。肠虚滑脱，影响中土受纳运化，故纳呆。滑脱日久不愈，多责之于脾肾。正常情况下，脾主运化，肾主固摄。如久泻之畜，则脾肾俱虚，脾失运化，肾失固摄，故久泻不止；气虚下陷，故肛门下坠；脱肛久泻则伤阳气，阳气不达四末，故四肢不温；阳气虚衰，寒自内生，血乏动力，故舌苔淡白，脉象细弱。

论治：因是肠虚滑脱之证，故以厚肠固摄为主。方剂如**真人养脏汤**【方剂】加减。

（二）大肠液亏

内有燥热，使大肠津液亏损，或胃阴不足，不能下滋大肠，均可使大肠液亏。多见于老畜及母畜产后和热病后期等病程中。

主证：食欲废绝，粪球干小而硬，或粪便秘结干燥，努责难下，传导涩滞，舌红少津，苔黄燥，脉细数。

病机：本证多由于热病后期津液伤损，或老畜阴亏，大肠乏津，或母畜产后损阴血过多所致。大肠津亏，影响中土运化，故食欲废绝。大肠津液不足，故大便干燥，传导涩滞。大肠津亏，易生内热，热伤津液，故口干舌燥。舌红少苔，脉象细数，为阴亏虚热之象。

治则：润肠通便。

论治：本证以润肠通便，生津增液为主，方如**增液汤**【方剂】加减。

（三）大肠热证

证候：大便干燥，唇干舌燥，小便短赤，舌苔黄燥，脉数。

病机：大肠热邪伤津，故大便干燥，唇干舌燥，小便短赤。大肠热邪内蒸，故舌苔黄燥，脉数。

论治：以清泻肠热为主，方如**葛根芩连汤**【方剂】加减。

（四）大肠湿热

外感暑湿，或感染疫疠之气，或喂霉败秽浊、有毒的草料，以致湿热或疫毒蕴结，下注于肠，损伤气血而发病。见于急性胃肠炎、菌痢等病程中。

主证：纳呆，发热，时而起卧，回头顾腹，泻痢腥臭，甚则脓血混杂，次多量少，里急后重，口干舌燥，口渴不欲饮，尿液短赤，口色红黄，舌苔黄腻或黄干，脉象滑数。

病机：大肠湿热，影响脾胃运化功能，故纳呆。湿热灼伤肠膜，故脓血杂下。湿热内扰大肠，大肠气机不畅，故次多量少，里急后重。湿走大肠，故小便短赤。湿热搏击大肠，大肠传输受阻，故因腹痛而时起时卧，回头顾腹。口渴是热邪而致，不欲饮是湿邪所在。湿热内盛，故舌苔黄腻，脉象滑数。

治则：清热利湿，调气和血。

论治：以清热化湿为主。方如**白头翁汤**【方剂】加味，加减配伍如下：白头翁、秦皮、黄连、黄柏、木通、竹叶。

(五)大肠寒泻

多由外感风寒或内伤阴冷(如喂冰冻草料、暴饮冷水)而发病。

主证:耳鼻寒凉,四肢不温,肠鸣如雷,泻粪如水或大便溏泻,或大便滞而不下,或回头顾腹,无臭味,尿少而清,口色青黄,舌苔白滑,脉象沉迟。

病机:本证多由阳气不足而致,阳气不足,寒湿内生,粪便乏腐,故大便溏泻,无臭味。大肠寒证,温煦无权,浊阴内聚,以致阳气不通,津液不行,肠道难于传送,故大便滞而不下(冷秘)。寒性凝滞,易致气机不畅,故腹痛肠鸣、回头顾腹。寒盛于内,阳气不能温煦肌表,故四肢不温。舌苔白滑,脉象沉迟,为里寒湿之象。

治则:温中散寒,渗湿利水。

论治:以散寒止泻为主,方如**胃关煎【方剂】**加减。

任务三 肺系辨证理论临床应用案例

一 动物营养与免疫

动物营养与免疫

疾病是机体代谢紊乱和功能异常的综合表现:一方面,动物的营养状况影响机体的免疫功能和抗病力;另一方面,动物的营养需要随动物临床和亚临床疾病而改变。因此,从营养学的角度研究免疫机能及调控机理,从免疫学角度研究营养原理和营养需求模式,制定最佳饲养方案,保障动物健康,具有重大的预防价值和实践意义。

(一)免疫对动物机体营养代谢的影响

免疫反应是动物自身的一种保护性机制,在免疫反应过程中免疫分化与增多、免疫分子以及一些应激蛋白生成都需要消耗营养;不同强度的免疫反应过程也伴随着不同程度的营养代谢变化。

1. 蛋白质营养

免疫急性期,整个机体的蛋白质周转速度提高,氮的排出量增加,外周蛋白的分解加速,骨骼肌蛋白的沉积降低,但肝急性期蛋白的合成量增加,合成大量应激蛋白,肝脏的相对重量也相应增加。

2. 糖和脂质代谢

免疫应答的急性期内糖类的利用急剧增加,肝脏的脂肪合成增加。

3. 矿物质代谢

血浆铜的含量上升而锌和铁浓度降低。

4. 生产性能和营养需要

免疫反应会降低动物的生长速度和饲料转化效率,改变胴体组成,因而会改变动物对某些营养成分的需要量。

(二) 饲料营养对免疫功能的影响

营养物质是免疫系统发育及其功能发挥的物质基础，营养不良或过量均会影响机体的免疫力，增加其对疾病的易感性。动物的胚胎期和初生期严重营养不良，将明显影响免疫系统的发育，降低动物对疾病的抵抗力，导致生命力减弱和成活率下降。对于成年动物长期营养不良，不但会降低免疫功能、抗病力和生产性能，而且会影响动物胴体品质。合理的营养可将动物机体的免疫力调控在最佳状态。

1. 蛋白质、氨基酸和能量营养

蛋白质和能量营养不良导致动物胸腺萎缩，迟发型皮肤超敏反应降低，T 淋巴细胞数量减少，IgA 抗体反应功能降低，抗体亲和力下降，补体浓度和活力降低以及吞噬细胞功能下降。含硫氨基酸在很大程度上影响着动物的免疫功能及其对感染的抵抗力；缺乏苏氨酸会抑制免疫球蛋白和 T 淋巴细胞、B 淋巴细胞及其抗体的产生；谷氨酰胺是动物血浆和母猪乳中一种丰富的游离氨基酸，日粮中补充谷氨酰胺有利于防止早期断奶仔猪肠上皮的萎缩。缬氨酸缺乏会显著阻碍胸腺和外周淋巴组织的生长，抑制中性和酸性白细胞增生，抑制急性蛋白质缺乏后胸腺和外周淋巴细胞数的恢复，降低雏鸡接种新城疫病毒的抗体效价。

2. 多不饱和脂肪酸营养

日粮中多不饱和脂肪酸对免疫功能的影响，不仅决定于各种多不饱和脂肪酸的剂量，而且与其间的比例或平衡有关，过低或过高的多不饱和脂肪酸水平可抑制淋巴细胞增殖，抑制细胞因子的产生，不利于免疫系统功能维持最佳的结构和功能状态。

3. 维生素营养

(1) 维生素 A。维生素 A 对抗体合成、T 细胞增殖、单核细胞吞噬机能都不可缺少，它可改变细胞膜和免疫细胞溶菌酶的稳定性而提高免疫能力，具有抗感染和抗寄生虫作用。生产实践中，维生素 A 的添加量常常为饲养标准推荐量的 10 倍多，甚至更高。

(2) 维生素 D。维生素 D 可调节 T 淋巴细胞和 B 淋巴细胞活性，提高鸡血清溶菌酶活性，刺激单核细胞的增殖和分化。维生素 D 缺乏，抑制细胞免疫，阻碍巨噬细胞成熟。

(3) 维生素 E。维生素 E 能抗病毒，抗肿瘤，抗感染，提高免疫反应，抑制亚硝基化合物的形成，对过氧化氢、黄曲霉毒素 B_1、亚硝基化合物有拮抗作用，具有免疫佐剂作用，可口服、注射或用作疫苗的乳化助剂。

(4) 维生素 C。维生素 C 具有抗应激，维持免疫功能，可降低血中糖皮质激素的含量，保护免疫功能并增加血中免疫球蛋白的含量。

(5) 其他维生素。维生素 B_6 对机体免疫力影响较大。饲料中维生素 B_6 缺乏时，雏鸡法氏囊重量降低，胸腺 T 淋巴细胞成熟受阻，淋巴细胞数量降低。叶酸也是维持免疫系统正常功能的必需物质，严重缺乏则降低胸腺重量和胸腺细胞数量、总淋巴细胞数量。核黄素参与机体内的氧化-还原反应，核黄素缺乏时，谷胱甘肽还原酶活性降低，谷胱甘肽形成减少，细胞膜发生脂质过氧化，影响各种免疫细胞的功能。

4. 微量元素营养

(1) 锌。锌是多种酶和激素的组分或激活因子，直接参与蛋白质和核酸的合成、能量代谢及氧化还原过程。缺锌时机体生长发育缓慢，免疫器官明显减轻，抵抗力降低。

(2) 铬。铬可改变免疫作用。补铬可提高应激牛血清免疫球蛋白水平，降低直肠温度，加强外周淋巴细胞的增殖。

(3) 硒。硒通过形成谷胱甘肽过氧化物酶分解过氧化物，防止对细胞膜的过氧化破坏反应。适当补硒可提高体液免疫和细胞免疫水平，但过量则对淋巴细胞增殖产生毒害作用。硒能增强动物对疫苗或其他抗原产生抗体的能力。

（4）铁。铁结合蛋白有抑菌效果。铁过高或过低可增强动物对多种细菌和寄生虫的易感染性。铁的缺乏能对免疫系统产生持久影响。

（5）其他。铜具有抗菌效应，不足或过量都能增加动物对病原的感染；锰缺乏或过量都会抑制抗体的生成；砷可使免疫球蛋白减少，溶菌酶含量及活性降低，损害动物的免疫机能。

 肺系病证典型案例

（一）猪萎缩性鼻炎

1. 案例描述

某养殖户有约60kg生猪，生病后去诊治，检测体温39℃左右；表现症状为打喷嚏、吸气困难和发鼾声，鼻孔排出水样透明或黏液性鼻漏或混有血液，鼻筒向一侧歪斜，鼻腔中常见有大量黏液或干酪样渗出物。

2. 辨证论治

鼻炎，中医名鼻渊、脑漏、脑渗等。本病的发生，外因为感受风寒、风热之邪，内因为脏腑功能失调，主要与脾、肺、肝等脏腑邪实或虚损相关。鼻炎的辨证要点首分虚实。一般暴起，初病，体质壮实者多为实证；久病，体弱，病情缠绵，时轻时重者多虚中挟实。从传染性萎缩性鼻炎的症状来看，以实为主，证属肺经风热证，治宜辛散风热、化痰利湿、通鼻开窍为主。方药苍耳散【方剂】加减。加减配伍药物包括苍耳子、辛夷、白芷、薄荷等疏风利窍，菊花、黄芩、葛根、连翘等清解肺经风热。

3. 结合治疗

硫酸卡那霉素注射液50万IU 8支，氨基比林注射液10mL，鱼腥草注射液20mL，地塞米松磷酸钠注射液10mL，一次混合肌肉注射，一天一次，连续注射2~3天治愈。

4. 预防管理

加强综合防疫，提高饲养管理水平，尤其是猪舍的通风，改善猪的生产发育环境。

（二）鸡传染性喉气管炎

1. 案例描述

某鸡场存栏5 000只鸡，83日龄，发病前当地气温突然下降（由原来的30℃左右下降至18℃左右），前后3天发病鸡数共有163只，死亡45只。该鸡没有做过传染性喉气管炎的疫苗预防。经过调查，附近村养殖户已经有此类病发生。送检鸡鼻孔有分泌物，精神沉郁，闭目缩颈，呼吸时有湿性啰音，随后发生气喘和咳嗽，每次呼吸时头颈部突然向上向前伸出、张口、甩头，并有喘鸣声，头部发绀。严重病例咳出带血黏液，鸡背羽毛上有血痕。轻者出现流泪，病鸡不断用爪抓眼，眶下窦肿胀。从解剖情况看，喉头和气管肿胀，内有卡他出血性渗出物，渗出物呈血凝块状。喉头和气管内存有纤维性干酪样物质，呈淡黄色，附着于喉头周围，易从黏膜剥离，堵塞喉腔。气管的上部气管环出血，鼻腔、眶下窦黏膜发生卡他性炎症、黏膜充血、肿胀，散布点状出血，部分病鸡鼻腔和眼内蓄浓稠渗出物，结膜充血、水肿、点状出血，眼睑发生水肿，尤以下眼睑较为明显。

2. 辨证论治

本病为热毒内盛，痰火挟毒上攻，痹阻咽喉导致喉头水肿，产生严重的呼吸道梗阻，属肺系病证的热毒攻喉证。从中医病机来看，传染性喉气管炎属于湿热病的范畴，发病严重，病源在肺部，继而引起津液不化而成痰，后又阻塞于鼻腔中，造成鸡呼吸困难。治宜清火解毒，降火下痰，利咽消肿。方药可以选择玄参、大青叶、板蓝根、牛膝、射干等清热解毒，泻火利咽；贝母、瓜蒌等清咽化痰，润燥散结；桔梗辛开苦泄，宣通肺气，促进排痰。

3. 治疗措施

以清热解毒，豁痰，通利咽喉为治则。在临床上可选用以下方药。

（1）知母 25g，石膏 25g，双花 35g，连翘 30g，豆根、射干、桔梗、栀子、苏子、款冬花各 25g，生地、陈皮各 30g，半夏、麻黄各 13g，板蓝根 40g。为 100 只成鸡一日量。共为末，水煎 1 小时，连渣带汁拌料，一日分两次喂服，连用 3 天。

（2）石膏 5 份，麻黄、杏仁、甘草、桔梗、葶苈子、山豆根、牛蒡子各 1 份，鱼腥草 3 份。为末，按 4% 拌料混饲，连用 3 天，或水煎，按每公斤体重每天 3~4g 生药，取汁加入饮水中混饮。

（3）麻黄、知母、贝母、黄连各 30g，桔梗、陈皮各 25g，紫苏、杏仁、百部、薄荷、桂枝各 20g，甘草 15g，水煎 3 次，合并滤汁，供 100 羽鸡饮用，每天 1 剂，连用 3 天。

（4）紫草 900g，龙胆草（或龙胆末）500g，白矾 100g，供 900 只鸡服用。先将紫草浸泡 20 分钟后再文火煎煮 1 小时，滤汁再加龙胆草、白矾文火煎 20 分钟，取汁饮服，每天 1 剂，连用 4 天。

（5）金银花 500g，水煎取汁，供 1 000 只鸡服用。

（6）雄黄 1 份，玄明粉 9 份研成细末，取少许吸入咽喉部。

4. 预防措施

定期进行预防注射疫苗，加强饲养管理，鸡舍内外及用具等严格消毒。

（三）鸡传染性支气管炎

1. 案例描述

某养殖户饲养的 3 500 只 10 日龄的肉仔鸡发病，开始每天死亡十几只，后发展到每天死亡 100 多只。临床症状：鸡群死亡数量突然增加，病鸡急剧下痢，拉白色水样稀便，粪中有尿酸盐，有扎堆现象，采食量略有下降，饮水增加，伸脖呼吸、咳嗽。剖检变化及诊断：最典型的变化是心脏、肝脏、肾脏、整个胸腔、腹腔有大量的尿酸盐沉积，"花斑肾"现象明显，支气管明显出血，并有干酪样渗出物，所有死鸡病变十分典型。根据发病情况、临床症状和剖检变化可初步诊断为肾型传染性支气管炎。

2. 辨证论治

由于呼吸道感受病毒后，热毒内蕴，引起痰涎阻塞气管，导致咳嗽、气喘，鼻腔有鼻汁，气管有啰音，咳喘伤及正气，致使肾不纳气，卫阳不充，下虚上盛。肾虚对水液不能正常气化，故形寒肢冷，粪便异常。故治宜以清肺化痰、止咳平喘为治则。方药可以选择金银花、连翘、板蓝根等清热解毒、祛邪逐疫的中药，配伍麻黄、杏仁、石膏、黄芩等中药进行对症处理。

3. 治疗措施

本病由热毒内蕴，引起痰涎阻塞气管，导致咳嗽气喘，故宜清肺化痰，止咳平喘。可选用以下药方治疗。

（1）麻黄 300g，大青叶 300g，石膏 250g，制半夏 200g，连翘 200g，黄连 200g，金银花 200g，蒲公英 150g，黄芩 150g，杏仁 150g，麦冬 150g，桑白皮 150g，菊花 100g，桔梗 100g，

甘草50g。水煎，取煎液，为5 000羽雏鸡1天拌料用量，用药3~5天。

（2）每百羽病雏取伸筋草（鲜品）150g的嫩枝叶用冷水洗净切细，拌料喂鸡，余下的茎条水煎取汁，饮用。个别不采食的病鸡，将嫩枝叶揉成米粒大塞入口中，每次2粒，每天2~3次，用药3天。

（3）板蓝根50g，连翘50g（300羽鸡用量），水煎两次，混合，每日喷雾2次，连用3天。

（4）石膏粉5份，麻黄、杏仁、甘草、葶苈子各1份，鱼腥草4份。共为末混饲，预防量2~3g/kg体重，治疗量3~4g/kg体重。

4. 预防措施

疫区的雏鸡定期进行鸡传染性支气管炎疫苗接种。育雏室注意保暖通风，避免鸡群拥挤，供给充足的维生素A和D，增强抗病力。

（四）猪肺炎

1. 案例描述

某养殖户有生猪约60kg，生病后去诊治，检测体温40.5℃左右。表现症状为精神不振，食欲减少，脉搏增大，咳嗽，伴有胸痛，呼吸音变粗，听诊有啰音，鼻流出脓稠黏液，呈白色、黄白色，黏膜发绀，咳嗽加剧，呼吸困难，食欲停止。

2. 辨证论治

肺炎属于中医"肺热病""咳嗽""风温"等范畴。肺炎在一年四季均可发病，在春冬季节较为常见。大致可以分为风热袭肺、邪热壅肺、热毒内陷、阳气欲脱、正虚邪恋等证候。该病证的临床症状主要表现为呼吸困难、咳痰、咳嗽、发热等。治宜清热泻火、止咳消炎。

（1）风热袭肺证。风热犯表，热郁肌肤腠理，卫表失和，故见发热畏寒；风热上扰则神昏；风热犯肺，肺失清肃，则咳嗽痰黄黏；舌边尖红，苔黄，脉浮数。治宜疏风散热，清肺解表。方剂可用**银翘散【方剂】**加减。

（2）邪热壅肺证。表邪不解而入里，邪热郁肺，肺卫郁闭，而高热不退，汗出不解。邪热壅阻肺气，肺失清肃，故咳嗽气急，鼻煽气粗，痰黄或铁锈色；热伤津液而见口渴，小便黄赤，大便干燥；舌红苔黄，脉滑数或洪数。治宜清宣肺热，化痰降逆。方剂可以用**麻杏石甘汤【方剂】**合苇茎汤【方剂】加减。

（3）热毒内陷证。热邪内入营血，热闭心包，故身热不退；热毒郁肺，肺失清肃，故咳嗽气促；热伤肺络，可见痰中带血；热扰心神，则烦躁不安；热毒灼津，故口渴；苔黄而干，舌质红绛，脉细数。治宜清营开窍，解毒化痰。方剂用**清营汤【方剂】**加减。

（4）阳气欲脱证。热毒内陷，正不胜邪，正气欲脱，阳气耗散，阴液耗竭；气无所主，故见气急鼻煽；阴阳离绝，故体温骤降，冷如油；正气虚脱，无以行血而见面色苍白，脉微细欲绝。治宜回阳救逆，益气敛阴。方剂用**参附汤【方剂】**合生脉散【方剂】加减。

3. 结合治疗

（1）方剂。青霉素100万IU 4支，复方氨基比林注射液30mL，硫酸卡那霉素注射液50万IU 6支，地塞米松磷酸钠注射液8mL；鱼腥草注射液20mL，柴胡注射液10mL。中西药混合一次肌肉注射，一天一次，连续5~6天治愈。

（2）针灸。

①主穴：**苏气【穴位】、肺俞【穴位】、幽门【穴位】**。

②配穴：**耳尖、百会【穴位】、水沟【穴位】、涌泉【穴位】**。

4. 预防措施

改善饲养管理，搞好环境卫生。防寒防暑，发现病猪及时隔离治疗。

（五）其他相关案例

1. 猪萎缩性鼻炎

【案例描述】仔猪先表现严重的打喷嚏，有鼾声，鼻孔流出少量浆液性或粘脓性分泌物，随着病程的发展，出现鼻甲骨萎缩和鼻中隔歪曲，有时还伴随着上颌变短和扭曲等症状。

【辨证论治】镇惊祛风。

【结合治疗】（1）西药治疗。利多卡因 2mL、生理盐水 7mL、氢化可的松 1mL、青霉素 320 万 U 混合待用。稀释步骤是先用生理盐水稀释青霉素后再与氢化可的松和利多卡因混合，或者用生理盐水混合利多卡因和氢化可的松后再溶解青霉素。不能用利多卡因直接溶解青霉素，否则会成为胶冻状）。注射方法：将以上步骤混合的药液吸入注射器后，先用12#注射针头在两鼻孔的外侧的皮肤皱褶处的肌肉内平刺3cm，缓慢推药，同时将注射针头缓慢退针，边退针边推药，一侧注射5mL，另一侧按照同样方法和剂量注射，每天1次。一般情况下，3天可痊愈。注射的剂量可根据鼻骨变形和歪斜的程度适当增减用量和注射次数。

（2）中医治疗。①镇惊疗法。用蚯蚓和全蝎浸制灭菌的过滤液。取地龙5条、全蝎2只，将蚯蚓剪成1cm长的小段，用清水反复冲洗干净蚯蚓体内的淤泥后，将其与全蝎置于适当大小的容器内加白酒100mL，浸泡1~2小时，再将包括蚯蚓和全蝎的浸泡液加于葡萄糖瓶中，橡胶塞之上刺一16#针头，于高压锅中灭菌15~20分钟，取出过滤，凉温备用。注射方法：方法一是按照以上封闭疗法，每侧注射1~2mL。方法二是将该药液在鼻腔周围分点注射，每点注射0.5mL。②祛风疗法。该病的症状具有鼻甲骨萎缩变形，口鼻歪斜的特点，按照中兽医理论属于中风范畴。因此，利用祛风类中草药治疗可取得明显疗效。参考方药组成：蜈蚣2只、蝉蜕2只、天南星10g、半夏10g、钩藤10g。加工方法：将以上药物混合后加水500mL，先用大火煎煮15分钟，再用小火煎煮50分钟，按照镇惊方疗法的灭菌方法灭菌15分钟，取出过滤，凉温备用。

【预防措施】用抗生素药物早期预防可以降低此病的发病率，仔猪在出生3天、7天和14天时注射四环素；断奶仔猪在饲料中加抗生素，连喂几周可以预防此病。注射疫苗也可以预防此病的发生。管理上应做到全进全出，良好的卫生条件也能消灭病因。

2. 猪支气管肺炎

【案例描述】某养殖户有生猪约70kg，生病几天后去诊治，检测体温40℃左右。表现症状：咳嗽，气喘，精神沉郁，伏卧，食欲减少，腹式呼吸，流鼻液等。

【结合治疗】（1）药方：青霉素80万IU 4支，复方氨基比林注射液20mL，安乃近注射液10mL，地塞米松磷酸钠注射液10mL，卡那霉素注射液50万IU 7支。鱼腥草注射液20mL。中西药混合肌肉注射，一天一次，连续2~3天治愈。（2）针疗。①主穴：肺俞【穴位】、肺门【穴位】、苏气【穴位】、尾尖。②配穴：鼻梁【穴位】、人中【穴位】、百会【穴位】、六脉【穴位】、肺攀【穴位】。

【预防措施】改善饲养管理和环境卫生，保持猪舍干燥，空气流通。

3. 猪肺疫

【案例描述】某养殖户有生猪约60kg，生病几天去诊治，检测体温41.6℃左右；表现症状：烦躁不安，张口呼吸，咳嗽不食，呈犬坐姿势，咽喉部和颈下部红肿热痛而坚硬，流口水，鼻液多黏稠而带泡沫，眼、口腔黏膜、鼻盘、颈、胸膜下部皮肤呈紫红色，皮肤上有红斑，先便秘后腹泻。

【辨证论治】温热邪毒经口鼻或肌表（黏膜皮肤破损之处）首先侵入肺经，呈现邪热壅肺，肺气郁闭病证，表现出高热、咳喘、呼吸困难、鼻流黏液，触诊胸部有剧烈疼痛。继之肺热上攻气道咽喉，温热病邪蕴结咽喉，发为温毒，表现出咽喉部发热、红肿、坚硬，严重者向上延伸至耳根。宜选择桔梗、石膏、知母等归肺经的清热药。肺脏与大肠互为表里，有经脉络属，肺热沿经脉下移大肠，导致大肠津液受损，表现出大便干硬甚或秘结，若大肠热盛，在邪热灼伤经脉后，发为温毒，使血肉腐烂，表现出泻痢。宜选用沙参麦冬汤、益胃汤等方剂。热入心营，则动血扰神，出现血热妄行，心神不安，表现为心跳加快、焦躁不安，可视黏膜发绀，腹侧、耳根和四支内侧皮肤出现红斑，或出现瘀血和出血点，从口鼻流出带血泡沫。若肺热逆转心包，则病情危重，大多死亡。宜选**清营汤【方剂】、麻杏石甘汤【方剂】**。本病主要病变在肺脏，故按经选药应侧重肺经。清热药选择可用善归肺经的石膏、知母、黄芩、芦根、鱼腥草、黄药子、白药子等；另外方中多用桔梗，有利于载药上行，趋于肺经和利咽消肿。急性期特征性病变为咽喉部发热、红肿，故选药组方应选择宜于利咽消肿的玄参、山豆根、射干、马勃、浙贝母等。多表现出呼吸困难、咳喘等症，选药组方一般均应考虑对标治疗，故组方常适当加入麻黄、杏仁、百部、前胡等化痰止咳平喘药。高热阶段为防止血热互结，组方用药适当加入活血化瘀之药，以利清热散瘀，如用丹皮、赤芍等。如见皮肤有瘀血或出血点，为血热妄行所致，组方一定加入清热凉血和善治温毒发斑之品，如丹皮、水牛角、生地，以紫草、紫花地丁等为佳。高热阶段如心跳加快、烦躁不安表现明显，属热陷心包之象，组方用药应适当倾斜心经，如用栀子、黄连、竹叶、丹参等。高热阶段如热下移于大肠，导致便干秘结，组方时可用大黄、芒硝。

【结合治疗】（1）药方。西药针剂：青霉素 80 万 IU6 支，安乃近注射液 20mL，复方氨基比林注射液 20mL，硫酸卡那霉素注射液 50 万 IU6 支，地塞米松磷酸钠注射液 10mL；中草药针剂：柴胡注射液 10mL，鱼腥草注射液 20mL，中西药混合肌肉注射，一天一次，连续注射 5~6 天治愈。（2）针疗。主穴：**肺俞【穴位】、理中【穴位】、锁喉【穴位】、苏气【穴位】**。配穴：**人中【穴位】**、耳尖、尾尖、**涌泉【穴位】、滴水【穴位】**，也可采用在脖子肿的部位扎针等，扎后见血。

【预防措施】（1）改善饲养管理和生活条件，保持猪舍温暖，防止猪只感冒，注意饲料的充分准备。（2）经常用石灰水、草木灰消毒猪舍及一切饲养用具。（3）春秋两季及时注射猪肺疫菌苗。

4. 慢性猪肺疫

【案例描述】某养殖户有生猪约 30kg 左右，生病后诊治，检测体温 39.8℃ 左右。表现症状：食欲时好时坏，咳嗽，呼吸困难、气喘。病猪日渐营养不足，往往发生慢性关节炎，末期排出恶臭的下痢粪便。

【结合治疗】（1）药方。西药针剂：青霉素 80 万 IU3 支，硫酸卡那霉素注射液 50 万 IU5 支，复方氨基比林注射液 30mL，地塞米松磷酸钠注射液 5mL。中药制剂：鱼腥草注射液 20mL，中西药混合，肌肉注射，一天一次，连续注射 4~5 天治愈。（2）针疗。主穴：**人中【穴位】、肺俞【穴位】、锁喉【穴位】**、尾尖。配穴：**鼻梁【穴位】、后三里【穴位】**、蹄叉、**承浆【穴位】**、耳尖。

【预防措施】（1）春秋两季及时预防注射猪肺疫菌苗。（2）经常用石灰水消毒猪舍及一切管理用具。（3）应注意多汁饲料和青饲料的充分供应。

5. 猪肺疫伴发猪瘟病

【案例描述】某养殖户有生猪约 45kg，生病后诊治，检测体温 41℃左右。表现症状：精神沉郁，不吃食，不饮水，怕冷，眼结膜潮红，粪便干而臭，而后转为腹泻。口黏膜和眼结膜有小出血点，耳尖、腹下、四肢内侧皮肤有出血斑点和紫斑点，体表淋巴结肿大，咽喉部和颈下部红肿热痛而坚硬，呼吸困难，呈犬坐姿势，流口水，鼻液多黏稠而带泡沫。

【结合治疗】治疗方法。(1) 药方。西药针剂：青霉素 100 万 IU3 支，硫酸卡那霉素注射液 50 万 IU7 支，复方氨基比林注射液 30mL，地塞米松磷酸钠注射液 6mL。中药制剂：鱼腥草注射液 20mL，柴胡注射液 20mL。中西药混合，肌肉注射，一天一次，连续注射 5~6 天治愈。(2) 针疗。主穴：肺俞穴位，理中穴位，鼻梁穴位，涌泉穴位，滴水穴位。配穴：耳尖穴，尾尖穴，蹄叉穴，太阳穴位，天门穴位。

【预防措施】(1) 对猪舍环境及用具进行消毒，可采用氢氧化钠溶液、草木灰水或漂白粉液。(2) 春秋两季及时注射猪肺疫菌苗、二联疫苗或三联疫苗。

肺系辨证应用效果评价

项目十一 卫气营血辨证

学习目标

总体目标： 掌握卫气营血辨证理论的基础，通过卫分病证、气分病证、营分病证和血分病证辨证论治技巧的学习，掌握卫气营血辨证论治方法在兽医临床病证中的应用能力。

理论目标： 掌握卫气营血辨证理论及其兽医临床应用技巧。

技能目标： 掌握卫分病证、气分病证、营分病证和血分病证辨证论治技巧，掌握卫气营血辨证方法处理兽医典型临床病证的能力。

任务一　卫气营血辨证理论

卫气营血辨证理论

叶天士首创了卫气营血辨证理论和方法。他依据温病病机演变的规律性变化和病程发展的阶段特点，结合《内经》及前辈医家的论述，将卫气营血相关内容引申发挥，形成了独特的卫气营血辨证学说。

卫气营血辨证，是用于外感温热病的一种辨证方法。温热病是由温热病邪引起的急性热性病的总称，以发热为主症。特点是发病较急，发展迅速，热势偏盛，易于化燥伤血、伤阴和伤津，多流行传播。相当于或包括现代医学的多种急性传染病、多种感染性疾病和某些非传染性的热性病。温邪包括风热病邪、暑热病邪、湿热病邪、燥热病邪、暑湿病邪、疠气、温毒等。其中，温病发于冬春谓之风热病邪，发于夏季谓之暑热病邪，发于长夏谓之湿热病邪，发于秋季谓之燥热病邪，故多称温病为四时温病。

理论概述

卫气营血理论的立论基础是《内经》《伤寒论》等经典著作中有关"卫气营血"生理、病理方面的论述。叶天士吸取前人学术经验和运用传统理论，分析、解决实践中的诊治问题，不断总结探索，提出新的思路，创建了新的学说。卫气营血是由水谷化生，维持机体生命活动的精微物质，其分布、化生有表里或先后的不同。

卫分布于肌表，卫行于皮肤之中，分肉之间，熏于肓膜，散于胸腹。卫气为无形之质，

128

行于脉外，分布层次表浅，即气浮于表者为卫气。可见，卫、卫气本质相同，只是分布层次不同而已。卫的作用是捍卫肤表，"卫气者，所以温分肉，充皮肤，肥腠理，司开阖者也""卫气和，则分肉解利，皮肤调柔，腠理致密矣"。卫气使肌表固密，外邪不易入侵，"阳者，卫外而固也"。因此，卫气对内防止阴津外泄，对外抗御邪气入侵。

营血为有形精微，行于脉中，分布层次较深，即营之注脉化赤者为血。营循行脉中，贯注五脏六腑，"营者，水谷之精气也，和调于五脏，洒陈于六腑，乃能入于脉也，故循环上下，贯五脏，络六腑也"。血为营之奉心化赤而成，"营气者，泌其津液，注之于脉，化以为赤，以荣四末，内注五脏六腑，以应刻数"。

二 功能定位

卫气营血，是温热病四类不同证候的概括或病位深浅不同的四个阶段，它说明了温热病发展的病位深浅、病情轻重、发展趋势和传变规律，从而为治疗提供可靠的依据。

第一，在生理上，卫与气在外，病机变化以功能失调为主，营与血在里，病机变化以实质损害为主。在病理上，卫气之病为浅层，营血之病为深层。在传变规律方面，由表及里，逐步深入，即卫气营血。一般来说，卫气以舌苔而辨，苔白病在卫，苔黄病在气；营血以舌质而辨，质红病在营，质绛病在血。

第二，卫气营血辨证可以用于识别病情传变。其中，卫分证为病证初期阶段，病位在肺卫；气分证为病证中期阶段，病位在肺、脾等脏和胃、肠、胆、膀胱等腑；营分证为病证的严重阶段，病位在心与心包；血分证为病证的晚期阶段，病位在心、肝、肾等。卫分证和气分证共同病位在肺，营分证和血分证共同病位在心。

第三，卫气营血辨证可用于指导立法遣方。在卫分证主汗法为主，方如**银翘散【方剂】**；气分证以清气之法为主，方如**白虎汤【方剂】**；营分证以透热转气为主，方如**清营汤【方剂】**；血分证以凉血散血为主，方如**犀角地黄汤【方剂】**。

三 卫气营血辨证

1. 卫分证

卫分证是温邪初袭机体，引起卫气卫外功能失调的一类证候类型，属于外感表证的范畴。

（1）辨证要点。

第一，从正邪对比来看，卫分证包括卫受邪郁和邪正相争，卫受邪郁则恶寒，邪正相争则发热和口微渴。因此，卫分证主要表现为发热、微恶风寒、渴不大饮、神昏嗜睡、无汗或少汗、咳嗽、舌边尖红、苔薄白、脉浮数等。

第二，不同性质的温邪侵入卫分所产生的临床症状各具特点，主要包括卫分风热证、卫分燥热证、卫分湿热证等。其中，发热、微恶风寒、鼻塞流涕、神昏嗜睡等为卫分风热的辨证要点；咳嗽少痰，或干咳无痰、鼻咽干燥为卫分燥热证的辨证要点；身热不扬、运步困难、苔白腻为卫分湿热证的辨证要点。

第三，确定病邪在卫分的主要依据是发热与恶寒并见，一般是发热重、恶寒轻。口渴与否，是判断卫分证寒热属性的重要症状之一。口渴，说明所感为温邪。因此，将发热、微恶风寒、渴不大饮作为卫分证的辨证要点，脉浮数说明病属热而非寒，病位在表而不在里。

（2）病机分析。温邪初袭卫表，机体卫受邪郁，肌肤失于温煦，所以恶寒；邪留肌表，卫气受阻，郁而不伸，腠理开合失司，故无汗或少汗；温邪袭表，阳热上扰清空，故神昏嗜睡；肺经郁热，清肃失司，故咳嗽；温邪伤津，故渴不大饮。同时，在另一方面，正气抗邪，邪正相争，故发热；温邪抑郁卫阳，故恶寒；温邪属性为阳邪，故恶寒较轻而短暂。总体病机为温邪袭表，肺卫失宣，故卫受邪郁并且肺气失宣，并且正气抗邪，邪正相争。

(3) 立法遣方。卫分证由于病在肺卫肌表，治宜宣泄肺卫，辛凉透表。叶天士说"在卫汗之可也"，即是此意。首先，应辨清卫分证的临床类型，区分病邪性质，采用不同的解表法。其次，慎用发散风寒之辛温解表剂。第三，不宜早用、过用苦寒直折、清泄里热之品。第四，温病卫分证一般较短暂，故汗法应适可而止。

(4) 病证转归。卫分证的转归，一般表现为病变较轻，持续时间较短。若正气未衰，加上及时确当的治疗，温邪受到顿挫，可以从表外解；若感邪过重，或治疗不及时或不恰当，温邪可从卫分传入气分；如患畜心阴素虚，温邪可由卫分不经气分而径传心营或心血，出现重险证候。

2. 气分证

气分证是温邪入里，以整体气机受郁，邪正剧争，里热蒸迫为特点的证候类型。

(1) 辨证要点。气分证的病变较广泛，凡温邪不在卫分，又未传入营（血）分，皆属气分范围。病变部位主要有：肺、脾、胃、肠、胆、膜原、胸膈等。由于病变部位不同，其证候各有区别，其中以热盛阳明最为常见。气分证包括邪郁气机、邪正剧争和里热蒸迫，均表现为壮热，发热但恶热不恶寒，汗多，渴欲冷饮，舌红苔黄燥，脉洪大等。

气分证既无发热恶寒的表证，又无斑疹、舌绛等营（血）分症状。以但发热、不恶寒、口渴欲饮、苔黄为辨证要点。气分证的临床类型较多：邪热壅肺、阳明热炽、热结肠道、热郁胸膈、热郁胆腑、湿热困脾传入气分，辨证要点各异。其中，邪热壅肺，常见症状有身热、汗出、口渴欲饮、咳喘、或胸痛故回头顾胸、苔黄、脉滑数，并以身热、口渴、咳喘、苔黄为辨证要点；阳明热炽常见症状有壮热、不恶寒反恶热、多汗或大汗、口渴甚或大渴饮冷、脉洪数或洪大等，如薛和白说："热渴自汗，阳明之热也"，此可作为辨证要点；热结肠道主要表现日晡潮热、便秘或稀水旁流、臭秽异常、或腹胀满疼痛拒按、烦躁不安、舌苔黄厚干燥或灰黑起刺、脉沉有力，其中以潮热、便秘、苔黄黑而燥、脉沉有力为辨证要点；热郁胸膈，以身热、起卧不安、苔微黄、脉数为特征，以身热为辨证要点；热扰胸膈主要表现为发热不退、唇焦、干咳、口渴欲饮、便秘、苔黄、脉滑数等特征，以发热、胸痛故回头顾腹、口渴为辨证要点；热郁胆腑以身热、干呕、小便短赤、舌红苔黄、脉弦数等为特征，以身热、干呕为辨证要点；湿热困脾，主要表现为发热、脘腹痞满、苔腻。

(2) 病机分析。气分证可由温邪自卫分传入，即卫分温邪不解传入气分；或者温邪径犯气分，例如暑热病邪径犯阳明，湿热病邪直入中道等；或者气分伏热外发，如某些伏邪温病，伏邪始从气分发出，或者营分邪热转出气分。

气分病证病机变化主要表现为整体的气机受郁，正气奋起抗邪，邪正剧争，热炽津伤。其中，阳明为十二经脉之海，多气多血，抗邪力强，如若邪入阳明，正邪抗争，里热蒸迫，则全身壮热；温邪在里不在表，故仅有热而不伴恶寒；里热亢盛，蒸腾，带津外泄，故汗多；热炽津伤，故口渴欲冷饮；热盛于里，故舌苔由白转黄；里热沸腾，故脉洪大有力。因此，发热、不恶寒、口渴欲饮、苔黄为气分证的辨证要点。湿热病邪（包括暑湿）深入气分，病机变化较复杂，临床症状特殊。其流连气分，涉及脾、膜原、胆腑、肠腑等病变部位。气分湿热的基本表现为发热、脘腹痞满、苔腻等，是判断气分是否湿热内阻的标志。其中，湿重热轻，热为湿遏，表现为身热不扬，苔白腻；热重湿轻，湿热交蒸，表现为身热汗出，热虽盛而不为汗衰，苔黄腻或黄浊；湿热证的提纲证为"始恶寒，后但热不寒，汗出，胸痞，舌白，口渴不引饮"。

总之，气分阶段，是热邪亢盛，正气抗邪有力，邪正剧争阶段。其病理特点为里热亢盛，津液受伤。主要病机为阳明热炽津伤，因阳明热炽，故发热，不恶寒，苔黄；因津伤，故口渴。

（3）立法遣方。邪入气分，热炽津伤，治疗原则以清气逐邪、泄热保津为主，并在清气的基础上，配合宣肺、清胃、攻下、解毒、祛湿等进行综合治疗。

（4）病证转归。气分证如正气抗邪有力或治疗及时恰当，则邪解气分；若正气抗邪不力，或失治、误治，则邪陷营血。

3. 营分证

营分证，即邪深入营分，以实质损害为主，以营阴耗伤（热灼营阴），心神受扰为主要病机变化及证候特点。

（1）辨证要点。营分证主要表现为身热夜甚、口干不甚渴饮，或斑疹隐隐、舌质红绛、脉细数等，其中以身热夜甚、舌质红绛为辨证要点。营分证须要具备三大特征。一是特征性的热型，即身热夜甚，它不同于卫分的发热与微恶风寒并见，也不同于气分的发热不恶寒，而是身灼热夜间更甚；二是有不同程度的神志变化；三是舌红绛，一般无苔垢，如叶天士所说"其热传营，舌色必绛"，舌质红绛是营分证的特异变化，是判断温邪传入营分的重要标志。但是，营分病变在现代中西医结合治疗中，如抗感染，或因失水或电解质紊乱被纠正，其邪热虽在营分，而舌质并不红绛，故应注意结合现代临床实际加以鉴别。

（2）病机分析。营阴具有滋润、营养脏腑组织，平衡阴阳，增强机体抵抗力等功能，是机体重要的营养物质。而营气又通于心，为心所主，故当温邪进入营分后，则营为热伤，阴液被耗而见营分证。营分证主要由于气分邪热失于清泄，或湿热病邪化燥化火，而传入营分；或者肺卫之邪径陷营分；或者伏邪自营分发出；或者温邪直入心营，而不经卫气分。营分证的总体病机为营热阴伤，扰神窜络。营分证包括营热扰心、营热窜络、营热蒸腾和热灼营阴等。第一，营分热盛，扰及心神，故有不同程度的神经症状，如起卧不安。第二，营热窜络主要表现为斑疹隐隐。第三，营热蒸腾表现为口干反不甚渴饮、舌质红绛。第四，热灼营阴主要表现为身热夜甚、脉细数。其中，只有营热而无神志变化者，为营热证（热灼营阴证），神志变化明显或严重者为热闭心包证。

（3）立法遣方。营分证的治疗原则以清营透热为主，主要采用清营的药物清泄营分邪热并配用辛透气机的药物，入营以透热转气，使热邪上出从气分而解。如果热盛则配以养阴生津之品，热闭心包者重点应清心开窍。

（4）病证转归。营分证的转归，主要取决于营热阴伤的程度及治疗是否得当。一是营分邪热转出气分，二是营分邪热深入血分，三是营热内陷四肢厥冷，因营气通于心，所以营热可进一步发展而形成热闭心包证，出现神昏症状，或引起肝风内动而出现痉厥。

4. 血分证

血分证是温邪深入血分，引起以血热亢盛、动血耗血为主要病理变化的一类证候。

（1）辨证要点。温邪深入血分，病变已属极期，亦多昏、痉、厥、脱之变，病情较为危重。血分证主要包括血热扰心、热盛迫血、气血两燔、血热动风、热瘀交结等。第一，血热扰心主要表现为燥扰不安、神昏。第二，热盛迫血主要由血分热毒炽盛，迫血妄行所致，主要症状为灼热，表现为多部位急性出血，如吐血、衄血、便血、尿血，斑疹紫黑成块或成片，舌质深绛或紫绛。第三，气血两燔主要由热毒亢盛，充斥气血所致，主要症状为壮热口渴，苔黄脉数，舌绛，发斑，吐衄便血等，主要特点是不但有气分证之表现，又有血分证的表现。第四，血热动风主要由血热炽盛，引动肝风之变，主要症状为灼热神昏，抽搐，颈项强直，甚则角弓反张，两目上视，牙关紧闭，舌绛或紫，脉弦数，或兼见斑疹、出血，本证以肝风内动为主，同时兼见神昏肢厥。第五，热瘀交结主要由热毒内陷入血，热瘀交结，阻于下焦而致，主要症状为少腹坚满，按之疼痛，小便自利，舌紫绛色暗或有瘀斑，脉沉实或涩等。

（2）病机分析。血分证其发病原因一是营分邪热未解，营热羁留，病情进一步发展而传入血分；二是卫分或气分的病邪直接传入血分；三是血分的伏邪自里而发，直接出现血分证。血分证的病机变化中，血热是其基础，由此而引起其他一系列的病理变化。一是由于血分热毒过盛，经血沸腾，血络损伤，造成血液离经妄行，出现多窍道（腔道）的急性出血，如呕血、鼻衄、便血、尿血、阴道出血等，如血溢于肌肤出现斑疹或肌衄等。二是由于血热炽盛，煎熬和浓缩血液，加上邪热耗伤血液，导致血行不畅，同时又有离经之血，都会造成瘀血，并与邪热互结而形成热瘀，有的则在脉络内形成广泛的瘀血内滞，如何廉臣说："因伏火郁蒸血液，血被煎熬而成瘀。"表现为斑疹色紫，舌色深绛等。三是由于"心主血"，血分瘀热易扰于心，从而扰乱心神而见严重的神志异常症状，如起卧不安。四是由于"肝藏血"，血热也易波及肝经而引起肝风内动，出现痉挛等。

（3）立法遣方。血分证的治疗原则，根据热盛迫血、血脉瘀滞的病理特点，宜采用清热凉血，化瘀散血的治疗原则。

（4）病证转归。血分证的转归可因邪热渐衰，正气渐复；或者正气不支，脏气衰竭；或因急性失血，气随血脱；或因血分热毒渐衰，肝肾阴伤。

综上所述，卫气营血的论治，总以清热为主。但热证易伤津液，故护阴也是必要的手段，留得一分津液，便有一分生机。病在卫，使邪外达，轻而易解，到了气分，又当注意传变，如果失治，再传营血，以及阴分。故能灭于卫，不让入其气，能令愈于营，不令传入血，是论治中的重要一环。就病变部位来说，卫分证主表，病在肺与皮毛，治宜辛凉解表；气分证主里，病在胸隔、胃肠和胆等脏腑，治宜清热生津；营分证是邪热入于心营，病在心与心包，治宜清营透热；血分证则热已深入肝肾，重在动血（血热妄行的出血、发斑）、耗血（血不养筋之动风、津水乏竭之亡阴），治宜凉血散血。

任务二　卫气营血辨证理论临床应用

卫气营血辨证临床应用

一　卫分病证

卫分证为病证初期阶段，病位在肺卫。不同性质的温邪侵入卫分所产生的临床症状各具特点，主要包括卫分热证、卫分风热证、卫分燥热证、卫分湿热证等。

（一）卫分风热

卫分为卫气营血辨证的最外层，即皮毛之位。因肺主皮毛，卫气通于肺，故温热病的初期，既见到呼吸系统症状，又见到肌表卫分的症状。病在卫分，为急性热性病的前驱期，以上呼吸道炎症为主。

1. 证候描述

发热，微恶风，无汗或少汗，耳鼻热，鼻流黏涕，咳嗽，口渴不大饮，舌尖红，苔薄白或微黄，脉浮数。

2. 病机分析

卫分病证，邪在肌表，病位浅，病情较轻，正气较强，邪气亦不很盛，为温热病发展的初期阶段。由于邪犯卫分，卫气不得泄，故发热、耳鼻热。卫阳被邪所遏，皮肤、肌肉有紧迫感，故微恶寒。肺主卫，外应皮毛，鼻为肺窍，卫气郁阻，肺失清肃，故卫分证候多见呼吸系统症状而咳嗽。温为阳邪，风亦为阳气，同气相求，故传热极速而伤津耗液。因邪热在表，尚未传里，伤阴轻，故口渴不大饮。卫气被阻，开合失司，故无汗或少汗。因热为阳邪，病犹在卫分，故舌尖红、苔薄白、脉浮数。

3. 立法遣方

治则：辛凉解表，疏风清热。

论治：叶桂说："在卫汗之可也。"卫分病证，多因风温而引，温为阳邪，风亦为阳邪，同气则相求，温热若得风邪之助，两阳鼓击，其化热之势，每难抑制，故治以辛凉宣透，清解风热为主。使风因宣透而不易助热，热无风煽，势必随之而减退。如此，两阳之合得以分化，方能取得良好效果。

咳重者用**桑菊饮【方剂】**加减，热重咳轻者用**银翘散【方剂】**加减。

4. 结合治疗

本型相当于兽医临床之感冒病。可用青霉素与复方氨基比林注射液、鱼腥草注射液（或穿心莲注射液）、地塞米松注射液，混合肌肉注射。咳重者加用链霉素混合肌肉注射。

 气分病证

气分证为病证中期阶段，病位在肺、脾等脏和胃、肠、胆、膀胱等腑，以及膜原、胸膈等组织。气分属于卫营之间，比卫分深一层，比营分浅一层。卫分之邪不解，向里传多进入气分，为化热期。病入气分，为正邪交争最剧之时，出现全身症状，细菌病毒开始排毒入血，白血球可能增加，炎性渗出物是发热的基础，组织上变化不大，发热是机能的对抗性，应立即治疗，不能再让其发展。邪在气分，大多为热性传染病的化热期，故热的证候较显著。因感受热邪的所在脏腑不同，故表现的症状及论治也有差异。临床常见的气分之热，主要有邪热入气、邪热壅肺、热结胃肠、热结胸膈和湿热交阻等。但治法总不出叶桂"到气才可清气"的说法。

（一）邪热入气

1. 证候描述

发热，起卧不安，神昏，运步摇摆，可视黏膜潮红，口干舌燥津少，盗汗，舌红少苔等。

2. 病机分析

一年有六个时气的变化，岁岁运转，周而复始。患热入气分证多为风木之气游走窜透而致。患寻常型热入气分证，证属风燥伤阴，正治为疏风养阴，反治为釜底抽薪，佐以解表，忌辛温耗阴，亦忌风药无佐。辛则祛风入肺，若失之收涩药物的辅佐，会损伤肺阴，肺伤则皮毛损伤。温则助阳，助阳亦可伤阴助风。

3. 立法遣方

方药：治宜疏风养阴、解表，方剂可选**白虎汤【方剂】**加减，可加减配伍沙参、石斛、地黄、玄参等养阴生津药。

4. 结合治疗

邪热入气相当于兽医临床的高热稽留阶段，可见于某些传染病的中期。

处方一：复方硫酸链霉素粉针，与双黄连注射液（或柴胡注射液）混合肌肉注射，每天1次，病情严重家畜可间隔2天再注射1次。黄芪多糖注射液，与复方氨基比林注射液、地塞米松注射液混合肌肉注射，每天1~2次，连用3~4次。

处方二：配尼霉素注射液，与柴胡注射液混合肌肉注射，每天1次，连用2~3次。黄芪多糖注射液、环丙沙星注射液，与复方氨基比林注射液、地塞米松注射液混合肌肉注射，每天1次，连用3次。

处方三：氨苄青霉素（先锋9号），链霉素（青霉素），与复方氨基比林注射液、地塞米松注射液混合肌肉注射，每天2次，连用3~4次。如同时结合使用黄芪多糖注射液分开或混合肌肉注射，疗效更佳。

（二）邪热壅肺

1. 证候描述

发热、呼吸喘粗、咳嗽、鼻流黄黏浓涕、鼻盘或鼻镜发热而无汗、舌苔黄干、口渴、口色红、脉洪数。

2. 病机分析

热邪由卫分侵入气分，里热增盛，故发热但不恶寒。热邪扰肺、肺热郁蒸，故发热。郁热耗伤津液，故鼻盘或鼻镜发热而无汗、舌苔黄干、口渴。肺失清肃，气机不利，故呼吸喘粗、咳嗽。肺液被邪热灼炼，故鼻流黄黏浓涕。口色红、脉洪数均为热盛之象。

3. 立法遣方

治宜清宣肺热，止咳平喘。方剂可用**麻杏石甘汤【方剂】**加减。

4. 结合治疗

本型相当于兽医临床之肺炎病。以下是治疗方法。

处方一：按每千克体重用黄芪多糖注射液，先锋9号（或氨苄青霉素，或青霉素）、链霉素，与复方氨基比林注射液、地塞米松注射液混合肌肉注射，每天2次，连用2~3次。每头用鱼腥草注射液肌肉注射，每天2次，连用2~3次。

处方二：用长效土霉素注射液肌肉注射，一般注射1次即可。若有必要间隔2天重复注射1次。每头用鱼腥草注射液与配尼霉素注射液混合肌肉注射，每天1次，连用2~3次。黄芪多糖注射液与复方氨基比林注射液，地塞米松注射液混合肌肉注射，每天1~2次，连用2~3次。

（三）热结胃肠

1. 证候描述

高热不退，烦渴贪饮，口干津少，口色红，舌苔黄，尿液短赤，粪便秘结或热结旁流，脉沉数。本症体温检查可见体温显著升高。

2. 病机分析

里热蒸腾、阳明燥热炽盛，故发热重。热盛伤津，故烦渴贪饮、口干津少。热邪与肠中糟粕相结，故大便秘结。或热迫粪水从结粪周围下流，则排少量水样便（或糊状便），显热结旁流，乃热里结尚未化燥伤阴所致，但过程短暂。热盛故尿液黄赤、口色红。口色红燥，舌苔黄，脉沉数均为里热炽盛之象。

3. 立法遣方

治宜清热解毒，生津通泻。方剂可用**大黄牡丹汤【方剂】**加减。

4. 结合治疗

本型可见于兽医临床的各种传染病或热性病的病程中，以下是治疗方法。

每千克体重用先锋9号（或氨苄青霉素，或青霉素）、链霉素，与复方氨基比林注射液、地塞米松注射液混合肌肉注射，每天2次，连用3~4次。如用复方硫酸链霉素粉针代替先锋9号和链霉素，一般使用1次即可，病情严重的动物可间隔2天重复注射1次。用黄芪多糖注射液颈部双侧肌肉注射，也可同上法混合肌肉注射，每天1次，连用1~2次。通便可结合大黄（水煎沸2分钟即可）、芒硝（另兑水溶化），拌饲料让动物自食（在10~30分钟内吃完效果最佳），并注意多饮水。

（四）热郁胸膈

1. 证候描述

体热口渴、烦躁不安、舌苔微黄。甚则壮热、触摸胸膈灼热、口渴、大便秘结、舌质红而欠润、苔黄、脉数洪大。

2. 病机分析

热盛于内、蒸腾于外，故体热，胸膈尤盛。热为阳邪，热盛必伤津耗液，故口渴、舌质红而欠润、大便秘结。里热炽盛、热迫血行，故脉数洪大。

3. 立法遣方

治宜清热泻火，通便除烦。方剂用**凉膈散【方剂】**加减。

4. 结合治疗

本型可见于兽医临床的各种传染病或热性病的病程中（早期、中期），以下是治疗方法。每千克体重用黄芪多糖注射液、氨苄青霉素（或先锋9号）、环丙沙星注射液（或链霉素），与地塞米松注射液、复方氨基比林注射液混合肌肉注射，每天2次，连用3~4次。黄芪多糖注射液每天用1次即可，连用1~2次。同时，双黄连注射液（或柴胡注射液）与复方硫酸链霉素粉针混合肌肉注射，一般注射1次即可。病情严重的动物可间隔2天重复注射1次。最后，可用氯丙嗪注射液肌肉注射，每天1次，连用2次。

（五）湿热交阻

1. 证候描述

发热缠绵不退，口渴但不多饮或渴水欲饮，精神倦怠，呆立不动或喜卧，尿黄而少，大便正常或粪溏不爽，舌苔淡黄而滑，脉濡数。

2. 病机分析

湿遏热伏，郁阻气机，故发热。湿性黏腻重浊，黏滞难化，故发热缠绵不退。湿热中阻，故口渴但不多饮或渴不欲饮。湿热困脾，脾运不健，故精神倦怠、呆立不动或喜卧、粪溏不爽。尿黄而少、苔淡黄而滑、脉濡数均为湿热之象。

3. 立法遣方

治宜宣气化湿，清热达邪。方剂可以选择**三仁汤【方剂】**或**六一散【方剂】**加减。

4. 结合治疗

本型相当于兽医临床某些热性病或传染病的中期。由于低热缠绵不退，兽医临床治疗一般疗效不甚理想，如果在兽医临床治疗的同时内服六一散，可显著缩短病程，以下是治疗方法。每千克体重用氨苄青霉素、链霉素，与复方氨基比林注射液、地塞米松注射液混合肌肉注射，每天2次，连用3~4次。如用复方硫酸链霉素粉针代替氨苄青霉素和链霉素，一般使用1次即可，病情严重的动物可间隔2天重复注射1次。同时，每千克体重用黄芪多糖液，同上法混合肌肉注射，每天1次，使用1~2次。最后，同服六一散（由滑石粉和甘草末组成），一次拌料服用。每天2次，连用3~4次即可。如果在使用上述化药加六一散治疗无效或疗效不佳时，可结合三仁汤加减治疗。一般情况下仅使用化药加六一散即可治愈。

三 营分病证

营分介于气分和血分之间，多由气分转变而来，亦有肺卫病邪不传气分，而直陷于心包而达营分的，这是病情急剧转变，病势凶险的表现，邪在营分为入营期，是邪气陷的深重阶段，病位在心与心包，实质脏器开始发生变化，如透视化验可看到病理变化，同时也影响到中枢神经系统，即热盛动风或热扰神明。如疾病由营转气，这是病情好转的表现；由营入血，则病情更加危重。温病入里，当表便清，当下便下，不容坐失病机。如见舌尖与舌边发现绛色，只知清解，不知清营，任其发展为害，无异纵病殃畜。又要注意热邪入营分，而气分之邪未罢，可在清营中掺以清气之品，不可纯用血分之药，防止引邪内陷。若见斑疹隐隐，有欲转血分的动向，应撤去气药，加凉血之品。营分病证的形成，一是由卫分传入，即温热病邪由卫分不经气分而直入营分，称为"逆传心包"；二是由气分传来，即先见气分证的热象，而后出现营分证的症状；三是温热之邪直入营分，即温热病邪侵入机体，致使畜体起病后便出现营分症状。营分证，常见的有热伤营阴、热入心包等。

（一）热伤营阴

1. 证候描述

体热不退，下午更甚，神昏（运步东倒西歪），舌燥无苔，舌质红绛，脉细而数。

2. 病机分析

温热入营，伤耗营阴，阴虚又生内热，故体热不退。上午主阳，下午主阴，阴自旺于阴分，奋起与邪交争，故下午更甚。心主血脉，营气通于心，营分有热，心神被扰，故神昏、运步东倒西歪。热伤营阴，乏津上布于舌，故舌燥无苔。营为血之前身，营分有热，势必累及血分，营血之热，蒸腾于舌，故舌质红绛。邪热入营，营阴受损，脉血不足，故脉细而数。

3. 立法遣方

温邪从气入营，是温病中一个重要的环节，严重病证都在这一时期出现，必须防止再入血分。叶桂说："入营犹可透营转气。"目的在于透营转气以护血。邪火入营，多伤阴劫津，有吸尽江河之热，化源告竭，风动痉厥，急以生津凉营。方剂如**清营汤【方剂】**加减。方中犀角贵重药缺，可用10倍水牛角或5倍玳瑁代替。《本草纲目》言，玳瑁的"解毒清热之功同于犀角"。

（二）邪热内陷

1. 证候描述

病畜表现为高热，体温升高，精神沉郁，舌质红绛，体表发生斑疹，大便秘结，干硬难下。

2. 病机分析

邪陷营血，导致肺、脾、心、肾等多个脏腑机能衰竭死亡，动物高热稽留、惊厥反复。

3. 立法遣方

方剂用**清营汤【方剂】**加减。大便秘结者加大黄（后下煎）、芒硝（另兑水溶化）。

4. 结合治疗

邪热内陷营血相当于兽医临床某些传染病或热性病的中后期。治疗方案如下：维生素C注射液、氯化铵甲酰胆碱注射液、维生素B_1注射液混合肌肉注射，每天2次，连用3~4次。

（三）热入心包

1. 证候描述

高热神昏，气促狂躁，起卧不安，蹬槽越栏，四肢厥冷，舌质红绛，肌肤斑疹，无苔或少苔，脉细数。

2. 病机分析

温病卫分病、气分病不解，邪热往往内传营分，出现热邪消灼营阴、内扰心神的病症为营分证候，是温热入血的轻浅阶段，界于气分与血分之间，病位在心和心包。营分病证属里热证，病位比气分证候更深一层，为温病发展的中后期阶段。此时邪气尚盛而正气逐渐耗损。邪热入阴，使阴血受损，阴虚内热，热扰心神，故见高热神昏、烦躁不安。舌为心之苗，邪热在营，故舌质红绛。热邪灼伤脉络，迫血妄行，外溢肌肤，故见斑疹。高热不退致津耗气伤，阴液亏耗，故无苔或少苔、脉细数。

3. 立法遣方

治宜凉血生津，泄热清心。因是热入心包，故以清心开窍为主。方剂如**清宫汤【方剂】**加减。大便秘结者加大黄（后下煎）、芒硝（另兑水溶化）。

4. 结合治疗

本型可见于兽医临床的各种传染病或热性病的中后期，以下是治疗方法。黄芪多糖注射液、先锋9号（或氨苄青霉素）、链霉素，与复方氨基比林注射液、地塞米松注射液混合肌肉注射，每天2次，连用3~4次。黄芪多糖注射液每天用1次即可，使用1~2次。同时，用双黄连注射液（或柴胡注射液）与复方硫酸链霉素粉针混合肌肉注射，一般注射1次即可，病情严重的动物可间隔2天重复注射1次。

四 血分病证

血分证，是温热病的最后阶段，也是疾病发展过程中最为深重的阶段，病位在心、肝、肾等。邪入血分为伤阴期，因影响到下焦肝肾，大伤真阴，相当于急性传染病的衰竭期，抵抗力严重降低。血分证或由营分传来，即先见营分证的营阴受损、心神被扰的症状，而后才出现血分证；或由气分传变，即不经营分，直接由气分传入血分。心主血脉，肝藏血，肾藏精，故血分病以心、肝、肾病变为主，临床上除具有较重的营分证候外，还有耗血、动血、伤阴、动风的病理变化。其特征是身热，神昏，舌质深绛，黏膜和皮肤发斑，便血，尿血，项背强直，阵阵抽搐，脉细数。常见的有血热妄行、气血两燔、邪热内陷、伤阴风动、亡阴虚热等五种证型。

（一）血热妄行

1. 证候描述

身体灼热，热扰心神，高热烦躁或神昏，便血，衄血，尿血，皮肤发绀，肌肤紫色斑疹，舌质红绛，脉细数等。

2. 病机分析

热邪亢盛，深入血分，血热，故发热。热扰心神，故烦躁或神昏。热邪灼伤脉络，迫血妄行，外溢肌肤，故见皮肤发绀、肌肤紫色斑疹。迫血内溢，故见便血、衄血、尿血。舌质红绛、脉细数均为血分症候。

3. 立法遣方

治宜清热解毒，凉血散瘀。方剂可用**犀角地黄汤【方剂】**加减。鼻衄者加鲜白茅根、侧柏叶；便血者加地榆炭、槐花；尿血者加茜草炭、小蓟。

4. 结合治疗

本型可见于兽医临床的一些传染病或热性病的病程中，以下是治疗方法。黄芪多糖注射液、先锋9号（或氨苄青霉素）、链霉素，与复方氨基比林注射液、地塞米松注射液混合肌肉注射，每天2次，连用3~4次。黄芪多糖注射液每天1次，连用1~2次。双黄连注射液（柴胡注射液）与复方硫酸链霉素粉针混合肌肉注射，一般注射1次即可，病情严重的动物可间隔2天重复注射1次。维生素C注射液与维生素K_3注射液混合肌肉注射（无衄血、便血、尿血者不用注射维生素K_3注射液）。

（二）气血两燔

1. 证候描述

大（高）热，口渴多饮，烦躁或神昏，肌表发斑，斑疹紫黑，舌质红绛，苔焦或起芒刺，或有吐血、衄血、便血，脉数洪大或沉数。

2. 病机分析

气分热邪未解，而血分热邪炽盛，故既见气分证候又见血分证候。热毒充斥全身气血，加之高热耗损津液，故口渴多饮。热扰心神，故烦躁或神昏。热邪入血，迫血妄行，内溢则吐血、衄血、便血；外溢则肌表发斑，斑疹紫黑。热邪亢炽，故舌质红绛、苔焦或起芒刺。热迫血行，搏动于外，故脉数洪大或沉数。

3. 立法遣方

治宜气血两清。方剂可选择**清瘟败毒饮【方剂】**加减。

4. 结合治疗

本型可见于兽医临床某些传染病或热性病的中期或中期与晚期之间。以下是具体的治疗措施。黄芪多糖注射液、先锋9号（或氨苄青霉素）、链霉素，与复方氨基比林注射液、地塞米松注射液混合肌肉注射，每天2次，连用3~4次。黄芪多糖注射液每天1次，连用1~2次。双黄连注射液（柴胡注射液）与复方硫酸链霉素粉针混合肌肉注射，一般注射1次即可，病情严重的动物可间隔2天重复注射1次。维生素C注射液与维生素K_3注射液混合肌肉注射（无衄血、便血、尿血者不用注射维生素K_3注射液）。

（三）伤阴风动

1. 证候描述

口干舌燥，精神沉郁，倦怠无力，四肢抽搐，粪干尿赤，舌质红绛，少苔，脉细数无力。

2. 病机分析

血分热邪经久不退，伤津耗液，致血虚不能濡养筋脉，热伤阴而动风，故四肢抽搐。血分热邪，亢盛致精亏阴损，阴液不足，故见粪干尿赤、舌质红绛、口干舌燥、少苔。脉细数无力，标志正气已亏损。

3. 立法遣方

治宜清热滋阴，平肝息风。方剂可用**青蒿鳖甲汤【方剂】**加减。

4. 结合治疗

本型相当于兽医临床某些传染病或热性病的后期，以下是治疗方法。黄芪多糖注射液、环丙沙星注射液（或氨苄青霉素）混合肌肉注射，每天2次，连用4次。黄芪多糖注射液每天1次，连用2次。双黄连注射液（柴胡注射液）与配尼霉素注射液混合肌肉注射，每天1次，连用2~3次。维生素C、维生素B_1注射液、辅酶A粉针混合肌肉注射，每天2次，连用4次。四肢抽搐者，结合用10%葡萄糖酸钙注射液加入葡萄糖注射液进行肌肉注射或静脉注射。在静脉注射时应缓慢，时间不少于5分钟，肌肉注射时应加等量生理盐水注射液，分点肌肉注射。

（四）亡阴虚热

1. 证候描述

舌质绛，无苔，体质虚弱，双眼凹陷，被毛焦乱，四肢厥冷，唇燥舌缩，喜卧懒动，脉虚数。

2. 病机分析

邪热灼伤肝肾真阴，致血虚不能濡润筋脉，故喜卧懒动。真阴枯竭，机体组织缺乏阴血滋润，故双眼凹陷、被毛焦乱。阴亏则生内热，热蕴于内，阳气不达上肢，故四肢厥冷。津液耗伤，正气已虚，故脉虚数、唇燥舌缩。

3. 立法遣方

治宜滋阴清热，潜阳熄风。方剂可选择**阿胶鸡子黄汤【方剂】**加减。

4. 结合治疗

本型相当于兽医临床某些传染病或热性病的后期，化药治疗方法如下。黄芪多糖注射液、环丙沙星注射液（或氨苄青霉素）混合肌肉注射，每天2次，连用4次。黄芪多糖注射液每天1次，连用2次。双黄连注射液（柴胡注射液）与配尼霉素注射液混合肌肉注射，每天1次，连用2~3次。维生素C、维生素B_1注射液、辅酶A粉针混合肌肉注射，每天2次，连用4次。四肢抽搐者结合用10%葡萄糖酸钙注射液加入葡萄糖注射液进行肌肉注射或静脉注射。在静脉注射时应缓慢，时间不少于5分钟，肌肉注射时应加等量生理盐水注射液，分多点肌肉注射。

任务三 卫气营血辨证理论临床应用案例

外感温热病多起于卫分，渐次传入气分、营分、血分，这是温热病发展的一般规律。但这种转变规律不是固定不变的。由于四季气候不同，病邪盛衰的差异，机体质强弱的不同，可出现起病不经卫分而从气分或营分开始，或卫分不经气分而直入营分，或气分不经营分而直入血分。因此，在临诊辨证时，应根据疾病的不同情况，具体分析，灵活运用。

一 犬瘟热

犬瘟热是由犬瘟热病毒引起的犬科动物的一种急性传染病。犬瘟热病毒属副黏病毒科、麻疹病毒属 RNA 病毒；对干燥和寒冷环境抵抗力强，但是对热和酸碱比较敏感。临诊以发热、皮疹、消化道和呼吸道卡他性炎症为特征。本病主要发生于 3~6 月龄的幼犬，冬季多发。纯种犬的抵抗力较杂种犬差，死亡率很高。

临床应用案例
犬瘟热

1. 流行病学

（1）易感动物。犬瘟热主要感染犬科动物，同时也可以感染鼬科、猫科、浣熊科动物。其中幼龄动物（3~6 月龄）最为易感。有资料表明，纯种犬比土种犬更易感染。

（2）传染源。主要为病犬和带毒犬。包括分泌物、排泄物等。其中，分泌物主要为鼻液、唾液、泪液；排泄物主要为尿液；除此之外，血液、脑脊髓液、肝脏、脾脏、心包液、胸水、腹水均可分离出病毒。

（3）传播途径。犬瘟热主要通过呼吸道、消化道传播，特别要注意本病可通过胎盘垂直传播。

（4）季节性。本病没有明显的季节性，一年四季均可发生，其中以冬春季多发。

（5）周期性。本病具有一定的周期性，每隔 3 年有 1 次大的流行。

2. 病因病机

主要通过接触感染，疫毒经呼吸道和消化道侵入体内，大伤正气而导致本病的发生，进而继发细菌感染。首先是肺、脾功能障碍，进一步导致毒血症而危及全身。

3. 临床症状

根据临床症状可分为呼吸型、消化型、神经型、皮肤型犬瘟热。

（1）呼吸型。主要表现为羞明流泪，水样鼻液，眼、鼻分泌物变为黏液或脓液，鼻镜干燥，角膜混浊，呈双相热。咳嗽、打喷嚏和轻度呼吸困难。

（2）消化型。首先食欲不振，后食欲废绝，消化机能减退、呕吐，初期便秘，后期下痢，粪便常混有番茄酱样血液，幼犬常因严重腹泻继发肠套叠疾病。

（3）神经型。一般发生在病情发展的后期，轻则口唇、眼睑局部抽搐，重则后躯麻痹、口吐白沫、倒地抽搐，呈癫痫样发作，导致惊厥和昏迷。特别注意：患有本症状的病例往往预后不良，常常伴有瘫痪后遗症。

(4) 皮肤型。患犬腹部皮肤出现红色丘疹，呈米粒状大小，初期水疱样，继后期转变为脓疱，最后干涸脱落。部分病犬的足垫过度增生、角化甚至皲裂。

4. 病理变化

(1) 呼吸道病理变化主要表现为肺门淋巴结肿大，气管黏膜环状出血，支气管内有脓性分泌物，肺表面有散在出血点。

(2) 消化道病理变化主要表现为胃肠黏膜弥漫性出血，肠黏膜脱落，肠系膜淋巴结肿大。

(3) 神经系统病理变化主要表现为脑膜有散在出血点，脑水肿，脑脊髓液增加。

5. 临床诊断

诊断分为初步诊断和确诊。

(1) 根据上述我们所讲过的临床症状及流行病学症状可进行初步诊断，如双相热、化脓性结膜炎、鼻镜干燥、化脓性支气管肺炎、血便呈番茄酱样、足垫角质化、神经症状等。同时，要结合血常规检查，白细胞总数明显下降。

(2) 白细胞分类计数大多数犬只在感染 5~8 天之后，淋巴细胞分类计数下降，嗜中性细胞分类计数上升。

(3) 确诊本病的方法主要有病毒分离与鉴定、血清学诊断、快速检测试纸。

病毒学诊断包括病毒的分离培养与电镜观察，需要较高的检测条件和较长的时间，不适合临床诊断。

血清学诊断包括中和试验、补体结合试验、酶联免疫吸附试验（ELISA）。优点是准确率高，缺点是成本较高。

快速检测纸既经济实惠，又及时准确，成为临床上常用的诊断方法。一般取少量犬粪便，用稀释液混合后，用吸管吸取 1~2 滴滴加到测试板小孔内，10 分钟后判定结果。如试纸条上仅有一条 C 线，为阴性结果，如 C 线和 T 线都变红，为阳性结果。

6. 西医治疗

(1) 治疗原则主要为抗病毒，抗菌消炎，补液、补营养、对症治疗。可结合采用口服中药和针灸疗法。

(2) 治疗方案。抗病毒首选犬瘟热单克隆抗体或者高免血清，肌肉注射。同时根据情况可选择干扰素或利巴韦林静脉滴注。

抗菌消炎首选头孢类抗生素。也可根据实际情况选择使用价格更为便宜的氨苄西林或地塞米松，静脉注射。

补体液、补营养可采用 5% 葡萄糖生理盐水，溶入适量肌苷，ATP，辅酶 A，复合维生素 B，维生素 C 等进行静脉输液。

(3) 对症治疗。肠炎型患犬止吐、止血、补液、改善胃肠功能。如止吐，临床上常用胃复安，皮下注射；临床上常用止血敏或维生素 K_3 静脉滴注止血。

呼吸型患犬解热、止咳、平喘。解热常用柴胡注射液或氨基比林注射液；止咳平喘常采用氨茶碱和氯化铵。

神经型患犬需要解痉镇静，常用氯丙嗪和安定治疗。

7. 辨证论治

犬瘟热的潜伏期一般为 3~6 天，甚至可达 1~3 个月。病犬突然发热，体温达 39.5~41℃，精神不振，呕吐，鼻塞，喷嚏，结膜发红等，持续约 2 天，随后体温降至正常。2~3 天后再度发热，精神委顿，食欲不振，鼻腔充血，分泌物增多、呈脓性，咳嗽，气喘，鼻镜干燥甚至皲裂。股内侧和腹壁皮肤出现皮疹。眼结膜有多量黏液脓性分泌物。呕吐和腹泻，粪便混有黏液和血液，恶臭。有肺炎症状。中后期病毒侵入中枢神经，出现痉挛、癫痫、抽搐或转圈运动等神经症状，有的导致瘫痪。出现神经症状的病犬多以死亡转归，仅有少数抵抗力较强的病犬症状逐渐减轻，得以存活，但往往留有神经性的后遗症。

治则及方药：中兽医治疗采取清热解毒、镇静安神的原则。本病目前尚无特效疗法，将病犬隔离，应用中兽医学理论根据病程发展阶段的不同进行辨证施治，并结合西药，早期注射犬瘟热高免血清以及抗感染、解热、对症等支持疗法，可取得一定疗效。

初期邪在卫分，以发热、鼻塞、喷嚏、结膜充血为主，治宜清热解毒，辛凉解表。方用**银翘散【方剂】**加减，热盛者加栀子、黄芩、石膏，水煎灌服或灌肠；另外，银花、连翘、黄芩、甘草各4g，葛根3g，山楂、山药各5g，水煎灌服。

热盛期，邪在气分，以高热口渴、咳嗽气喘为主。治宜清热，生津，宣肺。方用**麻杏石甘汤【方剂】**、**黄连解毒汤【方剂】**、**清肺散合方【方剂】**；另外，二母丹加减，方如知母、贝母、丹皮、生地、桔梗、半夏、白术各4g，龙胆草、茵陈、陈皮、白芍、当归、甘草各3g，水煎服。

中后期，邪在营血，以高热或低热不退，皮疹、便血、呕血、鼻镜皲裂，抽搐为主，治宜清热凉血，扶正固本。方用**清瘟败毒散【方剂】**加减；**清营汤【方剂】**加减；**安宫牛黄丸【方剂】**加减，方剂参考药物：牛黄、郁金、犀角（水牛角代之）、黄芩、黄连、山栀、朱砂、冰片、麝香、珍珠。以上方在选用时可加黄芪以扶正祛邪。当呈现肝风内动症状时，多数预后不良，难以救治。

针治：针刺山根【穴位】、肺俞【穴位】、脾俞【穴位】、百会【穴位】、尾尖、后三里【穴位】等穴。

预防：应该有规范免疫程序，定期预防接种，同时要加强饲养管理，定期消毒，加强营养补给，增强动物的免疫力，以利于发病后更多更早地产生抗体。市场上常用的疫苗有六联苗和五联苗。常用的环境消毒剂为1%甲醛溶液或3%氢氧化钠。

 猪痘病

1. 案例描述

某养殖户有约10kg生猪，生病后去诊治，检测体温41℃左右。表现症状：精神和食欲不振，眼睑浮肿，鼻黏膜和眼结膜潮红、肿胀，有黏性分泌物，在鼻镜、眼皮、下腹、股内侧等皮肤上多有红斑，在红斑中间再发生丘疹，2~3天后变成水泡。

2. 辨证论治

本病辨证以卫气营血辨证与脏腑辨证相结合，根据全身及局部症状以区别病情之轻重。痘疹细小，稀疏散在，疹色红润，疱浆清亮，或伴身热、流涕、咳嗽、纳少等脾肺证候，为病在卫气，属轻证。痘疹粗大，分布稠密，痘色紫暗，疱浆混浊，高热持续，面赤心烦，口渴引饮，甚则口腔黏膜亦见疱疹等证候，为病在气营，为重症。常因邪毒炽盛，极易累及他脏而出现变证。邪陷心肝者，症见神昏、抽搐等；邪毒闭肺者，症见咳喘、气急等。

（1）邪伤肺卫。时行邪毒伤于肺卫，正盛邪轻，故以疱疹稀疏，疹色红润，疱浆清亮，伴微热咳嗽等肺卫表证为特点，全身症状不重。治宜疏风清热，利湿解毒，方剂可以选择**银翘散【方剂】**加减，药物可以选择金银花、连翘等清热解毒药，薄荷、蝉蜕等透疹止痒药，牛蒡子、桔梗、甘草等宣肺利咽药，紫草、赤芍等凉血解毒药，车前草、滑石等清热利湿药。

（2）毒炽气营。本证为水痘重证，发病率低。热毒炽盛，气营两燔，以壮热烦躁，面赤唇红，疱疹稠密，疹色紫暗，疱浆混浊为特点。治宜清气凉营，解毒化湿，方剂选择**黄连解毒汤【方剂】**加减，选择升麻等清热透疹药，黄连、黄芩等清热燥湿解毒药，石膏等清气泄热药，牡丹皮、生地等凉营清热药，紫草、赤芍等清热凉血透疹药，栀子、车前草等清热利湿药。

3. 治疗方法
（1）化药。

青霉素80万IU 2支，复方氨基比林注射液2mL。

（2）中草药。

清热解毒注射液5mL，柴胡注射液2mL，鱼腥草注射液5mL。

一次混合肌肉注射，一天一次，连续注射3~4天治愈。

（3）针疗。

主穴：耳尖、尾尖、**水沟【穴位】**、**素髎【穴位】**。

配穴：**苏气【穴位】**、**涌泉【穴位】**、**后三里【穴位】**、**肺俞【穴位】**。

4. 预防管理
（1）应进行隔离饲养，以免传染健康猪只。

（2）彻底消毒猪舍，用1.5%石炭酸或3%来苏尔能迅速杀灭痘毒。

鸡传染性法氏囊病

1. 案例描述
某鸡场有3 000只白羽肉鸡，29日龄时发病。临床症状：鸡子缩头、夆毛、采食量减少、大群鸡精神不振，拉白色水样粪便，开始出现死亡。剖检症状：腿肌胸肌出血、呈涂刷状，法氏囊肿大、发黄、浆膜水肿，呈淡黄色胶冻状。肾脏肿大、苍白、有尿酸盐沉积。肝脏土黄色，坏死，有白色条状。诊断为传染性法氏囊病。

2. 辨证论治
在发病早期，鸡群外感温热之邪或时疫毒邪，邪热内伏，热毒正传心脏、小肠，使传导、泌别清浊失常，呈现暴注下迫的水样泻泄。热为阳邪，易伤津液，故口渴喜饮；热邪郁于肌肤、经络而使鸡体有烫手感，以上症候辨证分析，可知此为温病学中的气分证，宜取大清气分热邪之法，方用**白虎汤【方剂】**加减。

在发病中后期，病程较长，气分热邪未解，渐入营、血分，邪热蒸腾，泌别失常，故口干但不甚渴饮。营气通心，心主神明，心营热盛，扰乱心神，故闭目、神昏。营热波及血分，热窜血络则斑疹隐隐；热毒炽盛，灼伤血络，迫血妄行而导致出血。热久不退，灼耗真阴，以致肝、肾阴亏，木燥生风，故现震颤。热迫大肠，继续下痢，最后阴竭阳脱而死亡。从中、后期证候分析可知，此为温病学中的热邪传入营血分证，宜用清营凉血、解毒化斑、滋阴潜阳之法，方用**清营汤【方剂】**与**犀角地黄汤【方剂】**加减。

3. 结合治疗
化药没有特效治疗药物。

4. 预防方案
（1）加强管理，搞好卫生消毒工作。

防止从外边把病带入鸡场，一旦发生本病，及时处理病鸡，进行彻底消毒。消毒可选用以下药物和方法，喷洒0.2%过氧乙酸，或2%次氯酸钠、5%漂白粉、5%福尔马林、1∶128菌特灵，也可用福尔马林熏蒸。门前消毒池宜用2%的戊二醛溶液，每2~3周换一次，也可用 1/60 的菌毒净，每周换一次。

（2）预防接种。预防接种是预防鸡传染性法氏囊病的一种有效措施。此外，鸡舍内要保持安静，鸡群密度不宜过大，适当补充多种维生素，尤其是维生素 C，由于病鸡采食减少，饮水可加 4~5%的葡萄糖，以补充能量改善体质。目前我国批准生产的疫苗有弱毒苗和灭活苗。

①低毒力株弱毒活疫苗，用于无母源抗体的雏鸡早期免疫，对有母源抗体的鸡免疫效果较差。可点眼、滴鼻、肌肉注射或饮水免疫。

②中等毒力株弱毒活疫苗，供各种有母源抗体的鸡使用，可点眼、口服、注射。饮水免疫，剂量应加倍。

③灭活疫苗，使用时应与鸡传染性法氏囊病活苗配套。鸡传染性法氏囊病免疫效果受免疫方法、免疫时间、疫苗选择、母源抗体等因素的影响。其中母源抗体是非常重要的因素。有条件的鸡场应依测定母源抗体水平的结果，制定相应的免疫程序。

四 猪脑膜炎病

1. 案例描述

某养殖户有约 40kg 生猪，生病后去诊治，检测体温 39.5~40℃。表现症状：神经紊乱，无意识运动，身体摇晃，有时沉郁，不听驱赶，对外界事物不起反应；有时兴奋，有时狂躁、尖叫、撞墙、流涎、吐白沫、咬牙、抽风、转圈，并且耳根部灼热，兴奋后昏睡，呈麻痹状，起立困难。

2. 辨证论治

脑膜炎证候群属于中医"温疫""痉证""厥证"范畴，起病急，传变快，危害大。外因为四时温毒疫邪，内因为肌肤薄弱，脏腑虚弱。风温合至或疫疠毒邪，多由口鼻而入，侵袭肺卫，毒邪凶猛，常致逆传心包，而致神明失主；热毒入营血，气血两燔而神昏、斑疹隐露；心肝郁热而四肢抽搐；热耗肝肾阴血，筋脉失养，则达四肢末端而肢体不用。

（1）邪在卫气证。在原有上呼吸道感染、肺炎等疾病的同时，出现发热，四肢抽搐，恶心呕吐。舌质红，舌薄黄，脉数。治宜辛凉解表，清气泄热。方剂可以选择**银翘散【方剂】合白虎汤【方剂】**加减。

（2）气营两燔证。证见持续高热，四肢抽搐，反复呕吐，口渴唇干，大便干结，小便黄赤，脉弦数等。治宜清热凉营，泻火解毒。方剂可以选择**清瘟败毒饮【方剂】**加减。若抽搐频作，加钩藤、石决明等。

3. 治疗方法

（1）化药治疗。

青霉素 80 万 IU 6 支，复方氨基比林注射液 25mL，地塞米松磷酸钠注射液 5mL，维生素 B_1 注射液 10mL，安溴注射液 40mL。

（2）中草药针剂。

清热解毒注射液 20mL，中西药混合肌肉注射，一天一次，连续 2~3 天治愈。

（3）针疗。

①主穴：**风府【穴位】、太阳【穴位】、肺俞【穴位】、素髎【穴位】**。

②配穴：**耳门【穴位】**、耳尖、尾尖、蹄叉。

4. 预防管理

把病猪放置在安静阴暗宽广的猪舍中，多铺垫草，加强护理，给予有营养和容易消化的饲料。

五 猪口蹄疫

1. 案例描述

某养殖户有生猪约 25kg，生病几天后去诊治，检测体温 40~40.5℃左右。表现症状为病猪食欲减少，蹄叉及鼻面等处发生水泡，初期发热，潮红肿胀，不久出现淡灰或微黄色水泡，大小不等，但水泡很快破裂，显有深红色斑块或糜烂斑。病猪行走困难、跛拐、严重者不能站立。

2. 辨证论治

采用卫气营血理论合脏腑辨证理论对口蹄疫进行辨证论治。

口蹄疫是由病毒引起的外感性热性病，感染迅速，在能感知症状时就表现为里热的血分热、热入营血重症，多数病证在中兽医角度可以界定为热证、实证、阳证、温证，方剂可以选择**清营汤【方剂】**，以水牛角清营分热毒，以淡竹叶、黄连、双花、连翘清气分毒。

在以上辨证的基础上，进一步利用脏腑辨证理论进行对症处理。针对口腔水泡溃疡，五行、脏腑学说认为，脾属土，主运化，布津液，主统血，主肌肉和四肢，开窍于口，其华在唇，在液为涎。因此，口腔水泡溃疡表示脾有湿热、积热。治宜清利脾胃湿热、积热。加减配伍药物可以选择黄连、连翘、大黄等。针对舌有水泡溃疡和虎斑心等症状，心属火，主血脉，心藏神，开窍于舌，舌为心之苗。舌水泡溃疡表示心经有热，上攻于舌，致使舌体肿胀，破溃成疮，成心火上炎证。治宜清心热，方剂可以选择**凉膈散【方剂】**加减等，由于心火亢盛，药物可以选择淡竹叶、生地、栀子、灯芯草等清心火，以黄连、黄芩、黄柏、栀子等清三焦火毒。针对蹄部水泡溃疡，肝属木，主疏泄，主藏血，主筋，开窍于目，其华在爪。蹄水泡溃疡提示肝有热，治宜清肝火，常用药有菊花、龙胆草、栀子等。

3. 治疗方法

青霉素 80 万 IU 4 支；硫酸卡那霉素注射液 50 万 IU 2 支，氨基比林注射液 15mL，清热解毒注射液 10mL，鱼腥草注射液 10mL，一次混合肌肉注射。一天一次，连续注射 3~4 天治愈。

4. 预防管理

加强饲养管理，保持猪体清洁卫生，严格做好消毒和预防，接种疫苗工作。

六 猪丹毒

1. 案例描述

某养殖户有生猪约 35kg，生病后去诊治，检测体温 40.5℃。表现症状为吃食减少或不吃食，口渴，有时呕吐，没有精神，不愿活动，爱钻入垫草中。粪便干燥，在耳后、颈部、四肢内侧皮肤上出现各种形状红斑，后变暗紫色，有的常后肢麻痹，呼吸困难。

2. 辨证论治

（1）卫分证。多见于温病初起。其临床表现是发热，停食或减食，呼吸、脉搏加快，小便短黄，大便微干，鼻镜无汗或少汗，喜卧垫草，恶寒，稍重者嘴筒常钻入草内。有的猪可有咳嗽、流泪或舌边尖红等证候。治宜辛凉解表。可选择**银翘散【方剂】**、**桑菊饮【方剂】**等方剂。

（2）气分证。针对热邪壅滞与胃热炽盛者，病猪肺气不宣，壮热喘咳，鼻镜汗多，口渴喜凉饮，不恶寒反恶热，津液少，小便短黄，脉洪大。治宜清热、宣肺、生津。可用**白虎汤【方剂】**加减。针对热结肠道与胃热炽盛者，病猪除有壮热、口渴、鼻镜汗多、脉洪大等胃热炽盛外，亦同时出现大便燥结，腹部胀满，苔微黄而燥，午后热盛等证。治宜攻下、泄热、生津。可用**白虎汤【方剂】**合**大承气汤【方剂】**加减。针对热邪壅肺与热结肠道者，病猪除具有以上肺气不宣、壮热喘咳的证候外，亦同时出现大便燥结、腹部胀满等热结肠道的证候。治宜清热、宣肺，攻下。方剂可用**苇茎汤【方剂】**合**大承气汤【方剂】**加减。

（3）营分证。针对气营同病者，病猪发热，夜间尤甚，口渴喜饮，大便干燥，舌质红绛，心烦不安，时卧时起，脉洪数。大小不一的红斑，或为略高于皮肤的疹块，色淡红，指压退色。治宜气营两清。可用**化斑汤【方剂】**合**大承气汤【方剂】**加减。针对热在营分者，病猪虽夜热加重，但渴不多饮；虽大便干燥，但为阴亏秘结；虽有斑疹，但多变为暗红色。治宜清营泄热。方剂用**清营汤【方剂】**加减。

（4）血分证。针对血分热盛者，病猪呈败血症过程，弛张性发热，狂躁不安，舌质深绛，津液干枯，斑疹多色紫黑，声音嘶哑，大便常呈黑色，甚至便血、衄血，走路摇晃。治宜清热、凉血、解毒。方剂宜用**犀角地黄汤【方剂】**加减。针对虚风内动者，为真阴欲竭，虚阳妄动之证。病猪主要表现为神志昏迷，甚至强行刺激亦无叫声，津枯，齿黑，舌绛无华，全身厥冷，四肢抽搐，肌肉颤动，卧地难起，呈现时时欲脱的危证。治宜滋阴、潜阳、熄风。方剂宜选用**加减复脉汤【方剂】**合**大定风珠【方剂】**加减。

3. 治疗方法

（1）药方。

化药针剂：青霉素100万IU 3支，安乃近注射液10mL，复方氨基比林注射液15mL，地塞米松磷酸钠注射液5mL，硫酸卡那霉素注射液50万IU 2支。中草药针剂：清热解毒注射液10mL，鱼腥草注射液10mL。中西药混合，肌肉注射，一天一次，连续5~6天治愈。

（2）针疗。

主穴：**水沟【穴位】**、**素髎【穴位】**、耳尖、尾尖。

配穴：**涌泉【穴位】**、**陷谷【穴位】**、**太阳【穴位】**、**风府【穴位】**、**承浆【穴位】**。

3. 预防管理

（1）实行自繁自养，尽量不从外地买猪，以减少疫病从外面传入。

（2）每年春秋两季要定期进行二连苗或三连苗预防注射。

（3）注意圈内外消毒，消毒药品可用5%生石灰水，草木灰或漂白粉液。

七 相关案例

1. 猪链球菌病

【案例描述】某养殖户有生猪约75kg，生病几天后诊治，检测体温41.5℃左右。表现症状为呼吸困难，腹、肢部皮肤变紫蓝色，精神不振，卧地不起，眼结膜潮红，流泪或鼻涕，耳、颈、腹下和四肢皮肤大范围呈紫蓝色。

【辨证论治】（1）卫分证，可见畏寒、无汗、四肢酸困、腹痛腹泻、不渴或渴不欲饮。治则宜芳香化湿、疏中解表。（2）气分证，可见身热壮盛、口渴喜饮、面赤大汗、呼吸气粗、尿短而黄，偶见呕吐或神志不清。治则宜清热为主，兼以化湿。（3）营分证，可见身热夜甚，神昏，或四肢抽搐，斑疹隐隐。治则宜营泻热。（4）血分证，在兼有营分证候的基础上，更见灼热燥扰，骤然皮下出血、瘀点、瘀斑、衄血等证候。治则宜凉血散瘀。

【结合治疗】（1）药方：西药针剂：青霉素80万IU 7支，硫酸链霉素注射液100万IU 3支，复方氨基比林注射液30mL，地塞米松磷酸钠注射液10mL，安乃近注射液20mL。中草药针剂：鱼腥草注射液20mL。中西药混合，一次肌肉注射，一天一次，连续注射3~4天治愈。（2）针疗。主穴：**人中【穴位】**、**百会【穴位】**、**涌泉【穴位】**、**滴水【穴位】**。配穴：蹄叉、前后寸子（即缠腕）、耳尖、尾尖。说明：可在脓肿处用宽针刺破脓色。

【预防措施】（1）春秋两季及时进行猪链球菌疫苗免疫接种。（2）注意卫生条件，改善饲养管理，作好猪舍及用具的卫生消毒工作。

2. 猪流感

【案例描述】某养殖户有生猪约 40kg，生病后诊治，检测体温 40~41℃左右。表现症状：不食、精神沉郁、畏寒、打颤、呼吸加快、咳嗽，眼和鼻有黏液性液体流出，眼结膜发红，钻窝不起，选暖和地方躺卧。

【辨证论治】流行性感冒简称"流感"，是由疫毒引起的疾病，临诊表现与感冒大致相似，但发病急，症状复杂，有较强的传染性，多见于冬春两季，与普通感冒相似。气候骤变，冷热不均，卫表不固，风邪疫毒乘虚侵入，致卫气郁结，肺气不宣，症见恶寒、发热、咳嗽、流涕。主证：发病急，传染快，往往有多个动物发病，症状相似。患病动物精神不振，被毛逆立，食欲减退或废绝，发热重，恶寒轻，咳嗽喘息，先流清涕，后流黏性脓涕，眼结膜发红、水肿，流泪怕光，口色赤红，口干舌燥，苔黄白，脉浮数或洪数，牛鼻镜无汗。甚者出现四肢僵硬，关节肿胀、疼痛，跛行，或有腹泻。流感为疫毒所致，多风热型，故宜辛凉解表，佐以清热解毒药物。方用**麻杏石甘汤【方剂】**、**黄连解毒汤【方剂】**、**清肺散【方剂】**合方：麻黄、杏仁、生石膏、甘草、黄连、黄芩、黄柏、栀子、板蓝根、葶苈子、浙贝母、桔梗、陈皮。高热神昏，舌色紫红者，用**清瘟败毒散【方剂】**如下：生石膏、知母、犀角（可以用水牛角代替）、生地、元参、黄连、丹皮、黄芩、栀子、连翘、甘草、竹叶、桔梗、赤芍。

【结合治疗】（1）药方。西药：青霉素 80 万 IU 7 支，氨基比林注射液 30mL，地塞米松磷酸钠注射液 5mL。中草药针剂：双黄连注射液 10mL，柴胡注射液 5mL，鱼腥草注射液 10mL。中西药混合，一次肌肉注射，一天一次，连续注射 3~4 天治愈。（2）针疗。主穴：**太阳【穴位】**、**鼻梁【穴位】**、尾尖、耳尖。配穴：**肺俞【穴位】**、**人中【穴位】**、**理中【穴位】**、**天门【穴位】**、**苏气【穴位】**。

【预防措施】隔离患病动物，及时治疗。改善饲养管理和卫生条件，给予容易消化的饲料，圈舍要清洁、干燥、温暖，并对圈舍和饲槽进行消毒。平时要加强饲养管理，定期消毒圈舍。保持猪舍清洁、防寒保暖、减少应激，尤其在阴雨潮湿，气候急剧变化的季节，要加强饲养管理。

3. 血型猪丹毒

【案例描述】某养殖户有生猪约 45kg，生病几天后去诊治，检测体温 41.5~42℃左右。表现症状：吃食减少或不吃食，没有精神，眼角膜发红、粪便干燥而臭，卧地不起，在耳后、颈部、四肢内侧皮肤出现各种形状红斑，逐渐渐变为暗紫色，用手按压即褪色，撤去指压即复原。

【结合治疗】（1）药方。西药针剂：青霉素 80 万 IU7 支，复方氨基比林注射液 20mL，安乃近注射液 10mL，地塞米松磷酸钠注射液 6mL。中草药针剂：双黄连注射液 10mL，柴胡注射液 10mL。中西药混合，一次肌肉注射，一天一次，连续 5~6 天治愈。（2）针疗。主穴：**鼻梁【穴位】**、**人中【穴位】**、耳尖、尾尖、蹄叉，扎后见血。配穴：**肺俞【穴位】**、**耳根【穴位】**、**承浆【穴位】**、**交巢【穴位】**。

【预防措施】每年春秋两季定期注射猪丹毒疫苗。杜绝传染来源，切断传播途径，加强饲养管理，搞好环境卫生，并彻底消毒猪舍内外及用具，以免扩大传染。

4. 疹块型猪丹毒

【案例描述】某养殖户有生猪约 35kg，生病几天后去诊治，检测体温 40.5℃左右。表现症状：食欲下降，精神不振，在背、胸侧、颈部及四肢外侧皮肤等处出现深红色大小不等的方形或菱形疹块，初期坚硬，后变为红色，多呈扁平凸起，界限明显，其后形成痂皮。

【结合治疗】（1）药方。西药针剂：青霉素80万IU6支，复方氨基比林注射液15mL，安乃近注射液10mL，地塞米松磷酸钠注射液6mL。中草药针剂：双黄连注射液10mL，柴胡注射液6mL。中西药混合，一次肌肉注射，一天一次，连续5~6天治愈。（2）针疗。主穴：**人中【穴位】**、耳尖、尾尖、**涌泉【穴位】**、**滴水【穴位】**，扎后见血。配穴：**太阳【穴位】**、**耳门【穴位】**、蹄叉、**卡耳【穴位】**。

【预防措施】疫情稳定后再进行免疫接种，注意环境及用具消毒，注意引种安全，不从疫区购猪。

5. 猪丹毒

【案例描述】某养殖户有生猪约45kg，生病几天后去诊治，检测体温39.5~40℃。表现症状：体温一般正常或稍高，有的四肢关节肿胀，走路腿瘸，有的常发生心内膜炎，心脏衰弱，呼吸促迫，并发生咳嗽，有的发生皮肤坏死，耳及腹部呈青紫色，有时发生下痢。

【结合治疗】（1）药方。西药针剂：青霉素80万IU7支，复方氨基比林注射液15mL，安乃近注射液10mL，地塞米松磷酸钠注射液8mL。中草药针剂：双黄连注射液10mL，柴胡注射液10mL。中西药混合，肌肉注射，一天一次，连续5~6天治愈。（2）针疗。主穴：**人中【穴位】**、耳尖、尾尖、蹄叉，扎后见血。配穴：**承浆【穴位】**、**涌泉【穴位】**、**滴水【穴位】**、**天门【穴位】**。

【预防措施】每年春秋两季及时注射猪丹毒菌苗。

6. 猪丹毒及猪气喘并发症

【案例描述】某养殖户有生猪约55kg，生病几天后去诊治，检测体温41.5℃左右。表现症状：吃食减少或不吃食，没有精神，眼结膜发红，粪便干而臭，卧地不起。再后，颈部、四肢内皮肤出现各种形状的红斑，逐渐变为暗紫色，并有呼吸困难（像拉风箱），呈腹式呼吸，吸气时腹壁呈波浪式抖动，趴地喘气，发出喘鸣声。

【结合治疗】（1）药方。西药针剂：青霉素80万IU5支，硫酸卡那霉素注射液50万IU6支；安乃近注射液25mL，复方氨基比林注射液20mL，地塞米松磷酸钠注射液10mL。中草药针剂：双黄连注射液10mL，鱼腥草注射液20mL。中西药混合，肌肉注射，一天一次，连续注射5~6天治愈。（1）针疗。主穴：**人中【穴位】**、耳尖、尾尖、蹄叉，扎后见血。配穴：**承浆【穴位】**、**涌泉【穴位】**、**滴水【穴位】**、**天门【穴位】**。

【预防措施】每年春秋两季定期注射猪丹毒菌苗。杜绝传染病来源，切断传播途径，加强饲养管理，搞好环境卫生，及时做好封锁，以免扩大传染。

7. 牛口蹄疫

【案例描述】某养牛场新进50头牛，过15天出现口腔和鼻子流白色泡沫，少食，发烧，畜主以为是环境不适应造成的感冒。用了三天感冒药，没见好转。病牛体温升高达40~41℃，精神萎顿，食欲减退，闭口，流涎，开口时有吸吮声。1~2天后，在唇内面、齿龈、舌面和颊部黏膜发生蚕豆至核桃大的水疱。口温高，此时口角流涎增多，呈白色泡沫状，常常挂满嘴边，采食反刍完全停止。水疱经约一昼夜破裂形成浅表的、边缘整齐的红色溃烂。以后体温降至正常，溃烂逐渐愈合，全身状况逐渐好转。

【结合治疗】（1）西药：目前对该病尚无特异的治疗方法。（2）中药：①青黛、明矾、黄连、地榆、冰片、黄柏、儿茶各10g。共为末，局部用高锰酸钾溶液洗涤后撒布本药。一天两次，直到创伤愈合。②贯众20g，山豆根20g，甘草15g，桔梗20g，赤芍10g，生地10g，花粉 10g，大黄 15g，荆芥 10g，连翘 15g。共为末，加蜂蜜 150g，绿豆粉 20g，开水冲服。一天一次，连用 3~5 天。

【预防措施】主要是扑杀处理，严格消毒，封锁疫区。

8. 羔羊痢疾

【案例描述】羔羊痢疾是由湿热疫毒引起的，以羔羊剧烈腹泻和小肠发生溃疡为特征的急性病证。其病原是 B 型魏氏梭菌，主要危害 7 日龄以内的羔羊，以 2~3 日龄发病率最高，冬春产羔季节常引起羔羊的大批死亡。羔羊出生后 3 日龄，病初精神沉郁，低头拱背，不吃奶，不久就发生腹泻，粪便恶臭，有的稠如面糊，有的稀薄如水，颜色有的黄绿，有的黄白或灰白，到了后期，有的粪便中含有血液，直至成为血便。羔羊虚弱，卧地不起，常在 1~2 天内死亡，只有少数病轻者，可能自愈。有的病羔，腹胀而不下痢，或只排少量稀粪，也有时粪便中带血或血便。表现症状主要为神经症状，四肢瘫软，卧地不起，头向后仰，最后昏迷，在数小时到十几小时内死亡。剖检见尸体脱水严重，尾部被毛被稀粪玷污。主要病变表现在消化道、胃肠有卡他性或出血性炎症，真胃下层黏膜部出血、水肿，小肠出血性炎症比大肠严重，肠内容物有大量气体并混有血液。病程长的肠黏膜出现溃疡和坏死。这些溃疡多数直径为 1~2mm，溃疡周围有一出血带环绕，肠系膜淋巴结肿胀充血或出血，心内膜有时有出血点，肺充血或出现瘀斑。

【辨证论治】母羊怀孕期营养不良，初生羔羊体质瘦小，脾胃娇弱，圈舍、饲喂器具或食乳不洁，天气骤变、饥饱不均或乳食所伤等因素，使湿热疫毒侵犯胃肠，以致脾胃不调，大肠传导功能失调。主证：证见精神不振，头低耳耷，发热恶寒，不食，腹泻，腹痛，粪便恶臭，状如面糊，或稀薄如水，呈黄绿、黄白或灰白色，小便短赤，热在气分。后期粪便带血，或成血痢，口色红燥，舌苔黄腻，脉象滑数或细数。有的患病羔羊只有腹胀而不见下痢，或仅排少量稀便，甚至四肢瘫痪，卧地不起，呼吸促迫，口吐白沫，角弓反张，四肢厥冷，口色青紫，脉象细数，邪陷心营，常在短期内昏迷死亡。治则：清热化湿，凉血止痢。方用**白头翁汤【方剂】**加减、**乌梅散【方剂】**加减、**承气汤【方剂】**加减（大黄、酒黄芩、焦栀、枳实、厚朴、青皮、甘草、朴硝），用于病初排便不畅者。

【结合治疗】（1）西药治疗。用敌菌净 1 与磺胺脒 5 的比例混合，每千克体重 30mg，每只羔羊约为 70~120mg，当羔羊生后能哺乳时投药，首次量加倍，每天服药 2 次，连续 3 天即可预防本病发生，对病羊要早期发现，用以上药物治疗直至治愈为止。一般早治轻症 3~4 次即愈，重症需 5~6 次；土霉素 0.2~0.3g，或再加胃蛋白酶 0.2~0.3g，加水灌服，每天两次；磺胺脒 0.5g，鞣酸蛋白 0.2g，次硝酸铋 0.2g，重碳酸钠 0.2g，再加呋喃唑酮 0.1~0.2g，加水灌服，每天 3 次。（2）中药治疗：治宜清热化湿，凉血止痢。处方一：**白头翁散加味【方剂】**，方剂组成：白头翁 60g，黄连 30g，黄柏 45g，秦皮 60g，白术 25g，枳实 30g，茯苓 25g，甘草 15g。为末，每次 10g，开水冲调，候温灌服，每天 1~2 次，连用 3 天。处方二：病初灌服加减承气汤 20~30mL，6~8 小时后改服加减乌梅汤，每次 30mL，每天 1~2 次。已下痢 2 天以上的病羔，一开始即灌服加减乌梅汤。加减承气汤：大黄、酒黄芩、焦栀子、枳实、厚朴、青皮、甘草各 6g，朴硝 15g（另包）。将前七味药研碎，加水 400mL，煎汤 150mL，然后加入朴硝使之溶解。加减乌梅汤：乌梅（去核）、炒黄连、黄芩、郁金、炙甘草、猪苓各 10g，诃子肉、焦山楂、神曲各 12g，泽泻 8g，干柿饼一个（切碎）。共研碎加水 400mL，煎汤 150mL。红糖 50g 为引。处方三：苦参 2g，穿心莲 1g，罂粟壳 1g，神曲 3g，水煎浓汁 10mL，一次投服，日服 2 次，连用 1~3 天（以上为一只羊羔用量）。处方四：马齿苋粉 100g，干姜粉 10g，加水 1 500mL，煎熬至 1 000mL，取汁冲红糖 200g，每次服 20mL，日服 2 次，连用2天。(3) 针治：针刺或激光穴位照射后海穴位、交巢穴位、脾俞穴位、后三里穴位。

【预防措施】加强母羊的饲养管理，搞好母羊的抓膘保膘，使所产羔羊体格健壮，抗病力强，是预防羔羊痢疾的首要措施；合理哺乳，避免羔羊饥饱不均；产羔圈舍保持清洁卫生，经常消毒，注意通风排气，温度保持在0~5℃为宜，圈舍要干燥防湿；预防接种，每年秋季注射羔羊痢疾菌苗或羊快疫、猝狙、肠毒血症、羔羊痢疾、黑疫五联菌苗，产前2~3周再接种1次；羔羊出生后12小时内，灌服土霉素0.15~0.2g，每日1次，连续灌服3天，有一定的预防效果。

9. 禽流感

【案例描述】某养殖户养了3万只肉鸡，21天开始呼噜咳嗽，采食量也开始下降，25天出现拉稀症状，采食量下降，个别出现死亡，28天死亡达到每天80只，32天死亡300多只。临床症状主要表现为个别呼吸困难，张口呼吸、腹式呼吸、咳嗽。鸡头和颜面部肿胀、冠髯发紫，脚鳞呈蓝紫色，腿部点状出血。眼、鼻腔积有分泌物，常流泪。头部、脸部肿胀，一侧或两侧眶下窦肿胀。鸡冠、肉髯发绀或坏死。胫部、足部和头部出血。下痢，拉白色或黄色呈粥样稀粪。个别鸡出现弯头、转圈、麻痹和瘫痪等症状。剖检症状：气囊炎，支气管堵塞，腹膜炎，肺部瘀血，气管出血，花斑肾，法氏囊肿大，呈球状。初步诊断为禽流感。

【结合治疗】(1) 对非高致病性禽流感，可用防治新城疫方剂试治。(2) 金银花、连翘、黄芩、穿心莲、蟾酥、蜈蚣、全虫、蛇胆酸、朱砂、血竭、冰片、人工牛黄等组方治疗。

【预防措施】本病尚无有效治疗药物，主要采取综合防制措施，加强饲养管理，做好平时消毒、防疫工作。一旦发病，要立即报告疫情，封锁鸡场，销毁病鸡和可疑病鸡，用消毒液消毒。

10. 禽痘

【案例描述】某养殖户饲养1 000只海蓝灰鸡，40日龄开始精神委靡，采食少，个别眼失明。临床症状：大群鸡采食量偏低，有一部分鸡精神委靡、闭眼、缩脖、嗜睡、拉黄白色稀粪，个别鸡有肿眼流泪现象，冠髻及喙角有痘斑。从大群中挑出2只病鸡剖检，剖检症状：心冠脂肪针尖状出血，腺胃乳头间有出血点，肌胃角质层下有出血，十二指肠淋巴肿胀出血，胰腺肿胀出血，卵黄带淋巴肿胀出血，胸腺肿大出血，其他地方无明显症状。根据临床症状及剖检变化，初步诊断为流感与鸡痘混感。

【结合治疗】皮肤型：治宜疏散风热，透疹解毒。药用：栀子、甘草各100g，金银花、黄柏、板蓝根各80g，丹皮、黄芩、山豆根、苦参、白芷、皂角刺、防风各50g，水煎取汁，按每羽每天0.5~2g药量拌料喂鸡。黏膜型：治宜清热解毒，凉血散瘀。药用：板蓝根75g，麦冬、生地、丹皮、连翘、莱菔子各50g，知母25g，甘草15g，水煎取汁喂服，为500只鸡的用量。混合型：治宜清热解毒，疏风解表。药用：金银花、连翘、板蓝根、赤芍、葛根各20g，蝉蜕、竹叶、桔梗、甘草各10g，水煎取汁，拌料喂服，为100只鸡的用量。

【预防措施】搞好禽舍的清洁卫生，并注意做好病禽的隔离、死禽的无害处理等工作。对种禽场和常年发生此病的养禽场，应按时接种疫苗。

项目十二 六经辨证

学习目标

总体目标： 在六经概念、性质及其辨证理论学习的基础上，掌握太阳经、阳明经、少阳经、太阴经、少阴经和厥阴经的生理和病理，并掌握六经病证的辨证论治技巧，掌握六经辨证理论在兽医临床上的应用技能。

理论目标： 掌握六经概念、性质及其辨证理论，掌握太阳经、阳明经、少阳经、太阴经、少阴经和厥阴经的生理和病理。

技能目标： 在六经概念、性质及其辨证理论学习的基础上，掌握太阳经、阳明经、少阳经、太阴经、少阴经和厥阴经病证辨证及兽医临床应用技巧。

任务一 六经辨证理论

六经辨证理论

六经辨证，是东汉张仲景在《内经·热论》六经分证的基础上进一步发挥完善起来的一个辨证方法，主要用于外感病的辨证。六经，即太阳、阳明、少阳、太阴、少阴、厥阴，六经病即太阳病、阳明病、少阳病、太阴病、少阴病和厥阴病等，是外感病过程中六个阶段的证候。

一 六经辨证理论概述

六经辨证是一种辨证论治的方法与体系，它以六经所系的脏腑经络、气血津液的生理功能和病理变化为基础，主要内容有太阳病辨证、阳明病辨证、少阳病辨证、太阴病辨证、少阴病辨证和厥阴病辨证。《伤寒论》之六经是辨证的纲领、诊断的依据和论治的准则。

1. 六经病证传变规律

六经病证既可以单独出现，也可以两经或三经的病证合并出现，并由这一经传变为另一经。由一经传变为另一经叫"传经"。六经病的传变形式主要有循经传（如太阳→阳明→少阳）、越经传（如太阳→少阳）、表里传（即互为表里的两经之间的传变，如太阳→少阴）、首尾传（如太阳→厥阴）、误下传（由于误用攻下所引起的传变）。影响六经病传变与否，主要取决于三个方面的因素，即正气的盛衰、感邪的轻重、治疗的当否。

2. 六经病证发病规律

由于机体体质的差异和感邪轻重不同，六经病的发病方式主要有直中、合病、并病之不同。直中指病邪不经太阳初期及三阳阶段，直接进入三阴经的一种发病方式，主要是由于正气内虚，无力抗邪引起，如直中太阴、直中三阴等。合病是指两经或三经同时发病，无先后次第之分，如太阳阳明合病、三阳合病等。并病指一经病证未罢，而又出现一经病证者。

3. 六经病证辨证思路

风寒初客于表，反映出营卫失和的证候，便是太阳病；病邪由表入里，反映出胃肠亢奋的证候，便是阳明病；正邪交争于半表半里，反映出胆经证候，便是少阳病。这就是三阳病。至于三阴病，主要以寒邪入里，正虚阳衰，抗病力弱，机能衰减为特点。太阴病反映出来的是脾胃虚寒证；少阴病反映出来的是心肾阳衰证；厥阴病反映出来的是肝肾阳衰与阳气来复的寒热错杂证候。由上所述，从表里来看，太阳病主表，阳明病主里，少阳病主半表半里，而三阴病统属于里。从寒热来看，三阳病多热，三阴病多寒。从虚实来看，三阳病主实，三阴病主虚。从脏腑来看，三阳病以六腑病变为基础，三阴病以五脏病变为基础。

4. 六经病证治疗原则

六经病的治疗大法，不外乎扶正和祛邪两个方法，始终贯穿着"扶阳气""存阴液"和调理阴阳的基本精神。其中三阳病以祛邪为主，三阴病以扶正为主。

三阳病以祛邪为主，但不同的病情又当施以不同的祛邪方法。其中，太阳病在表，一般使用解表法，如表实证宜开泄腠理，发汗散寒，表虚证宜调和营卫，解肌祛风。邪入少阳，枢机不利，为半表半里证，其治法以和解少阳为主。阳明病是里、热、实证，有气热证、燥结证之分。前者用清法，后者用下法。

三阴病多属里、虚、寒证，治法以扶正为主。其中，太阴病属脾虚寒湿证，治法以温中散寒、燥湿为主。少阴病多属心肾虚衰，气血不足，但有寒化、热化之分，寒化证宜扶阳抑阴，热化证宜育阴清热。厥阴病，证候错综复杂，治法亦相应随之变化，如热者宜清下，寒者宜温补，寒热错杂者宜寒温并用。

三阳三阴合病或并病，治宜表里同治或上下同治等。

太阳经的生理与病理

1. 太阳经生理

三阴三阳是按照所含阴气或者阳气多少来分类的。太阳是指阳气较多的意思。太阳为机体最大的阳经，因太阳的阳气多，故抵御外邪的能力强。

太阳经的脏腑包括小肠和膀胱。首先，小肠上接于胃，与心相表里，故既能导心火下达，又具有接受胃中水谷，进行消化及分清泌浊的功能。其清者为津液，输布于全身；浊者为糟粕，经二便排出体外。《素问·灵兰秘典论》："小肠者，受盛（承受容纳）之官，化物（分化食物）出焉。"因小肠有泌别清浊的功能，故小肠有病，除影响吸收水谷精微的功能外，还会导致水液的代谢异常。其次，膀胱位于下焦，为水府，与肾相表里，是机体水液代谢的重要器官，有贮尿和气化功能。《素问·灵兰秘典论》："膀胱者，州都之官，津液藏焉，气化则能出矣。"膀胱一方面参与调节体内水液的平衡而主管小便的排出，另一方面又能借助肾中阳气化气由太阳经循行于肌表，卫护于机体之外。

太阳经是机体最大的阳经，经脉布于体表，统摄营卫，抵御外邪。

2. 太阳经病理

太阳的病因病机与临床基本表现：首先是风寒侵袭肌表，导致机体营卫失和，卫气开合失度。如卫失固密，则营阴外泄，见发热、恶寒、汗出、脉浮缓为主证的中风表虚证；如卫阳闭遏，则营阴郁滞，见恶寒、发热、无汗、脉浮紧的伤寒表实证。风寒之邪侵机体会出现两种不同的证候类型，主要和两个因素有关，即体质因素和感邪的轻重。

在体质因素方面，如机体体质较弱，腠理疏松，感受风寒则导致卫失固密、营阴外泄，故见发热恶寒、汗出、脉浮缓等证候，称为中风证，又名表虚证。如体质强壮、腠理致密、感受风寒，则致风寒外束、卫阳闭遏、营阴内郁，故见恶寒发热、头项强直、无汗而喘、脉浮紧等证候，称为伤寒证，又名表实证。

在感邪的轻重方面，如感受的邪气较轻，体质又弱，表现为发热恶寒、汗出、脉浮缓等证候，为中风表虚证。如感受的邪气较重、体质又强，表现为恶寒发热、头项强直、无汗而喘、脉浮紧等证候，为伤寒表实证。

 阳明经的生理与病理

1. 阳明生理

阳明经阳气盛，正气旺，位主里，又称二阳。阳明的脏腑主要包括前肢阳明大肠和后肢阳明胃。功能以降以通为用。阳明经络前肢阳明大肠和后肢阳明胃，与前肢太阴肺和后肢太阴脾相表里。阳明属燥土，具有消化水谷，化生气血的功能。故阳明的生理特点是喜润恶燥，以降为顺。

2. 阳明病理

阳明病因主要包括感邪因素、体质因素和治疗因素。感邪因素包括风寒之邪化热入里、温热之邪直犯。体质因素包括素体津亏者、素体阳旺者、素体有宿食者。治疗因素主要包括汗法不当、吐泄太过、利小便太过、温燥太过。其发病过程主要包括三个方面。一是在太阳病或少阳病发病过程中，若发汗、利下、利小便太过，则导致夺津致燥，进而发展为津液耗伤或内热炽盛。二是在三阴病中用辛燥药物过多或阳复太过，导致耗伤津液、津伤肠燥。三是阳明经有病，素有胃热多渴、本有宿食或素为阳热，导致津液被耗、津亏火旺，又感邪而邪热不解或与内热相合，导致夺津致燥，进而发展为津液耗伤或内热炽盛；当津液耗伤后，可导致胃热炽盛的阳明病，即热（经）证；或者胃肠热盛，导致阳明病，即实（腑）证。

四 少阳经的生理与病理

1. 少阳经生理

少阳经阳气少，正气弱，位主半表半里，脏腑包括后肢少阳胆经和前肢少阳三焦经。胆位附于肝，藏胆汁而助脾胃运化以保胃气正常，主疏泄而保气机通畅。三焦气化枢转，而保宗气、营气、卫气正常运行；三焦决渎，以制脾阳运转和肺气肃降水液，以归肾主。所以，少阳经为水谷精微和水液代谢的道路，主疏泄。肝胆疏泄正常，则三焦通利，三焦通利则津液得行，浊阴得降，津液则上布下达，即少阳经为机体枢纽。

2. 少阳经病理

少阳病因主要是由于太阳病不解，传入少阳；本经自病，也叫少阳中风；厥阴阳复，由厥阴转出少阳。少阳病位与病性主要表现为半表半里热证。主要发病机理是由于枢机不利，三焦不通，胆火上炎。其证候主要包括少阳气机失常证、少阳水郁证、少阳气水同郁证、少阳病兼证。其总体的治疗法则为和解少阳。

太阴经的生理与病理

1. 太阴经生理

太阴，阴气多，又称三阴，主里，对应的脏腑主要包括脾肺。首先，脾主运化，主升清，主四肢，为仓廪之官，以升为健，同时又代胃行津液使胃气不燥。其次，肺主气，司呼吸，主宣发肃降，通调水道，朝百脉而主治节，为相傅之官，以降为顺。

2. 太阴经病理

太阴经病理主要表现传经和直中。传经，病在三阳失治、误治，导致邪不解入里，或致中焦阳虚；直中，机体阳气不足，外感风寒，过食生冷。使机体表现为中阳虚损、运化失职、寒湿内阻、升降反常等病机。其中，气机壅滞表现为腹满、胃失和降、浊阴上泛表现为呕吐，脾虚不运、胃虚不纳表现为食不下或食欲减退，清阳不升、寒湿不化、下趋大肠表现为下利，寒主收引、筋脉拘急表现为腹痛（时起时卧，回头顾腹），湿浊上乏表现苔白滑有津，阳虚无力鼓动血脉表现为脉迟缓或沉缓。

太阴经病性以里虚寒证（脾虚寒证）为主，病机主要为脾气虚弱、寒湿中阻。其证候类型主要包括太阴病虚证、太阴病实证、太阴病兼表证，总体治疗原则为温补中焦、散寒除湿。

少阴经的生理与病理

1. 少阴经生理

少阴者，少阴也，病至少阴，不但阳气虚损，营阴亦不足。常常呈现出全身机能衰减的状态，抵抗疾病的能力明显下降。少阴经对应的脏腑主要包括心和肾。心属阳，位居于上，其性属火。肾属阴，位居于下，其性属水。心肾为水火之脏，统摄机体阴阳之气。

2. 少阴病理

少阴病主要是由于失治、误治传经而致，或者素体虚弱、邪气直犯少阴，直中而致。少阴病的性质为全身虚衰（心肾虚衰），病有寒化和热化之不同。病因主要是素体心肾虚衰、水火俱损。其中，心肾虚衰，火不足，阴寒内盛，导致寒化证；水不足，阴虚火旺，导致热化证。其病机主要是由于传经和直中，再加上心肾虚衰。如果火不足，则表现为里虚寒，表病传里，即太阴至少阴，或轻病变重，即太阴至少阴，或外邪直中，即本经受邪，共同导致阳衰阴盛，而表现为无热、恶寒、嗜卧、呕吐、下利清谷、四肢逆冷、小便清白、脉微弱，即表现为寒化。另一种情况是，水不足，表现为里虚热，导致邪热直中或他病伤阴，表现为阴虚火旺，症候主要为不易接近、口燥、干咳、舌红苔少脉细数，即表现为热化。

少阴经病总体治疗原则为扶阳（宜温补）育阴（宜清热），少阴病的治疗离不开"回阳""存阴"两大宗旨。其中，实寒宜温经散寒，实热宜泻热救阴，虚寒宜温阳散寒，虚热宜养阴清热。

厥阴经的生理与病理

1. 厥阴经生理

厥阴为三阴的最后一经，为阴之尽头，寓有阴尽阳生之意，故俗称厥阴为阴尽阳生之脏。三阴之中，以太阴为阴气最多，少阴次之，至厥阴则为阴尽阳生。厥阴即阴气最少，位主里，即"两阴交尽，谓之厥阴"。厥阴又称尽阴、一阴，为阴尽阳复之气，所以病则多表现为寒热错杂证。所对应的脏腑主要包括前肢厥阴心包与足厥阴肝。其中，心包者，为心之外围，是包在心脏外面的包膜，有保卫心脏的作用，《灵枢经·邪客篇》云："包络者，心之宫城也。"肝经脉络胆，与胆相表里，主疏泄，为刚脏，喜条达，恶抑郁；肝藏血，肝脏有贮藏血液和调节血量的功能；肝主筋。肝木条达，三焦通畅，心包之火才能借助三焦之通道，下蛰于肾，温暖肾水，肾水温暖，既能涵养肝木，又能上济心阴，使心火不亢。

2. 厥阴经病理

厥阴经总体病理机制为阴阳气不相顺接。《伤寒论》："凡厥者，阴阳气不相顺接，便为厥，厥者，手足逆冷者是也。"因此，厥阴病的性质主要表现为阴阳混淆，寒热错杂证。其治则为随证施治，如上热下寒证，上热下寒，外邪乘脾犯胃而致的肝胃有热，脾胃有寒证，反映了厥阴病阴中有阳、寒热错杂的特点，宜清上温下；厥利交夹证属于脾肾阳虚证，宜回阳救逆。

六经辨证临床应用

任务二　六经辨证理论临床应用

一、太阳病证

太者初也，阳者扬也。所以太阳病是外感病初期机体亢奋，开始抵抗病邪的证候。太阳主一身之表，凡感受风寒病邪，出现恶寒、发热、舌苔薄白、脉浮等症状，即是太阳病的主证。太阳病分经证和腑证两类。经证为邪在体表的病变；腑证是太阳经邪不解，而内传于膀胱所引起的病变。

（一）太阳经证

主证：表实证，恶寒发热，无汗而喘，咳嗽，流水样鼻液，四肢疼痛，舌薄白，脉浮紧。表虚证，恶寒发热，汗出，舌苔薄白，脉浮缓。

病机：在家畜，风寒外感初期常可现出太阳经证。太阳经证又可分两种不同类型，即太阳中风和太阳伤寒。中风的证候是发热、汗出、恶风、脉浮缓；伤寒的证候是恶寒、无汗、气喘、脉浮紧。太阳中风证，因其有汗、脉缓，故称为表虚证；太阳伤寒证，因其无汗、脉紧，故称为表实证。

治则：太阳病在表，一般使用解表法，如表实证宜开泄腠理，发汗散寒，表虚证宜调和营卫，解肌祛风。

论治：表实证用**麻黄汤【方剂】**或**荆防败毒散【方剂】**，表虚证用**桂枝汤【方剂】**。麻黄汤：麻黄30g，桂枝30g，甘草15g，防风30g。荆防败毒散：荆芥30g，防风30g，羌活25g，独活25g，川芎20g，柴胡25g，前胡25g，茯苓45g，桔梗30g，枳壳25g，甘草15g。桂枝汤：桂枝45g，白芍45g，炙甘草30g，生姜30g，大枣20g。

（二）太阳腑证

证候：蓄水证，发热恶风，汗出，小便不利，渴欲饮水但不多，舌苔白，脉浮。蓄血证，腹痛起卧，烦躁不安，小便自利，舌紫或有瘀斑，脉沉涩。

病机：太阳经证不解，邪与水结，膀胱气化不利，水液停蓄，故小便不利。邪热内传，与血相结于少腹，故见舌紫、瘀斑和脉沉涩。

治则：蓄水证宜通阳化气利水，蓄血证宜活血化瘀。

论治：蓄水证用**五苓散**【方剂】，蓄血证用**桃仁承气汤**【方剂】。

 阳明病证

阳者扬也，明者显著也。所以阳明病就是病邪和抵抗力两俱极盛的证候。阳明主里。阳明病证多由太阳之邪不解，化热入里发展而成；或由误治伤津，胃肠干燥，粪便秘结所致。阳明病分阳明经证和阳明腑证两种类型。

（一）阳明经证

证候：不恶寒，反恶热。大热、大汗、大渴，口红而干，舌苔黄燥而厚，呼吸喘粗，脉洪大。

病机：阳明经证，是邪热弥漫全身，尚未结成燥粪。病畜表现为身热，不恶寒，口干，舌红，苔黄燥，脉象洪大，有时汗出。经证的治疗主要用清法，可选用辛寒苦润的方剂清解热邪。

治则：清热生津。

方药：**白虎汤**【方剂】加减。阳明经证为外邪入里化热，但未形成热结，不能攻，治以清为主。

（二）阳明腑证

证候：发热，出汗，气粗喘促，起卧不安，回头顾腹，大便燥结，粪球干小，甚则不通，或热结旁流，尿短赤，舌苔黄燥，脉沉实有力。

病机：阳明腑证，是胃肠燥热成实，粪便秘结不下。病畜表现为发热，不恶寒，粪便干燥难下，肚腹胀满，疼痛故起卧不安、回头顾腹，口色红而干，舌苔黄燥，脉象沉实。腑证的治疗主要用下法，可选用于苦寒咸泻的方药荡涤燥结。如若表现发热，口、眼、皮肤色黄而鲜明，粪便干燥，尿赤短，舌苔黄腻，脉象滑数等症状，则为阳明病湿热发黄，为湿热交争的一种证候，治宜清热利湿。

治则：清热泻下或清热利湿。

方药：**大承气汤**【方剂】或**茵陈蒿汤**【方剂】加减。

 少阳病证

少者幼也，阳者扬也。所以少阳病就意味着机体抵抗力较差，与病邪两两相持不下的情况。

主症：时而恶寒、时而发热、寒热往来、耳鼻时冷时热或两耳冷热交替变化。寒战，时而精神不振，饮食不欲，时有干呕，舌苔薄白或黄白相杂，口色淡红，脉弦。

病机：少阳病证是病邪既不在表，又不在里，而在半表半里的证候。少阳病或来自太阳，或初起即为少阳病，乃因畜体气血衰弱，邪气内入，与正气相搏结所致。少阳居半表半里之位，风寒邪侵入少阳，致少阳枢机不利，正邪相争于半表半里，邪郁则恶寒（怕冷发抖），正胜则发热，故临床多见寒热往来，寒战时有时无等症状。邪犯胆经，胃气不和，故不欲饮食，或时有干呕。津液未伤，故舌苔薄白或黄白相杂，邪郁胆经，故脉弦。

治则：少阳病病机邪入少阳、枢机不利，为半表半里证，既不能汗，也不能下，而应和解少阳，方用**小柴胡汤【方剂】**加减。小柴胡汤的特点是能升能降，能开能合，祛邪而不伤正，扶正又不留邪，是和解少阳的常用方。

结合治疗：本型相当于兽医临床之感冒初期，以下为具体的化药治疗方案。用先锋9号（或氨苄青霉素，或青霉素）、链霉素，与地塞米松注射液、复方氨基比林注射液，混合肌肉注射。如果配伍黄芪多糖注射液混合肌肉注射，疗效更佳。每天2次，连用2~3次。在颈部另一侧用柴胡注射液、维生素 B_1 注射液混合肌肉注射。如果同时配伍氯化氨甲酰甲胆碱注射液混合肌肉注射，疗效更佳。每天2次，连用2~3次。

四 太阴病证

太者初也，阴者不发扬也。太阴为三阴病之一。三阴病都属于里证，但太阴比少阴、厥阴都轻浅，属于里虚寒证的开始阶段。所以太阴病就是机体抵抗力开始衰减，而不能发挥其抗病作用的证候。

证候：为脾胃虚寒证，食欲不振，腹痛，腹胀，呕吐，粪便清稀，耳鼻发凉，身寒肢冷，口流清涎，口色青黄，舌淡苔白，脉细弱。

病机：太阴病以脾胃阳虚，寒湿不运为主要证候。其成因，或是寒邪直中，或由于误治而成。其一般症状表现是食欲不振、腹泻、腹痛、肠鸣、口色淡、脉象迟缓，猪有时呕吐。总之，太阴病就是虚寒性的脾胃病。太阳与阳明为表里经脉维系，脏腑勾通，在发病过程常常互相影响，但有虚实之分，即"实则阳明，虚则太阴"。

治则：太阴病属脾虚寒湿证，治法以温振脾阳，散寒燥湿为原则。

方药：方用**理中汤【方剂】**，如寒湿较重，脾损入肾，宜用**四逆汤【方剂】**，以补火生土。

五 少阴病证

少者幼也，阴者不发扬也。所以少阴病属于抗病机能衰减，表现为全身性阳虚证。

证候：少阴虚寒证为心肾阳衰，恶寒，嗜睡，喜卧，耳鼻发凉，四肢厥冷，大便清稀，臭味不大，小便清长，口津滑利，舌淡苔白，脉沉迟。少阴虚热证为阳盛伤津，肾水不能上济，食欲废绝，烦躁不安，小便短赤，咽痛，口燥，舌红绛少苔，脉沉细数。

病机：少阴病的形成，或来自传经之邪；或因体虚阳衰，外邪直中；或因汗下太过，内夺肾阳。"少阴病者，心力不振，全身机能衰减之病也。有抵抗外感而起者；有衰老虚弱，自然而成者。在抵抗外感的伤寒病中，有初起即属少阴者；有阳证误治过治而转变者，亦有虽不误治，日久自变者。"少阴属心、肾，心属火，肾属水，邪犯少阴，既可从阴化寒，又可从阳化热。但就伤寒而言，阳虚的寒证占主导地位。少阴病多属心肾虚衰，气血不足，但有寒化、热化之分。首先，从阴化寒表现为少阴虚寒证，一般证候为精神沉郁，无热恶寒，耳、鼻、四肢发凉，腹泻，尿清长，口色淡，脉微弱。其次，从阳热化表现为少阴虚热证，主要表现为阴虚火旺，口干，舌红，无苔，咽痛，脉细数等。

治则：少阴虚寒证，宜回阳救逆，振奋心肾机能。少阴虚热证，治宜滋阴降火，育阴清热。

方药：少阴虚寒证用**四逆汤【方剂】**，少阴虚热证用**黄连阿胶汤【方剂】**。

厥阴病证

厥者短也。阴少而短，其衰竭的程度，可以概见。病致厥阴，其发展多趋于极期，不是寒极，就是热极。寒极生热，热极生寒，故临床表现多出现阴阳对峙、寒热错杂的证候。厥阴病，证候错综复杂，治法亦相应随之变化，如热者宜清下，寒者宜温补，寒热错杂者宜寒温并用。

（一）厥阴热利

证候：大便稀臭，赤白混下，里急后重，尿短赤，口渴多饮，口色偏红，舌苔黄燥，脉滑数。

病机：热厥是邪热过盛，津液受损，影响阳气的正常敷布而见四肢厥冷的病证。病畜表现为口色红而干，舌苔黄燥，目赤，尿赤短，但四肢厥冷，为热蕴于内，阻阴于外的证候。

治则：治宜清热和阴、利湿止利。

方药：方用**白虎汤【方剂】**或**四逆汤【方剂】**合**白头翁汤【方剂】**加减。

（二）热深厥深

证候：四肢厥冷，烦躁不安，小便短赤，口色赤红，舌苔黄燥，脉数有力。

病机：指邪热越深入，四肢厥冷的症状越严重，皆因阳气被遏，邪气内闭所致。属真热假寒证。

治则：清热和阴。

方药：方用**四逆汤【方剂】**加减。

（三）厥阴寒证

证候：鼻俱凉，四肢厥冷，倦怠喜卧，口色青白，脉微欲绝。

病机：寒厥是阴虚阳气衰微而引起的厥证。病畜表现为四肢厥冷，无热恶寒，口色淡清，脉微细欲绝。

治则：回阳救逆。

方药：方用**四逆汤【方剂】**加减。

（四）上热下寒

证候：口渴多饮，烦躁不安，舌色红绛；便稀溏而无臭味，小便清长。

病机：上热下寒是寒热错杂的表现之一。指患者在同一时期内，上部表现为热性、下部表现为寒性的证候。如外感病误用攻下，引致大泻不止，津液损伤，使热邪上升而咽喉痛，甚则咯黄痰或血痰；寒盛于下则泄泻、肢冷、脉沉迟。《灵枢·刺节真邪》："上热于寒，视其虚脉而陷之于经络者取之，气下乃止，此所谓引而下之者也。"

治则：清上热，温下寒。

方药：方用**葛根芩连汤【方剂】**合**四逆汤【方剂】**加减。

任务三 六经辨证理论临床应用案例

一 犬感冒

感冒，西医称为上呼吸道感染，由于气候环境突变，机体免疫力下降，病原体侵入到机体，从而引起的一系列呼吸道症状。我国传统中兽医认为感冒是由六淫侵犯肌体而致，六淫是自然界中存在的六种致病邪气，一般分为风寒感冒、风热感冒。

临床应用案例
犬风寒感冒

1. 病因学分析

兽医临床认为气候骤变，饲养管理不当，机体免疫力下降，病原微生物侵入，如出汗后洗澡或遭受雨淋成为本病诱因。中兽医将感冒分为风寒感冒和风热感冒。总体而言是由于气候突变，卫外不固，外邪侵入所造成。

（1）风寒感冒主要指感受风寒，内侵肺脏，肺气失宣，肺阳被遏所致。

（2）风热感冒主要指风热上受，首先犯肺，卫气失畅，肺失肃降，伤津灼液所致。

2. 犬感冒的临床症状

（1）常规症状。精神沉郁、食欲减退，恶寒战栗，羞明流泪，结膜潮红，初期水样鼻液，后期脓性鼻液，导致鼻塞，出现咳嗽等一系列呼吸道症状，测肛温可超过40℃。

（2）风寒感冒。主要为恶寒重，发热轻，舌质淡，苔薄白，脉浮或浮紧。

（3）风热感冒。主要为发热重，微恶寒，鼻塞黄涕，口渴欲饮，饮而不多，咳嗽，痰黄黏稠，舌质红，苔薄黄，脉浮数。

3. 辨证论治

太阳病是外感六淫之邪所引起的，由于太阳主一身之表而统营卫，外邪侵入机体，太阳便首先受病，于是出现脉浮、恶寒发热等证候，六经辨证理论辨证为太阳病。由于这个时候正气刚刚开始抗邪，正邪相争在体表部位，所以又称为太阳表证。太阳病的治疗，对于太阳表寒证，宜用辛温解表方法。太阳表虚证治宜解肌祛风，调和营卫。表实证治以发汗解表。表热证治以辛凉解表的方法。其中，风寒感冒为太阳病表寒证，恶寒气，归为风寒外感。治宜采用辛温解表，宣肺散寒之法。风热感冒为太阳病表热证，恶暖风，归为风热外感。治宜用辛凉解表，肃肺清热之法。

（1）兽医临床治疗原则以解热、消炎、抗并发感染为主要治疗原则。

（2）辨证论治犬感冒，常为风热外邪入体，症状于表，可辨证为太阳病。

二 猪大便秘结病

1. 案例描述

某养殖户有生猪约40kg，生病后去诊治，检测体温正常。表现症状：食欲减退，爱饮水，结膜潮红，呼吸稍快，起卧不安。初期排少量干粪球，随后即停止排粪，但常做排粪姿势。用手触压腹部,可摸到大肠内有干燥硬粪块,病猪表现疼痛不安。腹部听诊,肠蠕动减弱或无。

2. 辨证论治

阳明病属于外感病正邪相争的极期阶段,当外邪传入阳明,出现了以胃肠实证为主要病理变化的证候,便是阳明病。外邪传入阳明,易从燥化,所以阳明病是以燥热为主的里热实证。阳明里实证又有无形燥热与有形燥结之分,这是阳明病的主要证型。由于阳明病以里热实证为主要特点,所以治法的重点在于清热与攻下。

3. 治疗方法

(1) 中药:**开胸顺气丸【方剂】**,合芒硝、麻油,加适量水混合灌服。

(2) 针疗治疗。

①主穴:**水沟【穴位】**、**涌泉【穴位】**、**陷谷【穴位】**、尾尖。

②配穴:**脾俞【穴位】**、蹄叉。

4. 预防管理

合理搭配饲料,粗料细喂,喂给青绿多汁饲料,多给饮水,适当运动,注意饮食卫生。

三 邪伏募原

1. 案例描述

初起先恶寒而后发热,继则发热而不恶寒,或见寒热往来,身痛项强,腰背弓缩,腹胀,或有舌苔白腻,舌边色紫绛,干呕,小便不利,脉滑数。

2. 辨证论治

邪伏募原属中医之"瘟疫疠气"的一种证候,是瘟疫初袭机体之证。邪伏募原乃湿热遏阻表里交通所致,其症寒热如疟,舌上白苔如积粉。叶天士认为:苔白如粉而滑,舌边紫绛,为瘟疫初入募原。由于温热挟湿或湿热之邪侵袭机体,郁阻气机,致使机体气机表里出入受阻,上下升降失调,引起三焦所属脏腑(包括肺、脾、膀胱、大肠、小肠等)对水液代谢功能失司,从而导致一系列症状的发生。对邪伏募原的诊断,必须具备三个主要症状:一是有寒热如疟的半表半里症状;二是有腹胀、小便不利的湿热郁阻三焦、气化行水功能紊乱症状;三是舌白如粉而滑,舌四边色紫绛的湿遏热伏症状。邪伏募原既波及表里,又牵扯上下,湿阻清阳,热闭气机,湿遏热伏,热蒸湿动,故治疗时既要清热燥湿、疏利透达,又要芳香化浊、滋阴养血。治宜化浊清热。方剂可以选择**达原饮【方剂】**加减。

4. 结合治疗

本型相当兽医临床某些传染病的初期。以下是治疗方法。重用黄芪多糖注射液、先锋9号(氨苄青霉素)、链霉素,与复方氨基比林注射液、地塞米松注射液混合肌肉注射,每天2次,连用3~4次。黄芪多糖注射液每天1次,连用2次。柴胡注射液与复方奎宁注射液混合肌肉注射,每天1次,连用4天。

四 牛传染性胸膜肺炎

1. 案例描述

某乡镇新引进优良鲁西黄牛(3~8月龄)264头,发病52头,死亡8头。发现病牛临床症状基本一致,病情较重者,食欲反刍停止,体温升高达40~42℃,稽留热,鼻孔张开,伸颈气喘,前肢分开,呼吸急促并且极度困难,发出呻吟声,呈腹式呼吸,按压肋间有疼痛表现，病牛不愿卧下，伴有痛性短咳，有时流出浆液性或脓性鼻液，流泪，眼角有黏性或脓性分泌物，肺部听诊肺泡音减弱或消失，有支气管呼吸啰音和胸膜摩擦音，腹泻与便秘交错发生；病情较轻者，精神沉郁，被毛粗乱无光，消瘦，常发干性短咳，食欲时好时坏。对死亡的病牛进行解剖可见：肺部贫血、坏死，间质增宽，形成大理石样外观；胸膜显著增厚，胸腔内积有黄色浑浊、混有纤维素块的液体；胸膜与肺的患部粘连，心包积液，支气管和淋巴结肿大出血。

2. 辨证论治

在外感病中，少阳病是属于邪正交争，相持于表里之间的病证。邪气侵入少阳已开始化热伤津，病邪有向里发展的趋势，所以少阳病的性质为半表半里的热证。由于少阳处于太阳、阳明之间，职司气机的升降和运转，所以少阳又主枢机，而为阳气出入之门枢。少阳病的治则为和解少阳。所谓和解是指恢复枢机正常运转，通调三焦，扶正祛邪的一种治法。方剂可以选择**小柴胡汤【方剂】**加减。

3. 结合治疗

（1）化药：咳必清 1.5~3mg/kg 体重，四环素片 1~1.5mg/kg 体重，复方甘草片 1.5~3mg/kg 体重，加适量冷开水灌服，每天 2 次，4~7 天为一个疗程。也可用复方甘草片 1~1.5mg/kg 体重，加 20mL 白酒灌服，每天 2 次，3 天为一个疗程。

（2）中药治疗：治宜清热宣肺、祛痰、止咳，方用**小柴胡汤【方剂】**加减。

4. 预防管理

（1）自繁自养，不随意从外地引进牛只。如要引进，必须进行预防注射，隔离观察一段时间，确认健康，方可发放饲养。

（2）发现病牛，立即隔离治疗，死亡牛销毁或深埋。

（3）被污染的场地、圈舍及饲养用具必须彻底消毒或进行无害化处理，定期对牛注射牛肺疫兔化弱毒疫苗。

（4）加强饲养管理，保持圈舍通风、干燥、清洁，做好防寒保暖，防止牛流行性感冒的发生而继发本病。

五 母牛脾虚不磨

1. 案例描述

某养殖户有一头母牛发病邀诊。症见：患牛食草少，反刍少，每次反刍 10 余次，精神沉郁，口色稍红，口流稠涎，气味酸臭，耳鼻温热，尿短而黄浊，粪干而被覆黏液，气味腥臭，肚腹虚胀，瘤胃蠕动音弱，心跳 66 次/分钟，体温 38.7℃。

2. 病因病机

主要原因是饲养管理不良，饥饱不均，劳役过度；或寒湿燥热内伤脾胃，或内伤阴冷；或体质素虚，气血不足，命门火衰，均可导致脾胃升降失和，运化无力，精少神乏而发病。其他疾病如宿草不转，瘤胃臌胀、百叶干、产后瘫痪、肝病、慢性中毒等也可导致本病的发生。

3. 辨证论治

在外感病程中，出现了以脾阳虚衰、寒湿内停为主要病理变化的证候，便为太阴病。太阴病的形成，既可因外感风寒或内伤生冷，损伤脾阳所致，也可由治法不当，损伤脾阳，而使外邪内陷中焦而成。脾虚不运是其共同的病理特点。太阴病在治疗上宜使用温中散寒，健脾燥湿的方法，**理中汤【方剂】**是其代表方剂，病情较重的可用**四逆汤【方剂】**之类的方药，温补脾肾之阳。

（1）湿困脾土。湿伤脾胃而成。证见食欲异常，喜吃干草或粗饲料，不喜饮水，食欲或反刍减少，瘤胃蠕动缓慢，持续时间短，缺乏蠕动高峰音。触压瘤胃壁回复缓慢而乏力，胃内容物柔软，精神倦怠，喜卧懒动，粪便溏泻。口色稍黄，苔腻，多津，舌脉象濡缓。

（2）寒伤脾胃。寒邪内侵或内伤阴冷而成。证见全身寒颤，喜卧暖处，食欲大减，瘤胃蠕动弱，持续时间短，耳鼻及角均冷，皮温低，口吐清涎。口色淡白或青，舌津多而滑利，舌苔薄白，脉象沉迟。

（3）热燥伤胃。暑热燥邪或劳伤过甚而发。证见体热，耳鼻及角温热，鼻镜干，食欲、反刍减少，喜吃青草，口渴喜饮。瘤胃蠕动弱，持续时间短，触压瘤胃回复缓慢，精神委顿。口色红，舌津黏稠，舌苔黄，口温高，脉象洪大或洪数。

4. 结合治疗

（1）湿困脾土。以燥湿健脾，消食开胃为治则。方用**平胃散【方剂】**等加减。针治：针刺**脾俞【穴位】**、**关元俞【穴位】**、**后三里【穴位】**等穴，也可用电针、火针、白针、留针、水针、光针等进行针刺治疗。

（2）寒伤脾胃。治宜温中散寒，健脾消食。方用**理中汤【方剂】**、**曲蘖散【方剂】**加减，加减配伍肉桂、高良姜、槟榔、山楂等。针治：**针脾俞【穴位】**、**关元俞【穴位】**、**后三里【穴位】**等穴，也可用电针、火针、白针、留针、水针、光针进行针刺治疗。

（3）热燥伤胃。治宜清热养阴，开胃健脾。方用**清胃散【方剂】**或**白虎汤【方剂】**合**增液汤【方剂】**加减。针治：血针治疗选**大包【穴位】**、**金津【穴位】**、尾尖，针**脾俞【穴位】**、**关元俞【穴位】**、**后三里【穴位】**等穴。

5. 护理与预防

病初须节制饲喂，给予优质干青草，或青草及多汁饲料，饮以淡盐水，忌冷水及冰冻饲料。按摩瘤胃，适当牵行运动。役畜应立即停止使役，喂养于温暖、空气流通的畜舍中，寒夜注意防寒保暖。

六 猪红痢病

1. 案例描述

某养殖户有生猪约5kg，生病后去诊治，检测体温41℃。表现症状：发烧，精神欠佳，厌食，腹泻为水样，病情严重时，排出红色糊状粪便，含有大量黏液、血液和脓状物，夹有血斑，恶臭，进而变黑。病猪常拱背排便。

2. 辨证论治

厥阴病是六经病证传变的最后阶段，在外感疾病的过程中，出现了以寒热错杂，四肢厥逆为主要临床特点的证候。厥阴病的治则是寒者温之，热者清之，寒热错杂者则寒温并用，由于厥阴病多为肝经病变，肝邪易乘脾土，影响脾胃功能不和，故对厥阴病的治疗，不能忽视调理脾胃，常常要使用土木两调，清上温下的治法。猪红痢为厥阴热痢证，以下利脓血，饮水增多为主要证候，主要病机是肝下迫于大肠，秽气郁滞不通所致。厥阴热痢的发病，主要在于肝经湿热迫于大肠，损伤肠络。故在治疗上以清热燥湿，凉肝解毒为法，方用**白头翁汤【方剂】**加减。白头翁汤由白头翁、秦皮、黄柏、黄连组成，具有清热燥湿、疏肝凉血的作用，对肝经湿热痢疾有较好的疗效。

3. 治疗方法

（1）中药：白头翁汤。

（2）化药：青霉素注射液80万IU 1支，氨基比林注射液2mL，一次混合肌肉注射，一天一次，连续注射2~3天治愈。氯霉素注射液4mL，一次注射，一天一次，连续2~3天。

4. 预防管理

做好饲养管理和卫生防疫，对猪舍、饲槽和用具要经常消毒。

羊肠毒血症

1. 案例描述

某养殖场羊只搐搦、昏迷。部分病羊倒毙前四肢出现强烈划动。肌肉搐搦，眼球转动，磨牙，口水过多，随后头颈显著抽搐，2~4小时内死亡。部分病羊步态不稳，以后倒卧，并有感觉过敏，流涎，上下颌"咯咯"作响。继而昏迷，角膜反射消失。有的病羊发生腹泻，排黑色或深绿色稀粪，常在3~4小时内静静地死去。

2. 辨证论治

羊肠毒血症的主要症状都符合三阴病的特点。首先，脾主肌肉，主四肢，开窍于口。肺开窍于鼻。脾肺同属于太阴，太阴功能紊乱，故见四肢划动，肌肉颤抖，口鼻流涎，即邪在太阴。其次，厥阴经主管机体的神经系统，邪气弥漫厥阴经，证见头颈后仰，步态不稳，上下颌"咯咯"作响，昏迷，角膜反射消失，即邪在厥阴。心包积液，胆囊肿大，肝脏瘀血，表里少阳胆经病变。第三，心和肾同属少阴经，前肢太阳小肠经和前肢少阴心经相表里，心脏内外膜出血，肾肿胀，小肠出血，表里邪在少阴，表里邪盛。由心肾症状分析可以看出，疫疠之气充斥三焦，三阴经防线已破，少阴经独木难支，毒邪无处可泄，攻击心肾，多主暴死。

方药可以选择四逆汤【方剂】加减。加减配伍黄连、木通、滑石、黄柏、栀子、连翘大清少阴经热，并将太阳小肠热邪从小便导出；黄芩、大黄、石膏、知母等清太阴经热邪，使之从大便出；连翘、龙胆草等清厥阴经之热邪。其中，知母等清气分之热，生地、丹皮、赤芍等清血分之热，大青叶、蚤休、秦皮、败酱草等清除已成之热毒。

3. 治疗措施

治宜解毒和排毒。由于发病急，病程短，一旦发现疫情应采取紧急预防注射。

（1）12%复方磺胺嘧啶注射液8mL，一次肌肉注射，每天2次，连用5天，首量加倍。

（2）四逆汤【方剂】加减。

4. 预防管理

预防本病的根本措施是避免发病的诱因，防止突然更换饲料，防止过多采食蛋白质和谷物饲料等。加强饲养管理，在夏初应减少抢青，在秋末尽量到草黄较迟的地方放牧，在农区要减少投喂菜根菜叶等多汁饲料；在易感季节，选择地势高干燥地区放牧，并适当给羊补喂食盐，加强羊的运动，增强抗病力。对常发地区应用羊快疫、猝疽、羊肠毒血症三联苗或羊快疫、猝疽、羊肠毒血症、羔羊痢疾、黑疫五联苗，定期免疫接种。病死羊及其排泄物均应深埋，被病羊污染的所有场地、饲料和用具等需彻底消毒。

项目十三 三焦辨证

学习目标

总体目标：在完成上焦、中焦和下焦辨证理论学习的基础上，掌握上焦、中焦和下焦病证辨证论治，并掌握三焦辨证论治的兽医临床应用能力。

理论目标：通过上焦、中焦和下焦辨证理论学习，掌握上焦、中焦和下焦等三焦辨证论治基本知识。

技能目标：掌握上焦、中焦和下焦病证辨证论治，并掌握三焦辨证论治的兽医临床应用能力。

任务一 三焦辨证理论

三焦辨证理论

三焦辨证概述

三焦辨证由清代温病学家吴鞠通首成，将卫气营血辨证穿插到三焦辨证之中，使二者有机地结合起来，形成了系统完善的温病辨证纲领。三焦包括了功能三焦和部位三焦，功能三焦是机体阳气和水液运行的道路。部位三焦主要是指机体上中下三个部位，为机体的一腑。三焦主持机体的气化功能，是水谷精微运化、布散和糟粕排泄的通道。

上焦辨证

上焦主要包括心与肺，三焦的病变主要是指位于上焦的心和肺的病变，多为疾病的初起阶段，其辨证规律是在诊断为温病的前提下，特别注意心和肺的定位定性症状。邪在上焦主要包括前肢太阴肺经病证和前肢厥阴心包病证。

前肢太阴肺经病证主要表现为肺失宣肃，表现为咳嗽、气喘、咯痰等症状，其病机主要为邪袭肺卫，表现为微恶寒、苔白、脉浮数；邪热壅肺，表现为高热、苔黄、脉数等。在临床辨证时，需要掌握病位和病情，邪袭肺卫病偏表，病轻；邪热壅肺，病偏里，病重。同时，需要辨明病性，如风寒、温邪、燥邪、湿热等。需要注意审查兼变证，根据体质判断兼变证，即阴虚邪陷，逆传心包；素体阳盛，变生腑实；兼痰、兼湿。前肢厥阴心包病证在兽医较少见，辨证较为困难。

上焦病证感邪轻者，正气抗邪，邪从表解；感邪重者，邪由卫气入，肺热壅盛；更严重者，化源欲绝，危及生命，或者逆传心包，内闭外脱。

三 中焦辨证

中焦主要包括脾及胃，中焦病证包括前肢阳明大肠、后肢阴明胃、后肢太阴脾等病变。

第一，阳明经证和阳明腑实证，均表现为里热实证，主要表现为发热、口渴、苔黄三大症状。其中阳明经证以无形邪热亢炽、蒸腾内外、弥漫全身为主要表现。阳明腑实证以邪热与有形实邪结聚，即肠中有燥屎，为既有里热津伤，又有燥屎内经肠腑之证。

第二，温病腑实证包括燥热内结和湿热积滞两种病证。其中，燥热内结主要表现为身热腹满、大便秘结、苔黄燥、脉沉实等；湿热积滞主要表现为胸腹灼热、大便溏垢、不爽、苔黄垢腻等。

第三，温病湿热困阻中焦者，见湿重于热，则病变偏于足太阴脾，热重于湿，则病变偏于足阳明胃，而湿热并重则脾胃兼病。

中焦病的转归主要表现为三个方面：一是邪在中焦，邪热虽盛，正气亦未大伤，尚可祛邪外出而解；二是腑实津伤，真气耗竭殆尽，或湿热秽浊偏盛，困阻中焦；三是弥温上下，阻塞机窍，危及生命。

四 下焦辨证

下焦主要包括肾、膀胱和肝。温邪深入下焦，一般为温病的后期阶段，多呈邪少虚多之候。下焦主要病变部位包括足少阴肾和足厥阴肝。

其中，足少阴肾病证，需要首先辨明病位主症，次辨轻重类型，再察演变趋向，分析病变转归。足厥阴肝病证需要先掌握虚风特点，判断轻重预后，再详审虚中挟实，明辨挟痰挟瘀。

邪传下焦多为外感热病的后期，一般为邪少虚多。若正气渐复，则正能敌邪，尚可祛邪外出而逐渐痊愈。若阴精耗尽，阳气失于依附，则因阴竭阳脱而不治。

任务二　三焦辨证理论临床应用

三焦辨证临床应用

一 上焦病辨证

上焦主要包括心与肺，三焦的病变主要是指位于上焦的心和肺的病变。三焦为水湿通路，湿热易犯上焦，致上焦湿热和湿热阻肺。肺为娇脏，温、热、燥易犯肺，致邪袭犯卫、燥热伤肺和痰热壅肺，如痰热进一步互结，则易致痰热阻肺、热结肠腑。肺主表，肺热易致发疹。心与肺同属上焦，热侵上焦，伤津耗气，易致热入心包、阳明腑实。

（一）上焦湿热

证候：弓腰夆毛，咳嗽流涕，发热轻微，神呆似睡，不吃不饮，舌苔白腻，运步跛行，四肢沉重，口渴不欲饮，脉象濡缓。

病机：上焦湿热是湿热伤于机体的初期阶段，其主要病位在肺和皮毛，多为湿重于热的症状。但由于脾胃和湿关系密切（脾恶湿，又主运化水湿），因而也往往有脾胃和肌肉之湿的见证。病畜表现恶寒重，发热轻微或不发热，无汗，肢体重痛，精神沉呆，草料减少，舌苔白腻，脉濡无力，有时肠鸣粪稀，或咳嗽。夏末秋初，天气潮湿闷热，这时的外感病，初期常呈这种证候。湿邪困表，卫阳郁遏，故弓腰奓毛。湿热之邪，侵犯皮毛（肺主皮毛），影响肺气的宣降及津液的布散，故咳嗽流涕。湿热初起，因湿重于热，故发势轻微。湿性腻滞沉重，多蒙蔽清阳，故神呆似睡。虽湿热在上焦，中土也受扰，故不吃不饮。热蒸脾湿上潮，故舌苔白腻。本证以湿为主，因湿为阴邪，其性重浊腻滞，易阻闭清阳之道，碍气机之畅达，故运步跛行，四肢沉重。口渴是热邪而引，不欲饮是湿邪所在。湿浊尚未甚化热，脉气为湿所困，固脉象濡缓。

论治：本证属上焦湿热之证，湿热为患，病情异常，湿与热合，似油入面，最难分离，不如外感，一汗而解，不如温热，一凉而退。治如抽丝剥茧，层出不穷，愈而不速。以宣传湿热为主，用**藿朴夏苓汤【方剂】**加减。

（二）湿热阻肺

证候：恶寒发热，身热不扬，无汗或少汗，咳嗽，吞咽困难，苔白腻，脉濡缓等。

病机：湿热犯肺，卫受邪郁，肺失肃降。

治则：芳香宣化，化湿清热。

方剂：可以选择**三仁汤【方剂】**加减。

（三）邪袭肺卫（温邪犯肺）

证候：发热，微恶风寒，咳嗽，口微渴，舌边尖红赤，舌苔薄白欠润，脉浮数等。

病机：主要是由于温邪犯肺，肺气失宣所致，辨证关键点为发热，微恶风寒，咳嗽。

治则：宜辛凉疏卫，宣肺泄热。

方剂：可以选择**银翘散【方剂】**或**桑菊饮【方剂】**加减。

（四）燥热伤肺

证候：主要表现为身热，鼻咽干燥，起卧不安，口渴，干咳无痰或少痰，甚则痰中带血，气逆而喘，胸满胁痛，舌边尖红赤，苔薄白而燥或薄黄而燥，脉数。

病机：燥热壅肺，灼伤阴液。辨证要点为身热，干咳无痰或少痰，气逆而喘，鼻咽干燥，脉数。

治则：清肺泄热，养阴润燥。

方剂：可以选择**清燥救肺汤【方剂】**加减。

（五）邪热壅肺证

证候：身热、咳喘、痰、苔黄四大症状。

病机：邪热壅肺，肺气闭郁等。

治则：清热宣肺平喘。

方剂：可以选择**麻杏石甘汤【方剂】**加减。

（六）痰热阻肺，腑有热结

证候：身热，喘促不宁，痰涎壅滞，潮热，便秘，苔黄腻或黄滑。

病机：邪热壅肺，所以表现出发热、痰、喘；肺失宣降，所以大肠实热；传导不畅，所以表现为腹满、便秘。

治则：宣肺化痰，泄热攻下。

方剂：可以选择**宣白承气汤**【方剂】加减。

（七）肺热发疹证

证候：身热，咳嗽胸闷，皮毛红疹，疹点红润，舌质红，脉数等。

病机：肺热说明病性和病位，发疹说明热已入营，表现为气营同病。诊断要点为皮毛见红疹，发热，咳嗽。

治则：宣肺泄热，凉营透疹。

方药：可以选择**银翘散**【方剂】加减。

（八）热入心包，阳明腑实

证候：身热，神昏，便秘，舌质绛，苔黄燥，脉数沉实。

病机：热入心包，阳明腑实。热入心包，则身热、神昏，二是辨证腑实热结。诊断要点为身热，神昏，便秘。

治则：清心开窍，攻下腑实。

方剂：**清宫汤**【方剂】合**大承气汤**【方剂】加减。

 中焦病辨证

上焦湿热、温热等易传中焦，比上焦深重，故见中焦湿热、肺热移肠。热传中焦，久热伤津，故见阴液亏损、阳明热结和阳明腑湿。

（一）中焦湿热

证候：食欲不振，发热不扬，精神痴呆，大便溏薄不爽，舌苔白黄而腻。

病机：中焦湿热，由上焦传来，比上焦湿热深重。由于中焦脾胃受湿热之邪而伤，三焦升降之气，由脾胃鼓动，中焦和则上下气顺，脾气弱，则湿自内生。故见中焦湿热则出现消化系统证候。湿热阻滞中焦，影响脾胃消化，故食欲不振。湿性腻滞，热在湿中，湿热郁蒸，故发热不扬。湿阻中焦，清阳不升，故精神痴呆。中焦湿热，脾失运化，故大便溏薄不爽。湿热熏蒸，故舌苔白黄。

治则：湿热为患，又在中焦，治以清化中焦湿热为主。

方剂：**甘露消毒丹**【方剂】加减。

（二）肺热移肠

证候：身热，下利稀便，色黄热臭，排粪姿势异常，回头顾腹，但腹不硬痛，咳嗽，口渴，苔黄，脉数等。

病机：肺经邪热下迫大肠，大肠有热，故色黄热臭。肛门灼热，故排粪姿势异常，回头顾腹。无热结，故腹不硬痛。诊断要点为身热，咳嗽，下利稀便，色黄热臭。

治则：清热止利。

方剂：可以选择**葛根芩连汤**【方剂】加减。

（三）阴液亏损

证候：身热，腹满，便秘，口干唇裂，舌苔焦燥，脉沉而细。

病机：阴液亏损，阳明热结。诊断要点为身热，便秘，口干，苔燥，脉细等。

治则：滋阴攻下。

方剂：**增液承气汤【方剂】**加减。

（四）阳明热结

证候：潮热，大便秘结或纯利清水，腹硬满疼痛，时有神昏，舌苔黄黑而燥或焦燥起芒刺，脉沉实有力。

病机：阳明热结，腑气不通。诊断要点为潮热，便秘，苔焦燥，脉沉实有力。

治则：攻下软坚泄热。

方剂：代表方**新加黄龙汤【方剂】**加减。

（五）阳明腑实

证候：身热，大便不通，小便涓滴不畅，尿色红赤，时起时卧，烦渴甚，苔黄燥，脉沉数。

病机：阳明腑实，小肠热盛。诊断要点为身热，小便不畅，大便不通。

治则：通大肠之秘，泻小肠之热。

方剂：可以选择**导赤散【方剂】**合**大承气汤【方剂】**加减。

三 下焦病辨证

上、中焦邪热不治，则传下焦，致湿热滞膀胱和湿热滞大肠，其症状主要反映在二便上。久病伤津耗气，正气虚弱，致邪留阴分和阴虚火炽。

（一）湿热滞膀胱

证候：小便淋沥或一点不尿，排尿姿势异常，排粪不畅，尿色黄赤，舌苔黄腻，脉象濡数。

病机：湿热阻滞膀胱之位，膀胱气化失司，故小便淋沥或一点不尿。湿热损伤膀胱、尿道，排尿疼痛，故排姿势异常。尿色黄赤，舌苔黄腻，脉象濡数，皆为湿热之象。

治则：因是湿热阻滞膀胱，治宜清热利湿，以治湿为主。对湿热病的治疗，自始致终均须以治湿为主，即《温热论》所说的"渗湿于热下"。热处湿中，湿去则热不能独存，故治湿即可以治热。在一部分热象较为明显的湿热病中，可用一些苦寒的药物，因寒能去热，苦有燥湿的作用，如芩、连、栀、柏等。但二冬、二地等凉润药物则非所宜。

方剂：方如**八正散【方剂】**加减。

（二）湿热滞大肠

证候：口干饮少，口色红黄，粪如稀粥，腥臭难闻，时起时卧，舌苔黄腻，脉象濡数。

病机：湿滞大肠，影响大肠之水谷糟粕以出肛，故排粪不畅。湿热为患，热则口干，湿则饮少。湿热蒸腾，故口色红黄。湿热伤及大肠，运化失常，故粪形如稀粥，味腥臭难闻。湿热搏于大肠，气机运行受阻，腹痛，故时起时卧。舌苔黄腻，脉象濡数，为湿热而引。

治则：因是湿热阻滞大肠，故以清热燥湿为主。

方剂：方如**白头翁汤【方剂】**加减。

（三）邪留阴分

证候：夜热早凉，热退无汗，能食形瘦，舌红苔少，脉沉细略数。

病机：邪留阴分，耗液伤气。诊断要点为夜热早凉，热退无汗，舌红少苔。
治则：滋阴透邪。
方剂：可以选择**青蒿鳖甲汤**【方剂】加减。

（四）阴虚火炽

证候：身热，来回运步，不得卧，口燥咽干，舌红苔黄或薄黑而干，脉细数等。
病机：阴虚火旺，心肾不交。
治则：育阴清热，交通心肾。
方剂：可以选择**黄连阿胶汤**【方剂】加减。

任务三 三焦辨证理论临床应用案例

三焦辨证是清代温病大家吴鞠通受到内经、伤寒、温热论的影响，结合自身的临床实践开创了三焦辨证法。三焦辨证，不仅可以对湿热病、伤寒病、温热病进行辨证，同时还可用于内伤。三焦辨证的思想核心在于"通"，而通的目的在于"行阳"，中兽医学以阴阳五行，脏腑经络，气、血、津、液、精为基础，内外表里畅通无阻，阳气敷布全身，才可免受病邪侵扰，而在治疗中其原则就是"通阳"。

一 犬呼吸道感染

临床应用案例
犬呼吸道疾病

1. 案例描述

某宠物医院接诊一例萨摩耶病犬，5月龄，公犬。主诉：该犬已注射两次六联苗，并已驱虫，4天前外出后开始轻微咳嗽，自行给予土霉素和川贝枇杷止咳糖浆，连续用了两天，咳嗽加重，伴有拉稀。

2. 临床检查

主要表现为频繁咳嗽，且有痰，微喘，清亮鼻液，羞明流泪，恶寒，体温39.0℃，粪便稀软无特殊气味，少食，少饮，尿少透明，喜暖，精神欠佳，舌淡苔白，脉缓。

3. 辨证论治

（1）三焦辨证。首先从气候考虑该区地处西南，2月阴寒较重，特殊的地理环境，四季兼湿。所以，外部环境中就存在湿寒邪气。因为脉缓、舌淡、苔白、咳喘、流清涕等一系列症状的表现，辨证其感邪性质为阴寒邪气，而在四季湿气较重的环境下生存，内湿必然存在，所以病性是寒湿证。又因为恶寒咳喘，其主要病位在上焦太阴肺卫，所以诊断为上焦太阴卫分寒湿证。其腹泻、咳痰、喘、少食，便稀等皆因误用寒凉而影响中焦脾胃所致。所以在用药上兼顾中焦脾胃，同时安未受邪之下焦。整体上以通为用。

（2）经三焦辨证理论初步分析，该病初步诊断为上焦太阴卫分寒湿证。

（3）治疗原则为宣阳散寒。

（4）参考方剂。 紫苏6克，白芷3克，细辛5克，藿佩（后下）6克，桔梗6克，杏仁6克，前胡6克，枇杷叶（包煎）6克，制夏6克，陈皮6克，茯苓12克，甘草5克，葛根 3 克，柴胡 6 克，焦四仙 3 克，乌药 6 克，枳壳 3 克，蔻仁（后下）3 克。上述药物水煎后滴入生姜汁 3 滴，候温频服，连续口服 3 副，其咳喘、少食、稀便等症状基本缓解，再口服 2 副而愈，而后随访 1 个月无并发。

（5）方解。本方用紫苏、白芷、藿佩等散寒化湿，以桔梗、杏仁、前胡、枇杷叶、葛根、柴胡来宣升阳气，再用陈皮、蔻仁温下传之寒。用焦四仙来健脾开胃、消食导滞，生姜助阳气宣发而逐湿寒。因有湿邪，所以频服药物。

二 猪传染性胃肠炎

1. 案例描述

某养殖户有生猪约 35kg，生病后去诊治，检测体温 39℃左右。表现症状为拉稀，粪便水样、灰白色、黄绿色、呕吐脱水，吃食减少，精神沉郁，极度口渴。

2. 辨证论治

胃肠炎，多因机体中焦元气亏虚，暴伤风寒湿热毒邪，损伤脾气、胃肠，以致水液浑浊，下注肠道而成。脾胃居中焦，其气冲和，以化为事。胃气和则呕止，脾气化则无泄。脾胃气虚，故化湿功能虚弱，不能布液，水液留于中焦，一旦邪气暴乘肠胃，中焦"土制不及，则为注水"而成本病。然呕吐偏重者，有风、寒、湿、热之分。挟风则身热神昏，挟寒则喜热恶寒，挟湿则困重胀满，挟热则喜冷恶热。泄泻偏重者，一般泻黄腹痛者为湿；泻白腹痛者为寒；暴泻，肛门并迫，属火化；暴泄，肛门不禁，属阴寒；久泻，肛门不禁，属阳虚。胃为水谷之海，而脾主运化，使脾健胃和，则水谷腐熟而化气化血以行营卫，津液输布以充肌肤。脾胃受伤，则水反为湿，谷反为滞，壅于上则呕；精华之气不能布散，乃致合污下降，而作泄利。呕、泄既久，则津气耗伤，津气伤则阳衰，阳衰则成厥、脱之证。胃肠证候初起，风寒湿浊之邪偏盛者，宜芳香化浊，以散风寒，用**藿香正气散【方剂】**加减，挟热者加黄连。寒湿郁中，喜热恶寒，肢冷脉小而小便不利者，宜用**五苓散【方剂】**加半夏、生姜和胃止呕，五苓利小便以实大便。湿热壅滞，呕泄酸臭，便如黏液或呈血水，烦渴，脉数者，宜化湿清热，用**葛根芩连汤【方剂】**加白头翁、蒲黄、木通、滑石、青黛以宣清导浊。呕泻太重，津气耗伤，肢冷发厥者，宜生津以固阳气，用**茯苓四逆汤【方剂】**。脾肾阳气俱伤，阴中无阳，阴阳将脱者，用六味回阳饮【方剂】。

3. 治疗方法

（1）化药：硫酸钠注射液 20mL 可单独注射 2~3 次；硫酸庆大霉素注射液 4 万 IU 10 支，维生素 B_1 注射液 12mL，痢菌净注射液 30mL，肌肉注射，一天一次，连续 3~4 天治愈。

（2）方药：根据临床症状辨证论治，方剂可以用**藿香正气散【方剂】**、**五苓散【方剂】**、**葛根芩连汤【方剂】**、**茯苓四逆汤【方剂】**、**六味回阳饮【方剂】** 等加减。

（3）针疗

主穴：耳尖、尾尖、**脾俞【穴位】**、**长强【穴位】**、**后三里【穴位】**。

配穴：**百会【穴位】**、蹄叉。

4. 预防管理

做好饲养管理和卫生防疫，对猪舍、饲槽和用具要经常消毒，尽量减少和防止一切应激因素的影响。

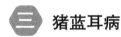 猪蓝耳病

1. 案例描述

某养殖户有生猪约 15kg 左右,生病后去诊治,检测体温 40.5℃左右。表现症状为精神沉郁,食欲减少或废绝,咳嗽,呼吸困难,腹泻,后肢常呈交叉状,站立不稳,耳尖发绀,漫及全耳,腹部、大腿内侧皮下充血呈深红色。

2. 辨证论治

辨证分析可知,猪蓝耳病(又称高热病)属中医温病,其在猪体的发病传变可用三焦辨证合卫气营血辨证、脏腑辨证等进行辨证论治。

(1) 上焦辨证。猪蓝耳病猪体发病初期,病猪表现高热,部分病猪呼吸急促,或皮肤红,或咳嗽。中兽医认为,温病病邪侵入畜体必先犯及上焦卫分。肺卫皮毛与卫气相通,故病初即因卫气郁阻,肺气不宣,出现发热、咳嗽、皮肤红、呼吸急促。以温热为主者,治宜辛凉解表,方剂可选择**桑菊饮【方剂】**、**银翘散【方剂】**。以湿温为主者,治宜芳香化湿,解表,方剂可选择**甘露消毒丹【方剂】**。病邪在上焦卫分不治,可传入气分、营分、血分。临床发病初期,病猪耳朵或猪体皮肤紫绀发斑,即为热入营血,方剂可选择**清营汤【方剂】**。高热炽盛,内迫营血外发肌肤成紫斑,方用**化斑汤【方剂】**。

(2) 中焦辨证。上焦温病不治,传入中焦。中焦温病是各种急性传染病的极期,病位在胃与脾,又称阳明温病。在高热病病猪表现为大便秘结难下或泻痢,小便黄,食少或不食,呼吸困难,部分猪只呕吐。以温热为主者,宜清下祛邪,养阴扶正,方剂可以选择**白虎汤【方剂】**。以湿温为主者,治宜辛开苦降,芳香化浊,淡渗利湿,方剂选择**三仁汤【方剂】**加减。以寒湿为主者,治宜温中燥湿,方剂选择**丁桂散【方剂】**加减。

(3) 下焦辨证。下焦温病是传染病的晚期,由中焦温病不治传来,病在肝与肾,因此又称少阴温病。在高热病病猪表现为病猪后期败血症状,小便深黄,大便秘结或久痢不止,或肢体痿弱,或舌短、舌强、痉厥、神昏。以温热为主,治宜育阴潜阳、定风,方剂用**大定风珠【方剂】**加减。以湿温为主者,治宜益气清热、利湿,方剂用**八正散【方剂】**加减。以寒湿为主者,治宜温肾、助脾、行气,方剂用**附子汤【方剂】**加减。

3. 结合治疗

(1) 化药。青霉素 80 万 IU 2 支,复方氨基比林注射液 2mL,硫酸卡那霉素注射液 50 万 IU 1 支,地塞米松磷酸钠注射液 2mL。

(2) 中草药。鱼腥草注射液 5mL,柴胡注射液 2mL,一次混合肌肉注射,一天一次,连续 3~4 天治愈。

(3) 针疗。主穴:**素髎【穴位】**、耳尖、尾尖、蹄叉。

配穴:**太阳【穴位】**、**风府【穴位】**、**涌泉【穴位】**。

4. 预防管理

加强饲养管理,保持猪舍、饲养用具及环境的清洁卫生。产房要彻底消毒,同时必须注意保暖和干燥。

四 禽霍乱

1. 案例描述

某养鹅场共饲养种鹅800羽，从外地购进3月龄的后备鹅700羽，隔离饲养。某年3月13日，接种了禽流感疫苗，3月30日，全场禽流感、副黏病毒抗体监测全部合格。种鹅以青绿饲料为主，加入40%精料饲喂，水域环境良好，离主干道800米。一个月后，后备鹅中出现5羽突然死亡，30羽驱赶不愿走路，独居一角。发病两天后，有150羽出现了闭眼呆立，精神委顿不喜活动，羽毛蓬乱，不愿下水，食欲废绝。个别有眼睑及脖子肿大，倒提病鹅从其口中流出黏稠带泡沫的酸臭液体。大多数呼吸加快、气喘、频频摇头、甩头、腹泻，排出灰白、灰黄和绿色的稀粪，偶尔粪中带有血液，腥臭难闻，体温在43℃。第四天痉挛而死78羽。发病第6天，有12羽出现双肢或一侧肢疼痛、关节脓性肿胀明显。剖检情况：取其最早死亡与之后相继死亡的后备鹅剖检，发现最早死亡的后备鹅无明显的病变，而之后死亡的鹅，全身黏膜、浆膜、心脏冠状沟部都有小点状出血，皮肤呈紫红色，肠道充血、出血，以十二指肠为最重。肠内容物中混有血液，肝脏肿大，色泽暗淡，质地稍变硬变脆，表面有多量针尖状出血点与白色坏死灶，脾稍大，质地柔软，肺充血、表面有出血点。有5羽伴有关节炎的死鹅，关节变形肿大，切开关节，附有黄色的干酪样脓汁和红色的肉芽组织，关节囊增厚，内含有混浊黏稠液。实验室检查：取急性型死亡鹅的脾脏组织压碎后涂片，瑞氏染色镜检发现镜下有典型的形似卵圆形，两头着色深，中央较浅，并列两个球菌的禽巴氏杆菌，确诊为禽霍乱。

2. 辨证论治

第一，剖解见肝脏、心冠、腹部有大量脂肪，肠道等大部分脏器均有典型的出血症状，表明机体外感湿热，热入营分证。治宜凉血止血，方剂可以选用**清瘟败毒饮【方剂】**加减。第二，由于上焦心肺，中焦脾胃肝胆，下焦肾、膀胱、大小肠等有出血表现，即为三焦热盛，方剂可以配合**黄连解毒汤【方剂】**加减。第三，由于粪便见黄白稀便，肠道内有出血，为肠道湿热表现，可以再合**白头翁汤【方剂】**加减。

3. 结合治疗

（1）化药。从发病第1天起，每天用5%石灰乳进行全场喷洒消毒。病鹅用灭败灵按每千克体重2mg用量进行肌肉注射，每天2次，连打3天后，改用药物拌料饲喂。在饲料中添加0.1%的土霉素，连用6天。饮水中加入复合维生素。

（2）中药。根据临床证候辨证论治。治宜选择**清瘟败毒饮【方剂】**、**黄连解毒汤【方剂】**、**白头翁汤【方剂】**合方加减。

4. 预防措施

加强饲养管理，搞好禽舍环境卫生，妥善处理病禽粪便及排泄物。定期免疫预防，应用自家菌苗效果更好。在疫区，应因地制宜，建立并执行合理的小鹅瘟免疫程序。免疫预防可采取主动免疫和被动免疫两种方法。主动免疫适应缺乏母源抗体保护的雏鹅，可在雏鹅出壳48小时内接种鹅胚化或鸭胚化的小鹅瘟雏鹅弱毒疫苗。被动免疫分雏鹅被动免疫和种鹅免疫。雏鹅被动免疫适用于母源抗体不明的雏鹅群，可在雏鹅3日龄内每只注射0.5mL高免血清或卵黄抗体；种鹅免疫，为开产前15~30天每只母鹅注射小鹅瘟鸭胚弱毒疫苗0.1mL，所产种蛋可含母源抗体，可使雏鹅获得保护。

五 鸡白痢

1. 案例描述

某养殖户养了 2 800 只罗曼褐壳蛋鸡，在 65 日龄的时候出现了个别瘦弱病死鸡，没有在意，后几天陆续出现瘦弱的病死鸡，这才就诊（75 日龄）。大群鸡采食量稍有偏低，个别病鸡拉烂西红柿样粪便，但没有发现鸡群的呼吸道症状。剖检见肺内有绿豆或豆状大的白色结节；肠系膜和肾脏上也出现有绿豆大的坏死结节。一侧腹气囊混浊。盲肠扁桃体肿胀出血，十二指肠上有不规则的出血斑。初步诊断为鸡白痢。

2. 辨证论治

病鸡表现为尸体消瘦，食欲不振，不吃饲料或进食很少，如尸体消瘦、食欲不振则胃气不降，应保胃气，和降为顺。病禽表现为羽毛凌乱，翅膀下垂，精神沉郁或昏睡，说明此为虚证，肾阳不足。病鸡表现为肛门周围的绒毛沾污石灰浆样的白色稀便而成结节，为机体湿热的主要表现。病鸡呼吸困难，表明病邪伤肺，肺气壅阻。

剖解可见到心肌炎与心外膜炎，伤及心脏，则气血不足，神不能安藏，被毛暗淡，精神沉郁。肝脏肿大，变性，表面散在针头大或粟粒大的灰黄色坏死点和灰白色结节。肝肿大，则肝不藏血，肝阳上亢，而出现坏死点和结节。脾充血、肿大，可达正常的 2~3 倍，被膜下亦常见小的坏死灶。脾充血，则脾气虚弱，统摄乏力。肺脏初期充血、出血，后期则常形成灰黄色干酪坏死灶或灰白色结节。肺有疾，则呼吸困难，气滞血瘀于肺，气不畅，热证难消，皮毛焦枯。肾肿大，充血或被尿酸盐充满的肾内输尿小管所压迫而贫血。肾肿大，为气不通畅，水气均不能肃降而积郁，肾阳不足，命门火衰，代谢障碍，引发水肿。

小肠见卡他性炎症，肠管增粗，肠壁变厚，伴有腹膜炎，小肠主吸收，清谷受盛全身，污秽入膀胱和大肠，小肠热证，则排便异常。大肠见卡他性炎症，盲肠中常含有一种白色的干酪样物质，堵塞在肠管内，混有血液，表明为大肠产热，粪干结于肠管内，体液积郁肠道，又见泄泻，故为湿热之证。

辨证论治分析可知，鸡白痢属于湿热注入下焦，引起气机阻滞，升降失常而泻下。治则宜清热燥湿，凉血解毒。方药可以选择**黄连解毒汤**【方剂】加减。

3. 治疗措施

（1）化药。

①磺胺二甲基嘧啶与增效剂（TMP）并用，比例为 5∶1。

②土霉素的用量为占饲料的 200~500mg/kg 饲料。

③个别病鸡可肌注庆大霉素 0.5 万~1 万 IU/kg 体重，或卡那霉素 30~40mg/kg 体重，或链霉素 100~200mg/kg 体重，以上 3 种药物任选一种，均为每天注射一次，连用 3 天。

④甲砜霉素、盐酸强力霉素、环丙沙星、恩诺沙星、氧氟沙星配合交叉应用。

（2）中药治疗。

治宜清热解毒、燥湿止痢，方剂应用**黄连解毒汤**【方剂】加减。

4. 预防措施

加强种鸡的检疫工作，建立无白痢病的种鸡群，并用无病鸡群的种蛋孵化，就可以获得无病的鸡苗；同时，孵化器、用具和种蛋都要熏蒸消毒，减少在孵化过程中的污染，育雏室在进鸡前应彻底消毒，搞好清洁卫生，防止鸡粪污染饲料和饮水。

项目十四 内因病病因学辨证

学习目标

总体目标：掌握内因分析技术，并掌握常见内因病的辨证论治及内因病病因学辨证的兽医临床应用能力。

理论目标：掌握常见内因知识点，了解内因致病的基本知识和肌饱劳逸、痰饮、瘀血致病等知识点。

技能目标：初步掌握内伤性致病因素辨别技能，了解疫疠致病因素辨别技巧和肌饱劳逸、痰饮、瘀血致病因素辨别技巧，进一步获得疫疠致病因素辨别技能和肌饱劳逸、痰饮、瘀血致病因素辨别技能。

任务一 内因病病因学辨证理论

内因病辨证理论

内因病病因学主要包括饥、饱、劳、逸和痰、饮、瘀血等内伤性致病因素。他们既可以直接导致动物疾病，也可以使机体的抗病能力降低，为外感因素致病创造条件。

一 肌饱劳逸

内伤病因指的是饥、饱、劳、逸，即饲养管理不当引起的因素。内伤致病因素，主要包括饲养失宜和管理不当，可概括为饥、饱、劳、逸四种。饥饱是饲喂失宜，而劳伤则属管理使役不当。另外，动物长期休闲，缺乏适当运动也可以引起疾病，称为"逸伤"。

（一）饥

饥指饮食不足而引起的饥渴。《安骥集·八邪论》说："饥谓水草不足也，故脂伤也。"水谷草料是机体气血的化生之源，若饥而不食，渴而不饮，或饮食不足，久而久之，则气血化生乏源，就会引起气血亏虚，表现为体瘦无力，毛焦肷吊，倦怠好卧，以及成年动物生产性能下降，幼年动物生长迟缓、发育不良等。

（二）饱

饱指饮喂太过所致的饱伤。胃肠的受纳及传送功能有一定的限度，若饮喂失调，水草太过或乘饥渴而暴饮暴食，超过了胃肠受纳及传送的限度，就会损伤胃肠，出现肚腹臌胀、嗳气酸臭、气促喘粗等证候。如大肚结（胃扩张）、肚胀（肠臌胀）、瘤胃臌胀等均属于饱伤之类。故《素问·痹论》说："饮食自倍，肠胃乃伤。"《安骥集·八邪论》也说："水草倍，则胃肠伤。"

（三）劳伤

劳伤指劳役过度或使役不当。久役过劳可引起气耗津亏，精神沉郁，筋衰力乏，四肢倦怠等证候。若奔走太急，失于牵遛，可引起走伤及败血凝蹄等。如《素问·痹论》说："劳则气耗。"《安骥集·八邪论》也说："役伤肝。役，行役也，久则伤筋，肝主筋。"此外，雄性动物因配种过度而致食欲不振、四肢乏力、消瘦，甚至滑精、阳痿、早泄、不育等，也属于劳伤。

（四）逸伤

逸指久不使役或运动不足。合理的使役或运动是保证动物健康的必要条件，若长期停止使役或失于运动，可使机体气血瘀滞不行，或影响脾胃的消化功能，出现食欲不振，体力下降，腰肢软弱，抗病力降低等逸伤证候。雄性动物缺乏运动，可使精子活力降低而不育；雌性动物过于安逸，可因过肥而不孕。又如驴怀骡产前不食症、难产、胎衣不下等，均与缺乏适当的使役及运动有关。平时缺乏使役或运动的动物，突然使役，还容易引起心肺功能失调。

二 痰、饮、瘀血

痰、饮及瘀血是内因病的常见病因。痰和饮是因脏腑功能失调，致使体内津液凝聚变化而成的水湿。其中，清稀如水者称饮，黏浊而稠者称痰。痰和饮本是体内的两种病理性产物，但它们一旦形成，又成为致病因素而引起各种复杂的病理变化。痰饮包括有形痰饮和无形痰饮两种。有形痰饮，视之可见，触之可及，闻之有声，如咳嗽之喀痰、喘息之痰、胸水、腹水等。无形痰饮，视之不见，触之不及，闻之无声，但其所引起的病证，通过辨证求因的方法，仍可确定为痰饮所致，如肢体麻木为痰滞经络，神昏不清为痰迷心窍等。

（一）痰

痰不仅是指呼吸道所分泌的痰，还包括了瘰疬、痰核以及停滞在脏腑经络等组织中的痰。痰的形成，主要是由于脾、肺、肾等内脏的水液代谢功能失调，不能运化和输布水液，或邪热郁火煎熬津液所致。由于脾在津液的运化和输布过程中起着主要作用，而痰又常出自于肺，故有"脾为生痰之源""肺为贮痰之器"之说。痰引起的病证非常广泛，故有"百病多由痰作祟"之说。痰的临床表现多种多样，如痰液壅滞于肺，则咳嗽气喘；痰留于胃，则口吐黏涎；痰留于皮肤经络，则生瘰疬；痰迷心窍，则精神失常或昏迷倒地等。

（二）饮

饮多由脾、肾阳虚所致，常见于胸腹四肢。如饮在肌肤，则成水肿；饮在胸中，则成胸水；饮在腹中，则成腹水；水饮积于胃肠，则肠鸣腹泻。

（三）瘀血

瘀血是指全身血液运行不畅，或局部血液停滞，或体内存在离经之血。瘀血也是体内的病理性产物，但形成后，又会使脏腑、组织、器官的脉络血行不畅或阻塞不通，引起一系列的病理变化，成为致病因素。因瘀血发生的部位不同，而有无形和有形之分。无形瘀血，指全身或局部血流不畅，并可见瘀血块或瘀血斑存在，常有色、脉、形等全身性症状出现。如肺脏瘀血，可出现咳喘、咳血；心脏瘀血可出现气短、口色青紫、脉细涩或结代；肝脏瘀血，可出现腹胀食少、胁肋按痛、口色青紫或有痞块等。有形瘀血，指局部血液停滞或存在着离经之血，所引起的病证常表现为局部疼痛、肿块或有瘀斑，严重者亦可出现口色青紫、脉细涩等全身症状。因此，瘀血致病的共同特点是疼痛，刺痛拒按，痛有定处；瘀血肿块，聚而不散，出现瘀血斑或瘀血点；多伴有出血，血色紫暗不鲜，甚至黑如柏油色。

任务二　内因病病因学辨证临床应用

内因病辨证的临床应用

一　内生五邪辨证论治

内生五邪，主要基于六淫学说，结合机体临床证候，共分为内风证、内湿证、内燥证、内火证和内寒证。

（一）内风证

证候：内风证是体内病理变化所形成的以出现类似风性动摇为主要表现的证候，主要包括了肝阳化风、热极生风、血虚生风和痰瘀生风等。

病机：由于热极或血虚引起，导致肝风内动。

治则：清热，平肝，熄风，止痉。根据不同的病机，分别清热凉肝、平肝潜阳、滋补肝肾、养血活血祛痰等。

方剂：可以选择**镇肝熄风汤**【方剂】。

（二）内湿证

证候：内湿病以脘腹痞胀、纳呆、恶心、便稀等为主要证候，病位多偏重于内脏。

病机：脾失健运，水湿停聚而成。主要是由于感受外邪，脾阳被困，脾失健运，湿从内生。

治则：利水渗湿，温阳化气。

方剂：可以选择**五苓散**【方剂】。

（三）内燥证

证候：内燥是指机体津液不足，组织器官和孔窍失其濡润，产生干燥枯涩的病理状态，一般病的部位以肺、胃、大肠为多见。内燥证无季节性，多见于温病后期，以形瘦，毛发干枯，口干舌燥为辨证要点。

病机：主要是由于汗下太过，或精血内夺，机体阴津亏虚所致。

治则：滋阴润脾。

方剂：可以选用**青蒿鳖甲汤**【方剂】。

（四）内火证

证候：内火证是指阳盛有余，或阴虚阳亢，或气血郁滞，病邪。内火证起病缓，病程长，具有脏腑功能失调特点，有实火，亦有虚火。多与脏腑功能失调有关。

病机：表现为燥证。
治则：滋阴补肾。
方剂：可以选择六味地黄丸【方剂】。

(五) 内寒证

证候：内寒是机体机能衰退，阳气不足，寒从内生的病证。
病机：命门火不足，脾肾阳虚，营养不足。
治则：温阳散寒。
方剂：可以选择理中汤【方剂】加附子、干姜等。

饥饱劳逸辨证论治

(一) 饥

证候：饥者，多因水草短缺，幼畜缺奶，饲料单一或营养缺乏，导致营血化生无源，机体失养，生长发育缓慢，抗病力低下。

病机：由于后天之精微缺乏，不能充养先天之本，从而出现行走无力或卧地不起，消瘦，可视黏膜淡白，食欲减退等。以猪肾虚疯瘫为例进行说明，该病是由于饲料单一、质劣，钼、磷不足或比例不当，维生素D及蛋白质缺乏，使钙质代谢呈负平衡。肾主骨，钙、磷不足，则骨质疏松而四肢无力，肌肉痿软，骨骼变形而敏感疼痛。

治则：温补肾阳、开胃健脾、益气养血。

方剂：可选择**肾气丸**【方剂】加五味子、续断、当归、党参、白术、山楂、神曲、炙甘草。化药可以选用10%葡萄糖酸钙静脉注射；维丁胶性钙、维生素D_3肌注。同时可以饲料内添加壮骨散（苍术、谷芽、骨粉）并使之适当运动和加强日光浴。

(二) 饱

证候：饱乃水谷草料的摄入量超过了胃的正常容量。常见食欲减退、反刍停止，瘤胃蠕动减弱或停止，触之胃内容物坚硬。瘤胃前移压迫心肺而呼吸增数，肚腹胀满则四肢外展，疼痛不安而呻吟，空口咀嚼。

病机：常因突然更换饲料、饥后暴食、抢吃偷食等导致饱伤胃腑，使胃的腐熟、传送失职、谷气凝聚、料毒积滞而出现肚腹胀痛，呼吸急促，嗳气酸臭等。以牛患宿草不转证为例进行说明，该病是因采食过量坚硬难以消化的草料、含粗纤维多的草料或霉变饲料而使瘤胃过度扩张。

治则：宜攻下宿食，开胃健脾。

方剂：选择**大承气汤**【方剂】加山楂、神曲、麦芽、槟榔、木香、青皮、牵牛子、甘草等。

(三) 劳伤

证候：劳伤是指使役过度或不当。主要证候有躁动不安，易惊，头低眼肿，神疲力乏，阳痿，流产等。

病机：由于苦耕重载，骤驰远行，拼力惊奔，配种过度等耗气失津，损伤心血，肺肾两虚而出现躁动不安，易惊，头低眼肿，神疲力乏，阳痿，流产等，故有"行伤筋骨立伤蹄""劳伤心血"之说。心虚因家畜年老体衰，使役过度，损伤气血，气血不足，循环失常而使心失所养，遂发躁动不安而易惊；劳则汗出，汗液耗损，气血双亏则呼吸短促；劳倦伤脾，脾胃虚弱，气血化生无源而肾水不足，无以养肝，肝肾亏虚复传于心经。

治则：治宜补气生血、健脾宁心。

方剂：方选**十全大补汤**【方剂】加淮山药、柏子仁、五味子、麦门冬。

(四) 逸伤

证候：后肢无力或轮流跛行，摇摆不稳，腰瘫腿软，四肢痉挛，局部汗出，肘后及臂部肌群震颤；重者小便淋漓，气促喘粗，胯肉消陷，食欲减退，口色红，脉沉浮。

病机：家畜久不使役或缺乏运动，致使气血运行不畅，肌筋弛缓，脾胃运纳减退而出现食欲减退，体质下降，运动不足，脂肪沉积而膘肥热壅，脏腑不健而腰肢软弱，动则汗出喘息，甚则出现四肢及腹下浮肿，便秘，公畜精子活力降低，母畜不孕以及难产，胎衣不下等。以腮腿风为例进行讲解，该病是由于平素喂多役少，谷料热毒聚于脏腑，遇突然重役，致使三焦壅极，热盛生风而致。

治则：治宜祛风和血、滋肾养阴，强筋壮骨。

方剂：方选**麒麟散**【方剂】，可配伍杜仲、苍术、薏苡仁等。

 痰饮瘀血辨证论治

痰饮病因主要包括寒湿浸渍，中阳受困，或饮食不节，伤及脾阳，或劳欲久病，脾肾阳虚，导致肺不布津、脾失健运、肾失蒸化，故水液停聚不化而痰饮。其中，三焦失通失宣，阳虚水液不运，必致水饮停积为患。肺、脾、肾三脏之中，脾运失司，首当其冲。中阳素虚，脏气不足，是发病的内在病理基础。饮邪具有流动之性，饮留胃肠，则为痰饮；饮流胁下，则为悬饮；饮流肢体，则为溢饮；聚于胸肺，则为支饮。另外，凡离开经脉的血液不能及时排出和消散，而停留于体内，或血液运行不畅，瘀积于经脉或脏腑组织器官之内的均称为瘀血。由瘀血内阻而引起的病证，称为血瘀证。引起血瘀的原因有寒凝、气滞、气虚、外伤等。

(一) 痰饮

1. 饮停于胃

证候：心下坚满或疼痛，胃脘部有振水声。恶心或呕吐，呕吐清水痰涎，口不渴或口渴不欲饮，或饮入即吐，皮毛逆冷，神昏嗜睡，小便不利，食少，身体逐渐消瘦。苔白滑，脉沉弦或滑。

病机：饮留胃肠。

治法：和中蠲饮。

方药：**小半夏汤**【方剂】加**茯苓汤**【方剂】。

2. 饮留于肠

证候：水走肠间，沥沥有声，腹部坚满或疼痛。脘腹发冷，神昏嗜睡，或下利清水而利后少腹续坚满，小便不利，纳呆，舌质淡，苔白滑或腻，脉沉弦或伏。

病机：饮留胃肠。

治法：攻逐水饮。

方药：**己椒苈黄丸**【方剂】。

3. 饮邪化热

证候：脘腹坚满或灼痛，烦躁，口干口苦，舌燥，大便秘结，小便赤涩，舌质红，苔薄黄腻，或偏燥，脉弦滑而数。

病机：饮留胃肠，久停化热。
治法：清热逐饮。
方药：**甘遂半夏汤【方剂】**。

（二）悬饮

1. 邪犯胸肺

证候：寒热往来，身热起伏，咳嗽气急，胸胁疼痛，呼吸、转侧时疼痛加重。汗少，或发热不恶寒，有汗而热不解，少痰，心下痞硬，干呕、口苦，咽干，舌苔薄白或薄黄，脉弦数。

病机：饮流胁下，邪犯胸肺。

治法：和解少阳，宣利枢机。

方药：**大柴胡汤【方剂】**。

2. 饮停胸胁

证候：胸胁胀满疼痛，病侧肋间饱满，甚则病侧胸部隆起。气短息促不能平卧，或仅能侧卧于停饮的一侧，呼吸困难，咳嗽，转侧时胸痛加重。舌质淡，苔白或滑腻。脉沉弦或弦滑。

病机：饮流胁下，饮停胸胁。

治法：攻逐水饮。

方药：**葶苈大枣泻肺汤【方剂】**。

3. 气滞络痹

证候：胸胁疼痛。胸部灼痛，或刺痛，胸闷，呼吸不畅，或咳嗽，甚则迁延日久不已，入夜、天阴时更为明显。舌质淡暗红，苔薄白，脉弦。

病机：饮流胁下，气滞络痹。

治法：理气和络。

方药：**香附旋覆花汤【方剂】**。

4. 阴虚内热

证候：胸胁灼痛，咳呛时作。口干咽燥，痰黏量少，午后潮热。颧红，心烦，盗汗，手足心热，形体消瘦，舌质红，少苔，脉细数。

病机：饮流胁下，久病伤津，阴虚内热。

治法：滋阴清热。

方药：**泻白散【方剂】**或合**沙参麦冬汤【方剂】**。

（三）溢饮

1. 溢饮

证候：四肢沉重疼痛浮肿。恶寒，无汗，口不渴，或有咳喘，痰多白沫，干呕。舌质淡胖，苔白，脉弦紧。

病机：饮流肢体。

治法：解表化饮。

方药：**小青龙汤【方剂】**加减。

（四）支饮

1. 寒饮伏肺

证候：咳逆胸满不得卧，痰清稀，白沫量多。面浮跗肿，或经久不愈，平素伏而不作，遇寒即发，兼见寒热，背痛，身痛等。舌质淡、体胖、有齿痕，苔白滑或白腻，脉弦紧。

病机：饮聚于胸肺。

治法：温肺化饮。

方药：**小青龙汤【方剂】**。

（五）痰饮本虚

1. 脾胃阳虚证

证候：脘腹冷痛，喜温喜按，纳少，腹胀，便溏。面色少华，身体消瘦，四肢不温，少气懒言。舌质淡胖，边有齿痕，脉沉弱。

病机：脾胃阳虚致痰饮内停。

治法：温中通阳。

方药：**理中丸【方剂】**。

2. 脾肾阳虚证

证候：喘促动则为甚，起卧不安，气短，或咳而气怯，痰多，食少，怯寒肢冷，神疲，少腹拘急不仁，小便不利，足跗浮肿，或吐涎沫而运步欲倒，舌体胖大、质淡，苔白润或腻，脉沉细而滑。

病机：脾肾阳虚。

治法：温脾补肾，以化水饮。

方药：**金匮肾气丸【方剂】**合**苓桂术甘汤【方剂】**加减。

（六）瘀血

1. 瘀血内阻

症状：精神沉郁，痛点固定，项背强直，四肢抽搐，舌质紫暗、边有瘀斑，脉沉细而涩。

病机：气血虚弱，劳倦过度，气血运行无力，气滞血瘀，或胞宫内败血停滞，瘀血上攻，闭于心窍，神明失常，故见精神沉郁；或寒凝血脉，运行缓慢，血脉瘀滞，不通则痛，故见痛点固定。舌质有瘀斑，脉涩为瘀血内阻之象。

治法：益气化瘀，活络止痉。

方药：**通窍活血汤【方剂】**。

任务三 内因病病因学辨证的临床应用案例

内因病病因学辨证论治

（一）内生五邪

内生五邪，主要基于六淫学说，结合机体临床证候，共分为内风证、内湿证、内燥证、内火证和内寒证，主要结合六淫学说进行辨证论治，常见治疗原则包括平肝熄风、健脾利水、滋阴润燥、滋阴补肾、温阳散寒等。

（二）饥饱劳逸

饥饱是饲喂失宜，而劳伤则属管理使役不当。另外，动物长期休闲，缺乏适当运动也可能引起疾病，称为"逸伤"，主要结合脏腑辨证理论，以脾胃为中心进行辨证论治。常见治疗原则有温补肾阳、开胃健脾、攻下宿食、益气养血、养心安神、祛风和血、强筋壮骨等。

（三）痰、饮和瘀血

饮邪具有流动之性，饮留胃肠，则为痰饮；饮流胁下，则为悬饮；饮流肢体，则为溢饮；聚于胸肺，则为支饮。由瘀血内阻而引起的病证，称为血瘀证。引起血瘀的原因有寒凝、气滞、气虚、外伤等。主要以气血津液理论结合脏腑辨证理论进行辨证论治。主要治疗原则有和中蠲饮、攻逐水饮、清热逐饮、和解少阳、宣利枢机等。

常见内因病病证

（一）前胃迟缓

1. 概念

前胃迟缓是由各种原因引起的前胃兴奋性降低，瘤胃蠕动机能减弱，瘤胃内容物迟滞，微生物菌群失调，产生大量的发酵腐败物质所引起消化机能障碍，表现为食欲减退，反刍减少，乃至全身机能紊乱的一种消化系统疾病。它是引起瘤胃积食、瘤胃鼓气、瘤胃酸中毒等疾病的基础。

临床应用案例
前胃迟缓

2. 病因学分析

（1）兽医临床分析。将前胃迟缓的病因分为原发性病因和继发性病因。原发性病因主要由于饲养管理不良，如草料骤变，饲料粗精比例搭配不当，精料过多，饲无定时，饥饱不调所致；此外过度劳役也容易引起本病的发生。继发性病因主要指由各种传染疾病、侵袭疾病、营养代谢疾病所引起的病证。

（2）中兽医分析。我国传统中兽医认为该病是由反刍动物长期饲养失调或久病伤及脾胃，以致脾胃功能失调而出现的水草迟细，反刍减少所致，属于"脾胃虚弱""慢草不食"范畴，主要分脾胃虚寒型和湿热蕴脾型两种。

3. 临床症状

（1）脾胃虚寒型。脾胃虚寒型前胃迟缓表现为病牛食欲不振，反刍减少，瘤胃蠕动音减弱，触诊瘤胃松软无力，口流清涎，耳鼻四肢不温，嗳气频频，腹部胀气，排便稍稀，舌淡苔白，脉象迟细。

胃为水谷之海，主受纳腐熟水谷之能。其病因主要是由于饱喂之后，即行劳役，牛没有休息和反刍，胃内食物得不到腐熟及消化，导致脾胃虚弱，不能摄纳精微，输布全身，因而导致气血亏损，出现形衰体倦，精疲力乏，脾胃亏损，运化功能障碍，致使清气下降，浊气上升，出现食少脘腹胀气。嗳气酸臭，口流清涎，脉迟细为料积伤脾之象。

（2）湿热蕴脾型。湿热蕴脾型主要表现为病牛不食，反刍减少，耳鼻温热，鼻镜干燥，口色垢浊，口腔黏腻，眼窝下陷，大便干少，脉象细滑，瘤胃蠕动音减弱，触诊腹部敏感。

其病因主要是由于病牛长期舍饲，脾胃功能降低，或忽换饲料，喂粉状浓厚饲料，致使胃失去正常运转，食物积滞于胃，引起脾升降失调、清浊不分，出现腹部胀满，表现为前胃上半为气体，下半为半液状。由于半液状食物久留于胃，久停必然化热，以致热气上攻。腹痛是由于浊气下迫所致。四肢无力，眼窝下陷是精微不能摄纳。口色垢浊，脉细滑为食积化浊之象。

4. 结合治疗

（1）兽医临床主要为改善饲养管理，增强神经体液调节，恢复前胃运动，防止脱水和自体中毒。

（2）去除病因，加强管理可在禁食一两天后，少量多次饲喂易消化优质青干草。

（3）增强神经调节机能，恢复前胃运动功能可采用神经兴奋药，如氨甲酰胆碱、毛果芸香碱、新斯的明等皮下注射，或者可自配促反刍液，静脉注射。

（4）防腐止酵可采用鱼石脂、酒精配合常水灌服。

（5）防止脱水和自体中毒一般选用葡糖生理盐水、乌洛托品、安钠咖等混合后静脉注射。

5. 中兽医治疗

（1）脾胃虚寒型

治宜采用温中行气、化湿健脾法。方剂可用**香砂六君子汤【方剂】**加味。

（2）湿热蕴脾型

治宜攻积导滞、清热化湿。方剂可用**木香导滞丸【方剂】**加减。

（二）牛百叶干

1. 案例描述

6岁黄牛，此牛近半月来，吃草逐渐减少，站多卧少，常有磨牙声，粪便呈一片片的硬块，上附血丝，肚子胀气，被毛严重脱落。体温37.5℃，呼吸18次/分，心跳68次/分。病牛精神沉郁，食欲废绝，不反刍；瘤胃轻度臌气，蠕动音极弱，不时有空嚼和磨牙声，腹部紧缩，网胃触诊病牛安静正常，重瓣胃蠕动音消失，叩诊时浊音区扩大到5~13肋。按压时，患牛负痛避让，腹壁和肩胛部肌肉震颤，不断回视右腹部或右前肢。粪便少，色黑，成螺旋形，上覆盖一层暗红色黏液。眼球内陷，眼结膜发黄，鼻镜干燥，靠右侧有少数龟裂处。口腔涎液少且不牵丝，口色淡红，脉象沉涩。经诊断为瓣胃阻塞，又名百叶干。

2. 主证

病初精神不振，食欲减退，反刍减少，或仅食粗料与新鲜青绿饲料而恶食精料，粪干，尿短黄，皮紧毛乱。奶牛泌乳量下降，鼻镜少汗，口津黏少，口色偏红，脉象沉迟。继则食欲废绝，反刍停止或偶尔反刍，行动无力，卧多立少，鼻镜干燥，有的龟裂起壳，粪干小色褐，状如算盘珠，或附有黏液、血液，腹部上缩，时而空口咀嚼磨齿。叩诊瓣胃，常出现蹴踢、回头顾腹、咬牙等疼痛现象，听诊蠕动音极弱或完全消失。口干舌燥、酸臭，舌面乳头色黄、粗长坚硬。口色赤红，脉沉实。后期反刍停止，常左侧横卧不愿站立，头靠于腹部或贴于地面，眼神痴呆，磨牙，呻吟，最后全身症状恶化，迅速衰竭而死亡。

3. 病因病机

多因饲养管理不当，长期饲喂糠谷类或粉碎过细的饲料；或坚韧富含粗纤维的饲料，特别是甘薯藤、花生秧、麦秸；或未经粉碎的粗硬及混有大量泥砂的饲料，加之长期饮水不足，胃液耗损，百叶失润，后送无力，食积不化，遂发本病。过度劳累，饮喂失宜；或草料不足，化生不及，气血双亏，胃液无源；或胃肠积热，宿草不转，真胃及小肠疾患和其他热性病亦可伤津耗液继发本病。

4. 结合治法

治宜润燥通便，消积导滞，且愈早愈好。方用**大承气汤【方剂】**加槟榔、桃仁，或加甘遂、芫花、三棱、莪术、生甘草、植物油；或用**增液承气汤【方剂】**加减。

瓣胃注射是比较好的治疗方法，可选用高渗盐水，或25%芒硝溶液400~600mL与等量的植物油，于右侧肩关节水平线上第8~10肋间，用16~18号针头，向前下方刺入8~10cm，经鉴定准确后注入药液。由于胃内干硬食物十分板结，在一处难以吸收多量药液，可多注射几个点，以便软化积食，稀释排出，每天1次，连注2~3天。注射时，术部应常规剪毛消毒，防止感染。

针治：针**脾俞【穴位】**、**百会【穴位】**、**素髎【穴位】**等穴位。

5. 预防

加强饲养管理，不要长期饲喂干硬粗纤维饲料及其粉碎料，不喂带有泥砂的饲料；增喂多汁饲料和充足饮水，饮水中可加些食盐；发病后应停食，或喂少量多汁青饲料；注意劳逸结合。

（三）痰、饮、瘀血病证

1. 痰饮停胸

证候：胸痛拒按，多立少卧，呼吸短促有痰声，鼻流稠涕，舌苔薄白，脉象沉涩。

病机：痰饮停胸，阻遏胸部阴阳气机升降之道，故胸痛拒按，多立少卧。痰饮积胸，故呼吸短促有痰声。舌苔薄白，脉象沉涩，为痰饮内停之象。

论治：以祛痰攻逐水饮为主，方如**十枣汤【方剂】**加味。

2. 饮留胃肠

证候：肚腹胀满，胃中有振水音（指牛、羊），或肠间水声，粪稀似水，但量少，舌苔白腻，脉象沉弦。

病机：饮留胃肠，导致胃失通降，肠失传导，故肚腹胀满，胃中有振水音，或肠间水声。胃肠传导失约，故粪稀似水，但量少。舌苔白腻，脉象沉弦，为饮停胃肠之象。

论治：以逐饮攻下为主。方如**甘遂半夏汤【方剂】**加减。甘遂、甘草本相反，在此借相反之性，以激发药力，使留饮得以尽去，达到治愈的目的。

项目十五 外感病病因学辨证

学习目标

总体目标：掌握外感病病因分析技术，获得外感病病因学的兽医临床分析能力。
理论目标：掌握外感邪气致病知识，了解疫疠致病邪气特点。
技能目标：学会辨识外感病外因辨证技巧，了解疫疠致病因素及辨别技巧，进一步获得疫疠致病因素辨别技能和兽医临床应用能力。

任务一 外感病病因学辨证

外感病病因学辨证

外感病是疫疠邪气侵犯机体后所引起的各种外感疾病的总称，是严重影响机体健康，甚至危及生命的常见病和多发病。外感病根据感受邪气的性质，可分为伤寒和温病；根据感受邪气的种类，可分为伤寒、中风、风湿、风温、温毒、暑温、暑湿、湿温、寒湿、温燥、凉燥和瘟疫；根据疾病的种类，可分为感冒、水痘、风疹、流行性脑脊髓膜炎、流行性乙型脑炎、急性扁桃体炎、流行性腮腺炎、气管炎、肺炎、肺结核、病毒性心肌炎、急性胃肠炎、细菌性痢疾、伤寒与副伤寒、病毒性肝炎、钩端螺旋体病、肾盂肾炎、风湿热、破伤风、狂犬病、中暑、败血症等。

一 疫疠概述

在气候反常，卫生条件不良等情况下，易形成一些六淫之外的邪气，统称为疫疠。疠气，指一类具有强烈致病性和传染性的外感病邪，又称为疫气、疫毒、异气、戾气、毒气、乘戾之气、鬼戾之气、杂气、时行疫气等。故《瘟疫论》有云："夫瘟疫之为病，非风，非寒，非暑，非湿，乃天地间别有一种异气所感。"疫疠是中医对急性、烈性传染病的总称，而引起疫疠的病邪即叫疠气。疫疠，也是一种外感致病因素，但它与六淫不同，具有很强的传染性。所谓"疠"，是指天地之间的一种不正之气；"疫"，是指瘟疫，有传染性的意思。如马炭疽、牛瘟、猪瘟以及犬瘟热等，都是由疫疠引起的疾病。疫疠可以通过空气传染，由口鼻而入致病，也可随饮食入里或蚊虫叮咬而发病。疫疠流行有的有明显的季节性，称为"时疫"。如动物的流感多发生于秋末，猪乙型脑炎多发生于夏季蚊虫肆虐的季节。疫疠发病急骤，能相互传染，蔓延迅速，不论动物的年龄如何，染后症状基本相似。正如《素问·遗篇·刺法论》指出的："五疫之至，皆相染易，无问大小，病状相似。"又如《三农记·卷八》说："人疫染人，畜疫染畜，染其形相似者，豕疫可传牛，牛疫可传豕，……"

二 疫疠流行条件

影响疠气产生的因素主要包括了气候因素、环境因素、预防措施不当和社会因素等。疫气的传染途径主要有两个：一是通过空气传染，经口鼻侵入致病；二是可随饲料、饮水、蚊虫叮咬、虫兽咬伤、接触等途径传染而发病。疫疠流行条件如下。

1. 气候反常

气候的反常变化，如非时寒暑，湿雾瘴气，酷热，久旱，水涝等，均可导致疫疠流行。如《元亨疗马集·论马划鼻》说："炎暑熏蒸，疫症大作，……"

2. 环境卫生不良

环境因素，如空气污染、水源污染、饮食污染等。如未能及时妥善处理因疫疠而死动物的尸体或其分泌物、排泄物，导致环境污染，为疫疠的传播创造了条件。关于这一点，古人已有相当的认识，如宋代《陈敷农书·医之时宜篇》中便说："已死之肉，经过村里，其气尚能相染也。"

3. 社会因素

社会因素对疫疠的流行也有一定的影响。如战乱不止，社会动荡不安，人民极度贫困，则疫疠就不断地发生和流行；而社会安定，国家和人民富足，就会采取有效的防治措施，预防和控制疫疠的发生和流行。

三 疫疠致病特点

疠气致病主要包括四个方面。一是传染性强，流行面广，一旦流行，疫区内易感动物触之即病。二是发病急骤，病情危急，传变迅速。三是疠气多从口鼻而入，各种疠气在脏腑经络常有其特异性，因此，同一种疫疠的症状相似。四是疠气的形成和疫疠的流行需要一定的自然和社会条件，如气候反常，洪水泛滥，环境卫生极差等。但其致病特点总体表现为发病急骤、病情危险、传染性强、易于流行、一气一病、症状相似。疫疠辨证以传染性强，症状相似，发病急，病情重，传变快为要领。

四 疫疠辨证论治

中医在治疗疫疠上采取关门除贼，直接清除毒邪、扶正等多种方法，祛除疠气、热毒等，达到治疗目的，主要是通过辛凉清解、清热解毒、芳香化湿等药物来治疗。具体来说，用辛凉清热法以使毒热之邪从汗出而解。用清热解毒法直接清除毒邪，用利尿法使湿热毒邪从尿排出，用宣肺化痰法以利毒邪排出，用芳香化湿以祛湿邪，湿邪不与热邪结合，使热邪孤立，便于清除；用理气开郁法解除郁结之邪，用通下法排除肠中燥尿，或釜底抽薪，泄热存阴；用消导法消除胃肠食滞，使停滞之食不与湿热结合，便于清除湿热；用活血化瘀法散瘀通络，以利气血运行；用补气养阴生津法以扶正，增强机体抗病能力。

五 疫疠预防

在预防上，除保证空气新鲜流通、消毒、食物卫生等外，还应注意增强机体抗病能力，避免受邪，用扶正中药以增强机体抗病能力。预防疫疠的一般措施如下。

（1）加强饲养管理，注意动物和环境的卫生。

（2）发现有病的动物，立即隔离，并对其分泌物、排泄物以及已死动物的尸体进行妥善处理。如《陈敷农书·医之时宜篇》所说："欲病之不相染，勿令与不病者相近。"

（3）进行预防接种。

任务二　外感病病因学辨证临床应用

外感病病因学
辨证临床应用

"疫"者，传染也；"疠"者，病情危急也。具有传染性极强、发病急、传变迅速等特点，且病情险恶的一类外感病证。类似于现代医学中流行范围广、死亡率较高的一类烈性传染病，包括了现代医学中许多传染病和烈性传染病，如流行性感冒、禽流感等。

一　辨证论治过程

外感病的辨证过程包括辨病位、辨病性、辨病因病机、辨其他相关内容。

（一）辨病位

辨病位包括两方面的内容：一是确定病变的具体病位，即官窍、脏腑、肢体经络关节等各个不同的具体病位；二是确定病变的表里病位，即表、半表半里、里三个不同的表里病位。

1. 具体病位

辨别病变在哪个或哪些具体部位，是脏腑，还是官窍、肢体经络关节；是单发，还是涉及两个或多个具体部位；是以脏腑为主，同时或随着病情的发展涉及两个或多个具体部位，还是以官窍、肢体经络关节病为主，同时或随着病情的发展进一步累及脏腑等。

外邪侵袭机体后，因所涉及具体部位不同而表现各异。若邪侵官窍则官窍不利，或头痛、头昏，或鼻塞、流涕，或咽肿、喉痒、声音嘶哑、咽喉疼痛溃烂；若邪涉及经络关节，则肢体不利，四肢不适，运步异常，重者曲伸不利、活动受限；若邪涉脏腑，则脏腑功能失调，或肺气失于宣和而咳嗽、咳痰、喘息，或心脉郁滞，或肠胃失调而食欲不振、呕吐、肠鸣腹泻，或回头顾腹、可视黏膜发黄，或水道不调而致小便不利、浮肿等。

2. 表里病位

辨别病位在表，还是在半表半里，抑或是在里。一般来说，病位在表者，具体病位的症状与发热恶寒并见；病在半表半里者，具体病位的症状与发热恶寒交替出现；病位在里者，具体病位的表现为发热而不恶寒，或恶寒而不发热同时出现，或只出现具体病位的某个或某些症状既不发热也无恶寒。

因此，辨病位，既是确定病变具体病位与表里病位的方法，也是了解病期、病变发生发展阶段与趋势等的重要依据。

（二）辨病性

辨病性包括两方面的内容：一是确定病变的寒热属性，即热、寒热错杂、寒；二是确定病变的虚实属性，即实、虚实夹杂、虚。

辨寒热既是确定病证寒热属性的方法，也是了解感邪性质、阴阳盛衰的重要依据。外邪大抵可分为阴浊与阳热之邪两类。其中，阴浊之邪，或阴浊与阳热之邪夹杂而以阴浊之邪为主所致者，多见恶寒重发热轻的表寒与半表半里偏寒的表现，若病邪深入或进一步损伤机体的阳气，则出现恶寒而不发热的里寒与里虚寒的表现；阳热之邪，或阳热与阴浊之邪夹杂而以阳热为主所致者，则出现表热与半表半里偏热的表现；若病邪深入或进一步损伤机体的阴液，则出现发热而不恶寒的里热与里虚热的表现。辨别寒热属性，除发热而不恶寒，或恶寒而不发热，或虽有寒热并见、寒热往来，但发热与恶寒的轻重程度不同外，还需结合渴与不渴，是否喜饮、喜冷饮、热饮，有无鼻镜干燥、分泌物稠稀、小便短赤等症状而加以判别。

辨虚实既是判断病变虚实属性的方法，也是了解邪正消长变化的重要依据。在明确病位与寒热属性后，还需进一步分析脏腑阴阳气血的盛衰与津液的盈亏。一般来说，外感病的初期和中期，属正盛邪实阶段，以邪犯官窍、脏腑、肢体经络关节等，以气机不利、正邪斗争比较激烈的亢奋表现为主；外感病的后期，属正虚邪微或正气亏虚阶段，以脏腑的阴阳气血津液亏虚表现为主，大多属虚，或虚实夹杂而以正虚表现为主。

（三）辨病因病机

疫疠致病机制包括卫外功能失职，正邪相争，开合失司，清窍与肢体关节不利，脏腑功能失调，气血运行不畅；正气损伤，脏腑阴阳气血津液亏虚、功能低下，或不能振奋精神、温养经脉、固密肌腠、鼓动血行，或不能化生气血、敷布精微、荣养肌肤、滋养窍道、充盈血脉等。

（四）辨其他相关内容

一是病期与病变发生发展阶段，包括初期，即病变的开始阶段；前期，即发展阶段；中期，即病变深重阶段；后期，即病变恢复阶段。

二是病势，包括病热的缓急，是进一步发展、加重、恶化，还是逐步趋缓、减轻、好转等。

三是邪正的消长变化，包括正盛邪实、邪实正虚、正虚邪微、正气亏虚等。

（五）外感病的治法

外感病的治法主要包括汗、和、清、吐、下、消、温、补等。汗法用于病位在表，临床以发热与恶寒合并出现为主要特征的各种不同类型的表证；和法用于病位在半表半里，临床以发热与恶寒交替出现为主要特征的各种不同类型的半表半里证；清法、吐法、下法、消法、温法、补法，则均用于病位在里，临床以发热而不恶寒，或恶寒而不发热，或既不发热也无恶寒为主要特征的各种不同类型的里证。一般说来，外感病的初、前、中期，为正盛邪实或邪实正虚，以邪犯官窍、脏腑、经络关节等，气机不利，正邪斗争比较激烈的亢奋表现为主，其性属实或虚实夹杂而以邪实表现为主，治重在祛邪，兼顾正气；外感病的后期，为正虚邪微或正气亏虚，以脏腑的阴阳气血津液亏虚、功能低下的表现为主，其性属虚或虚实夹杂而以正虚表现为主，治重在扶正，兼以祛邪。

 外感病证候辨证

疫疠致病具有发病急骤、来势凶猛、病情险恶、变化多端、传变快的特点，且易伤津、扰神、动血、生风。

（一）疫疠证候

疫疠按其表现症状可分为瘟疫、疫疹、瘟黄。其中，疫疹是由于瘟毒挟燥热之邪而致，瘟黄是由于瘟毒挟湿热之邪而致。

1. 瘟疫

瘟疫主要是因感疫疠之毒而引起的病候。临床表现为初起恶寒而后发热、继而内外俱热而不寒，身痛，神昏，汗多，面色垢滞如烟熏，苔白如积粉。

2. 疫疹

疫疹主要是因感染燥热疫毒而引起的发疹性病候。临床表现为初起发热，遍体发炎，因头痛而急狂，斑疹透露，或红或赤，或紫或黑，脉数，如兼咽喉红肿作痛而吞咽困难、舌质鲜红，有大红点者为烂喉痧；如兼有面、颈、肩、四肢等部皮肤先现红疹，继成水泡，随即坏死呈黑色者为疫疔（炭疽）。若初起即六脉细数沉伏，可视黏膜发绀、肢冷、神昏、汗多、腹内绞痛而脚踢腹部、欲吐不吐、欲泻不泻者为瘟疫。

燥热疫以热毒充斥表里、脏腑，津血大亏为病机特点，症见大热大渴，因头痛头昏而狂躁不安，咽喉肿痛而吞咽困难，嗜睡，运步困难，或吐衄发斑，或腹部疼痛，或抽搐强直，或突然昏倒，舌绛苔焦或产生芒刺，脉洪数或沉数等。燥热疫相当于兽医临床的出血热、无名高热、猪瘟等传染病。

3. 瘟黄

瘟黄主要是因感受瘟毒挟有湿热而引起卒然发黄的病候。临床表现为初起可见发热恶寒，随即卒然发黄，或四肢逆冷，全身、齿垢、可视黏膜黄色深，名急黄。严重者变证蜂起，或神昏，或直视，或遗尿旁流，甚至舌卷囊缩，这些都是疫毒内固于五脏，精气耗竭的危候。

湿热疫以湿遏热伏、邪阻膜原、三焦气滞、传变多端为病机特点，症见憎寒发热，嗣后但热不寒，午后热甚，头痛身痛而狂躁不安、运步困难，或腹痛而脚踢腹部，吐泻，或猝发黄疸，或神昏，或痰喘肿胀，舌质红绛，苔浊腻或白厚如积粉，脉濡数等。相当于兽医临床的传染性肠炎、传染性肝炎、禽流感等传染病。

（二）疫疠治疗

中兽医在治疗上采取开门除贼、直接清除毒邪、扶正等多种方法祛除疠气、热毒等，以达到治疗目的。

1. 发散毒邪

用辛凉解表法以使毒热之邪从汗出而解，因为邪气郁则应该发散，使热邪外越。辛凉解表药性味多属辛凉，以发散风热为主要作用。辛凉解表法是根据外感风热证所拟定的治疗法则，适用于外感风热初期，邪在卫分的表卫证。在治则指导下的方剂主要包括了**银翘散【方剂】**、**桑菊饮【方剂】**、**葛根芩连汤【方剂】**等。

2. 祛毒解毒

针对外感病还可用清热解毒法直接清除毒邪。清热解毒法，是祛邪外出的手段。运用具有寒凉解毒作用的药物为主组成方剂，以治疗各种热毒病证的治法，适用于一切急性火毒，如温疫、温毒及火毒或疮疡热毒深重等病证。常用黄连、黄芩、黄柏、银花、连翘、板蓝根、升麻、玄参、蒲公英、野菊花、半边莲等药物组成方剂，代表方剂为**黄连解毒汤【方剂】**、**普济消毒饮【方剂】**、**仙方活命饮【方剂】**等。

3. 消除湿邪

湿在外感病发病过程中扮演着重要作用，常与多个外邪合并为病。因此常常用利尿法使湿热毒邪从尿排出；用芳香化湿法以祛湿邪，湿邪不与热邪结合，使热邪孤立，便于清除。有研究表明，湿邪并非单纯指水湿而言，其本质包括需要一定湿度而生长繁殖的细菌。其中，利尿法可以选择茯苓、猪苓、泽泻等渗湿利水药，芳香化湿法可以选择苍术、大蒜、干姜等芳香化湿药，进行配合应用和祛除外邪。

4. 对症治疗

主要是用宣肺化痰法以利毒邪排出，药物可用麻黄、蝉衣、杏仁、桔梗、辛夷、白芥子、皂荚等宣肺化痰药，方如**华盖散【方剂】**。或用通下法排除肠中燥屎，或釜底抽薪，泄热存阴，主要是应用滋阴药与泻药配合应用，方如**增液承气汤【方剂】**。或用消导法消除胃肠食滞，使停滞之食不与湿热结合，便于清除湿热，常用药物有山楂、神曲、麦芽，方如**木香导滞丸【方剂】**。或用活血化瘀法散瘀通络，以利气血运行，常用川芎、桃仁、红花、赤芍、丹参、蒲黄、乳香、没药等药物组成方剂，代表方剂有**血府逐瘀汤【方剂】**、**温经汤【方剂】**等。

5. 增强机体抵抗力

主要是用补气养阴生津法以扶正，增强机体抗病能力，常用补气药有党参、黄芪、白术、山药等药物，常用养阴生津药有地黄、龟版、天冬、麦冬、百合、熟地、知母、山萸肉等药物，代表方剂有**补肺汤【方剂】**、**四君子汤【方剂】**、**补中益气汤【方剂】**、**肾气丸【方剂】**等。

任务三　外感病病因学辨证临床应用案例

仔猪白痢

1. 案例描述

某养殖户有生猪重约10kg，生病后诊治，检测体温39.5℃左右。表现症状主要是下痢，粪便呈乳白色、淡黄绿色，常混有黏液而呈糊状，有时混有血丝，其中含有气泡，粪便有特殊腥臭味。病猪食欲减退，口渴，精神不佳，被毛粗乱无光，怕冷，寒战，喜卧垫草中。

临床应用案例
仔猪白痢

2. 病因学分析

猪白痢又称迟发性大肠杆菌病，是由致病性大肠杆菌引起的10~30日龄仔猪多发的一种急性肠道型传染病。临床症状主要以排泄灰白色、腥臭、糊状粪便为特征。该病发病率高，死亡率低，流行范围很广。

（1）兽医临床认为该病本质为病原微生物侵入，主要为致病性大肠杆菌、革兰氏阴性菌，有多种血清学，以O139、K88和K91抗原结构最为常见，能够释放肠毒素，引起仔猪腹泻。母猪吃了霉变饲料，猪舍阴暗潮湿，气候突变导致仔猪抵抗力下降，可以诱发此病。

（2）我国传统中兽医认为外感和应激反应损伤仔猪体内正气，暑湿热毒乘虚或外感寒邪入里化热。

3. 症状分析

（1）兽医临床见病猪严重脱水，日渐消瘦，被毛杂乱无光泽，结膜苍白，腹泻下痢，白色或淡黄色粥样粪便，并含有气泡，有特殊腥臭味，尾根及肛门周围沾有稀粪。

（2）中医认为，外邪侵入，损伤脾胃，致使脾胃清浊不分，水湿下注而成泻，若湿与食滞相合而生热，则湿热下注大肠，而致仔猪水样暴泻或排白色粪，其粪恶臭，有时带血，正气渐虚，日久则体衰而亡。根据症状分为湿热型和虚寒型。其中，湿热型多发生在病初，粪稀或干结，灰黄色，体温稍高，精神尚佳。虚寒型见体瘦肢冷，卧地难起，精神沉郁，粪灰白，有腥臭味，食欲废绝。

4. 临床诊断

根据仔猪易感日龄、流行病学特征、临床症状便可作出初步诊断，如需确诊，可进行实验室诊断，分离培养纯化细菌并进行生化试验。仔猪白痢应注意与仔猪红痢、仔猪黄痢、仔猪副伤寒、猪传染性胃肠炎、猪流行性腹泻等进行鉴别诊断。

5. 辨证论治

（1）中药治疗。

湿热痢：一般宜用清热解毒、燥湿止痢药物。可用黄连15克，柿饼2个，乌梅20克，煨诃子肉15克，黄姜15克。煎汤，候温灌服，分3~5次服完。

虚寒痢：宜选用温中健脾，涩肠止泻药物。可用地榆（醋）5份，白胡椒1份，百草霜3份。共研为末，每次5克，每天一次。

其他证候：车前子100g，白萝卜1 000g，熬水掺锅底灰（百草霜）250g，混合喂母猪及仔猪，一天喂2~3次，连续喂2~3天。或者，红糖250g，混合锅底灰（百草霜）250g，拌食喂母猪和仔猪，一天喂2~3次，连续喂2~3天。

（2）针疗。

针灸可取后三里【穴位】、**百会**【穴位】、后海【穴位】、脾俞【穴位】。或者主穴选取**交巢**、**后三里**【穴位】、耳尖，配穴选取尾尖、**百会**【穴位】、**大椎**【穴位】，一天一次，连续2~3天治愈。

6. 结合治疗

仔猪白痢应秉承抗菌、收敛、补液、母子兼治的治疗原则。可使用土霉素、庆大霉素、卡那霉素、诺氟沙星、环丙沙星、恩诺沙星、磺胺脒等药物进行治疗，但应注意药物用量的严格控制，并交替使用，以防致病菌产生耐药性。下面给出一个兽医临床处方。

口服：土霉素0.25g，50片，混合喂母猪及仔猪，一天喂2次，连续喂1~3次。或者氯霉素0.25g，20片，干酵母0.2g，50片，红糖200g。拌食喂母猪和仔猪，一天喂2次，连续喂2~3天治愈。

注射：硫酸庆大霉素注射液4万IU 2支，痢菌净注射液4mL，混合肌肉注射，一天一次，连续2~3天治愈。或者氯霉素注射液4mL，一次注射，一天一次，连续2~3天治愈。

7. 预防保健

（1）猪舍要清洁干燥，应经常进行猪舍消毒。加强母猪饲养管理，做好环境卫生消毒工作。如母猪临产前应冲洗和消毒圈舍，更换垫草，清洗和消毒乳房及腹部皮肤。

（2）改善母猪饲料质量搭配。从母猪妊娠期开始，合理搭配饲料，保证母猪泌乳量的平衡。喂好母猪，要配合多种饲料，如青饲料、粗料及精料。

（3）最好给小猪喝清洁的井水、自来水，不让喝污水，让仔猪多在阳光下运动，增加抵抗力。做好仔猪的饲养管理和防寒保暖工作。出生后尽快让仔猪吃上初乳。

(4) 制定免疫程序，母猪接种疫苗。对于该病易发猪群，应该在母猪临产前 21 天给母猪注射大肠杆菌 K88-K99 双价基因工程苗。

 猪瘟

1. 案例描述

某养殖户有生猪重约 50kg，生病 5 天后诊治，检测体温 40.5～41.5℃。表现症状为高烧不退，精神沉郁，不吃食，不饮水，怕冷，眼结膜潮红，粪便干而臭，而后转为腹泻。口腔黏膜和眼结膜有小出血点，耳尖、腹下、四肢内侧皮肤有出血斑点和紫斑点，用手压不褪色，体表淋巴结肿大，出现神经症状。常继发细菌感染，特别以肺炎和坏死性肠炎为多见。

2. 辨证论治

(1) 脏腑辨证。其中兽医门诊知猪瘟病因是外感疫疠。患猪瘟病时影响到很多脏腑病变，故猪瘟应从脏腑辨证入手。

从心和肝论治猪瘟高热。心为五行中火，与小肠为表里，与肝为相生关系。猪瘟时心热内盛，故高热。热扰心神，神无所主，故神昏喜睡。因此，猪瘟宜清心火，可用黄连、连翘、栀子、莲子等；心与小肠相表里，所以猪瘟时心移热于小肠，因而小肠不分清浊，尿赤涩。因此，猪瘟时宜用车前子分清浊，也可加滑石、木通利尿；心与肝相生，肝木生心火，心火重波及肝木，子病犯母，治时宜子母调治。肝经有火，肝火上炎，肝开窍于目，故眼结膜发炎。清肝火宜用桑叶、菊花、夏枯草等；若肝火重者，宜用黄芩、栀子、龙胆草等泻肝火。清泻肝火的同时，还宜用柴胡、白芍等来柔肝，以防肝木旺盛而助心火。清泻柔肝，心肝二经之火同除，子母病同时调治，去火热彻底。

从脾胃论治猪瘟便秘与腹泻，以及出血瘀斑。猪瘟时心火波及脾土，火生土，母病及子，故脾失健运，水湿下注为腹泻，故治宜益气健脾，升举利湿，宜用黄芪、茯苓、柴胡等；脾气虚而不统血，血溢出经络之外，故全身皮下和内脏出血；气为血帅，脾气虚而血不行则成瘀斑发紫。故宜用黄芪、茯苓补气，用蒲黄等止血行血，用枳壳来行气。脾与胃相表里，故猪瘟时心火灼伤胃阴，出现阴火旺，因而猪口干欲饮，粪球干小。治宜滋养胃阴，清泻胃火，生津止渴，宜用生地、麦冬、玄参、生石膏、知母等。

从肺肾论水液。燥热伤肺，猪瘟时肝经火旺，肝木侮肺金，燥热伤肺津，使肺气不得宣降，故宜用桔梗、杏仁宣肺。心肺同居于上焦，心热波及肺，故呼吸急促，剖检可见肺炎病变。宜清肺热，滋肺阴，用桑叶、枇杷叶、芦根、知母、南沙参、天冬、麦冬等。肾阴虚火旺，肺金有病，故不能生肾水，母病及子，肾阴又被心阳独亢之燥热痰烧灼，故肾水干枯，肾水不能滋润大肠，故粪便干燥。因而宜用"泻南补北法"，去心火用黄连，滋肾水用生地、玄参、女贞子等。

从五脏论治猪瘟的治疗原则是：抑肝木，泻心火，补脾土，滋肺阴，补肾水。

(2) 气血津液辨证。从气虚血热来看，营气虚而不能推动血行，故热血妄行而溢出经络，出现出血和瘀血斑。因此，宜用黄芪、茯苓补气；用生地、黄连清血分热；用枳壳来行气；用丹参、川芎、蒲黄行血；用荆芥、银花、蒲公英、大青叶、板蓝根、薄荷等来消斑透疹。

从津液干枯来看，由于热伤津液，致使津液枯竭，故粪结尿赤，鼻干唇燥等。故猪瘟时清热生津滋阴的治法非常重要，宜用玄参、麦冬、生地、天冬、南沙参等。

从气血津液论治猪瘟的治疗原则是：补气行血，清血分热，消斑透疹，滋阴生津。

3. 结合治疗

（1）药方。

化药针剂：青霉素80万IU 9支，复方氨基比林注射液20mL，安乃近注射液20mL，地塞米松磷酸钠注射液10mL；中草药针剂：双黄连注射液20mL，柴胡注射液10mL。中西药混合，肌肉注射，一天一次，连续5~6天治愈。

（2）针疗。

使用针疗配合药物治疗也可收到良好疗效，在针疗时可选用圆利针、小宽针等。如有气喘时扎肺俞【穴位】、苏气【穴位】，拉稀时可扎长强【穴位】。

主穴：人中【穴位】、鼻梁、蹄叉、耳尖、尾尖，扎后见血。

配穴：涌泉【穴位】、玉堂【穴位】。

4. 预防管理

（1）实行自繁自养，尽量不从外地买猪，以减少疫病从外传入。如从外地购买猪时，须隔离观察15天左右，无异常时，进行预防注射疫苗后再合群饲养。

（2）加强饲养管理，保持猪饲养用具及环境的清洁卫生、保暖和干燥，增强猪的抵抗力，消毒最好用氢氧化钠溶液、草木灰水或漂白粉液。

（3）春秋两季及时注射猪瘟疫苗，或三联疫苗。

 鸡新城疫

1. 案例描述

某养殖场养殖肉鸡12 000只，现存栏8 000只，日龄29天。初期表现为精神萎靡，缩颈，闭眼，尾下垂，立于一隅昏睡，反应迟钝，很少采食或废食，饮水增多，粪便变得不正常。认为是病毒感染，于是用利巴韦林、双黄连、干扰素，连用3天，前两天鸡群精神状态好转，个别发生死亡，第三天死亡数剧增。解剖发现，病死鸡腺胃乳头或乳头间点状出血，有时形成小的溃疡斑，从腺胃乳头中可挤出豆渣样物。肌胃角质层下有点状、斑状出血。十二指肠及整个小肠黏膜呈点状、片状或弥漫性出血。泄殖腔黏膜弥漫性出血。脑膜充血或出血。嗉囊充血，眼结膜充血，角膜混浊，头颈、嗉囊和胸部皮下组织出现轻度水肿。根据以上病理表现，判断为典型性新城疫。

2. 辨证论治

本病属于温热病、温疫病范畴，其外因是外感戾气，其内因是机体正气虚弱。鸡气分偏弱，当感受外邪，乘虚从口鼻而入，一旦透卫，首先犯太阴肺经和阳明胃经，循卫气营血顺传或逆传，浸淫三焦、犯五脏六腑、十二经、奇经八脉，很快发呆打蔫，终成温病。由于病邪内热袭肺，宣降失常，呼吸道疾病频发。加之饲养中追求经济效益，损伤脾胃，消化道疾病也常见，同时，鸡性属阳，血循环快，体温高，无论寒热病邪入侵，都会很快产生内热，发生诸如卵黄性腹膜炎等疾病。

鸡新城疫治疗宜扶正固元、祛湿利水。以扶正固元之药味为君药，如党参、黄芪、女贞子、山萸肉、天冬、麦冬等，一正压百邪；湿为百邪之首，不祛湿难以扶正，以气味雄厚能除上、中、下焦之湿，治时疫之药味，如苍术、黄连、黄芩、黄柏等，去诸经中湿而理脾胃之药共为臣药以辅君药；温病疫疠，湿在脾胃，以渗利泄水之药味，如茯苓、车前子、泽泻等，使病邪自水道出；但水之为性，非土木条达，不能独行，故以燥土之药味，如苍术、黄连、黄芩、黄柏等，渗湿利水，益脾和胃除湿，甘淡之味，如甘草、饴糖等，补中利窍，补中则心脾实，利窍则邪热解，以渗脾湿共为佐药；君药之扶正，臣药之祛除湿邪，佐药之通利水道之前提，在于经络通达，气血通畅，以通经活血祛瘀之药味，如木香、香附、川芎、桔梗、牛膝等，使上下通达为使药；温病疫疠之病邪暴戾，可浸淫五脏六腑，十二经，奇经八脉，引经之药味尤为重要，缺乏难以导引诸药各归其经。君臣佐使，由引经之药味导引，各归其经，各司其职。令正气正，温邪去，热毒泄，温病自除。具有扶正祛湿邪，清热解湿毒，通经活络，活血祛瘀，醒脾健胃，渗湿利尿排毒，解病毒、细菌等疫疠之气的功效。

3. 结合治疗

治宜扶正固元、祛湿利水。方剂可以选择**清瘟败毒饮【方剂】**加减。

4. 紧急预防

鸡新城疫弱毒疫苗Ⅱ系或Ⅳ系1头份饮水，待鸡群恢复以后，42周龄以上鸡群可用鸡新城疫油佐剂苗0.5~1mL肌肉注射。

四 相关案例

1. 仔猪黄痢

【案例描述】某新建猪场，母猪配种前注射了猪瘟、猪丹毒、猪肺疫三联苗，O型口蹄疫疫苗，猪细小病毒疫苗，并服用了左旋咪唑驱虫，但未注射黄白痢双价苗。某晚2头母猪产仔2窝。2窝仔猪生下数小时饲养员发现仔猪零星拉稀，次日清早饲养员进圈后发现已有3头仔猪病死，检查后发现2窝新产仔猪均有不同程度发生拉稀，2窝（17头）仔猪发病率100%。

【辨证论治】初生仔猪正当稚阴稚阳、气形不足、卫气不固之际，很容易感受疫毒或外邪而引起腹泻。当饲养管理不善，如猪舍阴冷、潮湿、闷热，吃食粪尿、脏水等物；或气候骤变、感受寒邪；或母猪乳汁不清，仔猪食乳过多；或母猪吃食营养不全、食用霉败饲料，以及年老、瘦弱、泌乳不足，致使仔猪先天发育不良，后天营养不足等，均可导致脾胃虚弱和抵抗力降低。暑湿热毒乘虚侵入胃肠，引起脾胃腐熟、运化失职，清浊不分，混杂而下，而成拉稀。毒邪滞留肠中，使肠道气滞血瘀，化为脓血，故下痢色白或带脓血。健康的猪吃食了被病猪粪便污染的食物，也可引起感染。主证：同窝1月龄仔猪多相继发病，病后很快出现拉稀，粪呈白色、灰白色或灰褐色，稀糊状，有腥臭味并混有黏液，有时带血。病初精神、食欲正常，一般无热或仅有微热。随后精神沉郁，食欲减退，饮欲增加，逐渐消瘦，被毛粗乱，行走摇摆，畏寒发抖，肛门周围、尾巴和后腿被稀粪玷污。病至后期，肛门松弛，排便失禁，食欲废绝，阴液亏耗，眼窝凹陷，四肢厥冷，最后卧地不起，极度衰竭而死亡。能耐过的，生长发育受阻，变为僵猪。治则：病初以清热解毒为主，病久以健脾固涩为主。

【结合治疗】方药：白头翁散研细末灌服或水煎服，每日2次，每次6g。白龙散（白头翁6g、龙胆草3g、黄连3g，研细末用米汤调成糊状作为舔剂或水煎服。乌梅散煎服。针治：取**后海【穴位】**、**百会【穴位】**、**脾俞【穴位】**、**后三里【穴位】**，采用毫针、电针均可；水针用穿心莲注射液**交巢【穴位】**注射，每次2mL，每天1次，连用3天。

【预防措施】对病猪应及时隔离治疗，并对猪舍进行清扫消毒，防止扩大传播。为了防止本病的发生，要加强对孕猪和哺乳仔猪的饲养管理。猪舍保持干燥、清洁、阳光充足、通风良好。注意避免风寒，圈舍定期消毒。仔猪应多晒太阳，多运动，适当提前补饲。母猪哺乳期保持乳头清洁，给予易消化且富有营养的饲料，定时定量饲喂，以增强仔猪的抗病力。

2. 慢性猪瘟

【案例描述】某养殖户有生猪约 40kg，生病 6 天去诊治，检测体温 40℃左右。表现症状：体温时升时降，食欲时好时坏，便秘和腹泻交替发生，猪的耳尖、尾根和四肢皮肤经常发生坏死，病程较长，可超过 1 个月左右。

【结合治疗】（1）药方。化药针剂：青霉素 80 万 IU7 支，复方氨基比林注射液 20mL，安乃近注射液 10mL，地塞米松磷酸钠注射液 7mL。中草药针剂：双黄连注射液 20mL，柴胡注射液 10mL，鱼腥草注射液 10mL。中西药混合，肌肉注射，一天一次，连续 4~5 天治愈。（2）针疗。主穴：**人中【穴位】、耳尖、尾尖、滴水【穴位】**。配穴：**涌泉【穴位】、百会【穴位】、承浆【穴位】、交巢【穴位】**。

【预防措施】春秋两季及时注射猪瘟疫苗，对同群猪要固定专人就地观察和护理，严禁转移，严防病毒扩散。

3. 猪瘟猪气喘病并发症

【案例描述】某养殖户有生猪约 60kg，生病 4 天去诊治，检测体温 40.5~41.5℃。表现症状为高烧不退，精神沉郁，不吃食，不饮水，怕冷，眼结膜潮红，粪便干而臭，而后转为腹泻。口黏膜和眼结膜有小出血点，耳尖、腹下、四肢内侧皮肤有出血斑点和紫斑点，体表淋巴结肿大，另外表现为呼吸困难（像拉风箱），呈腹式呼吸，吸气时腹壁呈气浪式抖动，趴地喘气，发出喘鸣声。

【结合治疗】（1）药方。化药针剂：青霉素 80 万 IU5 支，硫酸卡那霉素注射液 50 万 IU8 支，地塞米松磷酸钠注射液 10mL，安乃近注射液 25mL，氨基比林注射液 25mL。中草药针剂：双黄连注射液 10mL，鱼腥草注射液 20mL，中西药混合一次肌肉注射，一天一次连续 5~6 天治愈。（2）针疗。主穴：**苏气【穴位】、肺俞【穴位】、理中【穴位】、三里【穴位】**。配穴：**人中【穴位】、耳尖、尾尖、蹄叉、鼻梁【穴位】**。

【预防措施】（1）加强饲养管理、保持猪舍、饲养用具及环境的清洁卫生。注意保暖和干燥，增强猪的抵抗力。（2）用氢氧化钠溶液、草木灰或漂白粉消毒。

4. 牛流行热

【案例描述】某养殖场大量牛突然高热，体温高达 40~42℃，持续 2~3 天。心动过速，喘气、眼发红、流泪、泡沫状线性流涎，肺水肿，肌肉振颤，不食，停止反刍。个别患牛会出现腹泻、胃肠出血、胃溃疡、便血。有的患牛表现为神经症状，肢蹄无力、脚跛，继而发生瘫痪，或心脏突然停止。怀孕母牛流产、早产率高。经诊断，病牛恶寒战栗，继则突然高热 40℃以上，并维持 2~3 天。此时病牛高度萎顿，皮温不整。眼结膜潮红、肿胀，羞明流泪。鼻镜干燥，流鼻汁。口角大量垂涎，口边粘满泡沫。食欲废绝，反刍停止，常有轻度臌胀。粪便初干硬，后变软，个别的发生腹泻。尿量减少，尿液混浊。病牛呆立不动，强使行走，步态不稳，并可因关节软肿和肌肉疼痛而引起跛行，甚至卧地不能起立。奶牛产奶量迅速下降或完全停止。妊娠母牛可发生流产、死胎。

【辨证论治】该病皆因气候骤变，饲养管理不善，家畜受风、寒、暑、湿外邪的侵袭，抵抗力减弱，导致机体正气不足，腠理不固，疫疠之气（牛流行热病毒）乘虚而入，遂成此寒。临床表现为突然发病，体温居高不下，呼吸紧迫，心跳疾速，全身颤抖，四肢拘紧，咳嗽流涕。针对外感风寒型，治宜辛温解表，疏风散寒，方用**荆防败毒散【方剂】**。针对外感风热型，治宜辛凉解表，宣肺清热，方用**银翘解毒散【方剂】**加减。针对外感风湿型，治宜清热解表，化湿通络，方用**九味羌活丸【方剂】**加减。

【结合治疗】（1）化药：该病无特效药，以对症治疗为主。只要处置得当，病牛 2~3 天可治愈。黄芪多糖 50mL 加生理盐水 1 000mL 静注，每天 1~2 次；穿心莲针剂肌肉注射，每千克体重 0.1~0.2mL/次，一天 2 次。（2）中药：治宜辛凉解表，清热解毒。①二花、连翘、芦根各 45g，桔梗、薄荷、竹叶、荆芥、牛蒡子、淡豆豉、甘草各 30g。水煎候温一次灌服，一天一次，连用 3 天。②羌活、防风、苍术各 50g，细辛 30g，川芎、白芷、黄芩、甘草、生姜各 45g，水煎候温一次灌服。一天一次，连用 3 天。③板蓝根注射液 20mL，肌肉注射，1 天 2 次，连用 3 天。

【预防措施】每年 5~6 月份接种奶牛流行热疫苗，能够有效地预防流行热。

项目十六 中西兽医结合诊断技术

学习目标

总体目标：掌握望、闻、问、切和四诊合参技巧，学会利用"四诊"获得兽医临床与综合辨证论治的能力。

理论目标：掌握望诊、闻诊、问诊和切诊相关知识点，了解四诊合参和谷道入手法等基本知识点。

技能目标：掌握望诊、闻诊、问诊、切诊四诊技巧，获得用四诊手段搜集症状的能力，初步掌握四诊合参与谷道入手法技能，获得四诊材料综合分析和谷道入手法搜集症状的能力，具备一定的疑难杂症处理能力。

任务一 望诊

望诊

望诊是诊者运用视觉来观察机体神、形、色、态以及分泌物、排泄物的色质等异常变化，借以了解病情轻重缓急和病性寒热虚实的一种诊断方法。本任务通过望神、望形等，以望全身，通过望脏腑官窍色、泽、功能等，以望局部，介绍望诊的基本知识和望诊基本技能。

一 望全身

在兽医望诊时，应由远及近，不要急于接近病畜，应站在距离病畜适当的地方；由面到点，对其全身各部进行一般性观察，然后再接近病畜；由前向后；由上而下；从左到右；详细观察，并重点深入；有目的地进行局部望诊，以获得可靠资料。

（一）望神

神，即精神，以先、后天精气及其所化生的气血津液为物质基础。神是机体生命活动的总体现，精是神的物质基础，神是动物生命活动的外在表现，精能化气，气能生神，精充、气足则神旺，精亏、气虚则神衰，多从眼、耳及形态上表现出来。通过望神可判断正气盛衰，了解脏腑精气的盛衰，判断病情的轻重和预后。如家畜精神饱满，眼明有神，两耳灵活，呼吸平顺，行动自然，反应敏锐，表示正气充足，即或有病亦不甚严重。若精神不振，头低耳耷，眼闭无光，好卧懒动，行动迟缓，反应迟钝；或眼急惊狂，狂奔乱走，不听使唤；或痴呆不动、麻木不仁，表示正气已伤，病情严重，预后可疑。所以观察精神，可辨病邪深浅。

（二）望形

形，即机体形态，指机体的动静姿态。由于畜种种属不同，在正常时也各有不同表现。猪：贪食喜卧，行走时常用嘴拱地，不断摆尾。牛：除采食外，常侧卧于地，间歇性反刍，舐鼻舔毛。马骡则多立少卧，轮歇后蹄，姿态安静自然。观察畜禽的体格和营养，以推测疾病的虚实。一般发育正常，骨骼坚实，肌肉丰满，皮毛光润，表示体内气血平和，发病多属新病、实证；若发育不良，躯体瘦弱，毛焦欣吊，四肢倦怠，表示体内气血不调，正气不足，发病多属久病、虚证。部分典型病态阐述如下。

痛证：病畜表现起卧不安，拱背缩腰，回头顾腹，蹲腰踏地，或前肢刨地，后肢踢腹。马属动物还可出现起卧滚转。

寒证：病畜表现形体蜷缩，避寒就温，精神倦怠，二便频繁，行走拘束，两膁颤抖。由于受寒的脏腑不同，其姿态也不一样。

热证：病畜表现头低耳耷，见水急饮，避热就荫，张口掀鼻，呼吸喘粗。由于受热的脏腑不同，其姿态也有不同的表现。

风证：病畜表现痉挛抽搐，狂奔乱走，咬人踢人；或牙关紧闭，尾紧耳直，四肢僵硬，角弓反张，口眼歪斜，不断垂涎；或突然倒地，昏迷不醒，二便失禁；或痴呆站立，头垂于地等姿态。

虚证：病畜表现精神萎顿，毛焦膁吊，四肢无力，喜卧懒动，动则气喘，咳嗽连声等症状。

危证：病畜表现萎靡不振，喘息低微，汗出无休，步态蹒跚，倒地不起，或四肢划动，头颈贴地等濒死姿态。

 望局部

（一）望色

色诊是中医诊断疾病的重要手段，是望诊的主要内容。中兽医的察色主要是指可视黏膜颜色，主要包括唇色和舌色。可视黏膜颜色的形成和变化首先由血液的颜色来决定，血色由血液的成分来决定，并受循环和代谢功能的影响。血液的颜色主要决定于血中氧和二氧化碳的含量，血液中的碱储和代谢所产生的各种物质，还决定于有无溶血现象，胆素的含量，以及血流速度、黏度、浓度等因素。动脉血含氧多、代谢物少就呈朱红色，静脉血含氧少，含二氧化碳和代谢物多，血色就发绀呈青色。有溶血现象时，或者血中胆固醇、胆色素过高，则血色呈红黄，胆色素能将细胞黄染，出现口色黄。贫血或稀血症时，血液中的血色素和红细胞减少，血色淡，口色就呈现淡白、苍白。当口腔内充血时，如为动脉性充血，则口色红赤、红绛（紫），如为静脉性充血，则口色呈绀、青、黑。

健康动物血液的颜色一般是朱红色，俗称鲜红色。口色在疾病过程中变化多端，发生变化后可变成黄红、暗红（绀）、红和紫色等色。色的变化决定于血液的成分（即血内代谢物和养分），决定于血红素的多寡、循环功能、覆盖层的厚薄和色素沉积。中兽医常说的"口色青""口色白""口色淡""口色黄""口色黑"，是血液通过脉管、细胞组织、黏膜或皮肤时，映现于外的颜色。实验证明，当血液呈朱红色时，家畜的口色表现为白里透红的红色；血液呈红色时，口色就是淡红（微红）或淡白色；血液颜色发绀（绀为赤中带青的颜色，通常静脉血就是发绀的颜色），则口色呈青或淡青色；血液呈栝蒌实色（黄红色），口色则呈黄色；血液呈暗紫色（赤而带黑紫），口色就呈现黑色（暗红色）。其中家畜口色黑是指暗紫色、乌青色，但习惯以口色黑来代表它。

1. 口色淡和口色白

白色主虚、寒。多为气血不足、阳气衰弱的表现。淡白为气血虚。苍白为气血极度虚弱。青白为脾胃虚寒。口色淡是常见的一种口色，它比桃花色（粉红）还淡些，是红少白多，但仍可见到红色（微红色），如果血色全无或很少则为口色白；如果血色全无，连及口唇、齿龈均苍白无华，则为口色苍白，苍白是灰白色。

首先，口色淡可见于贫血症、血症、寒湿证、气血两虚证等，较常见于贫血症、稀血症，更常见于阳气虚的寒湿症。寒则舌色、口色白，湿盛则舌质胖嫩而呈胖嫩的淡白舌。气血两虚时口色也呈淡白。血虚可因血量减少，红细胞、血红素降低而口色淡白；亦可因阳气虚，命火衰微，不能使血充盈于上，此时血量、血红素虽未减少，也出现淡白的口色。

其次，口色白主要见于虚证和寒证，偶尔见于热证中的虚热证。虚证家畜多见于饲养管理不良，营养不足，使役过度，寄生虫引起的贫血，以及蛋白质代谢失常为主候的病证。口色淡白色与畏寒怕冷，肌颤毛耸等症状同时存在，即具有虚寒证的表现。寒证的出现多与新陈代谢减慢、机体内氧化代谢不全、末梢血管收缩、血液充盈不足、血液运行流速减缓等因素相关联。因而口色淡白往往与脉象中的虚脉、细脉、沉微脉、滑沉脉相联系。由于大量内出血，体表血液不足，因而口色如绵（像丝绵的白色）。尿血症是慢性出血，或为溶血症的表现，亦见于营养缺乏引起的代谢紊乱，如缺磷引起的血尿症。尿血日久必引起贫血，因而口色白。慢症、胃寒不食草都以少吃少喝为特征，这样时久必然引起贫血，甚至恶病质的出现。瘦瘠是营养缺乏兼有体外寄生虫症，常与维生素缺乏有关，但不一定贫血。肺寒吐沫、冷痛、阴肾黄、肺气痛等都是口色白，但不一定贫血，只是因寒、因痛而产生口色白。如，冷痛是典型的痉挛疝，由于内寒引起腹内血行障碍，使肠管痉挛，腹内疼痛剧烈，反射性地引起血向内脏聚集，血行受阻而迟缓，外周缺血使口色苍白。当痉挛剧烈，引起肠套叠、肠扭转，发生肠坏死时，则口色变为青紫或青黑。阴肾黄是后躯发生瘀血性充血，血行趋向于后腔动脉，前躯血少而口色淡或白。阴肾黄症的尿内蛋白增多，体内消耗蛋白量增多，也是引起口色白的一种原因。

2. 口色红

红色主热证。多为感受热邪或阴虚火旺所致。健康动物的口色鲜明光润如桃花、莲花色，呈淡红、粉红色。如果口色朱红、红赤，或红而带绛（深红）则为病色。通常热性病口色多赤，初期多为红，病加深则出现红赤，再进一步加深发展就成为绛紫，再加深就发绀发紫。微红见于轻型热证。鲜红为热在气分。深红为热入营血或阴虚火旺。舌尖红是心火上炎。舌边红是肝胆有热。

现代医学认为舌质红绛形成的原因是多方面的。如感染、发炎、发热、体温升高时口色多红。舌色红时舌的固有层中的血管明显扩张，丝状乳头萎缩，使血色易于透出形成赤红舌；细菌产生的毒素使末梢血管扩张，口色红赤。缺乏烟草酸时舌尖和舌边红肿，进而舌质光滑而红；缺乏核黄素时舌体充血，舌光无苔而色红，舌面乳头突起而干燥；缺乏蛋白质饲料时，血清蛋白低，舌上皮萎缩，丝状乳头萎缩，形成舌面光滑的红舌。疱疹性传染病、烧伤烫伤、肌炎等可见舌面红刺。这是由于黏膜下固有层中血管充血，舌面角化物脱落，丝状乳头转成蕈状乳头的缘故。恶性贫血时舌质发红，面口腔黏膜苍白萎黄，这是由于舌质发炎所致。舌色红白瘢剥相杂，这是一种良性游走性舌炎引起的症状。发炎部位周围边缘凸起，上皮剥落而红赤，未发炎部位色正常，因而形成花剥舌。心痛症的"口色如花脉带洪"就是这种舌色。

口色红，均为热证，没有寒证。虚证、实证、虚实夹杂证均可出现口色红。表证、里证也均有口色红的表现，但以里证为主，属表证的少见。但虚、实、表、里四证的口色红时，必与热证相联，即为虚热、实热、表热、里热证时才会有口色红的证候。其中，实热证是阳有余，乃由外感温热之邪，或由风寒化火而成。如见紫绛，为热病亢盛时期。此时过热伤津，故口干舌燥，甚至舌上起刺。虚热证是由于阴液不足，相对的表现为阳有余，也表现为口色红，舌底无津，舌面无液。二者的区别点在于实热证病畜口渴喜饮，脉洪数有力；虚热证患畜口渴，不欲饮水，或虽口干，饮一口即止，甚至不欲咽下，脉细数无力。

口色红时舌体多干瘪，这和口色淡白恰相反。热证使组织中水分消耗增加，严重时使组织脱水，因而形成口干舌燥唾液黏稠而少，舌津全无，以手摸之毫不沾指；如果口色淡白而舌干瘪，则为虚热症，或真寒假热证。

3. 口色黄、口色青、口色黑

首先，黄色主湿。多由肝、胆、脾的湿热所引起。口色黄不包括舌苔色黄，而限于舌质、唾液阜（卧蚕）、唇内黏膜等口腔内黏膜层的颜色。口腔黏膜色黄是由于胆色素将细胞组织黄染。中医认为是伤湿。湿热黄疸为阳黄，寒湿黄疸为阴黄。唇色黄和灰黄常见于贫血或恶病质。一般脾绝症可见口色殊黄，脱肛症可见口色微黄，伤水症可见舌色青而唇色黄，慢肠黄可见脉洪色黄。黄染黏膜多为黄疸症。黄疸的产生有溶血性病症引起的脾黄症；有因肝脏发炎引起的肝因性黄疸，即肝黄症；有因胆囊阻塞胆汁不能排出引起的阻塞性黄疸，即胆胀症（肝素胀）。这些病使血液内胆色素增高，胆色素把细胞组织染成黄色，因而出现眼色黄、口色黄的情况。其中，在胆塞性黄疸症时，由于胆汁排不到肠管内，胆囊胀大。至于脱肛症常见的是中气虚病例，或因腹泻日久而脱肛，口色常是淡白。湿热内蕴的肠炎腹泻可见舌质红，唇色白，舌苔黄，只有当肝功能受到扰乱时，可见口色微黄和青黄，主要表现于唇色，舌质最多为黄红色。

其次，青色主寒、痛、风，多为感受寒邪及疼痛的象征。青白为脏腑虚寒。青黄为内寒挟湿。青紫为寒极、肝风内动或气血瘀滞。青紫兼口津干燥晦暗者为气滞血瘀，兼口津滑利者为里寒极盛。舌质发青色，唇色发青，一般均认为是寒证，主有瘀。寒邪直中肝肾则口色青，如水掠肝、肠入阴症；或者为瘀血内积，伤水症、草噎、脾虚湿邪等症状由于发生静脉性充血（血瘀血滞），亦可出现口色青。因病而出现的口色青多见于临死之前，以青色体现血氧少、血行瘀滞、呈静脉血或静脉性充血。青紫口色常见于缺氧而体温升高的病例，病畜呼吸困难，肺部瘀血，使血内还原血红蛋白增加。亦见于中毒和心力衰竭时，实热证血流凝滞亦可出现此种口色。当舌底两条青筋暴露（静脉努张）时，表示静脉压增高，静脉血流凝滞，此时出现青紫口色。静脉压增高常见于上腔静脉瘀血、充血性心力衰竭和肝静脉瘀血、肝硬化、肝肿大、寄生虫阻塞门静脉（肝吸虫病等），此时均可出现青紫口色。

第三，真正的黑色在临证中并不多见，一般指青紫而灰暗。黑而有津者为寒极，黑而无津者为热极，皆属危重病候。青和黑在口色上只是病情程度上的差别，黑一般较青更严重些，常见的黑色是指青黄、青紫两种颜色。其中，青黄是淡红之中混以青蓝，加上舌面丝状乳头增生而成的薄黄苔，因而形成青黄色，此种黄苔由于是乳头增生形成的，故不易去掉。唇色青黄、口色青黄常见于慢性病，病畜贫血、心力衰弱、消化吸收紊乱、营养缺乏等病例，并且多由淡白口色转变而成，多为虚寒证。

4. 苔色变化

舌苔覆盖于舌背面表层，为察口色的一项重要内容。外感内伤，脏腑失和，则舌上生苔，因而中医都十分重视舌苔的诊断。但草食动物苔色常受青草色泽所染，使之出现青绿、黄绿等颜色，须加注意，以免误诊。健康动物的舌上往往有一层润泽的薄白苔。牛由于用舌前端采食，这些薄苔就被磨掉了，但舌体中后部仍然有苔形成，其他动物的舌面上均有苔形成。舌苔又叫苔垢，是舌面丝状乳头形成的角质层，将饲料的细粉沉渣和脱落的舌面上皮细胞沉积在一起，形成一层苔垢。临床检查数日不食的病牛即可见到舌上的苔垢。苔垢的形成与食欲和消化吸收功能有关，因而古人认为苔垢代表着胃气，薄白苔代表着胃中的生气。动物患病常见的苔色有白苔，黄苔两种，其他颜色的少见。苔色与脏腑的关系是：白苔，病在表；黄苔，病在里；灰（黑）苔，病在肾；苔色由白变黄，由黄而黑（焦黄、暗褐色），体现病情加重加深；苔色由暗褐（黑）转黄，由黄而白时，体现病情逐步减退。从病理组织学角度看，舌苔的形成机制是舌面丝状乳头分化成角质层，在这不透明的角质层中有脱落的角质上皮、唾液、饲料粉渣、真菌、细菌和各种杂质，这种脱落的角质上皮为水浸润即呈白色。厚白苔的丝状乳头角质突起增多，并且排列紧密，使其见不到舌质颜色。薄黄苔时，丝状乳头的分枝也增多，同时分枝的角质呈黄色。这种苔色有时可为健康家畜的口色。厚黄苔时丝状乳头的角质突起增长，有时自基底层即开始分枝，以致形成发状而倾侧于一方，用指甲刮削也不易刮下。从中兽医辨证看，苔黄而燥，舌体干涩为实火；如果苔黄而腻，滑利多津则属湿热证。

白苔主表证、寒证，外感风寒，苔薄白而滑；寒湿内蕴，苔白滑而腻；苔白而厚，多为胃寒和食积不化；寒邪化热，苔白中夹黄。苔薄白而滑多为外感风寒。苔白滑而腻多为内有寒湿。苔白中带黄，多为病邪化热，由表入里，表示病情发展。

黄苔主热证、里证。里热重则苔黄厚色深；胃热伤津，热甚则苔黄而燥；苔黄薄腻为湿热；苔黄厚腻，常见于食滞，多为外感风热；苔黄而燥，多为胃热伤津。苔黄而腻，多为湿热，黄色越深，表示里热越重。

苔色灰、黑在家畜较罕见。现代医学认为，慢性感染和由于恶性疾病引起的口腔健康状况恶化是造成黑苔的原因。真菌、细菌和碎屑是产生黑苔的外在条件。灰黑苔多主热证，亦主寒湿证或虚寒证，多见于疾病的严重阶段，但应注意与吃草料等染色相区别。舌苔灰黑而干，属热炽伤阴。苔灰黑而润，多属阳虚寒盛。

（二）望泽

色属血，泽属气。气是指机体内各种生理功能，以及推动功能进行活动的物质变化，而不是指气体、空气或内外呼吸，但包括肺呼吸的气体交换和细胞组织间的气体交换（内呼吸）。机体内的气有元气、宗气、营气、卫气和各脏腑之气。其中元气为诸气之本，口色中的光泽度由元气决定，从生命开始活动时起，元气就存在于组织中，元气贯穿于生命的始终，与细胞组织的新陈代谢相一致，口色中的光泽度体现着细胞组织的荣枯。

第一，当细胞质地透明有光泽时，口色也就有光泽。这种光泽代表着生机盎然和抗病活力强。表示机体防卫功能未受到破坏，细胞组织未发生病理变化，属机能障碍产生的病象，因此病虽重，还是可以治愈的。因此，可视黏膜荣润光泽者，为脏腑精气未衰，属无病或病轻。

第二，凡可视黏膜晦暗枯槁者，口色无光泽，表示细胞组织已发生变性或损害，为脏腑精气已衰，属病重。口腔黏膜细胞组织的损害一般是在神经、血管、心脏、肝脏、肾脏受损害之后开始的。因此，口色无光泽是难治的病证，在过去更认为是死证的表现。

(三) 望津液

津液的变化，可表现为口腔内津液变化。而正常唾液透明、无色、微黏。唾液的分泌来自耳下、颌下和舌下三腺体，三者分泌的唾液成分不一样。耳下腺分泌的唾液为水样液，是含有大量消化酶的浆液，没有黏液；舌下腺则分泌大量黏液状的消化酶；颌下腺分泌的唾液含有水样浆液和黏液两类。当三种腺体分泌的唾液量比例发生变化时，唾液的黏度即发生变化。

分泌量减少则舌津少，津少则口干，分泌量过多则可出现流涎症。唾液的分泌受神经控制，当分泌唾液的神经受到刺激时，唾液分泌增多，产生多涎。如延髓麻痹，副交感神经受刺激，口腔内有炎症病变，消化器官的反射性刺激，都可促进唾液的分泌。而剧烈疼痛，水分代谢障碍，发热则可使唾液分泌减少，出现口干舌燥现象。副交感神经受刺激发出冲动讯号，分泌的唾液多为水样液，内含盐类和酶，形成滑利的舌津；受交感神经冲动分泌的唾液，内含有机质和酶，形成黏的唾液，呈沫状。胃寒吐涎，肺寒吐沫，以及胃寒涎清，胃热涎黏，就是唾液分泌的这两种机制。因此从涎的黏稠度可以判定病性的寒热和脏腑的所属。寒是滑利，热则黏稠；寒则涎多，热则津少。

(四) 望重点脏腑官窍的色、泽和津液

1. 望眼

肝开窍于目，五脏六腑之精气皆上注于目。因此，眼的变化，不仅与肝有关，而且与全身五脏六腑都有着密切的关系。望眼除了在望神中有重要意义外，还可测知五脏的变化。健康家畜眼珠灵活，明亮有神，结膜粉红，洁净湿润，无眵无泪。若目赤红肿，流泪生眵，多属肝经风热或肝火上炎。白睛发黄，多为黄疸。眼睑淡白，多为气血亏虚。眼睑浮肿，多为水肿。眼窝下陷，多为津液亏损。目眦赤烂，多为湿热。闪骨外露为破伤风。瞳孔散大或缩小，多为中毒和濒死期。

2. 望耳

耳为肾之外窍，肾之病证多从耳上表现出来，望耳的形态可以测知动物精神好坏与肾及其他脏腑功能。健康动物两耳灵活，听觉正常。两耳下垂、歪斜、竖立、唤之无反应均预示相应疾病的发生。若两耳下垂无力，多为肾气亏乏，心气不足，劳役过度或久病重病。若见单耳松弛下耷，兼有嘴眼歪斜，多为歪嘴风（颜面神经麻痹）。若两耳直立，且不灵活，伴有全身肌肉僵直，多为破伤风。两耳歪斜，前后相错，多为失明或耳聋。两耳背部血管暴起并延至耳尖，多为表热证。两耳凉而背部血管缩而不见，多为表寒证。耳根生黄或溃烂，多为肾热。

3. 望鼻

鼻为肺之外窍，故肺之病证多从鼻上表现出来。鼻液的性状对病性病位有一定的诊断意义。鼻流清涕为外感风寒。鼻流浓涕为外感风热。浊涕腥臭为鼻渊。鼻液灰白污秽，腥臭难闻，多为肺痈。鼻孔开张，鼻翼煽动，兼有气促喘为肺经实热。正常情况下，鼻镜湿润，且有少许水珠存在，触之有凉感。牛鼻镜干热无汗，多为感受热邪。鼻汗不成珠，时有时无，多为感冒或热性病初期。鼻镜干热无汗而有裂纹或鼻冷，则多见于百叶干和其他重病后期。

4. 望口唇

口唇为脾之外应，唇的变化多与脾经有关。健康动物口唇端正，运动灵活。若口唇歪斜，为歪嘴风。口唇肿痛、糜烂，多为脾胃有热。上唇揭起多为脾寒。唇紧牙闭多为风证。口唇

下垂多见于中毒或病危。

5. 望皮肤

被毛整齐有光泽，体表皮肤没有斑疹等病变。观察体表是否有出血性红斑点及斑点特征，在诊断常见传染病时有较大意义。

6. 望胸腹

健康家畜的胸腹大小适中，左右对称。牛因瘤胃偏向左侧，常在采食后左侧较右侧稍微突出。母畜怀孕后，左右不对称，不可视为病态。若胸前明显肿胀多为胸黄。胸围臌大，左侧䁻窝胀满，多为气滞肚胀。腹底脐边肿胀，界限明显多属肚黄。腹大下垂，䁻窝凹陷，多为宿水停脐。

7. 望四肢

指观察四肢站立和走动时的姿势和步态，以及四肢各部分的形状变化。

8. 望二阴、乳房及粪尿

二阴指前阴和后阴。前阴指外生殖器，注意观察阴茎的功能、形态，阴门的形态、色泽及分泌物的情况。后阴指肛门，观察时注意其松紧、伸缩及周围的情况等。

在奶山羊、奶牛检查时尤其要注意乳房的观察，注意其对称情况、大小、形状、外伤、皮肤颜色、疹疮及挤乳时患畜的表现、乳汁的颜色、黏稠度、是否有絮状物及混杂物。此时最好结合触诊（温度、质地、结节）进行。

一般说，粪便干燥，尿液短赤多为实热。粪便稀溏，尿液清长为虚寒。粪下赤白，排出不畅多为大肠湿热。粪便中混有血液为便血，便初见血，血色鲜红系近端（直肠或肛门）出血；血液混杂在粪球之中，粪色暗红或黑色系远端（胃、小肠及大肠前部）出血。尿中带血为血尿，排尿不出为尿闭，滴沥涩痛为淋证。

（五）望重点脏腑官窍的功能

1. 望呼吸

出气为呼，入气为吸，一呼一吸，谓之一息。健康家畜的呼吸动作是胸腹同时起伏活动，呼吸平顺，协调自如，每分钟的呼吸次数为：马、骡8~16次，牛10~30次，猪10~20次。呼吸异常往往与肺有关，其他脏腑功能失调也可影响气机，而造成呼吸功能的变化。呼吸慢而低微多属虚证、寒证；呼吸快而粗大属于实证、热证。呼多吸少为肾不纳气。腹式呼吸，多属胸部痛证。胸式呼吸，多为腹部疼痛。张口掀鼻，吸气短而呼气长；或呼吸微弱，气不接续；或呼吸深而迟缓，时快时慢，多为危象，预后不良。

2. 望消化

健康家畜食欲旺盛。当发生疾病时，可使饮食欲发生异常。见水急饮，多为热证或津伤。见水不饮或喜饮温水为寒证。见水急饮，但口不能开，多为风证。饮水从鼻中返出多为咽喉肿胀。食欲减退多为新病轻浅；食欲废绝，多为病重；采食不敢下咽，多为牙齿疾患或咽喉肿痛。如病畜食欲逐渐增加，多为疾病好转的表现。

反刍是牛、羊、骆驼的正常生理现象，正常情况下，反刍的次数、时间均有一定的规律，多为食后30~60分钟即开始反刍，每次反刍持续时间在20分钟至1小时不等，每昼夜反刍约4~8次，每次返回口腔的食团约再咀嚼40~60次。在多种疾病过程中均可出现反刍障碍，表现为反刍开始出现的时间晚，每次反刍的持续时间短，昼夜间反刍的次数少以及每个食团的再咀嚼次数减少；严重时甚至反刍完全停止。如反刍迟缓或次数减少多为宿草不转、百叶干、脾胃虚弱等证。在疾病过程中，反刍恢复，预后良好；反刍停止多为病重的表现。

任务二 闻诊

闻诊

闻就是用鼻闻气味，用耳听声音，是指医者通过听觉和嗅觉了解疾病的一种诊断方法，包括耳闻和鼻嗅两方面。

一 闻声音

声音的变化可反映有关脏腑功能盛衰及病证情况。通过听其叫声、呼吸声、咳嗽声，从而判断机体功能是否正常。耳闻分为直接听诊法和间接听诊法两种。直接听诊法即用一块大小适当的布（听诊布）贴于被检部位，检查者将耳朵直接贴在布上进行听诊。此法常用于胸、肺部的听诊，其效果往往优于间接听诊。间接听诊法是借助听诊器进行听诊，听诊器的头端要紧贴于体表，防止相互间摩擦而影响效果。

1. 叫声

健康动物叫声洪亮、清脆，往往在恋群、觅仔、找母、饥饿、挣扎等情况下发出各种叫声。家畜患病后叫声的高低宏微常有变化。若叫声高亢，多属阳证、实证或病轻。叫声低微，多属阴证、虚证或病重。叫声怪异，多为邪毒攻心，病较难治。如声音嘶哑无力，多预后不良。

2. 咳嗽

健康动物一般不咳嗽。咳嗽是肺经病的一个重要特征。凡咳声低沉无力多属虚证，常见于劳伤久咳。咳声高亢有力，多为实证，常见于外感咳嗽。白天咳嗽频繁为阳咳，比较容易治疗。夜间咳嗽频繁为阴咳，治疗比较困难。咳而有痰为湿咳；咳而无痰为干咳。咳嗽连声、微弱无力、鼻流脓涕、气如拉锯，多属重证。

3. 呻吟

动物发出呻吟声，常为剧痛或病重痛苦的表现。马骡多见于冷痛、结症、肠变位、肺痈等；牛羊见于百叶干、创伤性网胃心包炎等；孕畜则为胎动腹痛。

4. 磨牙

磨牙是动物牙齿摩擦所发出的声音。一般见于心肝、肾经有病及脏腑疼痛表现。此外，有异食恶癖及虫积者，也可出现这一症状。

5. 嗳气

嗳气是反刍兽特有的一种正常生理功能，是反刍动物在健康情况下，胃气上逆而发生的一种声音，牛羊大约每2分钟嗳气一次，每小时嗳气20~40次。若嗳气减少，多为脾胃虚弱。嗳气增加，且有恶臭味，多为胃腑食滞。嗳气停止，多为病重的表现。马骡嗳气多为大肚结。

6. 呼吸

听呼吸主要是听取肺脏在吸气和呼气时由肺部直接发出的声音。健康动物呼吸平和，一般不易听到声音。听诊健康牛羊的肺部，在吸气时可听到"呋"的声音，呼气时可听到"呼"的声音。它是空气在毛细支气管与肺泡之间进出时发出的声音，其音性柔和。支气管呼吸音较粗，类似"赫"的声音，在呼气时容易听到，在肺的前下部听诊较为明显。患病后呼吸会发生相应的变化。若呼吸加快，声音粗大多为实证、热证；呼吸微弱，声音低沉，动则气喘，多为虚证、寒证。呼吸困难而促迫，甚则气如拉锯，多为病势重危。

7. 心脏音

心脏的听诊区位于左侧肘突内的胸部。健康动物的心脏随着心脏的收缩和舒张，产生"嘣"第一心音和"咚"第二心音，第一心音低而钝、长，与第二心音的间隔时间较短，听诊心尖部清楚。第二心音高而锐、短，与第一心音的间隔时间较长，听诊心的基部明显。

8. 肠音

肠音即腹部胃肠蠕动时发生的声音，主要通过腹部听诊获取。可将耳贴近腹壁、左侧肷窝或借助听诊听到。牛羊左侧肷窝处一般听到由远而近、由小到大的劈啪、沙沙音，到蠕动高峰时，声音由近而远、由大到小，直至停止蠕动，这两个过程为一次收缩运动，平均每2分钟4~6次。其他动物小肠音如流水，大肠如远方雷声，有一定的节律。若肠音增强，肠鸣如雷，多属虚寒证，见于胃寒、冷肠泄泻等证。肠音减弱或停止，多为胃肠积滞或便秘，多属实热证。

 嗅气味

嗅气味包括嗅口鼻气味、脓味、粪味，通常臭味大者多属热重、邪实证；臭味不显或略酸臭者多属虚寒证；有腥臭味者，多属化脓、坏疽之证。

1. 口气

健康动物口内无异臭。若气味酸臭，多为胃有积滞或胃热。气味腐臭多为口舌生疮或齿龈溃烂。

2. 鼻气

健康动物鼻无特殊气味。若鼻孔呼出臭气和鼻流臭涕，多为肺经病证。故有"气味臭烘烘，一定是肺痈"的说法。若一侧流豆腐渣样恶臭黏涕为脑颡；流黏稠腥臭涕者也可见于鼻蝇幼虫病。

3. 粪便

动物的粪便平常都有一定的气味。在某些胃肠疾病过程中，粪便的气味会发生异常变化。若臭味不显，粪便清稀，多为脾胃虚寒。粪便气味酸臭，多属伤食。若粪便腥臭难闻，属于湿热证，常见于肠黄、痢疾。

4. 尿液

在各种家畜中，马属动物的尿味较为浓烈，其他动物尿的气味较小。若尿液熏臭混浊，浓稠短少，多为湿热下注。尿液清长而气味不重者，多为虚寒之证。尿气腥臭，且颜色暗紫，多为尿血证。

5. 其他

其他危重病畜、某些瘟病、农药中毒、代谢疾病，常出现特异气味。

任务三　问诊

问诊

问诊是兽医通过询问畜主或饲养员对家畜病情进行调查了解的一种方法。问诊虽然对疾病的诊断有其重要意义，但还必须结合望、闻、切诊进行综合分析，才能得出正确的判断。

一　问发病及诊疗经过

从发病时间推测其疾病新久虚实，一般是新病多实，久病多虚。突然发病，病势急迫，常为瘟疫或中毒。由轻转重为病情在发展，由重变轻为趋向好转。若病情突然转剧，多为预后不良。询问是否进行过诊断治疗，曾诊断为何种病证及用药情况，疗效如何，以便为进一步辨证施治提供线索。

二　问饲养管理及使役

了解饲料的种类、来源、品质、调剂、喂法；厩舍保暖、防暑、通风、光照、饲槽、畜体卫生以及产奶量、肉用畜增重、幼畜的发育及役用畜的使役量、使役方法等情况，以便推论其病因病机。

三　问防疫情况

了解预防免疫接种情况及其免疫期，必要时还可了解疫苗的产地和批号，有助于排除某些传染病发生的可能性。

四　问既往病史及繁殖配种情况

了解以往发生过的疾病情况，有助于现病的诊断。如有过破伤，可能引起破伤风。有些疾病，如马腺疫、猪丹毒、羊痘等患过之后不再复发此病。公畜配种过于频繁，易患肾阳亏虚；母畜产前易患胎动不安，产后易发胎衣不下等证。

任务四　切诊

切诊

切诊是靠手指的感觉，在家畜体表或体内不同部位上进行切、按、触、摸、叩，以了解病变的一种诊察方法。如脉象的盛衰，体表的寒热，局部肿胀的性质，肠道的变化，卵巢及胎的发育情况等。一般都需要通过切诊才能了解。但也须结合其他三诊进行综合归纳、分析，判断病证。切诊包括切脉、触诊。

切脉

切脉又叫脉诊,是诊者用手指切按病畜一定部位的动脉,根据脉象了解和推断病情的一种诊断方法。脉象是脉搏搏动时的形象。血脉是气血运行的通路,气血循经脉输布全身,以营养各脏腑和组织,维持正常的机能活动。由于经脉与全身各部的关系极为密切,所以,当机体某部发生病变时,必然会影响气血的运行,而在脉象上发生相应的变化。通过动脉搏动的显现部位(深、浅)、速率(快、慢)、强度(有力、无力)、节律(整齐与否,有无歇止)、流利度(滑、涩)及波幅(大、小)等几个方面,得出的总的概念,叫脉的体状或脉象。

(一)切脉部位

1. 尾脉

即尾根腹面近肛门三节尾椎间的尾中动脉。用于牛、骆驼。

2. 股内脉

即股内侧的股动脉。用于猪、羊、犬。

3. 双凫脉

即颈基部的颈总动脉。用于马属动物。

4. 颌下脉

即下颌骨下缘的颌外动脉。用于马属动物、牛。

5. 臂内脉

即前臂内侧正中沟上端的正中动脉。用于马、牛、羊、猪、犬、猫。

以上脉位,除尾脉外,其余都是左右两侧对称的,由远心端至近心端,把手指按压的部位,分别命名为寸、关、尺。双凫脉则命名为左凫上、中、下三部,右凫风、气、命三关。并且分别配应五脏六腑(尾脉只分应上、中、下三焦)。

(二)切脉方法

1. 尾脉切脉

尾脉切脉时,诊者站在病畜正后方,一手将尾略向上举,另一手的食、中、无名指的指端腹面放在脉管上,拇指可放在尾根的背面协同保定。

2. 股内脉切脉

股内脉切脉时,诊者蹲在病畜的侧后方,一手轻握被诊肢,一手的手指由膝关节上部缓慢伸入股内侧,触及股动脉后推压定位。

3. 双凫脉切脉

双凫脉切脉时,诊者站在病畜侧方,一手按扶鬃甲,一手的食、中、无名指放在对侧的颈动脉上推压定位。

4. 颌下脉切脉

颌下脉切脉时,诊者站在病畜头侧,一手握住笼头或鼻环,一手的无名、中、食指顺序由颌外动脉切迹处向内布指。

5. 臂内脉切脉

臂内脉切脉时,诊者站或蹲在病畜的胸侧,一手按扶鬃甲,一手的手指由肘后缓慢伸入臂内,在正中动脉上布指。

在具体方法上，切脉部位要与心脏尽量保持在同一水平上。布指间隔要均匀，依脉位而灵活处置，双凫宜疏，颌下宜密，股内和臂内居中。指法上有三指总按、一指单按、举按寻等内容。三指平布同时用力按脉叫总按；一指用力，其余二指微微提起，按察一部脉则叫单按；轻按在皮肤上叫举，也叫浮取或轻取；重按于筋骨间叫按，也叫沉取或重取；指不轻不重，还可亦轻亦重，委曲求之叫寻，不轻不重也叫中取。此外，三部脉出现异常时，还需移挪指位，内外推寻。切脉时，要注意环境安静；待病畜停立宁静，呼吸平和，气血调匀后进行；诊者要调匀呼吸，全神贯注，仔细体会，每次诊脉时间一般不少于3分钟。

（三）脉象

脉象是指脉体和搏动的征象。通过手指切按，以分辨其部位深度、频率速度、搏动强度、充盈度、流利度、紧张度、搏动节律等，从而得出一个总的印象。有平脉、反脉、易脉之分。

1. 平脉

平脉，即正常脉象。其脉表现为：不浮不沉，不大不小，至数恒定，和缓从容，节律均匀。以和缓从容、节律均匀最为要领。健康动物的脉象也随季节气候和家畜的年龄、性别和体况等因素的变化与差异，而有一定限度的变化。如春季脉稍弦，夏季脉稍洪，秋季脉稍浮，冬季脉稍沉。故前人将正常脉象总结为"春弦夏洪秋毛冬石"。此外，幼畜脉象偏数而软，老畜则偏虚；膘肥的脉偏沉，体瘦的则偏浮；孕畜可见滑脉；剧烈运行和使役后，则脉数有力，这些皆非病脉，仍属正常脉象的范围。各种家畜脉搏的至数，中兽医是以诊者一息（即一呼一吸）来计算的。

表 16-1　各种家畜脉搏的至数

畜别	每息至数	每分钟次数
马骡	3	36~55
驼	4	32~52
牛	4	40~60
猪	5	60~80
羊	5	70~80
犬	5~6	70~120

2. 反脉

反脉即病脉，是指异于正常脉象的脉。病脉有许多种，形象各异，但其中的有些脉象，又具有共同特征，故一般多以浮、沉、迟、数、虚、实六种脉象为纲，分别为浮脉、沉脉、迟脉、数脉、虚脉、实脉等基本脉象，另外常见的脉还有洪、细、滑、涩等脉象。

（1）浮脉。浮脉脉位浅表，轻取即得，重按反而不显。浮脉为病在经络肌表的反映，主表证，亦主虚证，常见于外感初起。浮而有力为表实证，浮而无力为表虚证，也有内伤久病虚证见浮脉的，这是虚阳浮越之象，但脉象多浮大无力，不可误作外感论治，急性传染病初期亦多见浮脉。它在临床上可见于外感病、久病体虚及某些热性病初期，如感冒、大叶性肺炎、急性支气管炎及某些传染性疾病的初期。由于脏腑的表里关系，浮脉不仅主表证，有些里证（主要是里虚证）也可出现浮脉象。如恶性肺肿疽的晚期可见明显的浮脉象，说明脏腑已有虚衰的趋势，也说明肺合皮毛，与表有密切关系。浮脉在确定病位及指导治疗中有一定的意义，浮脉一般情况下大多反映病在表，再结合口色（如苔薄白）进行分析，就容易得出正确的结论。如风寒感冒，若脉见浮紧，苔薄白，则说明病在表而未入里，施以辛温解表之方药，就会获愈。

（2）沉脉。沉脉脉位低沉，轻取不应，重按始得。沉脉是表示脉位深浅的深位脉，为病在脏腑的反应，主病在里（即里证）。沉而有力为里实证，沉而无力为里虚证。因里证时血脉运行趋向脏病，如积食、冷泻、肠黄、结症及水肿、痰滞等脏腑积滞引起的腹痛，但也有表邪初感，风寒外束，脉不能外达而见沉脉的。有些健康而膘肥的家畜也可见到沉中带缓之脉，这是无病之常脉，不作病脉论。沉脉主病多与他脉兼见，如沉弦、沉细、沉缓等。若动脉血压过低，血管内压力降低，充盈量减少，血流速度相对减慢，使脉位变沉，如有些慢性消耗性疾病及营养不良、心血管疾病所致的低血压，均可出现沉而无力的脉象。此为阳气衰弱，里虚寒困之证。脾肾阳虚，则运化水湿之功能受碍，水液潴留于皮肤之间；或肾阳不足，气化功能低下，致通调水道之功能障碍，水液不能正常排出体外，滞留于体内而发生水肿，因之致脉见沉象。小动脉痉挛所致高血压时，可出现沉脉，如尿毒症等。沉脉虽多主里证，但表证时亦偶见之。当牛、羊外感寒邪而恶寒发热时，脉象常紧数而脉位偏沉，此为寒邪束表所致，多为一过性表现，当寒战停止，继续发热时，沉紧之象即随之消失。一般沉脉与其他脉象并见时，才具有临床诊断意义。如脉见沉细无力，常表示心脏功能低下，或存在心脏器质性病变，为慢性消耗衰竭的征象。

（3）迟脉。迟脉脉来迟慢，一息不及正常脉次。迟脉多主寒证，有力为实寒证候，如胃寒，冷痛等病证；无力为虚寒证候，如垂缕不收、胃冷吐涎、脱肛等病证。临床亦可见于寒性腹泻、腹痛、阴黄、湿痹等，但实热凝结肠胃、大便燥结者，脉亦迟而有力。迟脉在心脏病尤其是心肌病变的诊断上有着重要的临床意义。在病毒性心肌炎、急性心肌梗塞时出现迟脉，多表示预后严重，甚或有心脏骤停的可能；有窦性心动过缓、房室传导阻滞时见到迟脉，则提示窦房结功能明显衰减，应抓紧抢救。

（4）数脉。数脉脉来急数，一息超过正常脉次。数脉主热证，亦主虚证、实证、表热证、里热证。数而有力为实热证，数而无力为虚热证。多见于各种热性病发热时，或阴虚火旺等证。虚阳外浮时，亦可表现数脉，但脉浮数而无力。现代医学认为发热性疾病、各种贫血、急性心肌梗塞、急性心包炎、充血性心力衰竭、急性风湿热、心肌炎、急慢性肺部疾患等时均可出现数脉。就数脉本身来说，无特异性诊断意义，但它也像发热症状一样，常是多系统、多种疾病所引起的一种重要体征。在无病时，数脉是一种生理反应，在疾病情况下，数脉则是一个重要的病理体征。失血时（尤其是内出血时）的数脉，可作为判断继续出血与否的指标。家畜出血时，若脉率呈进行性增快，同时血压下降，则表示出血未止，应立即采取止血措施；若脉率不渐增，或有减少，同时血压回升，则表示出血已止，治疗有效。数脉本身不是一种危险的脉象，但在各种心脏功能受损的情况下，长期持续的数脉，使心肌呈持续性紧张、兴奋，得不到充分的休息而引起舒缩力减弱，则会导致心力衰竭，因此，临证时应视不同的病因，对数脉的出现分别对待。随着病情的加重，数脉可进展为疾脉，也可转变为解索脉。

（5）虚脉。虚脉三部脉举无力，按之空虚。主虚证，多为气血两虚，见于久病、重病所致的脏腑气血虚弱证。虚证是临床上常见的证候之一，而虚脉又是表现虚证的主要指征之一。一般地说，大多数疾病若病期延长到一定时间，都会引起病畜气血虚弱，尤以慢性消耗性疾病及重危病最为明显。从中兽医的角度讲，疾病是耗损畜禽气血及至生命的邪气。正常而平衡的气血体系维持着畜禽的生命，一旦气血受损，失去平衡，其生命也就会受到威胁。从这个意义上讲，虚脉不失为尽早察觉病畜气血虚弱的较为可靠的信号。从现代兽医学的角度讲，当病情发展到一定程度，病畜心脏功能就受到影响，心脏泵血能力减弱，则搏血量减少，血管阻力降低，故脉虚软无力。从这个意义上说虚脉又是反映病畜心血管系统严重病变的一个信号。所以说，虚脉在久病及重危病的病情预后中有着重要的指导意义。当久病及重危病畜见到此脉时，说明其气血俱虚，应立即采取气、血双补的措施进行治疗，也许会收到满意的疗效，否则就会贻误病程，造成损失。

（6）实脉。实脉三部脉举按皆有力，主实证，多见于新病正气尚强、邪气亢盛的病证，如瘀血、狂躁、便秘、高热、痰食积聚等病症。实脉主邪气有余而正气未虚的实证。它们大多数属于交感神经兴奋性增高的病证，早期切诊见到实脉的病畜，说明其正气尚强，但邪气有余，处于正邪相持不下的搏斗阶段。若这时采取助正攻邪、通利的治则，并适度降低交感神经的兴奋性，就可能达到治愈的目的。若拖延时间较长，邪气愈进而正气退，直至正气耗尽，这时治愈的希望就不太大了。所以及早确诊，及早治疗，在临证和治疗中是非常必要的。

（7）洪脉。主血气燔灼，热盛阳充的热盛实证。狭义地说，常见于温热病气分热盛阶段或急性传染病高热期以及肺痈、肠黄、三焦积热等病证。广义地说，多见于各种热性病的发热阶段。洪脉在临床上经常见到，对确定诊断、指导治疗有一定价值。若发热性疾病脉见洪大者，多表示毒热极盛，容易导致心阳衰竭而转为脱症，故应视为重症，并急速救治。在治疗过程中，若热度渐降，脉形逐渐变细，脉率逐渐减少至正常者，为病退向愈的表现；若大汗淋漓，体温骤降，脉转为细数无力者，则多为逆象，表示病情恶化，是阴阳离绝的前兆，应当救阴补液，回阳救脱。若大出血、久泻等病见到洪脉，则为虚阳外越之象，多预示病情危重。

（8）细脉。细脉为气血两虚，诸劳虚损，常见于久病血虚或气血两虚、贫血等慢性疾病，以阴血虚为主，又主湿病。细脉为临床上常见的脉象之一，其病理反应为血管收缩，管径变细，当病畜因失血、失液出现细脉者，表明其阴液丧失量较大，致有效循环血容量严重减少，应立即采取止血补液的措施进行救治。若患畜因心脏疾病而出现细弱脉象者，表明其心阳虚衰，有欲脱之兆，在治疗时应益阳生脉等。所以，临床上在某些危重病、疑难病中见到细脉，常反映疾病的病理变化及病情之进退吉凶，对疾病的诊断及预后具有指导意义，在辨证治疗中起重要的作用。

（9）滑脉。主痰盛、宿食、实热等病证。孕畜也可见到滑脉，这是气血充盛而调和的表现，不属病态。一般地说，有病而见滑脉，是为顺。滑脉反映畜体有无疾病，可根据具体的临床症状而定。若在配种 3 个月左右时出现充盛有力的滑脉，可视为妊娠表现。灌服川芎、输入大量液体等也可见到滑脉。滑脉还可见于其他疾病，可作为辅助诊断、追踪病情、观察治疗效果的一项指征。

（10）涩脉。涩脉为血行不畅之征象。若与虚脉兼见，涩而有力，则主精伤、血少等虚证；若与实脉兼见，则主气滞、血瘀、痰食阻滞等实证。亦见于心机能不全的证候。涩脉脉象往来艰难，反映两个方面的情况：一是血液黏滞，气滞血瘀，易于导致血栓的形成或心肌梗塞的发生；二是津亏血少，血液浓缩，不能濡润经脉而致。所以，应用涩脉，可以及早发现病畜心血管方面的病变，为临床诊断和治疗提供较为可靠的辅助手段，从而减少诊治中的盲目性，提高准确性。

3. 易脉

易脉主要包括绝脉、败脉、怪脉、危重脉等，是指病畜脏气将绝，胃气枯竭时出现的脉象。

（1）屋漏脉。脉在筋肉之间，如屋漏残滴，良久一滴，溅起无力，即脉搏极迟。为胃气荣卫将绝。

（2）雀啄脉。脉在筋肉之间，连连急数，三五不调，止而复作，如雀啄食。主脾气已绝。

（3）虾游脉。脉在皮肤，来则隐隐其形，时而跃然而去，如虾游冉冉，忽而一跃，主死。

（4）鱼翔脉。脉在皮肤，头定尾摇，似有似无，如鱼在水中游动。为三阴寒极，亡阳于外的表现。

（5）弹石脉。脉在筋骨之间，如指弹石，辟辟凑指，毫无柔和软缓之象。主肾气竭绝。

（6）解索脉。脉在筋肉之间，乍疏乍密，如解乱索，即时快时慢，散乱无序。主肾与命门之气皆亡。

（7）壶沸脉。脉在皮肤，浮数之极，至数不清，如釜中沸水，浮泛无根。为三阳热极，阴液枯竭之候，主脉绝，见于濒死期。

 触诊

触诊是用手直接触按病畜的可触部位，以探查疾病的一种诊断方法。通过触诊可感知其寒热温凉，软硬虚实，肿胀疼痛等，结合其他诊法，以判断病情、病位、病性。

（一）摸温度

温度的变化是动物发生疾病的重要标志，查体温是诊断过程必不可少的措施。一是用体温计在肛门内测量体温，二是用手触摸口、鼻、耳、皮肤等局部温度。

1. 体温计测量

临床实践中，借助体温计测体温较客观准确。各种畜禽正常体温如下：牛37.5~39.5℃，羊38~39℃，猪38~39.5℃，马37.5~38.5℃，犬37.5~39℃，猫38.5~39.5℃，鸡40.5℃。一般来说，体温升高，多见于热证、实证。体温在正常体温以下，多见于重危病症。

2. 触温

触温包括口温、鼻温、耳温、角温等。

（1）口温。健畜口内温和而湿润。如口温增高，口津干燥，多为热证；口温较低，津多滑利，多为寒证。冰凉为寒极；燥热为热极。

（2）鼻温。健畜鼻端温和，呼出气体均匀温润。如鼻头发热，呼气较热，多为热证。鼻头发凉，多为寒证。冰凉者属寒盛阳衰重证。

（3）耳温。健畜耳根温热，耳尖较凉。如耳根耳尖皆热，属热证。耳根耳尖皆凉，多为寒证。若耳尖时冷时热，多为感冒或半表半里证。耳根冰凉则为阳气衰败，病属危重。

（4）角温。健康牛羊的角根微热，角尖微凉，从角根处反握，三指微温者为正常。若热度越过2寸（约为4指），多为热证。若角根发凉，则多为寒证。角根冰冷者多属重病。

（二）摸肌肤

1. 皮毛

健畜皮毛温润光亮。若皮毛干燥为津亏，湿润为汗出。偏热者属热证，初按热甚而按久反轻者为表热，久按热甚者则属里热。偏冷者属寒证。肌肤濡软喜按不拒者多为虚证。患处硬痛拒按者多为实证。轻按即痛，病在浅表。重按方痛，病在深部。

2. 肿疡

重按凹陷不起，多属水肿。按之凹陷，举手即起，有捻发音，多为气肿。疮痛硬肿不热属寒证。肿硬热痛为热证。根盘平塌漫肿为虚证。根盘收束高隆为实证。肿处坚硬多属无脓。边硬顶软多已成脓。

3. 四肢

健畜四肢温度比躯体的温度略低。若四肢发热，直至蹄部，表示里热炽盛，多为气分热证。四肢发凉，多为气血不足或阴寒过盛。四肢冰凉，多为阳虚或危重之证。

（三）按胸腹

1. 触胸部

触诊胸部，对诊断胸壁及胸腔疾病有重要意义。若患畜胸廓拒按，表示胸内疼痛，常见于胸肺疾病。一侧拒按，多为胸壁损伤。若病畜拒绝触压剑状软骨部，胸前水肿，下坡斜走，多为创伤性网胃心包炎。

2. 触膁腹

牛羊左膁满胀，压痕良久不能消失，多属宿草不转。压之有弹性，叩之有鼓音，多为瘤胃气胀。马骡右膁胀满，叩之如鼓响，多为肠胀。按压下腹有波动感，摇晃时有拍水音，多为腹腔积水。猪羊腹痛，重按可触及坚硬粪块，多为大便秘结。

三 谷道入手法

谷道入手是中兽医常用的一种触诊方法，也是一种治疗手段，如直肠取结、隔肠破结等，都是行之有效的治疗方法。谷道入手，主要是触摸脾、胃、小肠、大肠、肾、膀胱、胞宫以及肝等脏腑的变化。检查前，检查者要修剪指甲，并在手臂上涂润滑剂（如油或肥皂水等）。入手前用温水灌肠，待水排出后，进行检查。谷道入手，主要用于大动物（马、骡、牛等），在兽医临证上有极其重要的地位。检查者将手伸入直肠内，隔着肠壁间接地对后部腹腔器官（胃、肠、肾、脾等）及盆腔器官（子宫、卵巢、腹股沟环、骨盆腔骨骼、大血管等）进行触诊。中小动物在必要时可用手指检查。直肠检查是一个很有价值的诊断方法，而且对某些疾病还具有重要的治疗作用（如隔肠破结等）。因此，应该通过学习，反复实践，最后达到熟练掌握。

（一）准备工作

为确保检查和治疗的成功，必须作好检查的准备，尤其对检查很不熟悉的生手，显得更为重要。

（1）确实保定。被检动物要确实进行保定，特别是对性情暴烈和腹痛剧烈者，尤应注意。一般以六柱栏保定为方便，将被检动物左、右后肢分别进行保定，以防后踢；为防突然卧倒及跳跃，要加腹带及肩部的压绳，尚应吊起尾巴。若在野外，马属动物可用车辕内（使病马倒下，臀部向外）保定；根据情况和压根，也可横卧保定（取公马去势时的保定方法，但将其四肢集聚于腹下而保定之）。牛的保定可钳住鼻中隔，或用绳套住两后肢。

（2）检查者指甲应剪短、磨光、洗净手及手臂并涂以润滑油类或肥皂水，必要时，宜带上胶手套。

（3）对腹围膨大患病动物应先行盲肠穿刺术或瘤胃穿刺术排气，否则腹压过高，不宜检查,甚至有造成窒息的危险。

(4) 对心脏衰弱的患病动物,可先给予强心剂,对腹痛剧烈的病马应先行镇静(可静脉注射5%水合氯醛酒精液100~300mL)等,以便于检查。

(5) 检查前动物要进行灌肠,可用温水或肥皂水2 000~4 000mL灌肠,使肠壁弛缓,黏膜滑润,直肠蓄粪软化,易排出,便于直检以及治疗各种动物直肠便秘。

(二) 操作方法

(1) 用柱栏保定时,术者应站于被检动物的左(或右)后方,检手(检查左腹用右手,检查右腹用左手)应将拇指放于中指根部左右,其余四指并拢集聚呈圆核椎状,掌心向下,缓慢旋转从肛门进入直肠,当肠内蓄积粪便时应将其慢慢取出,如膀胱内贮有大量尿液,应按摩、压迫膀胱排空。

(2) 检手沿肠腔方向徐徐伸入,当被检动物频频努责不安时,术者的手应停止前进或随努责之力而后退,待安静后再继续向前伸;当肠壁极度收缩时,则暂时停止前进,并可有部分肠管套于手臂上;待肠壁弛缓时再徐徐伸入,一般术者的手伸到直肠狭窄部时,要特别小心,可先用指端探索肠腔方向,与此同时,手臂下压肛门,诱发患病动物作排粪反应,使狭窄部套在检手上。若入手困难时,可将肠道上下左右轻轻晃动,以便寻找肠腔,随着肠管向后移动,再继续深入,并尽可能通过狭窄部进行检查,即可进行各部及器官的触诊。

(3) 检手通过狭窄部后,用食指、中指、无名指的指肚,缓慢推移肠管,轻轻触摸。根据触摸到的脏器位置、大小、形状、软硬度、活动性、疼痛、肠系膜状态及其与相邻脏器和组织的关系等,以判定是何脏器、病变的性质和程度,以及雌性动物是否妊娠、胎儿的大小和胎势等。

(4) 检查时,检手不宜张开,如没有找到肠腔方向时,则手不可盲目前进,更不允许随意触摸;前进、后退时宜徐缓小心,切忌粗暴,并应按一定顺序进行检查。检查完毕,术者徐徐将手退出。

任务五 四诊合参

四诊合参

一 四诊合参基本知识

诊断疾病要求详尽地占有临床资料,因而也就必须对患病动物进行周密地观察和全面地了解。中兽医诊察疾病包括望、闻、问、切四种方法,四诊从不同的角度,用不同的方法来检查病情收集临床资料,各有其独特的作用,不能相互取代,临床应用时必须四诊俱备,密切配合,综合应用,四诊合参。四诊合参是中兽医诊断疾病的重要原则之一。它首先要求医者诊病时必须望、闻、问、切四诊并用,从不同角度全面收集临床资料,而不能片面夸大某一诊法的作用,更不能取而代之。病之寒热可有错杂、真假,病之虚亦可有错杂、真假,其脉证之间充满着各种矛盾,四诊并用显得更加重要。只有四诊并用,才能全面地收集病情及有关情况。四诊合参的意义,还在于四诊相互参伍,全面分析四诊收集的所有资料,哪怕是微小的变化也不可忽视。

四诊合参技巧

（一）望色、切脉和问诊结合

根据五色诊内容可知，面色青黑色，一般见于痛症、肾虚证或瘀血症。但临证究竟何种证为患，应结合其他脉症来分析。如动物口色青黑而无痛症的外症表现时，则多为瘀血蓄、瘀色外现的蓄血症，但蓄血证又往往在局部有刺痛、碍块表现，且必吐血、衄血或下血，因瘀浊随之有活化外泄之机，则面部黑色也就渐渐消退由黑转黄，在问诊时应注意探知。但是当动物口色出现微黑而黄（即浅淡之黧黑色），伴有食少形体消瘦，嘴角出现皱纹，且有进食受阻不下等症状候时，则非蓄血所致，多为噎膈病。此因痰气、瘀血阻结，吞咽哽噎而不能进食，气血化生无法，机体失却濡养而口色晦暗淡黄，肌体消瘦。

此外，口色白多主寒证和失血证。然寒证动物有寒证之征象（如恶寒、畏寒、四肢厥、脉紧或沉迟等），失血证动物有血虚征象（如口色、舌质、爪甲淡白无华、头晕眼花、脉虚细无力等）。在临床实际工作中，亦有非寒证或失血证所致的口色淡白，如惊吓、应激等，动物因受到惊吓，气血下降而升腾不及，口色失荣润则口色苍白，神气散乱不安，脉气不安则乱如丝线，神情动荡不安。

（二）望形体和切脉结合诊病

动物的形体强健与否、神气旺盛与否、色脉调和与否，同体内气血津液盛衰、阴阳二气的顺逆相互对应，即气血津液充盛，鼓动、濡养功能健旺，则体健神旺、色脉调和，否则机体失却濡养则形衰神失、色脉不一。形气衰脱，足已反映体内气血津液有脱竭，病变预后不佳，即使其脉象外现调和，也改变不了病变的本质，但外表形气有所不足而并未衰脱者，气血津液损而不甚，其脉象调和者，说明病轻，故为可医。

另外，形体似丰盛肥壮，而脉象却小弱并伴少气神疲者，是"气不能胜形"，意为体内正气虚损，外观形体变化不显，仍为预后不良之病证；或有形体消瘦、神气衰弱而脉象大且多气躁动者，是"形不能胜气"，意为体内气血衰损，致形体失养，但虚阳外浮、虚火内扰而脉气外鼓，故脉虚浮大而软，神气躁动不安，亦为预后不良之病证。

 四诊材料综合分析

（一）循环系统疾病

1. 心功能不全

通常见有心搏动次数增多或减少，脉搏减弱或脉律不齐，心音亢盛或减弱，或只听到第一心音，而第二心音听不到，有的发生心音分裂，心内杂音，或心音混浊。体表静脉怒张，黏膜发绀，呼吸急促、浅表，或伴发肺水肿，有泡沫性鼻液。精神沉郁，或高度沉郁乃至晕厥倒地，痉挛抽搐。慢性心功能不全，常见动物耐力和生产性能下降，食欲减损，全身乏力，动则发喘，容易发汗，表在静脉瘀血，或于四肢下端出现浮肿，可见有肝、肾、肺、胃肠瘀血所引起的机能障碍，体腔积液。

2. 外周血管衰竭

通常见有体温低下，四肢末梢冷厥，呼吸、脉搏增数，肌肉无力，精神沉郁，甚至发生阵挛性惊厥。循环血量不足，中心静脉压降低，静脉穿刺血流不畅，毛细血管再充盈时间延长，尿量减少或无尿。由脱水引起的血管衰竭，除有脱水的症状外，还可见皮肤干燥，弹力减退，眼窝凹陷，血液黏稠，红细胞压积容量增高，血浆蛋白含量增多。休克引起的血管衰竭，除心原性休克有急性心力衰竭的症状外，还有如感染性休克、创伤性休克、过敏性休克等，除有一定病史外，常呈现渴欲增进，黏膜苍白，皮肤出冷汗，血压低下，脉搏细弱，或全身抽搐和昏迷。

3. 心包疾病

患病动物心区触诊敏感，叩诊有疼痛反应，表现呻吟、躲闪、反抗等，心脏浊音区扩大。听诊心音减弱，有心包摩擦音或心包拍水音。脉搏增数，黏膜发绀，体表静脉怒张，皮下尤其垂皮及胸下浮肿。创伤性心包炎，除表现有典型的心包摩擦音、心包拍水音、颈静脉膨隆，及垂皮、胸下浮肿外，常呈现反常姿势与行为，如肘肌外展、肘肩部肌群震颤；驻立时前肢站于高处，后肢立于低处；起立时先前肢站起，行走小心，转弯谨慎，不愿走下坡路。X 线检查，可见由第 10 肋骨向前下到第 6 肋骨的弧形膈肌阴影；超声波检查，可发现液平段；心电图检查，R 波明显降低。

（二）呼吸系统疾病

1. 上呼吸道疾病

通常表现为喷嚏或咳嗽、流鼻液，无呼吸困难或呈吸气性呼吸困难，胸部听、叩诊变化不明显。如鼻液多，呼吸听闻有鼻狭音，常打鼻喷或喷嚏，鼻黏膜潮红肿胀，以及鼻腔狭窄等，可能是鼻腔疾病。如患病动物呈现单侧性脓性鼻液，鼻腔狭窄，吸气困难，鼻旁窦的外形发生明显改变，可能是鼻旁窦的疾病。如咳嗽重，头颈伸展，喉部肿胀，触诊敏感，可能是喉的疾病。

2. 支气管疾病

患病动物通常表现为：咳嗽多，流鼻液，胸部听诊有啰音，叩疹无浊音，全身症状较轻微。大支气管疾病，咳嗽多，流鼻液，肺泡呼吸音普遍增强，可听到干啰音或大、中水泡音，X 线检查肺部有较粗纹理的支气管阴影。细支气管疾病，呼气性呼吸困难，广泛性干啰音和小水泡音，肺泡呼吸音增强，胸部叩诊音比较高朗，继发肺泡气肿时，肺叩诊界扩大。

3. 炎性肺病

通常见有混合性呼吸困难，流鼻液、咳嗽，肺泡呼吸音减弱或消失，出现病理性呼吸音，肺叩诊有局限性或大片浊音区，X 线检查可见相应的阴影变化。体温升高，全身症状重剧，白细胞增多，核型左移或右移。

4. 非炎性肺病

呼气性或混合性呼吸困难，胸部听、叩诊异常，一般无热，白细胞计数一般无异常。肺气肿，呈现呼气性呼吸困难，二段呼气明显，肺泡呼吸音减弱，叩诊呈过清音，X 线检查肺野透明。肺充血或肺水肿，混合性呼吸困难，两侧鼻孔流多量白色细小泡沫样鼻液，胸部听诊有广泛的小水泡音或捻发音，叩诊呈浊鼓音。X 线检查，肺阴影一致加深。重者呈现心力衰竭的体征。

5. 胸膜疾病

患病动物呈现混合性呼吸困难，腹式呼吸明显，无鼻液，咳嗽少，胸壁敏感，听诊有胸膜摩擦音，叩诊呈水平浊音，胸腔穿刺有大量渗出液或漏出液，超声检查可出现液平段。

（三）消化系统疾病

1. 口腔、咽、食管疾病

口腔、咽、食管疾病的共同症状，是流涎、咀嚼和吞咽障碍。口腔疾病因无吞咽障碍，唾液一般不混有饲料，唾液于口内或挂在口角，呈白色泡沫状或牵缕状，且有不同程度的咀嚼障碍，进一步检查可发现口腔及牙齿病变。咽及食管疾病，都表现有咽下障碍和流涎，唾液不仅含于口内，挂于口角，还从两侧鼻孔流出，常混有饲料，采食及饮水时尤为明显。咽部疾病，在吞咽时立即有水和食物从鼻腔逆出，咽部肿胀，触压敏感，头颈伸展，避免运动。食管疾病，在多次吞咽运作后才有饲料或饮水从口、鼻流出，进行食管触诊、探诊可见食管异常改变。食管炎，触诊发炎部位，动物表现不安。食管痉挛时，在左侧颈静脉沟部可见自上而下或自下而上的波浪状收缩，外部触诊感到食管呈硬索状，发作时胃管不能插入，发作停止后则胃管可以顺利插入。食管麻痹，胃管插入无阻力。食管憩室，如胃管插至室壁上，胃管不能插入，否则可顺利通过。

2. 反刍兽前胃疾病

通常见有饮食欲减退，严重时食欲废绝、反刍减少、缓慢无力或停止；嗳气一般减少或停止；鼻镜呈不同程度的干燥，甚至发生龟裂；口温多偏高，口色发红或带黄；瘤胃蠕动音减弱或消失，瘤胃内容物多黏硬，或有多量气体。网胃及瓣胃蠕动音减弱或消失。前胃弛缓，触诊瘤胃内容物稀软，或有黏硬感，反刍缓慢，嗳气减少，食欲减退。瘤胃积食，肷窝平坦，触诊瘤胃内容物有黏硬或坚实感。瘤胃臌气，左侧肷窝明显凸出，有采食多量易发酵饲料的病史，发病迅速。创伤性网胃腹膜炎，触诊网胃区表现出疼痛不安，病牛常取前高后低姿势，上坡时步样灵活，下坡时运步困难。瓣胃阻塞，瓣胃蠕动音消失，鼻镜干燥、龟裂，排粪减少，粪便干小成球，像算盘珠样。瘤胃酸中毒，采食大量谷物饲料后突然发病，全身症状重剧，触诊瘤胃内容物稀软，排稀软便或水样便，瘤胃内容物 pH<5.0，酸血症。

3. 消化障碍性胃肠病

患病动物呈现食欲障碍，偏食或异嗜，口腔干燥或湿润，有舌苔、口中臭，肠音减弱或增强，粪便干燥、稀软或水样，混有多量粗纤维或谷粒料，附有多量黏液、血液，臭味较大。全身症状不明显或重剧，体温正常或升高，脉搏、呼吸正常或增数。有的有轻微腹痛。消化不良，精神、体温、脉搏等全身状态无明显变化。胃肠炎，则精神、体温、脉搏等全身状态和自体中毒症状重剧，泻粪常混有脓血等异常混合物。

4. 马属动物腹痛病

轻度腹痛，病马前肢刨地，后肢踢腹，伸展背腰，回顾腹部，有的卧地，并长时间取侧卧姿势，一般不滚转，腹痛的间歇往往在 30 分钟以上，多见于不完全阻塞性大肠便秘。中等度腹痛，除刨地、顾腹等表现外，病马常低头蹲尻、细步急走，有时低头闻地，寻地试卧，卧后偶尔滚转，腹痛间歇期一般 10~30 分钟，多见于完全阻塞性大肠便秘。剧烈腹痛，病马躁动不安，急起急卧，有时猛然摔倒，急剧滚转，不听吆喝，甚至驱赶不起，有的仰卧抱胸，有的呈犬坐姿势，腹痛间歇期很短，甚至呈持续性腹痛，多见于肠变位或急性胃扩张。饮食欲减少或停止，肠音减弱、消失或亢进，排粪减少、停止或频频排少量稀软便，口腔干燥或湿润，有的腹围臌大。体温、呼吸、脉搏初期无明显改变，中后期脉搏增数，有的腹围不大而呼吸促迫，结膜潮红或暗红。五大腹痛病诊断要点如下。

（1）肠痉挛，听诊肠音增强，连绵不断，排稀软粪便，口腔湿润，耳鼻发凉，多呈间断性腹痛。发作时腹痛剧烈，间歇时安静如常，如体温、呼吸、脉搏变化不大。

（2）胃扩张，采食后短时间内发生腹痛，或在其他腹痛病经过中腹痛加剧，全身出汗，腹围不大而呼吸促迫，有嗳气，可听到食管逆蠕动音及胃音，口腔黏滑，结膜潮红，脉搏增数，全身症状比较明显。插入胃管排出多量气体及一定量食糜，或胃排空机能障碍。

（3）肠臌胀，病马腹痛剧烈，腹围臌大，呼吸困难，有采集大量易发酵饲料之后不久发病的病史，且腹围臌大和腹痛出现时间基本一致的，就是原发性肠臌气。如病马在腹痛出现后4~6小时才逐渐呈现腹围臌大和呼吸困难的，可能是继发性肠臌气。

（4）肠便秘，病马呈轻度或中等度的腹痛，口腔稍干燥，肠音不整或减弱，排粪减少或停止，而脉搏、呼吸、结膜等全身状态改变不大的，可能是不全阻塞性大肠便秘。病马腹痛剧烈，肠音减弱或消失，排粪停止，口腔干燥，脉搏、呼吸、心音等全身症状重剧，伴有嗳气等胃扩张症状的，可能是小肠便秘；伴有腹围臌大等肠臌气症状的，可能是完全阻塞性大肠便秘。

（5）肠变位，病马呈现类似完全阻塞性肠便秘的症状，腹痛剧烈，全身症状重剧，应用大剂量止痛剂，腹痛仍不见减轻；或在腹痛过程中症状急剧加重；腹腔穿刺液呈血水样；直肠检查触摸到局限性气胀，肠系膜紧张呈索状，肠管的位置和走向发生改变，加以牵拉时，病马则剧烈反抗，疼痛不安。

5. 肝病

通常见有可视黏膜黄染，食欲减退，消化紊乱，排粪时干时稀，精神沉郁，甚至出现昏迷，心动徐缓。肝区触诊敏感，叩诊浊音区扩大，肝功能试验有不同程度的改变。有的患病动物无色素部皮肤发生光敏性皮炎。慢性肝病还表现出消瘦、贫血、浮肿及腹水等症状。

（四）泌尿系统疾病

1. 肾脏疾病

常见有尿量减少，有的尿量增加，眼睑或腹下有浮肿，动脉压升高，主动脉瓣区第二心音增强，尿中有蛋白质、红细胞、肾上皮细胞和管型，严重的出现尿毒症，呼出气有尿臭味，并有痉挛、昏迷等神经症状。

2. 尿路疾病

屡见动物取排尿姿势，仅有少量尿液排出，排尿带痛，表现不安，呻吟、两后肢交互踏地。尿液混浊，或混有脓、血、细砂砾样物，膀胱触诊敏感，空虚或胀满。尿沉渣中有多量扁平上皮或尾状上皮细胞及磷酸铵镁结晶。

（五）神经系统疾病

1. 脑病

精神状态异常，过度兴奋，或精神沉郁、昏睡乃至昏迷，意识紊乱和运动障碍，不注意周围事物，对外界反应迟钝或消失，皮肤沉痛和反射减弱或消失。运动不顾障碍物，盲目运动或圆圈运动，采食饮水状态异常，饲草含于口内而忘却咀嚼，嗅觉、味觉错乱。眼球震颤、斜视、瞳孔大小不等、鼻唇部肌肉挛缩，牙关紧闭，舌纤维性震颤。有的口唇歪斜，耳下垂，舌脱出，吞咽障碍，听觉减弱，视觉障碍。

2. 脊髓病

常见可节段性的感觉机能紊乱，截瘫或单瘫，反射亢进或消失，肛门和膀胱括约肌功能障碍，排粪、排尿障碍。脊髓实质的疾病，可见有脊髓传导损伤的症状，如一侧或两侧的痛觉消失或深感觉障碍。脊髓膜的疾病，常见有脊神经根的刺激症状，如一定区域的痛觉过敏。腰荐部脊髓损伤，可呈现排尿、排粪机能高度障碍，致使粪尿失禁或潴留，后肢瘫痪。前段胸髓损伤，不但排尿、排粪机能障碍，而且整个后躯感觉消失及瘫痪，但腱反射增强，可能只见膈的呼吸运动（腹式呼吸）而不见胸廓参与呼吸运动。颈髓中段损伤，表现为两前肢感觉消失和瘫痪，反射消失，甚至有窒息死亡的危象。

（六）血液及造血器官疾病

1. 贫血性疾病

可视黏膜发淡或苍白，精神沉郁，食欲减退，倦怠无力，不耐使役，容易疲劳，可能有浮肿，呼吸、脉搏显著加快，心脏听诊有缩期杂音（贫血性杂音）。急性失血性贫血，起病急骤，可视黏膜顿然苍白，体温低下，四肢发凉，脉搏细速，出冷黏汁，乃至陷入低血容量性休克而迅速死亡，血液检查呈正细胞正色素型贫血。慢性失血性贫血，起病隐袭，可视黏膜逐渐苍白，日趋瘦弱，贫血渐进增重，后期常伴有四肢和胸腹下浮肿，乃至体腔积水，血液检查呈正细胞低色素型贫血，间接胆红素增多。缺铁性贫血，起病缓慢，可视黏膜逐渐苍白，体温不高，病程较长，血液检查呈小细胞低色素型贫血。缺钴性贫血，具地区性、群发性，起病徐缓，食欲减退，逐渐消瘦，体温不高，病程长，血液检查呈大细胞正色素型贫血。再生障碍性贫血，除继发于急性辐射损伤外，一般起病较慢，可视黏膜苍白，全身症状越来越重，而且伴有出血综合征，血液检查呈正细胞正色素型贫血。

2. 出血性疾病

可视黏膜或皮肤有出血斑点，黏膜下或皮下有大小不等的血肿，粪便、鼻汁、尿液、眼房液乃至胸腹腔穿刺液混血，关节腔出血肿胀。有的发生肺出血而呼吸困难，有的因脑出血而瘫痪。血液检查，流血时间正常或延长，血管脆性阳性或阴性，血小板数减少或正常，血块不良或正常，凝血时间延长或正常，凝血酶原时间延长或正常。

（七）营养代谢病综合征

群养动物表现消化紊乱、异嗜，食欲减损或偏食，有的长期腹泻或排稀软便；生长迟缓，发育停滞，身体消瘦，被毛粗乱，肋骨可数，肚腹减缩，形成僵猪、僵牛；生产性能下降、繁殖机能障碍，长期不发情或发情延迟，屡配不孕或孕期返情，胚胎早期死亡、早产、胎衣迟滞，产蛋、产奶减少，受精率、孵化率下降，公畜性欲低下，精子异常；骨骼、关节变形、运动机能障碍，关节粗大，长骨变形，脊柱弯曲，头骨肿胀变形，骨疣增生，不明原因骨折，病畜喜卧，不愿站立，行走缓慢，跛行，禽发生滑腱症，骨短粗；呈现贫血，被毛、羽毛脱落，被毛变色，绵羊毛弯曲度降低，呈丝状毛或钢丝毛，皮屑增多，皮肤皲裂，蹄、喙变形等。有的动物呈现神经症状，昏睡、昏迷、抽搐、痉挛、惊厥，头颈歪斜，后躯摇摆，步样蹒跚，盲目行走等；免疫机能低下，细菌、病毒、寄生虫等感染性疾病的发病率增加。此外，营养代谢病还具群发性、地方流行性、多取慢性经过等特点。

（八）中毒病综合征

通常表现为重剧的消化障碍、食欲废绝、流涎、呕吐、腹痛、腹泻、腹胀，粪便混有黏液和血液；明显的神经症状，瞳孔缩小或散大，精神兴奋、狂暴或沉郁、昏睡，肌肉痉挛或麻痹，反射减退或感觉消失；体温一般正常或低下；此外，还有一定的呼吸、循环、泌尿和皮肤症状，如呼吸促迫而困难，心搏动亢进，脉律不齐，多尿、少尿甚至尿闭，或血尿、血红蛋白尿，有的皮肤上出现疹块。慢性中毒，起病隐袭，病程较长，一般表现为消瘦、贫血及消化障碍等。中毒病除具上述症状外，其发生的一般规律为：多数动物同时或相继发病，患病动物具有共同的临床表现和相似的剖检变化，有相同的发病原因，采食同一饲料的畜禽发病，而病畜与健康同圈不发生传染。

项目十七 典型症状辨证论治

学习目标

总体目标：掌握消化系统、呼吸系统、泌尿系统常见病证辨证论治基本知识和基本技巧。
理论目标：掌握消化系统、呼吸系统、泌尿系统常见典型病证的辨证论治基本知识。
技能目标：掌握常见器官系统典型证候的辨证论治基本技巧及辨证论治能力。

任务一 消化系统典型症状辨证论治

一 肠炎病理

肠炎是动物最常见的消化道疾病，动物的肠炎依发生的部位可分为十二指肠、空肠、回肠、盲肠、结肠和直肠的炎症，但实际在肠炎的发生中，其病变往往会相互蔓延影响，没有严格解剖区域的划分。急性卡他性肠炎是动物中多见的肠炎。急性卡他性肠炎是一种急性轻型的肠炎，以黏膜发生急性充血和浆液性、黏液性或脓性渗出物为主要病理变化的肠炎类型。急性卡他性肠炎表现的临床症状主要表现为下痢，排泄物呈稀薄蛋清样或灰黄色、灰褐色黏稠样。

（一）急性卡他性肠炎病因

（1）当饲料构成或调制不合理、饲喂制度混乱、饮水不洁、受寒等因素会诱发急性卡他性肠炎的发生。

（2）各种毒物的摄入，包括变质霉变饲料或用药失误也会引发急性卡他性肠炎的发生。

（3）各种病毒、细菌、霉菌及寄生虫的入侵，或内源性的条件致病菌的数量激增，他们直接或间接损害肠上皮组织，是急性卡他性肠炎发生的主要原因。

急性卡他性肠炎

（二）病理学解剖表现

（1）发炎的肠段从浆膜层看色红，且淋巴滤泡肿大，呈灰白色颗粒状。

（2）剖开肠管，见肠黏膜潮红肿胀、充血，有时呈点状或线状出血。黏膜表面覆盖不同类型的炎性渗出物，如渗出物以浆液为主，呈稀薄的鸡蛋清样；或以黏液、脓液为主，呈灰黄色或灰褐色黏稠状。

(三) 组织学变化

肠绒毛变短，上皮细胞纹状缘有明显的空泡形成或缺损，肠腺腺体增生，杯状细胞增多；黏膜固有层血管扩张、充血、水肿，有不等量的炎性细胞浸润；黏膜下层有时也有充血、水肿以及少量炎性细胞浸润。

(四) 急性卡他性肠炎对动物的影响

（1）如能及时去除病因和进行有效治疗，肠管内的炎性渗出物被机体排出体外，损伤的肠黏膜上皮再生而修复，肠组织恢复到原来的形态、代谢和功能，即可痊愈。

（2）如果病因持续作用又没有有效治疗，急性卡他性肠炎会转为慢性卡他性肠炎。动物机体病程延长，消化不良、肠屏障机能下降，甚至引起机体自体中毒。

(五) 猪慢性胃肠卡他病案例

某养殖户有生猪，重约35kg，生病后诊治，检测体温38.6℃左右，表现症状：精神不振，食欲下降，有时异食、呕吐、咬尾，被毛粗糙，先便秘后下痢，黏膜苍白或呈黄色。

1. 预防措施

加强饲养管理，合理搭配饲料，定时定量喂给，仔猪不要喂粗纤维过多的饲料；饲料变换应逐渐进行；定期驱虫，做好防疫灭病工作，及时治疗慢性病。治疗前应认真查明病因，如系饲养管理不当引起，只需改善饲养管理，轻症一般可自愈；如系继发于其他疾病，应先对原发病进行治疗，轻症也可自愈。

2. 治疗方法

（1）中药方剂。人工盐4两，干酵母片60~80片拌食喂，一天2次，连续2~3天。

（2）化药方剂。

①碳酸氢钠注射液20mL，一次肌肉注射，一天一次，连续注射1~2天。

②硫酸庆大霉素注射液4万IU10支，痢菌净注射液20mL，维生素B_1注射液10mL，一次混合肌肉注射，一天一次，连续注射2~3天治愈。

（3）针疗。

①主穴：**人中【穴位】、蹄叉、大椎【穴位】、后三里【穴位】**。

②配穴：**鼻梁【穴位】、尾尖、玉堂【穴位】、八字【穴位】**。

相关案例

(一) 口疮

口疮，是指口腔内溃烂生疮的一种疾病，如舌、齿龈、唇等，均属口疮的范围，引起口疮的原因很多，如心经积热，胃火熏蒸，虚火上浮，异物刺激等，均可导致口疮证。与口疮证相关的病证如下。

1. 心火上炎

【案例描述】舌体肿胀，有溃烂斑，大便干燥，小便短赤，耳鼻俱热，口内流涎，采食吞咽困难，口色赤红，脉象洪数。

【辨证论治】心外应于舌，心经积热，上攻于舌，故舌体肿胀，有溃烂斑。热伤津液，故大便干燥，心经之热，下移小肠，故小便短赤。心经积热，充斥体表，故耳鼻俱热。心经积热，口舌生疮，令兽疼痛，故口内流涎，采食吞咽困难。里热壅盛，故口色赤红，脉象洪数。治宜以清心解毒为主。

【结合治疗】方如**洗心散**【方剂】：花粉30g，黄芩30g，连翘30g，茯神30g，黄柏30g，桔梗30g，栀子30g，牛子30g，木通30g，白芷30g，鸡蛋清10个，外涂**冰硼散**【方剂】：冰片5g，硼砂30g，元明粉30g，朱砂21g。

2. 胃火熏蒸

【案例描述】齿龈，唇颊，上堂，肿胀溃烂，口舌色红，口流涎沫，口热而臭，大便干燥，小便短赤，脉象洪数。

【辨证论治】胃上通于口，其经络循龈绕唇环口，故胃火熏蒸，则齿龈、唇颊、上堂肿胀溃烂，口舌色红，口流涎沫，口热而臭。胃火伤津耗液，故大便干燥，小便短黄。胃火迫血速行，故脉象洪数。治宜以清胃火，解热毒为主

【结合治疗】方如**白虎汤**【方剂】加味：石膏60g，知母30g，甘草21g，粳米30g，生地45g，银花45g，白芍30g，连翘30g，外涂冰硼散。

3. 虚火上炎

【案例描述】口色生疮，不肿，病期较长，口色暗红，常低烧不退，口干不渴，舌红少苔，脉象细数。

【辨证论治】本证多因饲养管理不当，或公畜配种过度，或久病耗伤真阴而致。真阴不足，虚火上炎，故口舌生疮，不肿，病期较长，口色暗红。阴虚生内热，故常低烧不退。虚火久损津液，故口干不渴。舌红少苔，脉象细数，为虚热之象。因本证非实火口疮，故治不可苦寒直折，以滋阴降火为主。

【结合治疗】方如**知柏地黄汤**【方剂】加减：知母30g，杞果30g，丹皮30g，山药30g，茯苓30g，黄柏30g，泽泻30g。

4. 异物刺激

【案例描述】突然发病，唇舌生疮溃烂流涎，口色红。

【辨证论治】本证多因异物刺伤（如麦芒），或化学物质（如氨水）刺激而致病。异物突然刺伤，故实然发病，唇舌生疮溃烂，流涎，口色红。拔除异物，及时医治病因为主。

【结合治疗】如麦芒刺伤（多见牛、马、驴、骡），应先拔除麦芒，再涂冰硼散。如氨水刺激，应首先用醋冲口腔，再涂冰硼散，严重者可结合注射青霉素或磺胺类药物。

5. 阴型木舌

【案例描述】舌体肿硬、冰冷似铁，口色淡白，张口吐沫，采食困难，舌紫而暗，脉沉而涩。

【辨证论治】本证多因食冰冻饲料，或役后骤饮冷水而致。由于此因，导致舌脉气血瘀滞，故舌体肿硬。因气血瘀滞于舌，舌失阳气温运，故冰冷似铁。寒邪为患，湿气则滞，留而不去，又易上逆，故口色淡白，张口吐沫。舌脉气血瘀滞，肿硬满口，故采食困难，舌紫而暗，脉沉而涩。以温经活络，活血祛瘀为主。

【结合治疗】方如**桂姜汤**【方剂】：桂枝45g，干姜30g，丹参45g，肉桂30g，附子30g，桃仁30g，五味子30g，甘草15g。并结合**通关**【穴位】放血，一次扎20余针，扎后用凉水浇出血处，约浇水半小时即可，隔日一次。实践证明，一次需放血500mL左右，疗效显著。

6. 阳型木舌

【案例描述】舌体肿硬，热红而疼，口色偏赤，张口流涎，采食困难，舌色赤紫，脉洪

而数。

【辨证论治】本证多因心经有热，上涉及于舌而致。心热导致舌脉气血壅滞，故舌体肿硬，热红而疼。热邪内扰，故口色偏赤。心热舌肿，逼津外泄，故张口流涎。肿硬，气血壅滞，故采食困难，舌色赤紫。心主血脉，心热迫血速行，故脉洪而数。以清热泻心为主，兼以活血化瘀为次。

【结合治疗】方如**洗心散**【方剂】加减：黄芩30g，黄连21g，黄柏21g，栀子30g，连翘30g，花粉30g，木通30g，桔梗30g，牛子30g，生地30g，桃仁21g，甘草21g，并结合针**通关**【穴位】。

（二）吐草

吐草，是一个症状，指草料入口后，咀嚼无力，而复吐出的一种疾病。引起吐草的原因很多，但大多与口腔疾病有关，如牙痛、贼牙、翻胃吐草、口疮等，均可导致吐草。牙痛病较为常见。家畜不能言语，唯靠兽医辨证，如家畜很愿意吃草，但咀嚼时歪头咧嘴，吐草流涎，检查口腔无口炎、无贼牙，患畜逐渐消瘦，则大多为牙痛证。引起牙痛的原因很复杂，如风热、胃火、虚火等均可导致牙痛，故分风热牙痛，胃火牙痛和虚火牙痛。与吐草相关的常见病证如下。

1. 风热牙痛

【案例描述】草料入口后，不敢用力咀嚼，吐草团，口流唾涎，歪头咧嘴，口渴喜冷饮，口色偏红，脉象浮数。

【辨证论治】本证多因风热之邪上犯头部，而致齿龈气血凝滞不通，故草料入口后，不敢用力咀嚼，吐草团，口流唾涎，歪头咧嘴。风热为阳邪，易伤津液故口渴喜冷饮，口色偏红，脉象浮数，为风热之象。以除风清热为主，风热除，牙痛则止。

【结合治疗】方如**牙痛汤**【方剂】：石膏90g，生地30g，威灵仙60g，白芷30g，黄芩30g，升麻24g，防风30g，僵蚕25g。

2. 胃火牙痛

【案例描述】咀嚼困难，吐草团，口流唾涎，口渴喜冷饮，舌红苔黄，齿龈红肿，口臭，上颚高突过牙，大便干燥，小便短赤，脉象洪数。

【辨证论治】阳明胃经，绕挟环口，胃火冲盛，上犯口舌，导致牙龈气血瘀滞不畅，故咀嚼困难，吐草团，口流唾涎。热伤津液，故口渴喜冷饮。胃火冲盛，故舌红苔黄，齿龈红肿，口臭，上颚高突过牙。胃火耗津灼液，故大便干燥，小便短赤。胃火迫血速行，故脉象洪数。以泻胃火为主，胃火泻，气血畅，不止痛，而痛自止。

【结合治疗】方如**玉女煎**【方剂】加减：石膏90g，生地60g，知母30g，寸冬30g，牛膝60g，大黄60g，芒硝100g。

3. 虚火牙痛

【案例描述】咀嚼无力，吐草团，口流唾涎，疼痛轻微，有的牙根浮轻，舌红无苔，脉象细数。

【辨证论治】本证多因公畜配种过度，或母畜产仔过多，或热性病日久不愈，耗伤阴液而致。阴亏则生内热，虚火上炎于口，而致牙痛，故咀嚼无力，吐草团，口流唾涎，疼痛轻微。肾为津液之根，肾又主骨，阴亏则肾不健，骨失其主，齿为骨之余，故齿也乏养，则有的牙根浮动。舌红无苔，脉象细数，为虚热之象。以滋补肾阴为主，兼以泻火之品。

【结合治疗】方如**知柏地黄汤**【方剂】加味：熟地45g，山药30g，萸肉30g，茯苓30g，泽泻 30g，丹皮 30g，知母 30g，黄柏 30g，牛膝 21g。

4. 贼牙

【案例描述】采食和咀嚼困难，吐草团，口角流涎，牙齿异常，或高突，或斜生，或磨面不整。日久则体瘦毛焦，口色淡，脉象细弱。

【辨证论治】牙齿是咀嚼的主要器官，如牙齿异常，上下不吻合等，均可影响食欲，并易发生口腔黏膜和舌的损伤。故出现采食和咀嚼困难，吐草团，口角流涎等症状。由于贼牙影响咀嚼，不能从后天摄取充足的营养，而致气血亏虚，故日久则体瘦毛焦，口色淡，脉象细弱。

【结合治疗】以修整牙齿为主，可用齿刨或齿钳，将过长的牙齿截短，锉平，然后用淡盐水冲洗口腔。

（三）呕吐

呕吐是临床上经常遇到的症状，多因胃气上逆而致。但引起胃气上逆的原因很多，如外邪侵袭，饲养管理不当，脾虚胃弱等。呕与吐是有区别的，前人以有物有声谓之呕，有物无声谓之吐，有声无物谓之干呕。其实，呕与吐常同时发生，很难截然分开，故一般均称为呕吐。呕吐之证，多见于猪、牛，少见于马属动物。如发现呕吐，应首先辨其虚实。实证多由外邪、饮食所伤，发病较急，病程较短；虚证多为脾胃运化功能减弱，发病缓慢，病程较长。此外，中毒也是发生呕吐的一个原因，也属外邪、饮食所伤的范围。呕吐，可见于现代兽医学的多种疾病，如胃炎、幽门痉挛或梗阻、胆囊炎等。与呕吐相关的病证如下。

1. 外邪犯胃呕吐

【案例描述】突然呕吐，发热恶寒，肢体疼痛，肚腹胀满，舌苔白腻。

【辨证论治】外邪之风邪，或夏令暑湿秽浊之气，侵犯胃腑，导致胃失和降，水谷降气上逆，故突然呕吐。外邪束表，营卫失和，故发热恶寒。寒性凝滞，易阻气血运行之道，故肢体疼痛。脾与胃相表里，风寒之邪犯胃，也累及于脾，脾气失升，胃所失降，气机停滞于中，故肚腹胀满。舌苔白腻，为外邪犯胃之象。治宜以疏邪解表，芳香化浊为主。

【结合治疗】方如**藿香正气散【方剂】**：藿香 30g，紫苏 30g，白芷 21g，桔梗 30g，白术 30g，厚朴 21g，半夏曲 21g，大腹皮 30g，茯苓 30g，陈皮 30g，甘草 15g。

2. 伤食呕吐

【案例描述】时常呕吐，吃食减少，鼻镜乏津，大便干燥，口色偏红，舌苔薄黄，脉象沉涩。

【辨证论治】本证多见于猪。人们所说的"呕吐烧食""呕吐伤胃"，均指"伤食呕吐"之证。有人说，猪无寒病，这话虽过偏，但猪病确以发烧为多，热者十居八九，寒者不过一、二。痰湿、食滞内阻，浊气上逆之呕吐，固然有之，但本证多为食滞胃腑过久，化火伤胃，灼耗胃阴，胃阴伤则胃失通降之功能，胃气以降为顺，不降则逆，胃气伴随食物上逆，故时常呕吐。胃失通降，中土不能运消食物，故吃食减少。食滞化热，伤耗阴液，故鼻镜乏津，大便干燥。食滞化热，热邪内蒸，故口色偏红，舌苔薄黄。伤食为里滞之证，故脉象沉涩。本证之呕吐，非寒湿而致，故不能温，非痰饮而致，又不能祛。是因食滞化热伤津，胃气上逆而致，故治以导滞消食，生津降逆为主。

【结合治疗】方如**伤食方【方剂】**加味：石膏 60g，神曲 45g，食盐 21g，芒硝 60g，赭石 45g，共为细末，一日分二次喂（50千克的猪）。

3. 湿热呕吐

【案例描述】呕吐，大便稀臭，口色红黄，舌津黏稠，舌苔黄腻，脉象濡数。

【辨证论治】本证多见于猪，主因湿热扰胃而致。湿热扰胃，胃失通降，故呕吐酸败。湿热搏于肠间，肠失传导，故大便稀臭。湿热内蒸，故口色红黄。舌津黏稠，舌苔黄腻，脉象濡数，为湿热之象。治宜以清热利湿，降逆止呕为主。

【结合治疗】方如**白头翁汤**【方剂】加味：白头翁30g，黄连18g，黄柏21g，秦皮21g，赭石30g，陈皮18g，半夏18g。

4. 前胃炎呕吐

【案例描述】呕吐，饮欲增强，食欲废绝，肷凹下陷，触左肷下部，有明显的振水音，触压瘤胃空虚，有液体，口津黏滑。

【辨证论治】本证多因劳役过重或采食大量刺激性较强，含有毒物质的试物或内服大量刺激性强的药物而致。主发于牛，由于上述原因，导致胃气失降而逆，故呕吐。火邪扰胃，损伤胃津，故饮欲增强。前胃发炎，影响中焦运消，故食欲废绝，肷凹下陷。由于渴欲增强，饮水较多，水湿不能下运，故触左肷下部有明显的振水音，触压瘤胃空虚，有液体。口津黏滑为胃火蒸湿之象。治宜以清热祛湿，活血导滞为主。

【结合治疗】方如**归花汤**【方剂】：当归30g，红花30g，桃仁21g，三棱60g，文术60g，枳实45g，厚朴30g，生马钱子5g，甘草15g，陈皮30g，黄连30g，茯苓30g，赭石45g，苍术30g。

5. 中毒呕吐

【案例描述】突然呕吐，口流白沫，肌肉振颤，大便泄泻，甚则倒地滚转，四肢乱蹬，目不视物，口色淡紫。

【辨证论治】误食毒草，毒料，或含有有机磷农药的食物等而致病。毒物损伤脾胃，脾胃失其升降之能，故突然呕吐，口流白沫，肌肉振颤，大便泄泻。毒素伤及营血，心主血，肝藏血的功能失司，脑神，筋脉也无所主，故倒地滚转，四肢乱蹬。毒素入肝，肝失养目，故目不视物。毒素营血，血行滞涩，故口色淡紫。治宜以解毒为主。

【结合治疗】要详细询问畜主，再根据临床症状表现，确诊是什么毒，给以针对性的施治。如有机磷农药中毒，就应立即服绿豆1 000g，滑石60g，甘草30g，并用阿托品、解磷定、葡萄糖等解毒剂。如是有机氯农药中毒，可立即灌服绿豆500g，甘草60g，鸡蛋清20g，白糖250g，或用高渗葡萄糖液等。总之，引起中毒呕吐的毒物很多，以针对性的解毒为要。

6. 虚寒呕吐

【案例描述】本证以牛多见，反刍时呕吐出大量清稀食物，有酸臭味，食欲不振，倦怠乏力，口干不欲饮，四肢不温，大便溏薄，舌质淡、苔白腻，脉象濡数。

【辨证论治】寒伤脾胃，胃失通降，上逆则见吐出大量清稀食物。脾胃虚寒，食物滞而不下，腐败发酵，故有酸臭味，食欲不振。脾胃为气血化生之源，寒伤脾胃，气血化生不足，故倦怠乏力。呕吐则伤津液，故口干。虚寒为患，故不欲饮。虚寒之证，阳气不能外达，四肢失煦，故四肢不温。虚寒伤脾，脾失运化水谷之能，故大便溏薄。舌质淡，苔白腻，脉象濡数，为寒湿之象。治宜以温中散寒为主，降逆止呕次之。

【结合治疗】方如**温脾汤**【方剂】加减：当归30g，厚朴30g，陈皮30g，半夏21g，益智仁30g，苍术30g，赭石30g。

（四）腹痛

腹痛是临床常见的症状，导致腹痛的原因很多，范围较广，必须审证求因，如寒凝火郁，气阻营虚，瘀血食滞，肠结变位，虫积胎动，产后血虚，阴结等，均可引起腹痛。与腹痛相关的病证如下。

1. 寒痛

【案例描述】急起急卧，腹痛急剧，遇冷更甚，得温痛减，肠音雷鸣，鼻寒耳冷，口舌湿润，小便清长，大便溏薄，舌苔白腻，脉象沉紧。

【辨证论治】本证多因外感寒邪，侵入腹中，或饮冷水太过，或冬霜放牧，伤及中阳，脾胃运化无权，寒积留滞于中，以致气机阻滞，或寒邪侵入厥阴之经，而致腹痛。寒为阴邪，其性收引闭凝，阻塞气血运行之道，故急起急卧，腹痛急剧。寒冷皆为阴邪，二阴相加，寒凝闭阻加重，故遇冷更甚。寒得温则散，故寒痛得温痛减。寒邪犯肠，水湿内盛，肠道转输之功失调，故肠音雷鸣。寒邪侵体，阳气被耗，故鼻寒耳冷。阳气低落，则水湿留恋，故口舌湿润。寒邪内盛，膀胱气化功能失司，故小便清长。寒邪犯中，脾失运化水谷的功能，故大便溏薄。舌苔白腻，脉象沉紧，为寒痛之象。治宜以温中散寒为主。

【结合治疗】方如**橘皮汤**【方剂】：青皮30g，陈皮30g，厚朴30g，桂心30g，细辛18g，小茴香30g，当归30g，白芷21g，大白30g，大葱30g。飞盐30g，醋150mL。

2. 热痛

【案例描述】腹痛起卧，肚腹膨胀，大便干结，小便短赤，渴而多饮，舌苔黄燥，脉象洪数。

【辨证论治】本证多因暑热之邪外侵，或腹中寒邪郁久化热，或热邪留于肠中，灼津涸液，导致大便干结难下敛。热结于内，气血瘀滞，腑气不通，不通则痛，故腹痛起卧，肚腹膨胀。热灼肠津，故大便干结。热邪耗液，故小便短赤，渴而多饮。舌苔黄燥，脉数洪数，为内热盛象。治宜以清热攻下为主。

【结合治疗】方如**大承气汤**【方剂】加减：大黄80g，枳实45g，芒硝250g，香附30g，甘草15g。

3. 虚痛

【案例描述】腹疼轻微，且成间歇，头低耳聋，精神不振，喜热恶冷，饥饿及劳役后更甚，大便溏薄，舌淡苔白，脉象沉细。

【辨证论治】本证多因机体阳气亏虚，脾阳不振，健运无权等而致。脾阳不振，多生虚寒，寒性凝闭，易导致气机运行不畅，故腹疼轻微，而成间歇。脾阳不振，中气不足，气血乏源，卫阳也虚，故头低耳聋，精神不振，喜热恶冷。虚痛之证，饥饿及劳役后更甚。脾阳不振，失其运化水谷之能，故大便溏薄。舌淡苔白，脉象沉细，为里虚之象。因虚痛多由中阳不振而引，故治以温中阳，补中气为主。

【结合治疗】方如**理中汤**【方剂】加味：党参30g，干姜30g，炙甘草30g，白术30g，香会30g，木香21g。

4. 气滞血瘀

【案例描述】肚腹胀满，起卧腹痛，舌质青紫，脉弦或涩。

【辨证论治】本证多因得腔所机郁滞或跌打损伤，或腹腔手术后，瘀血内结而致。气机郁滞，故肚腹胀满，起卧腹痛。气滞则导致血瘀，血瘀则脉血不畅，故舌质青紫。脉弦或涩，为血瘀疼痛之象。以气滞为主者，治宜以疏肝理气为主。

【结合治疗】方如**四逆汤【方剂】**加减：柴胡 30g、枳实 30g，白芍 30g，香附 21g，川芎 21g。如以血瘀为主，治以活血化瘀为主，方如**少腹逐瘀汤【方剂】**加减：没药 30g，当归 30g，川芎 21g，玄胡 30g，赤芍 21g，桃仁 21g，红花 21g，枳壳 30g。

5. 饮食积滞

【案例描述】腹胀而痛，食欲废绝，牛羊触压瘤胃坚硬。舌苔厚浊，口有臭气，脉象沉涩。

【辨证论治】本证多因脾虚胃弱，饮食过度，或饱后劳役，役后即令食，以致食积胃腑，宿草不转而致。食滞胃腑，胃失通降，气机阻遏，故腹胀而痛，食欲废绝，牛羊触压瘤胃坚硬。胃之有物，则舌之有苔，胃积食物过多，发而腐败，故舌苔厚浊，口有臭气。脉象沉涩为里滞之象。治宜以消食导滞为主。

【结合治疗】方如**枳实导滞汤【方剂】**加减：大黄 30g，枳实 30g，神曲 30g，白术 30g，泽泻 21g，茯苓 30g，三棱 30g，文术 30g。

6. 胃绞痛

【案例描述】喂后不久，突然发病，频频起卧，顾腹摆尾或打尾，倒地滚转，或足仰朝天，口咬胸腹，或呈犬坐姿势，头颈前伸高抬，胸前出汗，气促喘粗，口色偏红，口臭，脉象沉涩。

【辨证论治】本证因饲养管理不当，如脱缰偷吃谷料太多，或过食不易消化的草料，或饱后奔走太急等而致。草料积结胃腑，胃失通降，气机受阻，故突然发病，频频起卧，顾腹摆尾或打尾，倒地滚转，或足仰天，口咬胸腹。草料聚结胃腑，胃壁扩张，压迫胸膈，患畜为了减少压痛，故呈犬坐姿势，头颈前伸高抬。胸前出汗，气促喘粗，为胃扩张压迫胸膈之象。胃结之证，胃内容物腐败发酵，最易化热，热气内蒸阳明，故口色偏红，口臭，脉象沉涩，为里积滞硬结之象。治宜以降气破积、宽中下气为主。

【结合治疗】方如**赭石降逆散【方剂】**：赭石 30g，大黄 90g，食盐 120g，香附 30g，食醋 200mL（或冰乙酸 25mL）。腹疼剧烈时，可加水合氯醛 15g。

7. 肠寒绞痛

【案例描述】腹痛起卧，顾腹拧尾，鼻寒耳冷，口色青白，肠音废绝，排粪减少或停止，舌淡而燥，舌苔白腻，脉象沉兼涩。

【辨证论治】寒邪与粪相搏肠间，阻塞肠间气机运行之道，肠失传导，故腹痛起卧，顾腹拧尾。寒邪内盛，阳气被耗，不能温煦肌表，故鼻寒耳冷。肠寒阴盛，阳气低落，血乏鼓动之力，不能上荣于头部，故口色青白。肠寒积结，失其传导之功用，故肠音废绝，排粪减少或停止。因是寒结之证，寒则口舌色淡，结则干燥，故舌淡而燥。舌苔白厚，脉象沉迟浮涩，均为阴盛寒结之象。治宜以温阳散寒，通肠导结为主。

【结合治疗】方如**温脾汤【方剂】**：当归 30g，干姜 30g，附子 21g，芒硝 200g，大黄 60g，炙甘草 30g。

8. 虚结腹痛

【案例描述】腹痛轻微，肠音减弱，排粪干少或停止，口干舌燥，舌红少苔，脉象沉细兼涩。

【辨证论治】本证多发生于老弱家畜，或母畜产后气血两亏而致。阴血亏乏，津不润肠，粪燥涩滞，大肠传导无力，气机被阻，故腹痛轻微，肠音减弱，排粪干少或停止。血虚则津枯，无液润口舌，故口干舌燥。舌红少苔，脉象沉细兼涩，均为虚结津亏之象。治宜以益气养血，润燥通便为主。

【结合治疗】方如**当归苁蓉汤**【方剂】：当归120g，大云60g，泻叶30g，木香21g，通草21g，枳壳30g，厚朴30g，香附30g，瞿麦21g，香油500mL。

9. 肠变位腹痛

【案例描述】腹痛剧烈，急起急卧，前冲后撞，左右翻滚，应用大剂量镇痛剂，腹痛仍不轻。羊则弓腰或作拉弓姿势，前肢向前、后肢向后伸展。牛则呻吟，凹腰踢腹。口舌干燥，肠音衰弱或废绝，排粪停止，肌肉震颤，全身出汗，腹腔穿刺流出大量血样液体，直检肠失常位。口色青紫，脉象沉弦而涩。

【辨证论治】本证多因剧烈运动，如跳跃，滚转等而致。肠失常位，如扭转、巅闭、套叠等，导致肠道不通，津液不能上润头部，故口舌干燥。肠变位后，肠道失其转送之功，故肠音衰弱或废绝，排粪停止。腹痛剧烈，故肌肉震颤。汗为心液，腹痛及心，故全身出汗。肠变位后，伤及肠脉血络，故腹腔穿刺流大量血样液体。本证为肠变位腹痛，故直肠失常位。口色青紫，脉象沉弦而涩，为里前滞之象。

【结合治疗】以整复肠位为主，主要措施是手术疗法。

10. 血虚产后腹痛

【案例描述】产后腹痛，时起时卧，大便燥结，舌质淡红，舌苔薄白，脉象虚细。

【辨证论治】多因产时流血过多，血少气弱，运行无力，以致血流迟滞不畅，故产后腹痛，时起时卧。血虚则阴亏，阴亏则肠道失润，故大便燥结。血虚不能上荣头部，故舌质淡红。舌苔薄，脉虚细，为血虚之象。本证腹痛，非寒凝而引，故不能温，非热结而导致，故不能泻。根据治病治本的原则，故以补血为主。前人又有血脱益气的说法，又可加入补气之品。产时损伤子宫，或产后感染所致的产后腹痛，均非本证。

【结合治疗】方如**肠宁汤**【方剂】：当归45g，熟地30g，人参21g，寸冬30g，阿胶30g，山药45g，续断21g，肉桂15g，甘草15g。

11. 寒凝产后腹痛

【案例描述】产后腹痛，遇寒则重，得热则减，鼻寒耳冷，四肢不温，口色青白，舌质暗淡，舌苔白滑，脉象沉紧。

【辨证论治】多因产后不慎，寒邪乘虚而入，气血为寒所凝，运行不畅，故产后腹痛。因是寒邪为患，故遇寒则重，得热则减。寒邪犯体，损耗阳气，阳气不能温煦肌表，故鼻寒耳冷，四肢不温。寒凝腹痛，则气血瘀滞，不能上荣口舌，故口色青白，舌质暗淡。舌苔白滑，脉象沉紧，为寒痛之象。治宜以温经散寒，活血止痛为主。治疗产后腹痛之证，应根据产后亡血伤津，阴虚血凝，多虚多瘀的特点，斟酌病情，辨证论治。因为产后气血大虚，当以补虚为主。但产后又多瘀血阻滞，宜活血化瘀，因而两者不可偏废。对于产后疾病的诊断，除运用四诊、八纳外，还须注意"三审"。一审肚腹痛不痛，以辨有无恶露停留。二审大便痛不痛，以辨证津液的盛衰。三审乳汁行不行（多少），以及饮食多少，以辨胃气的强弱。通过三审，结合体质，脉证，以求得较为正确的诊治。

【结合治疗】方如加味**生化汤**【方剂】：当归30g，川芎21g，桃仁21g，黑姜30g，炙甘草30g，黄酒250mL，益母草30g，元胡30g。

12. 蛔虫腹痛

【案例描述】腹痛剧烈，有时呕吐出蛔虫，消瘦贫血，发育较慢，常有咳嗽，体温升高，神经症状。口色淡白，脉象沉弦而涩。

【辨证论治】本证多因虫体成团，阻塞肠管，或蛔虫串入胆道使气机运行受阻，故腹痛剧烈。虫扰胃肠，导致胃气不能通降而上逆，虫随气逆而上串，故有时呕吐出蛔虫。虫体损耗气血，又影响中土消运，而致气血乏源，故消瘦贫血，发育较慢，虫扰肺经，故咳嗽。虫泌毒素，博于机体，脑神受扰，故有体温升高，及神经症状。虫扰机体，气血被耗，不能充荣于口，故口色淡白。脉象沉弦而涩，为虫团内阻之象。治宜以杀虫止痛为主。

【结合治疗】方如**乌梅散【方剂】**：乌梅 30g，黄连 21g，黄柏 10g，细辛 3g，蜀椒 15g，桂枝 15g，附子 15g，党参 15g，当归 15g。这是根据蛔虫遇酸则静，闻苦则下，见辣则伏，见温则安的道理而立方的。临床体会，服此方后，约 4 小时，可继投大黄 100g、芒硝 250g，趁虫体中毒麻痹，荡而驱之，可提高驱虫的疗效。如果不用上方，也可灌醋 500mL，待 1 小时后，再灌敌百虫粉 15~20g，疗效也较理想。

（五）胀肚

胀肚是临床上常见的症状，以肚腹胀大为特征。引起胀肚的原因很多，如气、食、寒、热皆可致胀。故又分气胀、食胀、寒胀、热胀。与胀肚相关的病证如下。

1. 气胀

【案例描述】腹围增大，膁部高突，肠音减弱，腹痛起卧，呼吸迫促，食欲废绝，口色青紫，脉象沉涩。

【辨证论治】本证多因食用了容易产气发酵的饲料或继发于肠结症、肠变位等而致。胃肠气机不通，气聚过多，不能排出体外，故见腹围增大，膁部高突。气聚滞而不通，不通则痛，故肠音减弱，腹痛起卧。胃肠气胀，容积增大，前挤胸膈，导致肺气不畅，故呼吸迫促。胃肠气机不通，失其纳食消运之能，故食欲废绝。气为血帅，气滞则血行不畅，故口色青紫。脉象沉涩，为里滞之象。气胀之证，有原发继发之别，故论治也异。原发性气胀，治以理气消胀为主。

【结合治疗】方如**丁香散【方剂】**加味：丁香 30g，木香 30g，藿香 30g，陈皮 30g，青皮 30g，大白 30g，二丑 30g，麻油 250mL，莱菔子 60g（炒）。若为继发性气胀，以治原发病为主，兼以除胀之品。

2. 食胀

【案例描述】本证多发于牛、羊，症见腹围胀大，食欲废绝，反刍停止，触压瘤胃坚硬，大便如算盘珠状，或排粪似煤焦油状，黑而黏，量少，或排胶陈样粪便，触诊右肷有振水音。口色偏红，舌苔黄燥，脉象沉涩。

【辨证论治】本证多因饲养管理不良，喂草料过多，饱后重役，或饮水不足等而致病。草料聚积胃腑，胃容积增大，挤压腹壁，故见腹围胀大。胃失受纳运化水谷之功，故食欲废绝，反刍停止。瘤胃充满食物，故触压瘤胃坚硬。若为食物阻塞重瓣胃（百叶胃）则大便如算盘珠状。如阻塞真胃，则见排粪似煤焦油状，黑而粘，量少。如为肠结症，则见排胶陈样粪便，触诊右肷有振水音（也有因胃体积增大，压迫肠管不排粪，似肠结症）。一般说来，大肠结症，振水音大，小结症，振水音小。食滞胃腑，最易伤津化热，里热蒸腾，故口色偏红，舌苔黄燥。食滞于内，则导致血行不畅，故脉象沉涩。治宜以消食导滞，除胀攻结为主。

【结合治疗】如积食在瘤胃、真胃（初、中期、后期无效），可用**马钱棱术汤【方剂】**：三棱 120g，文术 120g，桃仁 30g，积实 45g，生马钱子 5g，肉桂 15g。如积食在瓣胃，可用**增液承气汤【方剂】**加减：生地 60g，元参 45g，寸冬 30g，当归 60g，大云 60g，郁李仁 90g，泻叶 45g，积实 60g，厚朴 45g，蜂蜜 250mL。如为肠结证引起的胀肚，则以开刀破结为上策，药物治疗不理想。

3. 寒胀

【案例描述】肚腹胀大，牛、羊则左肷部臌胀明显，甚至高出脊背，鼻寒耳冷，四肢不温，大便稀溏，口色青紫，脉象沉涩。

【辨证论治】寒邪直中，损伤脾阳，导致气机不能升降，故肚腹胀大。牛羊瘤胃在左肷，臌胀多在瘤胃，故牛、羊则见左肷部臌胀明显，甚至高出脊背。因是寒邪致胀，阳气被损，肌表失其温煦，故鼻寒耳冷，四肢不温。寒邪直中，脾失运化水谷，水粪并走肠间，故大便稀溏。寒胀导致气血凝滞，运行不畅，故口色青紫，脉象沉涩。治宜以温加祛寒，理气除胀为主。又因肾为阳气之根，肾脏阳气低落，均与此有关，故治以兼补肾阳为妥。

【结合治疗】方如**良附汤**【方剂】加味：高良姜30g，香附30g，青皮30g，木香30g，当归30g，干姜30g，沉香30g，附子21g，肉桂21g。

4. 热胀

【案例描述】腹胀，腹疼起卧，躁动不安，口渴不欲饮，大便秘结或溏垢，舌质红，舌苔黄腻，脉象滑数。

【辨证论治】本证多因湿热蕴结，浊水停聚，气机不畅而致。气机不畅，故腹胀，腹痛起卧。湿热内扰，搏结于胃肠，故躁动不安。湿热为患，热则口渴，湿则不欲饮。热重于湿，则津伤粪燥，故大便秘结；湿重于热，则浊水停肠，故大便溏垢。湿热壅盛内蒸，故舌质红，舌苔黄腻，脉象滑数。治宜以清热利湿，攻下逐水为主。

【结合治疗】方如**芍药汤合大戟散**【方剂】加减：白芍30g，黄芩30g，木香21g，大白21g，大黄30g，莱菔子30g，滑石30g，甘遂21g，大戟21g，二丑30g。

（六）泄泻

泄泻是临床上常见的症状。引起泄泻的原因很多，如感受外邪，饮食所伤，脾虚胃弱，肾阳不足等，均可导致泄泻之证。但总与脾胃功能障碍有关，因脾主管食物和水液的运化，并把饮食中精微（营养成分）、津液上输于肺而化生气血，又由胃把经过消化的饮食残渣下传入肠，共同协调地完成"升清降浊"的功用。任何外邪或内伤因素，导致了脾胃这一功能障碍，引起运化失常，清浊不分，并走大肠，便会形成腹泻。所以有"泄泻之本，无不由于脾胃"的说法。

在辨证泄泻时，首先应区别寒热虚实。大体来说，大便清稀，草料不化，多属寒证。大便稀臭，泻下急迫，多属热证。泻下腹痛，泻后痛减，多属实证。病期较长，腹泻较缓，多属虚证。当然，泄泻也有虚实挟杂，寒热并见的复杂情况，应灵活去辨证。在治上《医宗必读》提出了治泻有九法，即淡渗、升提、清凉、疏利、甘缓、酸收、燥脾、温肾、固涩。总之，要审证论治，以证立法，以法统方，才能收到明显的效果。前人有逆流挽舟之法，也有急开支河之法，方法繁多，重在临证决断。

现代兽医学中由于胃、肠、肝、胆等器官功能性和器质性引起的某些病变，如急慢性肠炎、胃肠神经功能紊乱等引起的腹泻，皆可参考泄泻辨证论治。与泄泻相关的病证如下。

1. 寒湿泄泻

【案例描述】大便清稀，臭味不大，肠鸣腹痛，鼻寒耳冷，四肢乏温，口津滑利，舌淡苔白，脉象沉迟。

【辨证论治】寒湿之邪，困阻脾阳，脾失健运，升降失调，表浊不分，水粪相杂而下，故大便清稀。寒湿为患，无温腐水谷之功，故臭味不大。寒湿内盛，胃肠气机受阻，故肠鸣腹痛。脾阳不振，肢体乏煦，故鼻寒耳冷，四肢乏温。寒湿内盛，津失布散，故口津滑利。舌淡苔白，脉象沉迟，为寒湿之象。治宜以温中散寒，健脾利湿为主。

【结合治疗】方如**胃苓散**【方剂】：苍术 45g，厚朴 30g，陈皮 30g，甘草 15g，白术 45g，肉桂 30g，猪苓 30g，泽泻 30g，茯苓 30g，生姜 30g，大枣 15 个。

2. 湿热泄泻

【案例描述】泄泻腹痛，势如水注，粪稀黏而臭，或带肠膜，或粪中带血，小便短赤，舌苔黄腻，脉滑而数。

【辨证论治】湿热之邪，相搏肠间，导致气机不畅，故泄泻腹痛。湿热下迫，故热如水注。湿热互结肠间，故粪稀黏而臭。湿热损伤肠壁，故带肠膜。热灼肠中血络，故粪中带血。湿热下注，内扰膀胱，故小便短赤。湿热内蒸，故舌苔黄腻，脉滑而数。治宜以清利湿热为主。但要注意，湿与热孰轻孰重，如热重于湿，应以清热为主。一般情况下，热易清而湿难化，如果不重视化湿，则热也难以清解。

【结合治疗】方如**郁金散**【方剂】：郁金 30g，诃子 30g，黄芩 30g，大黄 45g，黄连 45g，黄柏 30g，栀子 30g，白芍 30g。此方适用于热重于湿之泄泻。如湿重于热，可在此方中去黄芩、大黄、黄连，加苍术 45g，泻法 45g，扁蓄 45g。

3. 伤湿泄泻

【案例描述】腹痛泄泻，泻后痛减，大便臭秽，带有未消化的草料，肚腹胀大，水草不进，舌苔垢腻，脉象滑数或沉弦。

【辨证论治】宿食内停，阻滞肠胃，运化失常，故腹痛泄泻。泻后，浊气、宿食稍去，故泻后痛减。宿食不消，草料不化而腐败，故大便臭秽，带有未消化的草料。宿食内滞，导致清气不升，浊气不降，气机阻而不畅，故肚腹胀大，水草不进。胃中积物，则苔垢布舌，故舌苔垢腻。脉象滑数或沉弦为伤食化热，疼痛之象。欲止其泄，必消其食。治宜以消食导滞，理气和胃为主。

【结合治疗】方如**枳实导滞汤**【方剂】：枳实 45g，白术 30g，茯苓 30g，黄芩 30g，黄连 30g，泽泻 30g，神曲 45g，大黄 30g。

4. 暑湿泄泻

【案例描述】大便稀如浆，腥臭难闻，体热汗出，呼吸气粗，口色偏红，舌苔黄腻，脉象濡滑。

【辨证论治】本证多因夏季天热，阴雨连绵，热挟湿邪为患。湿热伤脾，脾失运化水谷之能，加之湿热互缠，腐败糟粕，故大便稀如浆，腥臭难闻。暑邪内逼，湿气外泄，故体热汗出。暑邪伤肺耗气，故呼吸气粗。暑湿内蒸，故口色偏红。舌苔黄腻，脉象濡滑，为暑湿之象。治宜以清暑化湿为主。但应根据暑与湿的孰多孰少，而灵活论治。如暑多于湿，应以祛暑为主。如湿重于暑，故又应祛湿为主。

【结合治疗】方如**六一散**【方剂】加味：滑石 180g，甘草 30g，藿香 30g，荷叶 30g。此方适用于暑重于湿之泄泻。如湿重于暑之患畜，可用**六一苍朴散**【方剂】：滑石 180g，甘草 30g，苍术 45g，厚朴 30g。

5. 脾虚泄泻

【案例描述】粪便溏泻，臭味不大，水谷不化，精神沉郁，倦怠无力，体瘦毛焦，饮食减少，舌淡苔白，脉象细弱。

【辨证论治】正常情况下，脾主运化，胃主受纳，如因劳倦内伤，久病缠绵，导致脾胃虚弱后，则脾胃失其受纳水谷和运化精微的功能，水谷停滞，清浊不分，混杂而下，故粪便溏泻。脾虚不能腐熟水谷，故臭味不大，水谷不化。脾虚气血乏源，故精神沉郁，倦怠无力，体瘦毛焦。脾虚失其运化水谷之能，故饮食减少。舌淡苔白，脉象细弱，为脾虚之象。治宜以健脾益气为主，脾健则水谷得运，泄泻自除，若再兼以"开支河"（即利小便实大便）之法，凑效显著。

【结合治疗】方如**参苓白术散【方剂】**：党参30g，茯苓30g，白术30g，白扁豆30g，山药60g，莲子肉45g，薏苡仁30g，砂仁30g，桔梗30g，甘草21g。

6. 肾虚泄泻

【案例描述】久泻不止，泄泻多在夜间或黎明之前。形寒肢冷，腰肢无力，食欲不振，日久则腹下或四肢浮肿，舌淡苔白，脉象沉细。

【辨证论治】中土运化水谷，需赖肾阳的温煦，肾阳虚，不能温养中土，中土则运化失司，故久泻不止。夜间与黎明之前，阳气未振，阴寒较盛，故泄泻多在夜间或黎明之前。肾虚，阳气不能外达，故形寒肢冷。腰为肾之腑，肾主骨，肾虚骨失其主，故腰肢无力。肾虚不能温养脾胃运化水谷，故食欲不振。肾虚不能化水，脾虚不能过水，以致水湿泛溢，故见腹下或四肢浮肿。舌淡苔白，脉象沉细，为肾虚之象。肾少实证，虚主为多，本证虽为肾虚，实为肾虚而致泄泻。欲治其泻，必温其肾，温上不可，暖中不行，故以补肾阳为要，兼以健脾止泻之剂。

【结合治疗】方如**四神汤【方剂】**加味：补骨脂43g，煨豆蔻45g，吴茱萸45g，五味子30g，肉桂30g，附子30g。

（七）黄疸

黄疸是临床上常见的症状，以口色，结膜黄染、小便黄为特征。根据黄疸的病理性质、症状特点，区分为阳黄与阴黄两大类。阳黄，黄色似橘；阴黄，黄色污秽、灰暗。阳黄病程较短，属热证、实证；阴黄病程较长，属寒证、虚证。当然，二者可以互相转化，如阳黄日久，失治误治，服寒凉过甚，可以转化为阴黄。阴黄日久，如失治误治，服温燥药过多，可以转化为阳黄。至于论治，阳黄以清热利湿为主，阴黄以温阳化湿为主。同时，治疗黄疸证时，不可离开利水之法，否则，邪无出路。但也应根据"治黄须活血，血行黄易却"的道理，给以活血凉血，或以养血通脉之法。与黄疸相关的病证如下。

1. 热重于湿

【案例描述】口舌，眼结膜色黄鲜明似橘，发热口渴，大便干燥，排粪迟滞，小便短黄，脉象弦数。

【辨证论治】本证多因时邪外袭，郁而不达，内阻中焦，脾胃之运化失常，湿热交争于肝胆，不能泄越，以致胆汁外溢，浸渍于肌肤，故口舌，眼结膜色黄鲜明似橘。热伤津液，故发热口渴，大便干燥，排粪迟滞。湿热下注膀胱，故小便短黄。肝胆湿热内蒸，故舌苔黄腻，脉象弦数。热与湿是本病的主因，热因湿而愈炽，湿得热而益深，故治以清热为主，兼以利湿通便之品。

【结合治疗】方如**茵陈蒿汤【方剂】**加味：茵陈45g，杞子30g，大黄15g，车前子30g，猪苓30g，茯苓30g。

2. 湿重于热

【案例描述】口色、眼结膜色黄，但不如热重者鲜明，食欲不振，粪便溏泄，舌苔黄腻，脉缓。

【辨证论治】湿热蕴蒸，胆汁溢肤，故口舌、结膜色黄。湿重于热，湿为阴邪，故色黄不如热重者鲜明。湿困脾胃，运化受纳，水谷失司，故食欲不振，粪便溏泄。舌苔黄腻，脉缓，为湿重于热之象。以利湿化浊为主，兼以清热为辅。

【结合治疗】方如**五苓汤**【方剂】加味：猪苓 30g，茯苓 30g，白术 45g，泽泻 30g，茵陈 45g，藿香 30g。

3. 热毒炽盛

【案例描述】口舌，眼结膜深黄色，发病急剧，高热口渴，小便深黄，躁动不安，或神昏卧地，或鼻衄，便血，舌质红绛，舌苔黄燥，脉象弦数。

【辨证论治】因热毒炽盛，迫使胆汁外溢肌肤，故口舌、眼结膜深黄色。热毒炽盛而伤津，故发病急剧。高热口渴，湿热下注膀胱，故小便深黄。热毒内扰心神，故躁动不安。热毒内陷心包，故神昏卧地。热毒迫血妄行，故鼻衄，便血。热扰营血，故舌质红绛。热邪伤津，故舌苔黄燥。热毒内盛，故脉象弦数。热毒炽盛，势急病重，治疗莫缓，清热解毒，凉血退黄，是为正法。

【结合治疗】方如**清营汤合茵陈蒿汤**【方剂】加味：犀角 5g，生地 45g，元胡 30g，竹叶 30g，寸冬 30g，连翘 30g，银花 40g，丹参 30g，黄连 30g，茵陈 60g，大黄 45g，栀子 30g。

4. 寒湿阻遏

【案例描述】口舌，眼结膜黄色晦暗，食少纳呆，大便溏薄，鼻寒耳凉，舌质淡，苔白腻，脉象濡缓。

【辨证论治】寒湿阻遏中焦，导致肝胆气机不畅，胆汁排泄受阻，溢于肌肤，故口舌、眼结膜黄色晦暗。寒湿阻遏，导致脾阳不振，运化失司，故食少纳呆，大便溏薄。脾阳不振，肤表乏煦，故鼻寒耳凉。寒湿阻遏，阳不化湿，湿浊内滞，故舌质淡，苔白腻，脉象濡缓。以浊化寒湿为主，兼以退黄之品。

【结合治疗】方如**茵陈术附汤**【方剂】：茵陈 30g，白术 30g，附子 30g，干姜 30g，甘草 21g。

5. 脾虚血亏

【案例描述】口舌，眼结膜呈微黄色，但黄而不泽，四肢无力，体瘦毛焦，食少纳呆，大便不实，舌淡苔白，脉象濡细。

【辨证论治】脾胃虚弱，气血亏败，血败而不华色，故口舌、眼结膜呈微黄色，但黄而不泽。脾主四肢肌肉，脾虚则四肢肌肉失主，故四肢无力，体瘦毛焦。脾虚血亏，受纳消运失权，故食少纳呆。脾虚不能运化水谷，水粪并走肠间，故大便不实。舌淡苔白，脉象濡细，为脾虚血亏之象。以健脾补血为主。因脾多寒、多虚，又恶湿，故健脾以祛寒、补气、利湿为要。

【结合治疗】方如**八珍汤**【方剂】加减：党参 30g，白术 30g，茯苓 30g，甘草 21g，当归 30g，白芍 30g，熟地 30g，黄芪 45g，桂枝 30g，生姜 21g，大枣 12 个。

任务二 呼吸系统典型症状辨证论治

一 肺炎病理

支气管肺炎是畜禽最常见的肺炎类型，支气管肺炎是病变从支气管或细支气管炎开始，蔓延到邻近的肺泡引起的肺炎，每个病灶大致在一个肺小叶范围内，所以又称之为小叶性肺炎，临床症状以流鼻、咳嗽、痰饮等多个呼吸系统症状为主。

支气管肺炎

（一）主要的临床症状

咳嗽，咳出较多的黏液或黏液脓性的痰液，鼻孔流出浆液性、黏液性或脓性的鼻液，发热等。

（二）发病原因

1. 各种致病细菌，如多杀性巴氏杆菌、沙门氏菌、葡萄球菌等，当机体的防御性能下降，这些致病细菌乘虚而入，大量繁殖。
2. 健康畜禽的呼吸道黏膜中存在一些寄生菌，在正常情况下不诱发疾病，在某些应激因素下，如寒冷、过劳、感冒等情况下，这些寄生菌会转变为致病菌引发疾病。
3. 某些化学物质的吸入，对细支气管及肺泡的直接损伤而引发支气管肺炎。

（三）解剖学变化

（1）剖解见患病动物的一侧肺叶或两侧肺叶在尖叶、心叶和膈叶的前下部，出现局灶性的实变。肺实变区体积增大，质地坚实，呈灰红色或灰黄色、岛屿状；肺切面可见散在的灰红色或灰黄色病灶，质地粗糙，稍突出于切面。

（2）支气管黏膜充血水肿，管腔内含有黏液的渗出物。挤压时，从小支气管中流出灰白色浑浊的黏液或脓性分泌物。

（四）组织学变化

支气管腔中有浆液性渗出物，病灶中细支气管管壁因充血、水肿及白细胞浸润而增厚；肺泡中充满浆液，混有少量白细胞、红细胞及肺泡上皮；病灶周围组织代偿性肺气肿。

（五）支气管肺炎对动物的影响

（1）当畜禽机体防御能力增强，致病微生物被消灭后，肺泡内的炎性渗出物被溶解液化而吸收，损伤的肺上皮再生而修复，肺组织恢复到原来的形态、代谢和功能，即已痊愈。

（2）渗出液过多、发生损伤的肺组织过大，损伤主要依靠"机化"过程进行修复，引起肺组织"肉变"。

（3）如果病因持续作用或畜禽机体抵抗力下降，炎症可以由急性经过转变为慢性，肺泡壁纤维化、增厚，间质肉芽组织增生。

（4）病情继续发展，继发腐败菌或化脓菌，导致肺坏疽的发生，最终引起机体的自体中毒。

相关案例

（一）流鼻

流鼻是临床上常见的症状，引起流鼻的原因很复杂，但总不出外感和内伤的范围。如外感风寒，则鼻流清涕；热邪犯肺，则流脓涕；过劳伤肺，则流腥臭的黄稠涕。此外，异物入肺，寄生虫等，也能引起流鼻。与流鼻相关的病证如下。

1. 肺火流鼻

【案例描述】鼻流脓涕，色白或黄，呼吸喘促，咳嗽声高，口干舌红，苔黄而燥，脉数。

【辨证论治】本证多因外感热邪，或外感风寒，化热生火，或因劳役过重而致。气郁胸膈，热从内生，热迫津伤，炼液成痰，出于鼻窍，故鼻流脓涕，色白或黄。肺被火扰，失其宣降之功，故呼吸喘促，咳嗽声高，肺火内蒸，故口干舌红，苔黄而燥，脉数。治宜以清肺火为主。

【结合治疗】方如**清肺散**【方剂】加减：板蓝根 60g，葶苈子 30g，浙贝母 30g，桔梗 30g，甘草 21g，黄芩 30g，桑皮 30g，瓜蒌 30g，花粉 30g，蜂蜜 250mL。

2. 饮伤流鼻

【案例描述】鼻流灰白色黏涕，喘咳低弱，精神不振，食少纳呆，口色淡，脉缓乏力。日久则口色红绛，鼻流脓涕，或血丝，脉象细数。

【辨证论治】本证多因劳役过度，或久病损伤肺气，气伤则津液输布无力，聚而为痰，上渍于肺，肺外应鼻，故鼻流灰白色黏涕。痰湿影响气机出入之道，故喘咳低弱。劳伤损肺，肺气已虚，气虚则功能降低，故精神不振。脾为生痰之源，肺为储痰之器，外见有痰，必为脾虚，脾虚则运化失权，故食少纳呆。口色淡，脉缓乏力，是劳伤气虚。久则津液亏损，元阴大伤，阴虚则生热。虚火内蒸，故口色红绛。虚火上承于肺，灼炼津液，损伤脉络，故鼻流脓涕或带血丝。脉象细数，为虚热之象。治宜以补肺化痰为主。因脾为生痰之源，故兼以健脾燥湿。

【结合治疗】方如**六君子汤**【方剂】加味：党参 30g，茯苓 30g，白术 30g，甘草 15g，半夏 30g，陈皮 30g，枇杷叶 30g。如阴虚生内热，虚火上承，则应以滋阴降火，润肺化痰为主，方如**沙参散**【方剂】：沙参 30g，寸冬 30g，白芍 30g，丹皮 30g，贝母 30g，杏仁 21g，陈皮 30g，茯苓 30g，甘草 30g，生地 30g，花粉 30g，元参 21g，蜂蜜 250mL。

（二）痰饮

痰饮，为体内水液停留，不得输化的一种病证。一般说来，黏稠者为痰，清稀者为饮。饮唯水谷停积而化，痰则五脏之伤，皆能致之。然究其源，痰即机体之津液，无非水谷所化。但化得其正，则形体强，营卫充，若化失其正，则脏腑病，津液败，而血气即化火。形成痰饮的原因很多，如脾阳素虚，寒湿浸渍，饮食所伤，劳役过度等均可引起痰饮之证。痰饮证的论治，可以攻逐、利水、温阳、发汗等法为主，因势利导地以驱除痰饮之邪。与痰饮相关的病证如下。

1. 肺寒吐沫

【案例描述】口味白沫，振舌无疮，耳鼻俱冷，四肢乏温，毛焦肷吊，口色淡白，舌苔白腻,脉象弦紧。

【辨证论治】本证多因外感风寒,内伤阴冷而致。风寒袭肺,寒凝肺津,随气逼泄,故口吐白沫。非唇舌生疮而引。寒邪束肺,体表失煦乏养,故耳鼻俱冷,四肢乏温,毛焦欣吊。口色淡白,舌苔白腻,脉象弦紧,为寒湿内盛之象。治宜以温脉化痰为主。

【结合治疗】方如半夏散加味:半夏30g,防风30g,枯矾30g,30g,橘红30g,茯苓30g,苍术30g,甘草18g。

2. 脾肾阳虚

【案例描述】腹部胀满,形寒肢冷,气短而促,大便溏薄小便不利,舌体胖大,舌苔白薄,脉沉细而滑。

【辨证论治】水湿全赖阳气以转输蒸化,脾肾阳虚,水湿则难于输化,停滞于腹内,故腹部胀满。阳虚不能外达,故形寒肢冷。肾阳虚,纳气失权,故气短而促。脾肾阳虚,转输气化之功能失常,故大便溏薄,小便不利。脾肾阳虚,水湿潴留,故舌体胖大。舌苔白腻,脉沉细而滑,为脾肾阳虚之象。治宜以脾胃同温为主,兼以化饮为次。

【结合治疗】方如**苓桂术甘汤【方剂】**加味:桂枝30g,甘草21g,白术30g,茯苓30g,肉桂30g,附子30g。

(三)咳嗽

咳嗽是临床常见的症状,多因肺脏受病而发生,故前人有"咳者,肺之本病也"等说法。然而,也有因其他脏腑病变影响到肺而出现咳嗽的。如《元亨疗马集·王良咳嗽论》说:"五脏六腑皆令兽咳,非独肺也。"《元亨疗马集·咳嗽歌》说:"五脏损伤皆令嗽。"可见咳嗽也很复杂,但概括来讲,不外两端,即外感和内伤。现代兽医学认为咳嗽是由于呼吸道异物(包括病理产物)刺激气管黏膜所引起的一种保护性反射动作。多见于呼吸系统疾病,如上呼吸道感染、支气管炎、肺炎、肺结核等。同时,由于持续的或剧烈的咳嗽,又给机体带来不同的危害。与咳嗽相关的病证如下。

1. 风寒咳嗽

【案例描述】咳嗽频作,鼻流清涕,恶寒无汗,鼻寒耳冷,口色淡白,舌苔薄白,脉象浮紧。

【辨证论治】风寒犯肺,肺失宣降,故咳嗽频作。肺外应于鼻,寒邪袭肺,肺气受遏,津液失布,故鼻流清涕。风寒束于肌表,玄腑闭塞,故恶寒无汗。风寒在表,故鼻寒耳冷,口色淡白,舌苔薄白。风寒犯表,正气拒于外,故脉象浮紧。治宜以疏风散寒,宣通肺气为主。

【结合治疗】方如**杏苏散【方剂】**:杏仁21g,紫苏21g,陈皮21g,半夏21g,生姜30g,枳壳30g,杏梗21g,前胡30g,茯苓30g,甘草15g,大枣12g。

2. 风热咳嗽

【案例描述】咳嗽身热,鼻流稠涕,唇干口渴,恶风汗出,口色偏红,舌苔薄黄,脉浮而数。

【辨证论治】风热犯肺,肺失宣降,故咳嗽身热。肺外应于鼻,肺受热灼,故鼻流稠涕。风热伤津液,故唇干口渴。邪客皮毛,正邪相搏,故恶风。风热性泄,故汗出。口色偏红,舌薄黄,脉浮而数为风热在表之象。治宜疏散风热,宣肺化痰为主。

【结合治疗】方如**麻杏石甘汤【方剂】**加味:麻黄21g,杏仁21g,石膏90g,桔梗30g,菊花30g,桑叶30g,薄荷21g。

3. 燥热咳嗽

【案例描述】干咳，口干舌燥，鼻不流涕，或有恶风发热之症状，舌尖红，苔薄而黄，脉象略数。

【辨证论治】本证多见于秋季，气候干燥季节，燥热伤其脏腑，重点伤肺，肺津受灼，上不润头部，故口干舌燥，鼻不流涕。燥热之邪，乃属风邪外客，故或有恶风发热之症状。燥热犯肺，肺居上焦，舌尖应上焦，故舌尖红。燥热内蒸，故苔薄而黄，脉象略数。治宜以清肺润燥止咳为主。

【结合治疗】方如**清燥救肺汤**【方剂】加减：桑叶 30g，生石膏 45g，寸冬 21g，生地 30g，元参 30g，胡麻仁 30g，杏仁 21g，枇杷叶 30g，党参 30g，炙甘草 15g。

4. 痰湿犯肺

【案例描述】咳嗽，流白色稀涕，纳呆，四肢乏力，大便时溏，舌白腻，脉象濡滑。

【辨证论治】本证多为脾阳不振，痰湿内盛，影响肝气宣通肃降而致。痰湿犯肺，宣降失司，故咳，流白色稀涕。脾阳不振，运消无权，故纳呆。脾主四肢，脾阳不振，故四肢乏力。脾阳虚，不能温化腐熟水谷，也失升清降浊之能，故大便时溏。舌苔白腻，脉象濡滑为痰湿内盛之象。治宜以温脾阳，燥湿化痰，止咳为主。

【结合治疗】方如**二陈汤**【方剂】加味：半夏 30g，陈皮 30g，茯苓 30g，炙甘草 15g，生姜 21g，白术 30g，桂枝 21g。

5. 肝火犯肺

【案例描述】咳嗽，咳时患畜回头顾左肋，自流眼屎，结膜充血，口干舌红，舌苔薄黄，脉象弦数。

【辨证论治】肝火犯肺，肺失清肃，故咳嗽。肝脉络肋，虽肝的部位在右，其用在左，故咳时患畜回头顾左肋。肝外络目，肝火上炎，则目流眼屎，结膜充血。肝火内灼，伤其津液，故口干舌红。舌苔薄黄，脉象弦数，为肝火肺热之象。治宜以清有火为主，兼以润肺止咳之品。

【结合治疗】方如**黛蛤散**【方剂】合**清金化痰汤**【方剂】加减：青黛 30g，海蛤壳 21g，栀子 30g，黄芩 39g，桑皮 30g，瓜蒌仁 21g，贝母 21g，知母 21g，寸冬 21g。

6. 肺热咳嗽

【案例描述】咳嗽喘，鼻流稠涕，口渴欲饮，舌苔黄燥，脉数。

【辨证论治】热邪伤肺，肺失宣降，故咳嗽喘促，鼻流稠涕。热伤津液，故口渴欲饮。热邪内蒸，故舌苔黄燥，脉数。治宜以清肺热，止咳嗽为主。

【结合治疗】方如**泻白散**【方剂】加减：桑皮 30g，地骨皮 30g，黄芩 30g，芦根 30g，甘草 15g。

（四）喘

喘症，起因复杂，但总不出外感和内伤的范围。外感多实证，内伤多虚证。实喘者，邪气实。虚喘者无邪，元气虚。喘证，首辨虚实，最为紧要，如误犯虚虚实实之戒，病情极易恶化。当然，临床上也常遇到虚实兼挟之证，应当分清主次，才能权衡标本，适当处理。一般说来，实喘多责之于脾肺，其特点是发病急，病程短，易治疗，病多不反复。虚喘多责之于肺肾，其特点是发病急，病程长，难治疗，时轻时重，过劳即甚，愈而多复发。实喘，呼吸深长有余，呼出为快，气粗声高，脉数有力，其治主要在脾肺，以祛邪平喘为主。虚喘，呼吸短促难续，深吸为快，气怯声低，脉微弱或浮大中空，治疗主要在肺肾，以培肺补肾纳气为主。虚喘发展到严重阶段，不但肺肾俱衰，心阳亦同时衰竭，以致喘逆加剧，烦躁不安，肢冷汗出，脉浮大无根，乃属虚阳欲脱的危证，宜急用参附汤：人参21g，附子30g，以扶元救阳，镇摄肾气，以图挽救。与喘相关的病证如下。

1. 风寒咳喘

【案例描述】呼吸促迫，兼有咳嗽，恶寒乍毛，鼻流清涕，口不作渴，舌薄白，脉象浮紧。

【辨证论治】风寒束肺，肺失宣降，故呼吸促迫，兼有咳嗽。风寒犯表，卫阳被遏，故恶寒乍毛。风寒犯表，循经入肺，肺外应鼻，故鼻流清涕。风寒尚未化热，故口不作渴。邪气外束，风寒在表，故舌苔薄白，脉象浮紧。治宜以散风寒宣肺气，平喘止咳为主

【结合治疗】方如**三拗汤**【方剂】加减：麻黄21g，杏仁21g，甘草15g，苏子30g，前胡30g，橘红30。

2. 风热咳喘

【案例描述】喘促气粗，声高气涌，伴有咳嗽，口渴喜冷饮，体热汗出，恶风，舌苔薄黄，脉象浮数。

【辨证论治】本型之喘，多为风热犯肺所致，风热犯肺，热盛气壅，肺气奔迫，故喘促气粗，声高气涌。肺失宣降，故伴有咳嗽。热伤津液，饮水自救，故口渴喜冷饮。里热虽盛，表邪未解，故体热汗出，恶风。舌苔薄黄，脉象浮数。

【结合治疗】方如**桑菊散**【方剂】：桑叶45g、菊花45g、连翘45g、薄荷30g、苦杏仁20g、桔梗30g、甘草15g、芦根30g，以上8味，粉碎，过筛，混匀，即得。马、牛200~300g；羊、猪30~60g；犬、猫5~15g。

3. 痰浊咳喘

【案例描述】喘咳气促，喉有痰声，鼻流黏涕，纳呆，舌白腻，脉滑。

【辨证论治】本型多因痰浊阻肺而致。痰浊上壅，阻遏气道，肺气失降，故喘咳气促，喉有痰声。痰浊阻肺，化热灼津，肺外应鼻，故鼻流黏涕。肺为贮痰之器，脾为生痰之源，痰浊困于脾胃，故纳呆。痰浊内蕴，故舌苔白腻，脉滑。治宜以祛痰降气，平喘为主。

【结合治疗】方如**二陈汤**【方剂】：半夏45克、陈皮45克、白茯苓30克、甘草（炙）15克。水煎去渣，候温灌服，或研末冲服。马、牛150~250克；猪、羊30~60克。

4. 肺虚咳喘

【案例描述】喘促气短，咳声低弱，自汗畏风，体瘦毛焦，精神倦怠，口干舌红，脉象细弱。

【辨证论治】肺主气，司呼吸。若为肺虚，气则失主，故喘促气短，咳声低弱。肺气不足，卫表失固，汗孔不密，难抗风邪，故自汗畏风。有形之血，需赖无形之气，肺气虚弱，累及阴血，气血双亏，机体乏养，故体瘦毛焦，精神倦怠。气阴两伤，故口干舌红。气为血帅，血为气母，血液运行，需肺气的推动，肺又朝百脉，肺气虚，百脉乏推动之力，故脉象细弱。因是肺虚之证，当然包括气阴双虚，故治以益肺补阴为主，兼以定喘。

【结合治疗】方如**生脉散**【方剂】加减：人参21g，寸冬30g，五味子30g，山药45g，黄芪45g。

5. 肾虚咳喘

【案例描述】喘咳日久不愈，呼多吸少，喘气不到底，成半截气，动则喘息更甚，精神不振，肢冷出汗，舌质淡，脉沉细。

【辨证论治】肺虽主气，但肺气的下降，则赖于肾气的摄纳，故前人说，肺为气之主，肾为气之根。如肺病喘咳日久不愈，必深及气根之肾，肾气虚弱，纳气无权，故呼多吸少，喘气不到底，成半截气。不劳则肾气虚而不支，动则气耗，故动则喘息更甚。肾藏先天之精，肾虚精气不足，故精神不振。肾虚则阳气不能外达，体表失煦，故肢冷。肾阳虚衰，卫外之阳气失固，故出汗。舌质淡，脉沉细，均为肾虚之象。治宜以补肾气、肾阴、肾阳为主，又因肾虚不能纳气而喘，故又需纳气止喘。

【结合治疗】方如**金匮肾气丸**【方剂】合**参蛤散**【方剂】：熟地30g，山药30g，萸肉30g，茯苓30g，泽泻30g，丹皮21g，肉桂30g，附子30g，人参21g，蛤蚧二对。

任务三　泌尿生殖系统典型症状辨证论治

一　水肿病理

水肿是指组织液在组织间隙蓄积过多的病理过程。水是机体组织细胞的重要成分之一，它在机体内构成体液，体液分为细胞内液与细胞外液，细胞外液包括组织液和血浆液体成分。水不仅直接参与组织的构成，还具有运输营养物质和代谢产物，维持体液内环境稳定，参与和促进体内物质代谢，以及调节体温等重要生理功能。正常情况下，机体通过神经体液调节保持对体内水的摄入与排出的平衡。在致病因素的作用下，机体对水分的摄入或排出发生紊乱，水代谢平衡破坏，引起体内水分蓄积过多，就是我们所认识的水肿。

水肿

1. 水肿形成原因

（1）血管内外液体交换失平衡。血管内外液体交换失平衡，即组织液生成大于回流。正常生理情况下血管内外液体生成与回流是一个动态平衡的过程。促进组织液生成的力量包括毛细血管流体静压和组织胶体渗透压。促进组织液回液的力量包括血浆胶体渗透压和组织液流体静压。在正常生理情况下，毛细血管流体静压+组织胶体渗透压＝血浆胶体渗透压+组织液流体静压。即有多少组织液生成就有多少组织液回流，以保持机体的动态水平衡，但在一系列致病因素作用下使毛细血管流体静压+组织胶体渗透压＞血浆胶体渗透压+组织液流体静压时，即表现为组织液生成增多，机体水肿。详细原因如下。

第一，毛细血管流体静压升高各种原因引起静脉回流受阻（如肿瘤压迫静脉，静脉内有血栓形成）时会导致血管流体静压升高，组织液生成增多。

第二，血浆胶体渗透压降低，严重营养不良，患肝病的时候白蛋白生成减少或患肾脏疾病时大量白蛋白随尿液排出体外而使血浆胶体渗透压降低，组织液回流减少，均可引起水肿。

第三，毛细血管壁通透性增加在缺氧、酸中毒、炎症、变态反应时一方面可以直接损伤毛细血管的内皮细胞，另一方面刺激机体产生组织胺、5-羟色胺等生物活性物质，可以使毛细血管内皮细胞收缩，间隙变大，通透性增加，有利于发生水肿。

第四，组织液渗透压升高，一方面见于毛细血管壁通透性增加时，白蛋白渗透到组织间隙，使组织间液胶体渗透压升高；另外也见于局部炎症，此时大量组织细胞崩解，钾离子等离子可以跑到细胞外使组织液晶体渗透压升高，有利于水肿。

第五，淋巴回流受阻，即正常组织液的1/10经淋巴管回流，淋巴管阻塞或静脉压升高时引起淋巴液回流不畅，部分组织液不能随淋巴液入血，蛋白质也不能运走，增加组织液胶体渗透压，水肿形成。

（2）体内外液体交换失平衡。体内外液体交换失平衡，即水钠在机体的潴留。主要原因如下。

第一，肾小球滤过率降低，广泛的肾小球病变可严重影响肾小球的滤过，如急性肾小球肾炎，由于炎性渗出物和内皮细胞肿胀并增生，阻碍了肾小球的滤过。在慢性肾小球肾炎的病例中，则由于肾小球严重纤维化而影响滤过。滤过率降低，水钠在机体潴留。

第二，肾小管重吸收增多，在激素、抗利尿激素和醛固酮分泌增多时，肾小管重吸收增多而导致水肿。

2. 水肿病理变化

临床上根据水肿发生的原因将水肿分为：心性水肿、肾性水肿、肝性水肿、营养不良性水肿和炎性水肿等。

（1）心性水肿是由心功能不全引起的水肿。左心衰竭导致肺水肿；右心衰竭导致全身性水肿；通常表现在身体下垂部或皮下疏松结缔组织丰富的部位。严重病例出现胸水和腹水。

（2）肾性水肿属于全身性水肿，严重病例也出现胸水和腹水。肾性水肿在临床上表现是以皮下组织疏松部位，特别是眼睑、阴囊、腹部皮下最明显。

（3）肝性水肿属于全身性水肿，主要见于肝硬化。

（4）营养不良性水肿，它与肝性水肿相同。

（5）炎性水肿属于局部性水肿，发生在炎症过程中，由瘀血、炎症介质、组织崩解等多方面因素的综合作用造成。

3. 水肿对机体的影响

水肿不是独立性疾病，而是一种基本病理过程。它对机体的影响因发生水肿的部位、发生的速度、程度和持续时间的不同而影响不同。炎性水肿具有一定的抗损伤作用，可以稀释毒素，运送抗体。其他水肿对机体的不利影响主要有如下几种：①皮下水肿，引起局部营养不良，局部感染，抵抗力降低，最终引起溃疡的发生；②喉头水肿，引起窒息；③肺水肿，影响气体交换；④消化道水肿，导致消化吸收不良；⑤脑水肿，导致颅内压升高，脑功能紊乱，严重时呼吸、循环衰竭使动物死亡。

 相关案例

（一）水肿

水肿，又称"浮肿"，可发生于头面、四肢、腹部等处。水肿是体液形成、运化、调节和排泄障碍所产生的水邪为患的病证，多与脾、肺、肾三脏的功能失调有关，也与三焦和膀胱有一定关系。如脾气的转输，肺气的通调，肾气的开阖，三焦的决渎，膀胱的气化失调时，均可导致水肿。水肿分阳水和阴水两型。阳水多属表属实，阴水多属里属虚。水肿证的论治，不外发汗，利小便，攻逐等法。再根据证情，结合健脾、补肾、温阳，以及攻补兼施等法，以针对性的论治，可一法独进，可数法合施，只有辨证论治，才可收到较好的疗效。与水肿相关的病证如下。

1. 风水相搏

【案例描述】常是昨日正常，今日眼睑、头面肿大，继则四肢及全身皆肿。恶风发热，肢体疼痛，小便不利，或咳嗽而喘，舌苔薄白，脉浮滑或紧，或舌质红，脉浮滑数。

【辨证论治】风为阳邪，其性轻扬，善行而数变，风水相搏，推波助澜，故常是昨日正常，今日眼睑、头面肿大，继则四肢及全身皆肿。风邪外束，正气抗邪，正邪交争，故恶风发热。邪犯肌表，阻遏经气，经气不畅，故肢体疼痛。风邪外束，肺失宣降，不能通调水道，下输膀胱，故小便不利，咳嗽而喘。风水之邪在表，偏寒则舌苔薄白，脉浮滑或紧。风水之邪在表，偏热则舌质红，脉浮滑数。治宜以祛风行水为主。

【结合治疗】方如**越婢加术汤**【方剂】加减：焦苍术、厚朴、木香、陈皮、猪苓、茯苓、泽泻各 30 克，炙黄芪 45 克，板蓝根、田基黄各 50 克、生甘草 15 克，煎 3 次混匀拌料饲喂 10 头 10~15 千克仔猪，日服 1 剂，连服 3 剂。

2. 水湿浸渍

【案例描述】水湿浸渍之证，一般表现全身水肿，小便短少，运步迟缓，纳呆，口色淡白，舌苔白腻，脉象沉缓。

【辨证论治】本证多因畜舍潮湿或涉水冒雨，水湿内侵，脾为湿困，失其健运，不能升清降浊，致水湿不得下行，乏于肌肤，故全身水肿，小便短少。湿性腻滞沉重，故运步迟缓。湿邪困脾，脾失运消之能，故纳呆。口色淡白，舌苔白腻，脉象沉缓，均为水湿内停伤脾之象。治宜以健脾化湿，通阳利水为主。

【结合治疗】方如**五苓散**【方剂】加减：白术 30g，茯苓 30g，猪苓 30g，泽泻 30g，大腹皮 30g，生姜皮 30g，桑皮 30g，本证若遍体浮肿，有水浪滔天之势，一方无效，可复方图治。

3. 湿热壅盛

【案例描述】遍体浮肿，烦热口渴，小便短赤，大便干燥，舌苔黄腻，脉象沉数。

【辨证论治】湿热久留，郁而化热，热主膀胱，膀胱输化失权，水湿泛于肌肤经隧之间，故遍体浮肿。热盛伤津，故烦热口渴，小便短赤，大便干燥。舌苔黄腻，脉象沉数，为湿热壅盛之象。因湿热壅盛，而致浮肿，故治以分利湿热为主，湿热去，浮肿自消。

【结合治疗】方如**疏凿饮**【方剂】加减：泽泻 30g，商陆 21g，赤小豆 30g，木通 30g，椒目 21g，大腹皮 21g，茯苓皮 30g，大白 30g，生姜皮 30g，羌活 30g。

4. 脾阳不振

【案例描述】四肢下部浮肿，按之凹陷，不易恢复，纳减便溏，神倦肢冷，小便短少，舌淡苔白，脉象沉缓。

【辨证论治】脾阳不振，气不化水，水停湿阻，泛滥横溢，水湿趋下，故四肢下部浮肿，按之凹陷，不易恢复。脾阳不振，运化转输失权，故纳减便溏。脾阳不振，肢乏煦，气血乏源，故神倦肢冷。脾虚，运化失权，水湿多注肠间，故小便短少，舌淡苔白，脉象沉缓，为水湿内停之象。治宜以温煦脾阳为主，兼以利水。

【结合治疗】方如**实脾饮**【方剂】加减：白术 30g，附子 30g，干姜 30g，甘草 15g，大腹皮 30g，茯苓 30g，猪苓 30g，泽泻 30g。

5. 肾阳衰微

【案例描述】全身水肿，腰以下尤甚，按之凹陷不起，心悸气短，四肢不温，尿量很少，舌质淡胖，苔白而润，脉象沉迟。

【辨证论治】肾阳衰微，开阖不利，膀胱气化失常，以致湿停积泛滥，横溢，因腰以下肾气主之，故见全身水种，腰以下尤甚，按之凹陷不起。水气上逆心肺，故心悸气短。肾阳虚，不能温煦肢体，故四肢不温。肾阳衰微，而致膀胱气化不利，故尿量减少。肾阳不足，不能温化水湿，水湿潴留，舌质淡胖，苔白而润。脉象沉迟，为肾阳虚而数。治宜温肾助阳，化气行水为主。

【结合治疗】方如**真武汤**【方剂】加减：附子30g，白术30g，茯苓30g，生姜21g，肉桂30g，巴戟天30g。

（二）排尿异常

排尿异常，包括两个方面，一是尿色异常，如淋证的膏淋、血淋等。二是尿量及排尿姿势异常。如肾阳虚或肾气不摄，引起的多尿、小便失禁、遗尿或因膀胱湿热引起的少尿等。或阳虚、膀胱结热引起的排尿困难等。至于下焦膀胱蓄血证、尿血证等，也属于本证的范围。淋证，即小便频数短涩，滴沥刺痛，欲出未尽，痛引腰腹。淋证一般分为气、血、膏、石、劳五淋。五淋证的主要病因是湿热蕴结下焦。淋证并非均为实证，亦可见虚证。如血淋因湿热灼络者，属实。因阴虚火旺，扰动阴血者，属虚。又如，气淋由于肝郁气滞者属实，由于气虚下陷者属虚。排尿困难，又称癃闭，以排尿困难，腹部胀满，甚则小便闭塞不通为特征。小便不畅，点滴而短少，病势较缓者谓之癃；小便闭塞，点滴不通，病势较急者谓之闭。癃闭的形成，主要病变在膀胱。膀胱气化不利，可导致本病的发生。然而，导致排尿困难的原因，不光是与膀胱有关系，同时也受肺、脾、肾的影响，如肺不通调，脾不运化，肾失蒸化，都是本病的致因。临床上常见的湿热壅积，肺热壅盛，中气下陷，肝郁气滞，尿道阻塞，均可导致本证。与排尿异常相关的病证如下。

1. 气淋

【案例描述】肝郁气滞者，症见排尿涩滞，腹胀而痛，舌质带青，脉多沉弦。中气不足者，症见尿有余沥，疼痛增重，舌质淡，脉细乏力。

【辨证论治】膀胱位，居少腹，少腹为后肢厥阴肝经循行之处，如肝郁气滞，疏泄失权，膀胱气化不利，故症见排尿涩滞，腹胀而痛。肝气郁而不舒，血行则不畅，故舌质带青。脉多沉弦，为肝郁气滞之象。中气虚弱，不能摄纳，故尿多有余沥。中气不足，气虚下陷，陷则气滞不畅，便涩更甚，故疼痛增重。中土为气血化生之源，虚则气血乏源，不能充贯脉血，故舌质淡，脉细乏力。肝郁气滞引起者，以利气疏导为主。

【结合治疗】方如**沉香散**【方剂】：沉香30g，陈皮30g，当归30g，白芍21g，甘草15g，石苇30g，滑石30g，冬葵子30g，王不留行30g。若为中气不足者，以补中益气为主。方如**补中益气汤**【方剂】：党参60g，黄芪90g，炙甘草30g，当归45g，柴胡30g，升麻30g，白术45g。

2. 血淋

【案例描述】小便涩痛，尿色紫红，或夹血块，舌红苔黄，脉数有力。日久不愈，则尿色淡红，腰胯无力，舌质淡红，脉象细数。

【辨证论治】湿热聚于膀胱，或心火下移膀胱，热火搏结，血络被灼，故小便涩痛，尿色紫红，或夹血块。热邪内蒸，故舌红苔黄。实热迫血速行，故脉数有力。日久不愈，肾阴亏耗，阴虚则生内热，虚热灼伤尿路，故尿色淡红。肾主骨，腰为肾之腑，肾阴亏虚，骨失其主，故腰胯无力。舌质淡红，脉象细数，为阴虚内热之象。因本证有湿热聚于膀胱，与肾阴亏耗的不同，故论治有异，一般来说，前者为实证，治以清热利湿，凉血止血为主。

【结合治疗】方如**小蓟饮子**【方剂】：鲜生地30g，小蓟根30g，滑石30g，通草30g，蒲黄（炒）30g，淡竹叶30g，藕节30g，当归30g，栀子30g，炙甘草30g。后者为虚证，治以滋阴清热，补虚止血为主，方如**知柏地黄汤【方剂】**加味：熟地30g，山药45g，萸肉30g，茯苓30g，泽泻30g，丹参30g，知母30g，黄柏30g，小蓟30g。

3. 膏淋

【案例描述】小便混浊如米泔水，排尿疼痛，舌红苔腻，脉象滑数。病延日久，淋出如脂，涩痛稍减。体瘦乏力，舌淡苔腻，脉弱无力。

【辨证论治】湿热阻滞下焦，膀胱气化不利，清浊混当，不能制约脂液下流，故见小便混浊如米泔水，排尿疼痛。舌红苔腻，脉象滑数，为湿热留恋之象。病延日久，导致肾虚，下充乏固，脂液下泄，故见淋出如脂，涩痛稍减。肾为精气之根，肾虚精气不足，不能化生水谷精微，故体瘦乏力。舌淡苔腻，脉弱无力，为精气亏虚之象。因本证有湿热下注膀胱与肾虚下元不固的不同。故论治也不相同。前者为实证，治以清热利湿，分清泌浊为主。

【结合治疗】方如**萆解分清饮【方剂】**：萆解30g，乌药21g，益智仁30g，石菖蒲30g，茯苓30g，甘草梢21g。后者为虚证，治以补肾固涩为主。方如**六味地黄汤【方剂】**加味：熟地30g，山药45g，山萸肉30g，丹皮30g，泽泻30g，茯苓30g，龙骨54g，牡蛎45g，菟丝子30g，蔻丝30g，芡实30g。

4. 石淋

【案例描述】尿中挟有砂石，小便艰涩而痛，或排尿时突然中断，有时小便带血，舌红苔黄。久之则舌质淡，苔薄黄，脉微细。

【辨证论治】本证多因下焦湿热久蕴，尿液受其煎熬，犹烧水之壶锈，日积月累，尿中杂质结为砂石，故尿中挟有砂石，小便艰涩而痛。如在排尿时，尿中结石阻塞尿路，故排尿时突然中断。结石损伤尿路脉络，故有时小便带血，舌红苔黄，为里热之象。久之，则阴血亏虚，故舌质淡，苔黄薄，脉细数。治宜以清利湿热，通淋排石为主。本证即现代兽医学所说的尿结石。顽固病例，如药物无效，可采取手术疗法。

【结合治疗】方如**化石汤【方剂】**：海金砂45g，金钱草45g，鸡内金30g，茵陈45g，滑石60g，甘草梢21g。如日久阴血亏虚而致病，治以调气补血，通淋排石为主。方如**化石汤【方剂】**加味：上方加黄芪60g，当归45g，熟地30g。

5. 劳淋

【案例描述】尿时淋沥不尽，时作时止，遇劳即发，迁延多日，精神不振，倦怠无力，舌质淡，脉虚弱。

【辨证论治】本证多为配种过度，或久病体虚，劳役过度，或诸淋日久，过服寒凉，以致脾肾双虚而致。湿浊留恋不去，故尿时淋沥不尽，时作时止。脾肾双虚，劳则更虚，故遇劳即发。迁延多日，气血亏耗，故精神不振，倦怠无力，舌质淡，脉虚细。治宜以健脾益肾为主。

【结合治疗】方如**补肾散【方剂】**：补骨脂30g，巴戟天30g，骨碎补30g，胡桃仁30g，杞果45g，狗脊30g，续断30g，酸枣仁30g，黄芪60g，当归30g，川芎24g，牛膝30g，木通30g，泽泻30g，石菖蒲30g，寸冬30g，茜草30g。

6. 热邪闭肺

【案例描述】小便不通，或点滴而下，呼吸急促，或有咳嗽，口干乏津，舌苔薄黄，脉数。

【辨证论治】热邪闭肺，肺失肃降，不能通调水道，下输膀胱，故小便不通，或点滴而下。热邪闭肺，气逆不降，故呼吸急促，或有咳嗽。热伤津液，故口干乏津。舌或薄黄，脉数为内热之象。本证之小便不通，是因热邪闭肺而引。上窍不开，则下窍不利，故治以开上（肺）为主，开肺清热，利下（膀胱）为次，通利水道，好提壶揭盖之法。本病论治属于下病上取，腑病治脏之法。

【结合治疗】方如**清肺饮**【方剂】加减：黄芩30g，桑皮30g，寸冬30g，杏仁30g，桔梗30g，栀子30g，木通30g。

7. 命门火衰

【案例描述】小便不通或点滴不爽，排出无力，耳鼻俱凉，四肢不温，舌质淡，脉沉细而弱。

【辨证论治】命门火衰，气化失权，功能减弱，故小便不通或点滴不爽，排出无力。命门火衰，阳气不能外达，故耳鼻俱凉，四肢乏温。舌质淡，脉沉细而弱，为肾阳虚衰之象。治宜以温阳补肾，益气利水为主。济生肾气汤，虽水火俱补，但重为补火之剂。命门火为周身阳气之总根。宅居两肾之间，又名少火，能徐徐温蕴脏腑百骸。少火为坎中之火，属阴火，旺则上体健，非离中之火，属阳火，旺则上炎于口舌，若少火微，则元气衰。命门火是一身之动力，气化之根源。若命门火衰，则见一派寒凉之象，诸身乏温。故温肾壮阳，实为当务之急。

【结合治疗】方如**济生肾气汤**【方剂】（即桂附地黄汤【方剂】加牛膝、车前子）：熟地30g，山药30g，山萸肉30g，茯苓30g，泽泻30g，丹皮30g，附子21g，肉桂21g，牛膝30g，车前子21g。

8. 食滞损津

【案例描述】不排尿，或排尿点滴，腹下阴茎包皮囊部（公牛）浮肿，形大如盆，穿刺流黄水，食欲废绝，饮水很少，肚腹胀大，大便干燥，口干苔黄，脉象沉涩。

【辨证论治】本证主见于牛，多因食滞日久，伤耗阴津，尿液乏源，故不排尿，或排尿点滴。食滞胃腑，胃腑体积增大，腹压增高，血循障碍，导致津液聚于腹下，故见腹下阴茎包皮囊部浮肿，形大如盆，穿刺流黄水。食滞胃腑，脾胃失其运消之功能，故食欲废绝。食滞胃腑，物去则舒，物增则壅，故饮水很少。食物充满胃腑，故肚腹胀大。食滞化热损津，故大便干燥，口干苔黄。内有积滞，气血运行不畅，故脉象沉涩。本证为食滞伤津而致，虽不排尿，但非尿道不畅，主乏尿源。故治以消食导滞，生津泻下为主。

【结合治疗】方如**增液承气汤**【方剂】加味：玄参45g，生地45g，寸冬30g，大黄45g，芒硝200g，三棱60g，文术60g，山楂30g，麦芽30g，枳壳30g，麻仁60g，大云60g，当归45g。

（三）胎衣不下

胎衣不下，是母畜的常发病，如产后，马超过2小时，牛超过12小时，猪超过3小时，羊超过6小时，胎衣仍不下，可认为是胎衣不下。本病以牛多发，其他家畜较少，导致本病的原因是气血衰弱，寒凝血滞。与胎衣不下相关的病证如下。

1. 气血衰弱

【案例描述】阴门外垂露部分胎衣，其色暗红，时而努责。如日久，胎衣腐烂于子宫内，则见阴门流出污臭的脓血及胎衣碎片。败臭难闻，体温升高。

【辨证论治】本证多因妊娠后期营养不良、气血不足或劳役过度等因而致。由于气血不足，无和攞衣出宫，故阴门外垂露部分胎衣，其色暗红，时而努责。日久胎衣腐烂产毒，故见阴门流出污臭的脓血及胎衣碎片，败臭难闻。久之则毒素入血，故体温升高。治宜以补养气血为主，兼以活血化瘀之品。

【结合治疗】方如**归芪脱衣汤【方剂】**：当归30g，党参30g，黄芪60g，川芎25g，牛膝45g，桃仁20g，红花20g，瞿麦30g，甘草30g。若夏季阴道流出秽浊之物，臭而难闻，可加银花30g，车前子30g，以解毒利便。

2. 寒凝血滞

【案例描述】胎衣不下，夌毛发抖，微有腹痛，鼻寒耳冷，肢体乏温，舌淡津润，脉沉涩。

【辨证论治】本证多因较长时间调摄失宜，外感寒邪，导致气血凝滞，故胎衣不下，夌毛发抖。寒性凝滞，易导致经络运行不畅，故微有腹痛。寒凝血滞，阳气被耗，故鼻寒耳冷，肢体乏温。舌淡津润，脉象沉涩，为寒凝血滞之象。治宜以活血化瘀，温经散寒为主。

【结合治疗】方如**牛膝散【方剂】**加味：红花30g，牛膝30g，当归30g，肉桂30g，附子21g，桃仁30g，益母草45g。

（四）带症

带症，是指母畜阴道内流出的一种白色、赤白色或黄色的黏稠浊液。引起带症的原因很多，但以"湿"为主。前人说："带下俱是湿症，而以带名者，因带脉不能约束而有此病，故以名之。"致湿的原因又多与脾肾有关，脾不运湿，肾不化湿，则造成水湿滞留，而发带症。故带症可分脾虚、肾虚、湿毒三型。致于论治，不管何型，应遵祛湿为主，不足者给之，有余者合之的原则。与带症相关的病证如下。

1. 脾虚带下

【案例描述】带下色白，量多不臭，如涕似唾，连绵不断，四肢浮肿，食少纳呆，大便稀溏，毛焦体瘦，精神不振，舌淡苔白，脉象缓弱。

【辨证论治】脾虚则运化失常，水湿下陷，故带下，脾虚湿盛，故色白，量多不臭，如涕似唾，连绵不断。脾虚不能化湿，转输失职，故四肢浮肿。脾虚不能运化水谷，故食少纳呆，大便稀溏。脾虚则气血乏源，故毛焦体瘦，精神不振，舌淡苔白，脉象缓弱。治宜以健脾除湿为主，因阳气不到之处，即为水湿留恋之乡，故可加升阳之品，又根据除风药可燥湿，可加辛温解表剂。

【结合治疗】方如**完带汤【方剂】**加减：白术30g，苍术30g，党参30g，山药30g，白芍30g，陈皮30g，柴胡30g，防风30g，车前子30g，桂枝21g，甘草15g。

2. 肾虚带下

【案例描述】带下淡白，质清量多，大便稀薄，小便清长，后肢浮肿，体表乏温，舌淡苔白，脉象沉迟。

【辨证论治】肾阳不足，带脉失约，任脉不固，故带下淡白，质清量多。命门火衰，不能温煦中土，中土失其运化水谷之能，故大便稀薄。肾阳虚衰，不能温暖州都膀胱，故小便清长。肾主下变，肾阳虚，则下焦失煦，水湿停聚，故后肢浮肿。肾阳虚，阳气不能外达，故体表乏温。舌淡苔白，脉象沉迟，为阳虚里寒之象。治宜以温肾壮阳为主，兼以祛湿之品。

【结合治疗】方如**内补汤【方剂】**加减：菟丝子30g，蒺藜30g，黄芪60g，肉桂30g，大云30g，附子21g，桑螵蛸30g，苍术45g。

3. 湿毒带下

【案例描述】带下量多，色黄或呈脓样，腥臭难闻，弓腰努责，阴部瘙痒。小便短赤，食欲减退，舌红苔黄，脉象濡数。

【辨证论治】湿毒内蕴，损伤冲任，蕴而生热，秽液下流，故带下量多，色黄或呈脓样，腥臭难闻弓腰努责，阴部搔痒。热损津液，故小便短赤。湿毒内蕴，损作脾肾，故食欲减退。湿毒内蕴，损伤脾肾，故食欲减退。湿毒生热，热邪内蒸，故舌红苔黄，脉象濡数。治宜以清热解毒，除湿止带为主。

【结合治疗】方如止带汤【方剂】：当归 30g，茯苓 30g，泽泻 30g，车前子 30g，茵陈 30g，赤芍 30g，丹皮 25g，黄柏 30g，苍术 30g，山药 30g，甘草 21g。

（五）缺乳症

缺乳，是指产后乳汁乏源而不足，或本有乳而乳道不通。前者之因，是气血虚弱，后者之因，是肝郁气滞。前者为虚，后者为实。虚则见乳房不胀等症状，实则见乳房胀满等症状。至于论治，总不出虚则宜补，实则宜泻的大法。与缺乳症相关的病证如下。

1. 气血虚弱缺乳

【案例描述】乳汁很少，或全无，乳房不胀，体瘦毛焦，精神倦怠，纳呆便溏，舌质淡，脉细弱。

【辨证论治】因乳汁的生成，来源于气血之精微，气因的生成，又源于后天的脾胃，此脾胃虚弱，不能纳消草料，而化精液，或产后气血损伤太过，造成气血不足，则乳汁乏源，故乳汁很少或全无，乳房不胀，体瘦毛焦，精神倦怠，纳呆便溏。气血不足，不能充荣脉管，故舌质淡，脉细弱。治宜以健脾益胃，补养气血为主，兼以通乳之品。

【结合治疗】方如**通乳汤**【方剂】加减：党参 45g，白术 30g，茯苓 30g，甘草 21g，黄芪 45g，当归 30g，寸冬 30g，五不留行 30g。

2. 肝郁气滞缺乳

【案例描述】乳汁很少或全无，乳房胀满而痛，触摸灼热，躁动不安，舌苔薄黄，脉弦数。

【辨证论治】如喂养太盛，缺乏运动，则致肝失疏泄条达，气机不畅，乳络涩滞，阻碍乳汁运行，故见乳汁很少或全无，乳房胀满而痛，触摸灼热，躁动不安。舌苔薄黄，脉弦数，为肝郁气滞化热之象。治宜以舒肝解郁为主，佐以通络之品。

【结合治疗】方如下乳饮【方剂】：黄芪 60g，当归 30g，漏芦 30g，山甲 30g，王不留行 30g，通草 30g，瓜蒌 30g，花粉 30g，川芎 30g，白芍 30g，柴胡 30g，青皮 30g。如乳房有硬结，可用热敷之法，以收宣通气血的效果。

任务四　其他系统典型症状辨证论治

一　发热病理

哺乳动物具有相对稳定的体温，以适应正常的生命活动的需要。在日常动物机体疾病发生过程中，常伴有发热的临床症状。发热是由于机体受

发热

发热激活物的作用，使体温调节中枢的调定点上移，引起体温调节性升高（产热增加，散热减少），导致机体一系列机能代谢变化的病理过程。而体温上升超过正常值0.5℃时，就称之为发热。

1. 发热机理

发热激活物主要是指细菌及其毒素、病毒和其他微生物，还包括体内的产物（如组织崩解产物、恶性肿瘤组织坏死产物）等。各种病原体、细菌、内毒素、抗原抗体复合物、组织坏死崩解产物、淋巴因子等，均称为发热激活物，它们可以激活吞噬细胞，产生内生性致热原；内生性致热原随着血流到达下丘脑作用于体温调节中枢，使调定点升高，产热增加、散热减少，并在机体新高水平上保持产热和散热。在发热的发展过程中产热与散热的不断变化中，将发热的过程分为三个阶段：体温上升期、高热期和退热期。

（1）上升期发热特点是产热＞散热。这时温热在体内蓄积。临床表现是体温降低，寒颤，皮毛蓬乱。

（2）高热期产热和散热在新水平上保持平衡。临床表现为体表血管扩张，血流量增多，引起皮温升高，眼结膜潮红。

（3）在退热期病原消除或致热原被肝和肾灭活。这时机体调定点恢复正常。发热后期特点：散热＞产热，体温下降。临床表现为体表血管扩张，排汗增多。

2. 发热临床表现

首先，发热表现在机体中物质代谢的变化。发热作为应激原，交感神经兴奋，从而甲状腺素、肾上腺素分泌增加，这样使糖、脂肪、蛋白质分解代谢加强。另外，发热使食欲减退，营养物质摄入不足使代谢紊乱。

其次，发热对机体的神经、血液循环、呼吸等系统也有较大的影响。

（1）发热时神经系统变化主要是由于发热初期中枢神经系统的兴奋性增强，动物表现兴奋不安；到高热期，中枢神经系统功能又由兴奋转入抑制，动物表现精神沉郁，甚至昏迷。

（2）发热时循环系统变化表现为交感神经兴奋，高温刺激窦房结可以使心脏活动加强，心跳加快，而且长期发热特别是传染性发热原因引起的心肌变性的状况下，心跳过快，伴随心肌实质的损伤，加重心脏负荷，甚至可导致心衰。

（3）发热时呼吸系统变化表现为呼吸加深加快，有利于氧的吸收和散热。但是持续高热，因为代谢紊乱，引起自体中毒，导致中枢神经系统机能障碍。呼吸中枢兴奋性降低，可以出现呼吸浅表等症状。

（4）发热时消化系统的变化主要表现为各种消化液分泌减少，胃肠蠕动减弱。肠内容物干燥，容易发生便秘；内容物异常发酵，腐败，引起自体中毒。

（5）发热时泌尿系统的变化主要表现在发热初期交感神经兴奋，入球动脉收缩，肾血流量减少，肾小球滤过率降低，因此出现少尿；退热时交感神经兴奋降低，肾小球血管扩张，血流改善，另外大量的代谢产物随尿排出，尿量增多。

3. 发热对机体的影响

（1）有利表现为发热能抑制病原微生物在体内的活性，帮助机体对抗感染。能增强单核巨噬系统的功能，提高机体对致热原的消除能力，使肝脏氧化过程加速，提高解毒能力。

（2）不利主要表现为如果发热持续过久或体温过高，机体分解代谢加强，营养物质过度消耗，导致患病动物消瘦和机体抵抗力降低。同时，持续高温对中枢神经系统和血液循环系统容易导致损伤。

4. 兽医发热病的诊断与治疗

简易的诊断是用手掌或手背感知机体表的温度，因为手背对温度的感觉较为灵敏，所以用手背触诊为宜。以犬为例，犬的触诊部位常选在耳根、鼻端、胸侧或背，触诊时应注意前后、左右、上下皮温的对比，并应与健犬皮温进行对照，以求较为准确。

准确的方法是用体温表测定犬的直肠温度，健康犬的直肠温度是 38~39℃，高于此温度即为发热。但是，体温受某些生理因素的影响有一定程度的变动，如动物兴奋、运动、进食、母犬怀孕后期及分娩前，都有暂时性体温升高。

动物因发病时大多还表现出精神沉郁、食欲减退或废绝、心跳呼吸加快等全身症状，这些都常常是动物发热的提示。

二 炎症病理

炎症

炎症是指机体对各种致炎因素及其损伤作用所产生的一种以防御为主的综合性的应答性反应。炎症在生活中非常多见，所有组织或器官，几乎都会发生相应的炎症，如肺炎、肝炎、鼻炎、肌炎等，它是机体对抗各种刺激的一种防御性的反应。概念中明确了炎症的发生是为了对抗各种损伤而发生的抗损伤反应，同时是多种反应协同的应答反应，包括了充血、渗出、白细胞的游出和增生等反应过程。

1. 炎症发生的原因

最多见原因是生物性因素，主要由各种细菌、病毒、霉菌、支原体、衣原体、寄生虫等致病微生物的入侵而引发；某些物理性因素，如机械性、化学性物质的刺激；某些病理产物的作用，如组织崩解产物、血栓、代谢产物（尿酸、尿素）等刺激；由免疫功能紊乱而引发，在某些免疫病时出现免疫复合物，刺激相关部位发生炎症，如过敏机体发生过敏性炎症。

2. 炎症的临床表现

（1）局部表现。炎症发生时，发生炎症的局部组织主要表现为红、肿、热、痛和功能障碍。其中，红、热是由于炎症局部血管扩张、血流加快所致，即充血时的表现；肿是由于局部炎症性充血、血液成分渗出、水肿引起；痛是由于渗出物压迫和某些炎症介质直接作用于神经末梢而引起的。发生炎症的部位将引起不同的功能障碍，如肺炎影响气血交换，从而引起缺氧和呼吸困难等。

（2）全身表现。当局部组织发生炎症时，不单单在发生炎症的局部表现症状，动物机体为统一的有机体，局部会影响整体，所以局部炎症会伴随一些全身反应，主要有体温升高，表现为发热。外周血液中白细胞数量增多，根据感染致病微生物的不同，白细胞增多的种类不同。急性化脓性炎症时血液里中性粒细胞增多；寄生虫病或过敏时嗜酸性细胞增多；病毒性炎症时淋巴细胞增多。单核-巨噬细胞系统机能加强。食欲降低，精神不振。

（3）影响炎症的主要因素。影响炎症的主要因素有损伤因子与动物机体两方面因素，概括如下：炎症的发生与损伤因子的性质和损伤的强度有关；炎症的发生与机体对损伤因子的敏感性有关，如幼龄和老龄动物免疫功能低下，易发生疾病。因此，炎症反应的发生和发展取决于损伤因子和机体反应性两方面的综合作用。

3. 炎症对机体的影响

根据动物机体反应性和损伤因子性质的不同，最终表现为以下几种结局：完全康复、不完全康复、迁延不愈、蔓延扩散等。

（1）完全康复。病原被消灭，病理产物被消除，损伤组织通过原有组织的再生使损伤完全修复，局部结构功能完全恢复正常。

（2）不完全康复。病原被消灭，病理产物基本上也被消除，由于损伤较大，异物较坚硬主要通过肉芽组织增生使损伤修复，使局部形成疤痕。

（3）迁延不愈。病原未完全消灭，病理产物存在，损伤不能修复，病情随着病原和机体条件的不同时好时坏。

（4）蔓延扩散。机体抵抗力降低，病原有害作用较强。通过直接蔓延、淋巴道蔓延、血道蔓延扩散至全身。

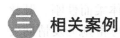 相关案例

（一）发热

发热是临床症状之一，引起发热的病因很多，如外感、内伤、传染病及非传染病等，均能引起发热。发热病辨证论治很复杂，如太阳证的发热，则用辛温发汗法。阳明证的发热需用辛寒清胃法。少阳证的发热，则用和解枢机法。胃实证的发热，则用清热攻下法。风湿证的发热，则用辛凉解表法。热入心包证的发热，则用清营开窍法。阴虚的发热，则用生津滋阴法。湿温证的发热，则用清化湿热法。伤风证的发热，则用宣肺祛风法。伤食证的发热，则用消导和中法。肺脏气阴两虚证的发热，则用清养肺阴法。肝肾阴虚证的发热，则用滋阴退蒸法。亡阳证的发热，则用回阳固表法。与发热相关的病证如下。

1. 阴虚发热

【案例描述】体热，躁动不安，下午或夜间发热较重，盗汗，遗精，口干舌燥，大便干燥，小便短黄，舌红无苔，脉象细数。

【辨证论治】阴虚则生内热，内热扰乱心神，故体热，躁动不安。阴虚之体，受天时之助，自旺于阴分，下午或夜间主阴，虚阴奋力与阳交争，故下午或夜间发热较重。阴虚之体，不能恋阳，阳越滞阴，故盗汗。阴虚则生内热，热扰精室，封藏不固，故遗精。虚热损伤津液，故口干舌燥、大便干燥、小便短黄。虚热内蒸，故舌红无苔，脉象细数。阴虚发热之症，阴虚为本，发热为标，以滋阴为主，清热为辅，如只知滋阴而不降火，则猖獗之势难于控制，若只知降火而不滋阴，则热势只能暂缓。滋阴不足，泻其有余，才能收到相得益彰的效果。

【结合治疗】方如知柏地黄汤【方剂】：熟地30g，山药30g，萸肉30g，茯苓30g，泽泻30g，丹皮30g，知母30g，黄柏30g。以六黄汤滋其阴，以知柏清其热，水足火自熄，清热助其阴，诸症则解。

2. 阳虚发热

【案例描述】精神沉郁，倦怠无力，时而恶寒，劳役后发热微显，动则易出汗，易患感冒，口色淡白，脉大虚软。

【辨证论治】阳虚之体，功能降低，故精神沉郁，倦怠无力。阳虚之体，表气已虚，易致外寒，故时而恶寒。《素问·生气通天论》说："阳气者，烦劳则胀"。劳役则阳气张浮，故劳役后发热微显。阳虚之体。动则耗其阳，卫气失固，腠理疏松，玄府不密，故动则易出汗，易患感冒。阳虚则血乏动力，不能上荣于口，故口色淡白，阳虚之体，阴血并不充足，阴不恋阳，虚阳则浮越，虚阳浮越，气血随之外冲，故脉大虚软。阳虚发热之症，多是由于中气不足而引，治以补中益气为主。

【结合治疗】方如补中益气汤【方剂】。补中益气汤是金元四大家之一李东垣创立的，他

认为甘温则除大热。本方是治疗阳虚发热的有效方剂。中气不足，复因劳役过度，脾气不能敛皮毛，虚阳之气则外越，故发低热。此时，阴血并不充足，所以说，阳虚发热，一侧为阳气不足，复因劳役过度而外张，一侧为阴血不足，阴不恋阳而外浮，便成一种虚热。本方使中气升，脾胃健，而气血充，阳气不再张浮，诸证皆愈。

3. 肝经郁热

【案例描述】纳呆，躁动不安，随躁动而胸部较热，母畜则见发情期失常，舌苔黄，脉弦数。

【辨证论治】肝经郁热，疏泄失常，不能助中土消运，故纳呆。肝喜条达而恶抑郁，肝气不舒，则气郁化火而致发热，热扰心神，故躁动不安。肝体阴而用阳，体柔而性刚，肝脉络胸，故阴躁动而胸部较热。肝脉络阴器，肝经郁热，影响母畜发情，故母畜则见发情期失常。肝经郁热内蒸，故舌苔黄，脉弦数。治宜以疏肝解郁清热为主。

【结合治疗】方如**丹栀逍遥散**【方剂】：柴胡30g，当归30g，白芍30g，白术30g，茯苓30g，炙甘草21g，薄荷30g，煨姜30g，丹皮21g，栀子30g。

4. 瘀血内结

【案例描述】患畜常发腹疼，下午或晚上多发热，唇舌青紫，或出现紫斑，大便色黑，常带暗血，脉象细涩。

【辨证论治】瘀血内结多因奔跑、重役、跳沟或跌打损伤，伤及脏腑组织而致。瘀血内结，阻塞气血运行之道，故患畜常发腹痛。瘀血为病在阴分，下行或晚上主阴，邪受天时之助，自旺于阴分，奋力与正交争，正邪交争，故下午或晚上多发热。瘀血内着，血行不畅，故唇舌青紫，或出现紫斑，如瘀血在胃肠，故可见大便色黑，常带暗血，脉象细涩。治宜以活血祛瘀为主。

【结合治疗】如**血腑逐瘀汤**【方剂】：当归39g，生地30g，桃仁30g，红花30g，枳壳25g，赤芍25g，柴胡20g，甘草20g，桔梗25g，川芎25g，牛膝30g。

5. 产后外感发热

【案例描述】发热恶寒，肢体疼痛，口干不渴，无汗，口色淡，舌苔薄白微黄，脉浮。

【辨证论治】产后发热，主要是由于产后阴血骤虚，阳易浮散，腠理不实，营卫不固，故而致发热。产后发热，大致可分外感发热、血虚发热和血瘀发热。血瘀发热基本同瘀血内结发热。产后气血骤损，百脉俱虚，卫外之阳不固，腠理不密，以致外邪乘虚而入，正邪交争，故发热恶寒。外邪阻滞经络，气血运行不畅，故肢体疼痛。因是外感之热，尚未入里，故口干不渴。外邪犯表，玄腑闭塞，故无汗。产后气血虚弱，不能上荣于口，故口色淡。因是表热，故舌苔薄白微黄。外邪犯表，正气抗邪，气血外冲，故脉浮。治宜以养血祛风为主。

【结合治疗】方如**四物汤**【方剂】加味：当归30g，熟地30g，白芍30g，川芎21g，荆芥21g，防风21g，菊花21g，甘草15g。

6. 产后血虚发热

【案例描述】体表微热，出汗，不恶寒，舌淡红，脉大而芤。

【辨证论治】产后发热，主要是由于产后阴血骤虚，阳易浮散，腠理不实，营卫不固，故而致发热。产后发热，大致可分外感发热、血虚发热和血瘀发热。血瘀发热基本同瘀血内结发热。因产后失血过多，阴血是暴虚，阳无所附，以致阳浮于外，故体表微热。血虚，卫气失固，腠理大开，故出汗。因非表证，故不恶寒。口色淡红，是血虚发热之象。脉大而芤，是阴不恋阳，浮阳外越而引。治宜以补血益气为主。

【结合治疗】方如八珍汤【方剂】加味：当归 30g，川芎 21g，白芍 21g，熟地 30g，党参 30g，白术 30g，茯苓 30g，甘草 21g，黄芪 30g，地骨皮 21g，丹皮 21g，牡蛎 45g。

7. 母猪产后热病

【案例描述】某养殖户有生猪 150kg，生病后检测体温 40℃。症状表现为不食或少食，喜卧，不愿行动，步态不稳，发抖，出粗气，大便少干，奶少，精神不振。

【结合治疗】（1）结合方剂。青霉素 80 万 IU14 支，复方氨基比林注射液 20mL，地塞米松磷酸钠注射液 10mL，安乃近注射液 20mL，双黄连注射液 20mL，柴胡注射液 10mL。中西药混合，肌肉注射，一天一次，连续注射 2~3 天治愈。（2）针疗。①主穴：人中【穴位】、耳根、风门【穴位】、天门【穴位】。②配穴：鼻梁【穴位】、苏气【穴位】、滴水【穴位】、涌泉【穴位】。

（二）炎症

与炎症相关的病证如下。

1. 猪喉头炎

【案例描述】某养殖户有生猪约 50kg，生病后诊治，检测体温为 39℃。表现症状主要为咳嗽，手触喉头部有疼痛，病猪伸颈，频发咳嗽。初期咳嗽为短而粗砺，有时咳出黏液，或顺鼻腔流出黏液。呼吸困难，在喉头部听有水泡声，有的转移为支气管炎。

【结合治疗】（1）化药治疗。青霉素 80 万 IU 6 支，复方氨基比林注射液 20mL，硫酸卡那霉素注射液 50 万 IU2 支，地塞米松磷酸钠注射液 5mL。（2）中药治疗。鱼腥草注射液 20mL，双黄连注射液 20mL。中西药混合，肌肉注射，一天一次，连续 2~3 天治愈。（3）针疗。①主穴：锁喉【穴位】、承浆【穴位】、耳尖、尾尖。②配穴：人中【穴位】、苏气【穴位】、玉堂【穴位】、蹄叉。

2. 猪咽炎

【案例描述】某养殖户有生猪约 40kg，生病后诊治，检测体温 38.5℃，症状表现为病猪减食或停食，吞咽困难，常流涎，咳嗽，有时有呕吐现象。咽炎颌下肿胀感，头颈动作迟钝，活动后咳嗽加剧，呼吸困难。

【结合治疗】（1）化药治疗。青霉素 80 万 IU7 支，复方氨基比林注射液 15mL，地塞米松磷酸钠注射液 5mL。（2）中草药针剂。双黄连注射液 20mL，柴胡注射液 5mL。中西药混合，肌肉注射，一天一次，连续注射 2~3 天治愈。（3）针疗。①主穴：苏气【穴位】、尾尖、锁喉【穴位】、百会【穴位】。②配穴：玉堂【穴位】、三里【穴位】、涌泉【穴位】、滴水【穴位】。

3. 猪关节炎

【案例描述】某养殖户有生猪约 35kg，生病后检测体温为 38.5℃，关节炎表现症状为走路异常，卧地不想走动，关节肿胀，触之疼痛，严重时食欲减少；风湿性关节炎表现症状为全身发热，几个关节同时有疼痛感，并稍有肿大，好转后又复发。

【结合治疗】（1）结合治疗。青霉素 100 万 IU 3 支，复方氨基比林注射液 10mL，地塞米松磷酸钠注射液 10mL，当归注射液 10mL，黄瑞香注射液 8mL。中西药混合，肌肉注射，一天一次，连续注射 2~3 天治愈。（2）针疗。①主穴：涌泉【穴位】、滴水【穴位】、抢风【穴位】、三里【穴位】。②配穴：百会【穴位】、七星【穴位】、前后寸子（即缠腕）【穴位】。

4. 猪子宫炎

【案例描述】某养殖户有生猪约100kg，生病后诊治，检测体温为40.5℃，表现症状为母猪躺卧时，阴道流出白色黏液和脓性分泌物，所以猪子宫炎又叫母猪白带病，分泌物有时变灰红或棕黄色，粘于尾根部，腥臭难闻，有腹疼现象，并常作排尿状。

【辨证论治】子宫炎主要是邪毒内侵，秽浊客于胞宫或瘀血停滞胞宫引起，多因外感风寒、内伤阴冷、饲喂失调，以致气血衰弱，阳气虚损，致使脾胃衰败，运化失常，因而湿浊停滞而致其患。此外，久卧湿地，湿热熏蒸或产后瘀血未尽，或助产时损伤子宫，以及胞衣残留胞宫，均可引起本病。(1) 湿热型。证见精神不振，口腔干燥，体温升高，频频努责，带色黄或赤白相兼，气味腥臭，宫口充血，舌质红，苔黄腻或薄黄。其病机主要为湿热互结，流注下焦，损伤任带，以致带下淋漓不断，色黄或赤白相兼，气味腥臭。口腔干燥，舌质红，苔黄腻，均为湿热之证。治以清利湿热为主。参考方剂为：黄柏45g，黄芩30g，二花30g，柴胡30g，当归30g，赤芍30g，益母草120g，川楝子30g，生地40g，芡实30g，巴戟30g，甘草30g，研末开水冲，候温灌服，每日1剂。(2) 虚寒型。证见带色青白，清稀无臭，宫口淡白，舌苔白厚，湿润，舌色淡，尿频，尿清长，粪便溏。其病机为肾阳不足，阳虚则寒，带脉失约，任脉不固，津液滑脱而下，故带下清冷。肾阳不足，命门火衰，不能下暖膀胱，故尿频，尿清长，粪便糖。肾虚不能温暖胞宫，肾虚失养，舌质淡，苔薄白，均属阳气不足之证，治宜燥湿、祛寒、补益肾气。参考方剂为：白术45g，党参60g，山药30g，白芍30g，陈皮30g，柴胡30g，黄芪60g，苍术30g，升麻20g，益母草120g，生二丑20g，炒二丑20g，黑附子20g，干姜20g，炙甘草20g。研末开水冲，黄酒100mL为引，灌服。

【结合治疗】(1) 结合方剂。青霉素100万IU 10支，复方氨基比林注射液25mL，安乃近注射液25mL，地塞米松磷酸钠注射液10mL。鱼腥草注射液20mL，当归注射液10mL。中西药混合，肌肉注射，一天一次，连续注射2~3天治愈。(2) 针疗。①主穴：**肾门【穴位】、百会【穴位】、阳明【穴位】、人中【穴位】**。②配穴：蹄叉、**涌泉【穴位】**、耳尖、尾尖。

【预防措施】在人工授精和阴道检查时，要严格消毒器材、减少上行感染机会；产房进猪前，要严格进行"空舍消毒"；临产母猪产仔前，要用0.1%高锰酸钾溶液刷洗乳房、外阴和尾部等；产仔时，要正确助产，防止产道黏膜损伤；产后，要及时肌肉注射青霉素、链霉素等抗生素药物，防止子宫内膜炎的发生。

5. 猪阴道炎

【案例描述】某养殖户有生猪约120kg，生病后诊治，检测体温40.5℃，表现症状为排尿频繁，尿量。，腹痛，并常拱腰。尿中常带有黏液、血液或脓液，母猪阴唇频繁开张。病猪有痛感，阴道黏膜红肿，甚至有糜烂。

【辨证论治】本病多因饲养管理不善，湿热内侵，流产，胎衣不下，阴道、子宫脱出以及助产时消毒不严、损伤等原因引起。治宜清热解毒、消肿散结、活血化瘀。方剂可以选择**四物汤【方剂】**等，药物可以选择益母草、蒲公英、当归、川芎、白芍、生地、黄芩、黄柏、牛膝、柴胡等。

【结合治疗】(1) 结合方剂。青霉素80万IU 13支，氨基比林注射液50mL，地塞米松磷酸钠注射液10mL。鱼腥草注射液20mL，双黄连注射液10mL。中西药混合，肌肉注射，一天一次，连续注射2~3天治愈。(2) 针疗。①主穴：**肾门【穴位】、海门【穴位】、阳明【穴位】**。②配穴：**涌泉【穴位】、滴水【穴位】、百会【穴位】**。

（三）出血

血液是机体的重要物质，为脾胃所化生，为心所主，顾受于肝，输布于肺，施泄于肾，灌溉周身，无所不及。如五脏有一失调，则会导致出血证。出血是血液不循经脉运行，而溢于外的病证。造成出血的原因很复杂，如外感、内伤等皆可导致出血证。如发热可导致血液妄行而离络，造成出血证。热伤阳络，则衄血，热伤阴络，则便血。阴络躯壳之内，内近肠胃，阳络躯壳之外，肌肉皮肤。若邪从阳经而上，则干清道，而为衄。从阴经，循经而下，则干浊道，而为便血。临床见到的出血证很多，如衄血、便血、尿血、子宫出血。至于出血的论治，一般都有所遵循。如出血势急，不论何因，先需止血，以塞其流，待血止后，再澄其源，考虑后策，审其因，治其本。如大出血，应先止血，谓塞流。再医证因，谓澄其源，也即病本。后用补血，以还其旧，则暂缓之热而不固，又虚复流之题。从阳经而上则衄血。衄血是指鼻衄、齿衄等不因外伤而出血的病症。衄血是血液不循常道，上溢于口鼻诸窍而成，如肺胃有热，肝火上扰，气血双亏等，均能导致衄血。从阴经而下则便血、尿血、胞宫出血。便血是指血从大便而下，或便前，或便后，或粪血混杂，或单纯下血。先血后便，为近血，先便后血，为远血。引起便血的原因很复杂，如脾胃虚寒，湿热蕴蒸，均可导致便血。尿血又称血尿。尿血与血淋是有区别的。一般来说，尿血不痛，痛为血淋。尿血证，多因热蓄肾与膀胱所致，但心肝之火，亦能下移膀胱，损伤脉络，致营血妄行而尿血。或因脾肾双亏，固摄无力，以致尿血。此外，损伤肾经、尿道，寄生虫病过程中等，也可出现尿血证。胞宫出血，又叫子宫出血，也称"崩漏"。崩是指出血忽来而量多，像山泉崩泄。漏是指出血缓慢而量少，犹房顶漏水。引起胞宫出血的原因也很多，如机体阳盛或感热邪，而致热血妄行。脾虚不能统血，肾虚封藏不固，气滞血瘀，阻滞胞脉等均可致病。与出血相关的病证如下。

1. 肺热出血

【案例描述】鼻燥衄血，血色鲜红，口干咽燥，或兼有发热，咳嗽，舌质红，舌苔薄黄，脉数。

【辨证论治】在正常情况下，血循经而行，外养四肢百骸，内注五脏六腑，周流不息，环行无端，奉养全身，既不会流越脉道，也不会停蓄、瘀塞。如热犯于肺，迫血妄行，上循所应之鼻，故鼻燥衄血，血色鲜红。热为阳邪，多耗阴津，故口干咽燥（含水不咽，则知咽燥），或兼有发热。肺中有热，则宣降失司，故咳嗽。舌质红、大苔薄黄、脉数皆为热伤阴津之象。治宜以宣散风热，清肺止血为主。

【结合治疗】方如**桑菊饮【方剂】**加味：桑叶30g，菊花30g，桔梗30g，芦根30g，连翘30g，薄荷30g，元参21g，杏仁21g，甘草15g，丹皮21g，茅根30g，藕节30g。

2. 胃热出血

【案例描述】鼻衄或齿衄，口渴欲饮，大便干燥，口干而臭，舌红苔黄，脉数。

【辨证论治】热蕴于胃，化火上串口鼻，扰动血络，导致热血妄行，故见血衄或齿衄。热耗津液，故口渴欲饮，大便干燥。胃热腐熟食和，腐气上犯于口，故口干而臭。胃热炽盛于内，故舌红苔黄，脉数。治宜以清泻胃热，凉血止血为主。

【结合治疗】方如**玉女煎【方剂】**加减：生地60g，石膏60g，知母30g，寸冬30g，丹皮30g，牛膝30g。

3. 肝火出血

【案例描述】鼻衄，目赤，流脓性眼屎，躁动不安，口燥，舌红，苔黄，脉弦数。

【辨证论治】肝火偏旺，木火刑金，血随火上，上冲于鼻，损伤脉络，故鼻衄。肝外应目，肝火上炎，故目赤，流脓性眼屎。肝体阴而用阳，体柔而性刚，条达疏泄则无病，郁结化火则动阳，肝阳鼓动，故躁动不安。肝火伤津，故口燥舌红。苔黄，脉弦数，为肝火内盛之象。因是肝火引起出血之证，故治以清肝泻火为主，兼以凉血止血之品。

【结合治疗】方如**龙胆泻肝汤**【方剂】加减：龙胆草45g，栀子30g，黄芩45g，生地30g，木通30g，泽泻30g，牛膝30g，车前子30g，茅根30g，仙鹤草30g。

4. 气血亏虚

【案例描述】鼻衄或兼齿衄，口色淡白，舌体如绵，倦怠无力，食欲不振，毛焦欣吊，舌淡，脉细乏力。

【辨证论治】气血亏虚，五脏皆乏充养，肝失藏血，脾失统血，肺失输布，明失煦血，心失主血。血则因虚弱，无以统管外溢，故见鼻衄或兼齿衄。气血亏虚，不能下荣口舌，故口色淡白，舌体如绵。气血双亏，功能降低，故倦怠无力。脾为气血化生之源，气血虚脾则不健，故食欲不振，毛焦欣吊。舌淡，脉细乏力，为气血亏虚之象。治宜以补气摄血为主。

【结合治疗】方如**十全大补汤**【方剂】：当归30g，川芎21g，白芍30g，熟地30g，党参30g，白术30g，茯苓21g，甘草15g，黄芪60g，肉桂30g。

5. 脾胃虚寒

【案例描述】大便溏泻，粪中带血，血色紫黯，精神不振，身形羸瘦，被毛无光，口色淡白，脉细乏力。

【辨证论治】脾胃虚寒，运化水谷之功能失调，故大便溏泻。脾虚失其统摄血液的功能，血离络而外溢肠间，故粪中带血，血色紫黯。脾胃虚寒，气血化生之源不足，故精神不振，身形羸瘦，被毛无光，口色淡白，脉细无力。治宜以温脾摄血为主。

【结合治疗】方如**黄土汤**【方剂】：炙甘草30g，生地21g，白术30g，附子30g，阿胶30g，黄芩15g，灶心土30g。

6. 湿热蕴蒸

【案例描述】大便带血，气味腥臭，排粪不畅或有疼痛，舌苔黄腻，脉象濡数。

【辨证论治】湿热蕴蒸胃肠，灼伤血络，故大便带血，气味腥臭。湿热蕴蒸，气机不畅，肠失传导，故排粪不畅或有疼痛。舌苔黄腻，脉象濡数，是湿热蕴蒸之象。治宜以清利湿热，凉血止血为主。

【结合治疗】方如**葛根芩连汤**【方剂】加减：葛根30g，黄芩30g，黄连40g，地榆30g，小蓟30g，槐花30g，木香21g。

7. 阴虚火旺

【案例描述】尿短赤带血，腰肢乏力，精神不振，体瘦毛焦，大便干燥，舌红少津，脉象细数。

【辨证论治】阴明火旺，灼伤脉络，故尿短赤带血。肾主骨，腰为肾之腑，肾虚，则骨失其主，多无力，腰失其养，多不健，故腰肢乏力。阴虚则血亏，机体乏养，故精神不振，体瘦毛焦。阴虚火旺则耗津液，故大便干燥，舌红少津。虚火迫血速行，故脉象细数。阴虚火旺证，不可用苦寒直折，也不可用辛凉解表，以甘寒之品，滋阴降火为正法，兼以凉血止血之品，常收良效。

【结合治疗】方如**知柏地黄汤**【方剂】加减：生地45g，山药45g，杞果45g，知母30g，黄柏30g，丹皮21g，大蓟30g，小蓟30g。

8. 心火亢盛

【案例描述】尿短赤带血,体热,躁动不安,口渴欲饮,舌赤生疮,苔黄而燥,脉数。

【辨证论治】心火亢盛,下移小肠,故尿短赤带血。心火内扰,故体热,躁动不安。火伤津液,故口渴欲饮。心外应舌,心火亢盛,故舌赤生疮,苔黄而燥,脉数,为心火亢盛之象。治宜以清心泻火,凉血止血为主。

【结合治疗】方如**秦艽散【方剂】**:秦艽30g,栀子30g,大黄30g,黄芩30g,当归30g,红花30g,白芍30g,蒲黄30g,车前子30g,花粉30g,瞿麦30g,甘草15g,竹叶21g。

9. 脾肾两亏

【案例描述】小便频数带血其色淡红,食欲不振,精神沉郁,腰肢乏力,舌质淡,脉虚弱。

【辨证论治】多因劳役过度,或久病伤及脾肾,脾虚不能统血,肾虚不能摄血,故小便频数,带血,其色淡红。脾不健运,气血乏源,故食欲不振,精神沉郁。脾肾双亏,故腰肢乏力。舌质淡,脉虚弱,为脾肾亏虚之象。治宜以健脾益气,补肾固涩为主。

【结合治疗】方如**补中益气汤【方剂】**加减:黄芪45g,白术30g,升麻30g,柴胡30g,党参30g,甘草21g,当归30g,山药30g,赤石脂30g,杜仲炭21g,茜草21g。

10. 血热

【案例描述】阴道突然大量下血,或淋漓不止,血色深红质稠,口色唇燥,舌红苔黄,脉大而数。

【辨证论治】热盛于内,迫血妄行,故阴道大量下血,或淋漓不止。热扰胞脉之血,故血色深红,质稠。血热伤津,故口干唇燥。血热蒸腾于内,故舌红苔黄,脉大而数。治宜以凉血为主,重点凉下焦之血,故需加入龟板、牡蛎等质重之品,及血肉阿胶之品,以连下焦,固守肝肾,使热血不妄行。

【结合治疗】方如**清热固经汤【方剂】**:生地45g,地骨皮30g,龟板30g,牡蛎45g,阿胶30g,栀子30g,地榆30g,黄芩30g,藕节30g,甘草21g,棕炭30g。

11. 脾虚出血

【案例描述】突然阴道出血,血色淡红,质清,精神不振,倦怠无力,食少纳呆,舌质淡,苔薄而润,脉虚大或细弱。

【辨证论治】脾虚不能统血,血则离络外溢,故突然阴道流血,血色淡红,质清。脾虚,气血化源不足,故精神不振,倦怠无力。脾虚失其运化水谷之能,故食少纳呆。脾虚则血亏,不能上荣于口舌,故舌质淡。脾喜燥恶湿,脾虚则邪湿内盛,故苔薄而润。脉虚大或细弱,为气血不足之象。本证为脾虚不能统血而致的出血证,非实热迫血妄行而致。故治以健脾止血,引血归脾为主。

【结合治疗】方如**归脾汤【方剂】**:党参30g,白术30g,茯神25g,黄芪45g,龙眼肉30g,枣仁30g,木香15g,炙甘草15g,当归21g,远志15g,生姜30g,大枣10个。

12. 肾虚出血

【案例描述】阴道流血,持续不断,色淡或暗,腰胯无力,鼻寒耳冷,肢体乏温,舌淡苔白,脉细而弱。

【辨证论治】肾虚封藏不固,冲任失守望,故阴道流血,持续不断,色淡或暗。腰为肾之外府,肾虚,故腰胯无力。肾虚,阳气不能温煦肌表,故鼻寒耳冷,肢体乏温,舌淡苔白,脉细而弱,为肾虚血亏之象。治宜以补肾为主,兼以止血之品。

【结合治疗】方如**右归饮**【方剂】加减：熟地30g，山药30g，杞果30g，甘草21g，杜仲30g，附子30g，艾叶30g，鹿角胶30g，血余炭21g。

13. 气滞血瘀

【案例描述】阴道流血量多，色紫有血块，起卧腹痛，舌色紫，脉沉涩。

【辨证论治】气血关系非常密切，气为血帅，血为血母，气行则血行，气得血则静濡，血得气则流通，气滞不通，则易血瘀，瘀血阻滞，胸脉新血难安，即瘀血不去，新血不得归经，故阴道流血量多。离经之血，停蓄胞宫，而成血块，又致气机畅，故色紫有血块，起卧腹痛。内有瘀血，故舌色紫，脉沉涩。治宜以活血行瘀为主。

【结合治疗】方如**逐瘀止崩汤**【方剂】：当归30g，川芎30g，三七15g，没药30g，五灵脂30g，丹皮炭21g，丹参21g，艾叶30g，阿胶30g，乌贼骨21g，龙骨31g，牡蛎30g。

（四）出汗

家畜因天气炎热，或劳役过重，或服发汗药时，也可出汗，但这均属正常现象。超过正常现象的出汗，均为病理现象，如自汗、盗汗、脱汗等。引起出汗的原因很复杂，如营卫不和，肺气不足，阴虚火旺等，皆能导致出汗。至于出汗的论治，不外虚者补之，脱者固之，实者泄之，热者清之，寒者热之的原则。其中，自汗，即家畜白天异常出汗。导致自汗的原因，一般来说是营卫不和，肺气不足，热淫于内三种情况。盗汗，即家畜夜间异常出汗。导致盗汗的原因也很复杂，一般来说，是心血不足，阴虚火旺两种情况。脱汗，即突然大汗不止。与出汗相关的病证如下。

1. 营卫不和

【案例描述】汗出恶风（即风吹参毛），时寒时热（被毛时参时伏），劳役后则汗出加重，舌苔薄白，脉缓。

【辨证论治】机体气虚，又受风袭，营卫失和。阴阳失调而致腠理不密，故汗出恶风，时寒时热。劳则更耗其气，卫气更虚，失其固密玄府之能（古医书称为"玄府"，具有奇妙变化的意思，现代狭义的指汗毛根部的通道），故劳役后则汗出加重。舌苔薄白，脉缓，为营卫不和之象。治宜以调和营卫为主。

【结合治疗】方如**桂枝汤**【方剂】加味：桂枝30g，白芍30g，生姜21g，大枣12个，甘草15g，黄芪60g，防风18g。

2. 肺气不足

【案例描述】汗出畏寒，动则益甚。倦怠乏力，精神沉郁，口色淡白，脉细而弱。

【辨证论治】肺气不足，皮毛失卫气之固，故汗出畏寒。动则更耗其气，故动则益甚。肺气不足，功能降低，故倦怠乏力，精神沉郁，口色淡白，脉细而弱，为气虚之象。治宜以固表止汗为主。

【结合治疗】方如**玉屏风散**【方剂】加味：黄芪60g，白术45g，防风30g，麻黄根45g，浮小麦30g，煅龙骨45g，煅牡蛎45g。

3. 热淫于内

【案例描述】汗出体热，口渴喜冷饮，躁动不安，大便干燥，小便短少，舌红苔黄，脉象洪大。

【辨证论治】热淫于内，蒸津外越，腠理开泄，故汗出体热。口渴喜冷饮，内热扰乱心神，故躁动不安。热伤津液，故大便干燥，小便短少。舌红苔黄，脉象洪大，为里热之象。治宜以清里泄热为主。

【结合治疗】方如**白虎汤**【方剂】加味：石膏 45g，知母 45g，粳米 30g，甘草 21g，花粉 30g，石斛 30g，生地 45g，栀子 30g，竹叶 30g。

4. 心血不足

【案例描述】夜间出汗，毛焦欣吊，形体羸瘦，气短神疲，精神沉郁，舌淡苔薄，脉虚。

【辨证论治】气多劳役过重，饲养不当，或久病伤心血，心血伤，卫气也虚，卫气昼行于阳，夜行于阴，阴血虚不能恋气，气则浮越，越则带阴，故夜间出汗。心血不足，机体失养，故毛焦欣吊，形体羸瘦，气短神疲，精神沉郁，舌淡苔薄，脉虚。治宜以养心补血、敛汗为主。

【结合治疗】方如**归脾汤**【方剂】加味：茯神 30g，远志 30g，枣仁 30g，龙眼肉 30g，五味子 30g，当归 30g，黄芪 45g，白术 30g，甘草 21g，龙骨 45g，牡蛎 45g，浮小麦 45g。

5. 阴虚火旺

【案例描述】夜间出汗，形体消瘦，躁动不安，口红而燥，大便干，小便短，舌红少苔，脉象细弱。

【辨证论治】本证多因机体瘦弱，或公畜配种过度，亡血损精，致血虚精亏，阴阳失调而致。阳虚火旺，迫津外泄，故夜间盗汗。阴精不足，故形体消瘦。阴虚则生内热，内热扰心神，故躁动不安。阴虚火旺，灼伤阴津，故口红而燥，大便干，小便短，舌红少苔。阴虚火旺，迫血速行，故脉象细数。治宜以滋阴降火为主。

【结合治疗】方如**当归六黄汤**【方剂】加味：当归 30g，生地 30g，熟地 30g，黄连 30g，黄柏 30g，黄芩 30g，黄芪 30g，龙骨 45g，牡蛎 45g，浮小麦 30g。

6. 脱汗

【案例描述】突然大汗不止，或汗出如油，声短息微，精神极度沉郁，四肢厥冷，行如酒醉，舌如煮豆，口色青白，脉微欲绝，或脉大无力。

【辨证论治】本证多因久病、重病，阳气过耗而致。阳气过耗，不能敛阴，卫外失固，而汗液大泄，气随汗脱，则阴阳俱亡，故突然大汗不止或汗出如油，声短息微，精神极度沉郁。汗脱阳亡，故四肢厥冷。阴阳将脱，神明失主，故行如酒醉，舌为心之苗，心经欲绝，故舌如煮豆。大汗亡阳，气血衰微，运行受阻，故口色青白，脉微欲绝。脱汗亡阳，阳气浮越，故脉大无力。治宜以益气回阳，固脱敛汗为主。

【结合治疗】方如**参附汤**【方剂】加味：人参 15g，附子 30g，龙骨 45g，牡蛎 45g，黄芪 60g。

（五）跛行

跛行，又称拐症，也叫瘸行。引起跛行的原因很多，风寒湿，跌打损伤，草料不足而缺钙，漏蹄，骨折，断肠，胎气，胎风等，均可导致跛行，跛行的诊断较难。这因家畜不能自言，全靠兽医去推断，稍有大意，便成大错。一般来说，诊断跛行，首先令其行步，观察其步幅长短，步度高低。抬不高，迈不远，病在上；抬得高，迈得远，病在下。抬不高注意屈肌，迈不远注意伸肌，不负重注意关节，站立痛注意蹄子。敢抬不敢踏，病痛在腕下，敢踏不能抬，病痛在胸怀。两前肢有病，后肢前踏头高举；两后肢有病，前肢后踏头低下。四肢有病（蹄叶炎），都向中踏，头也低。点头行，前肢痛，抬在患，低在腱。臀升降，后肢痛，降在腱，升在患。结合局部检查，摸关节硬度，温度高低，观其大小，动一动关节，是否痛，针刺是否骨软症。如有必要，也可结合化药封闭试验。至于跛行的论治，总的来说，不外治疗发病之因，如风寒湿引起的跛行，应以除风散寒祛湿为主，如因缺钙引起的，以补钙为主。

如因跌打损伤所致的，应以整复及活血消肿为主。如因草料之毒引起的，应以消积解毒为主。痹是闭塞不通，不通则痛，本证多因风、寒、湿、热之邪而致，故分风痹、寒痹、湿痹。关于痹证的论治，不外祛风、散寒、除湿、清热，皆兼通络等法。与跛行相关的病证如下。

1. 风痹（行痹）

【案例描述】突然发病，肢体疼痛。痛无定处，有游走性，恶风发热，舌苔薄白，脉浮。

【辨证论治】风邪犯表，阻塞经络，导致气血运行不畅，故肢体疼痛。风性善动不静，故痛无定处，有游走性。风邪犯表，正气抗邪，正邪交争，故恶风发热。舌苔薄白，脉浮，为风邪在表，尚未入里之象。治宜以祛风通络为主。又因风邪常挟寒湿而为患，故兼用利湿之品。

【结合治疗】方如**防风汤**【方剂】加减：防风30g，当归30g，茯苓30g，秦艽30g，麻黄30g，桂枝21g，牛膝30g。

2. 寒痹（痛痹）

【案例描述】肢体疼痛，跛行较剧，痛点不移，遇寒更重，得热痛减，四肢发凉，肌表不温，口色淡，舌苔薄白，脉弦紧。

【辨证论治】寒邪犯体，凝闭经络，导致气血运行不畅，故肢体疼痛，跛行较剧，痛点不移。寒之为患，复遇寒邪，二寒相加，冰凝涸结，故遇寒更重。热则寒解络畅，故得热痛减。寒痹之证，损耗阳气了，阳衰不能温煦体表，故四肢发凉，肌表不温。口色淡，舌苔薄白，脉象弦紧，为寒邪凝痹之象。治宜以温经散寒为主，兼以祛风胜湿为辅。

【结合治疗】方如**乌头汤**【方剂】：制川乌30g，麻黄21g，黄芪60g，白芍30g，甘草30g。

3. 湿痹（着痹）

【案例描述】肢体疼痛，运步粘着，腰肢强直，屈伸不利，口色淡白，口津黏滑，舌苔白腻，脉象浮滑。

【辨证论治】湿性腻滞沉重，易痹阻经络，故肢体疼痛，运步粘着跛行，腰肢强直，屈伸不利。湿邪停滞，故口色淡白，口津黏滑，舌苔白腻，脉象浮滑。风寒湿致痹，各有特点。风痹以疼痛游走为主；寒痹以疼痛剧烈，痛有定处为主；湿痹以肢体沉重，活动不便为主。治宜以祛风活络为主，兼以祛风散寒为辅。

【结合治疗】方如**薏苡仁汤**【方剂】：薏苡仁30g，当归45g，麻黄21g，桂枝21g，苍术45g，生姜30g，川芎21g，羌活30g，独活30g，川乌21g，防风30g。

4. 热痹跛行

【案例描述】运步跛行，关节肿痛，痛处灼热，遇寒转轻，舌苔微黄，舌红脉数。

【辨证论治】本证多因机体内有蕴热，复感风寒湿邪，久而不愈，郁滞化热，阻塞经络而致。热阻经络，导致气血失其宣通，留滞关节，故运步跛行，关节肿痛。热为阳邪，故痛处灼热，遇寒转轻，舌苔微黄，舌红脉数，为热痹于里之象。治宜以清热宣痹为主。

【结合治疗】方如**白虎桂枝汤**【方剂】：石膏60g，知母30g，甘草30g，粳米30g，桂枝30g。

5. 腰肢风湿

【案例描述】运步跛行，后肢难移，或屈筋短缩，蹄向后翻，腰背板硬，手触不凹腰，站如木马，四肢关节屈伸不利，口色淡白，脉象沉迟。

【辨证论治】本证多与肝肾有关，因畜体素虚，营卫不固，腠里不密，或大汗后，风寒湿之邪随汗而入，先犯经气，再犯络血，后入筋骨（入筋骨者难医），致命气血行而不畅，故运步跛行。腰为肾之腑，肾受风湿，故后肢难移。肝主筋，肾主骨，风寒湿之邪犯肝肾，筋骨失主，故屈筋短缩，蹄向后翻，腰背板硬，手触不凹腰，站如木马，四肢关节屈伸不利。口色淡白，脉象沉迟，为里寒湿之象。治宜以祛风，逐寒，散湿为主。又因本证多与肝肾有关，故治以补肝肾，活血脉为辅。

【结合治疗】方如**独活寄生汤**【方剂】：秦艽 30g，防风 30g，白芍 30g，桂枝 24g，茯苓 24g，杜仲 30g，牛膝 30g，党参 30g，甘草 15g，细辛 25g。严重病例，需结合"火烧战船"之法。

6. 五攒痛

【案例描述】运步跛行，前肢强拘，后肢缩于腹下，腰屈头低，常卧地不起，强迫起立，则四肢频频交换，不敢负重，把前把后，左右摇晃，站立不稳，呼吸促迫，食欲减退；料伤者，不喜吃料，脉象沉涩。

【辨证论治】本证分走伤、料伤两型。走伤多因负载过重，奔走太急，卒立卒拴，失于牵散，以致气血运行不畅。料伤多因过食精料，食物停滞胃肠产生毒物，随血行到末梢，而至末梢气血运行不畅，导致气滞，血瘀不通，故运步跛行前肢强拘，后肢缩于腹下，腰屈头低。因四肢疼痛，故常卧地不起，强迫起立，则四肢频频交换，不敢负重，呼吸促迫。由于疼痛，影响脾胃运消，故食欲减退，食精料过多，则伤脾胃，故料伤者，不喜吃料，气血瘀滞于内，故脉象沉涩。

【结合治疗】走伤者，以清热解毒，调和气血为主，方如**茵陈散**【方剂】：茵陈 45g，当归 30g，没药 30g，甘草 15g，桔梗 30g，柴胡 30g，红花 30g，青皮 30g，陈皮 30g，紫菀 30g，杏仁 21g，白药子 30g，香油 130mL，童便 230mL。料作者，以消积破气，化谷宽肠为主，方如红花散：红花 30g，没药 30g，桔梗 30g，神曲 30g，枳壳 30g，当归 30g，山楂 30g，厚朴 30g，童便 250mL。均结合针胸堂、肾堂、蹄头。

7. 久痹瘀血

【案例描述】久跛不愈，长达数年，疼点不移，无骨折脱臼，触压疼点肌群发抖，拒按，运步后加重，口色淡红，苔白津滑，脉象沉涩。

【辨证论治】本证多因风寒之邪乘虚而入，久则痹阻经络，而引起血瘀寒经，故久跛不愈，常达数年，疼点不移。因是瘀血阻络，故无骨折脱臼，触压疼点肌群发抖，拒按，运动后加重。口色淡红，苔白津滑，脉象沉涩，均为寒湿导致瘀血塞经之象。治宜以活血化瘀，通络畅痹为主。

【结合治疗】方如**加味活络效灵汤**【方剂】：当归 45g，丹参 15g，乳香 45g，没药 45g，牛膝 30g，红花 25g，桃仁 25g，桔梗 21g，陈皮 21g，甘草 21g，桑枝 60g。跛行严重者，可加川乌 21g，土元 21g，苏木 30g，以增强温经活血，通络止痛之力。瘀血日久者，又可加蜈蚣 5 条，借其善串通络，搜邪攻瘀之功。瘀血塞经久痹，非虫曾之类，不能为力。久痹跛行，疼点不移，必有瘀血塞经。欲治其跛，必畅其络，欲畅其络，必活血行气，欲活血行气，必祛其瘀。瘀血不祛，新血难安，脉络不通，跛行难止，故久痹采用活血化瘀之法，最为上策。

8. 里夹气

【案例描述】一侧前肢上部疼痛，运步时，抬不高，迈不远，肢向外划弧，站立时，患肢向外踏，呈"稍息状"，前方短步，指压冲天穴处有痛感。休息 3~5 天就不跛，一旦使役便又跛，时好时犯，又称为"浮癫"。

【辨证论治】本证多因奔走太急，跳跃太猛，以致气血郁滞于肩胛内侧，故出现一侧前肢上部疼痛。运步时，抬不高，迈不远，肢向外划弧，是因肩胛内侧疼痛而致。为了减轻内则疼痛，故患肢向外踏，呈"稍息状"。气血郁滞于肩胛内侧，导致患部疼痛，故短步前行，指压冲天穴处有痛感。休息时，上部不伸张摩擦，使役时伸张摩擦较重，故休息3~5天就不跛。总之，本证不役则轻，役则重。

【结合治疗】因本证是气血郁滞而致，故治以活血止疼，行气开胸为主。先放胸堂血250mL（大家畜），再扎里夹气穴，穴位在胶肢内侧。腋窝正中，深达肩胛下肢与胸下锯肌之间的肌间隙内。针法：站立保定，提起患肢，稍向外牵引，术部消毒，先用大宽针破皮肤，取夹气针，由下向上刺入约21~33厘米深，深达肩臂内部之疏松结缔组织内，拔出针后，消毒针孔。后服**乳香散**【方剂】：乳香30g，没药30g，当归30g，川断30g，红花21g，丹石21g，骨碎补30g，土元21g，自然铜30g，血竭30g，大黄30g，儿茶30g，桂枝21g，黄酒250mL。

9. 外夹气

【案例描述】运步跛行，随运动加重，按压抢风穴处，肌群发抖，有明显疼感。站立时，患肢向里踏，肩关节外展，肘关节、腕关节和球节屈曲，患肢呈弓状，四蹄尖着地。

【辨证论治】本证多因机械压伤，如翻车被辕木压伤，横卧保定压迫伤或剧烈运动而闪伤等而致病。由于上述原因，导致气血瘀滞，经络不通，故运步跛行，随运动加重。因是抢风疼，故按压抢风穴处，肌群发抖，有明显痛感。外夹气，外部痛，故站立时，患肢向里踏，肩关节外展，以减轻疼痛。肘关节、腕关节和球节屈曲，患肢呈弓状，四蹄尖着地，是抢风处疼痛而致。治宜以活血化瘀，行气畅络为主。

【结合治疗】先以针取**抢风**【穴位】，胸堂放血250mL。后服**当归散**【方剂】：当归30g，大黄30g，花粉30g，白药子30g，黄药子30g，枇杷叶30g，桔梗30g，没药30g，红花21g，白芍21g，丹皮21g，童便250mL。

10. 假脱膊

【案例描述】运步跛行，患肢不能高抬，强迫运动，蹄尖拽地前进。站立时，肘关节下沉，患肢多向后踏，如人为的加以纠正，仍可正常驻立，但稍微移动，又呈原状，患肢摇荡，前伸困难，久之则臂头肌发生萎缩。

【辨证论治】本证又叫"桡神经麻痹"。多因暴力损伤前臂上部而致。由于损伤，而导致患部经络失其贯联之功，故出现运步跛行，患肢不能高抬，强迫运行，蹄尖拽地前进等症状。治宜以活经络，益气血为主。

【结合治疗】方如**八珍汤**【方剂】加减：当归30g，川芎30g，赤芍30g，熟地30g，黄芪60g，党参30g，甘草21g，地龙30g，桂枝21g，桃仁21g。结合针**抢风**【穴位】、**冲天**【穴位】。局部注射士的宁7支，疗效较佳。

11. 脱膊

【案例描述】运步跛行严重，拖地前进或三肢跳跃，患肢不敢着力，呈高度跛，患肢肩胛凹陷，向内贴，不活动。站立时，向前外方或后方踏，患肢较健肢粗，若久而不愈，则患部肌肉萎缩。

【辨证论治】本证多因跌打损伤而致，肩膊损脱，患肢不敢着力，故出现运步跛行严重，拖地前进或三肢跳跃等症状。

【结合治疗】轻者用火针扎**抢风**【穴位】、**冲天**【穴位】。并用绳前后交替用力，来回拉，以利膊恢复原位为目的。如重证则用摧膊术整复，摧膊术的方法很多，简单地说，横卧保定，将两后肢捆绑固定，前患肢在上，患肢系部捆一根绳，先向前、后、下方用力拉，促使血脉通畅，用布片垫肩关节下处，用脚上摧，直以肩胛凹陷处恢复原位为止，与对侧健肢相比，肢体同长即可。整复后，可服**归红汤【方剂】**：当归45，红花30g，桃仁30g，牛膝45g，乳香30g，没药30g，甘草30g。

12. 膝黄

【案例描述】运步跛行，腕关节前方发生局限性肿胀，触之波动。急性者，有热痛。慢性者，无热痛，其皮肤变厚，硬结，久而不愈，有的常达数年。

【辨证论治】本证多因腕部损伤，或因劳伤气血，进而导致淤血凝于膝部而致病。瘀血不散，阻塞经络，故运步跛行，腕关节前方发生局限性肿胀等症状。

【结合治疗】本证的治疗方法很多，放液、消炎、消毒药水冲洗、烧烙等，效果多不理想。据实践，以用活血化瘀、消肿解毒的中药外敷，疗效较佳，一般15~30天可愈。方如**加味雄黄散【方剂】**：雄黄120g，白矾120g，黄丹60g，黄柏60g，黄芩60g，白蔹60g，白芷60g，白芨60g，大黄60g，没药60g。共为细末，醋调敷患部，酒醋2~3次，5天左右，再换药1次，一般换药3~4次即愈。

13. 漏蹄

【案例描述】运步跛行，敢抬不敢踏，呈后方短步，触摸患蹄发热。若为蹄底漏，则蹄叉中沟及侧沟角质腐烂，形成空洞，排恶臭黑褐色分泌物，如为毛边漏，则蹄冠周围肿胀发热，日久破溃流黄色黏液。

【辨证论治】本证多因厩舍潮湿不洁、湿毒侵入或硬物损伤，致气血瘀滞，日久成毒，毒邪塞经腐肌，故出现运步跛行，敢抬不敢踏等症状。

【结合治疗】因本证有蹄底与毛边漏之不同，故治法也有异，蹄底漏可用刀挖尽患部污秽，排出浊物及败血，用碘酒洗净，再用毛发入洞内，然后用黄腊加热溶化，灌入塞发洞口，待腊凝固后，放下蹄即可，一般一次即愈。如为毛边漏，可先用针切蹄头，用花椒、艾叶煎水洗，后涂消肿药物，方如**三黄膏【方剂】**：大黄60g，黄柏60g，黄芩60g，共为细末，用蜂蜜或凉开水调膏外敷，以消肿解毒，敛疮止痛。

14. 软骨

【案例描述】运步跛行，时轻时重，反复发作，四肢关节脱出，弯曲。骨质变脆，易折，有的鼻骨内侧（松骨）隆起等。严重者，则卧地不起，角弓反张，成瘫痪状态，口色淡，脉细无力。

【辨证论治】本证主因饲养管理不良，以致营养缺乏，肝能亏虚，骨质不健，进而骨质疏松，不能负重，故出现运步跛行等症状。治宜以健脾增血，补肝益肾，强壮筋骨为主。

【结合治疗】方如**麒麟散【方剂】**加减：当归30g，没药30g，巴戟30g，白术30g，胡芦巴30g，破故纸30g，龙骨45g，牡蛎45g，并结合内服骨粉。

（六）被毛脱落

被毛脱落是一种常见的疾病，引起被毛脱落的病因有肺风毛燥、湿毒、螨病等。大家畜在春季掉旧毛，长新毛，为正常生理现象，不可作为病态处理。与被毛脱落相关的病证如下。

1. 肺风毛燥

【案例描述】遍身搔痒，啃咬擦桩，被毛脱落，日久擦破皮肤，流出黄水，皮结痂膜，膘消体瘦。

【辨证论治】因肺主皮毛，机体周身之毛窍，随呼吸之气而鼓伏，如出汗之后，皮肤感尘，失于刷扫，垢污滞塞毛窍，以致腠理不通，肺热蕴结，气因瘀滞，营卫不和，皮毛失去濡养，故见遍体搔痒，啃咬擦桩，被毛脱落等症状。

【结合治疗】肺风毛燥，燥本应滋阴，此因风邪尚未清除，如只滋阴，恐有留邪之弊，故以清肺消风为主。如体瘦偏寒象者，可内服肺风散：党参30g，黄芪30g，当归30g，川芎21g，苦参30g，沙参30g，元参30g，秦艽30g，何首乌30g，威灵仙30g，知母30g，贝母30g，苍术30g，蜂蜜250mL。如体壮偏热象者，可内服**五参散**【方剂】：元参30g，沙参30g，苦参30g，紫参30g，党参30g，何首乌30g，秦艽30g，薄荷30g，牛子30g。

2. 湿毒脱毛

【案例描述】急性湿毒，依墙靠桩，常常擦痒，皮肤出现红斑，继而出现丘疹，水疱和脓包，破后流黏性黄水，糜烂红肿，以后红肿渐退，结痂而愈。口色红燥，舌苔黄腻，脉多滑数。日久不愈，转为慢性，则表现血虚之象。

【辨证论治】本证多因夏季天气炎热，使役出汗过多，尘垢郁塞毛窍，湿热内蕴；或久卧湿地，感受风邪，风湿热邪郁结于肌肤所致。故出现依墙靠桩，常常擦痒等症状。

【结合治疗】本证有急慢之分，急性湿毒，以祛风清热，利湿解毒为主，方如**凉血清风散**【方剂】：当归30g，生地30g，石膏30g，知母30g，牛子30g，蝉退30g，苦参30g，胡麻30g，防风30g，荆芥30g，苍术30g，木通30g，甘草21g。局部可用**青黛散**【方剂】：青黛30g，黄连30g，黄柏30g，薄荷30g，桔梗30g，儿茶30g，共为细末，外涂患处；慢性湿毒，可以养血祛风除湿为主，方如**萆解渗湿汤**【方剂】：萆解30g，薏苡仁30g，赤苓30g，丹皮30g，泽泻30g，滑石21g，通草30g，黄柏30g。局部可用**石膏枯矾膏**【方剂】：煅石膏40g，枯矾40g，雄黄30g，冰片30g，研极细末，加入凡士林300g，调成软膏外搽。

项目十八 辨证用药技术

学习目标

总体目标： 掌握辨证用药技术，获得兽医临床辨证用药能力。

理论目标： 掌握制剂制备、中医治法、中医治则、给药方法、辨证施治、药物功效等知识点和兽医临床辨证用药技巧。

技能目标： 获得中草药炮制能力，能运用汗法、清法和下法防治病证；能运用扶正祛邪原则防治病证；能使用口服、灌肠给药，能运用经典方剂及中药成方制剂治疗病证，能辨药性、证候合理用药，并能合理配伍中药和中西药联合用药。

任务一 中药采集与炮制

中药采集与炮制

中药的产地、采集与储藏

中药的来源，除部分人工制品外，主要是天然的动物、植物和矿物。中药的产地、采集和储藏是否适宜是影响药材质量的重要因素，不合理的采集还会破坏药材资源，降低药材产量。早在《神农本草经》里已指出："阴干、暴干，采造时月，生熟，土地所出，真伪存新，并各有法。"唐代著名医家孙思邈在《千金翼方·案卷一》中，专论"采药时节"及"药出州土"，列举了233种中药的采收时节及519种中药的产地分布。历代医药学家都十分重视中药的产地与采集，并通过长期实践，积累了丰富的知识和经验。时至今日，人们利用现代科学技术，发现了中药的产地、采集、加工和储藏是否适宜，与药材有效成分含量有很大关系，并取得了诸多成果。重视药物的产地、采集和储藏，对保证药材质量和保护药材资源有着重要的意义。

（一）中药的产地

天然药材的分布和生产，离不开一定的自然条件。我国幅员辽阔，自然地理状况十分复杂，水土、气候、日照、生物分布等生态环境各地不尽相同，甚至差别很大。因而天然中药材的生产多有一定的地域性，且产地与其产量、质量有密切关系。古代医药学家经过长期使用、观察和比较，知道即便是分布较广的药材，也由于自然条件的不同，各地所产，其质量优劣也不一样，并逐渐形成了"道地药材"的概念。

道地药材的确定，与药材产地、品种、质量等多种因素有关，而临床疗效则是其关键因素。如四川的黄连、川芎、附子，江苏的薄荷、苍术，广东的砂仁，东北的人参、细辛、五味子，宁夏的枸杞子，云南的茯苓，河南的四大怀药（地黄、牛膝、山药、菊花），山东的阿胶等，都是著名的道地药材，受到人们的称道。

道地药材是在长期的生产和用药实践中形成的，并不是一成不变的。环境条件的变化使山西上党人参几近灭绝，人们遂贵东北人参；三七原产广西，称为广三七、田七，云南产者后来居上，称为滇三七，成为三七的新道地产区。

长期的临床医疗实践证明，重视中药产地与质量的关系，强调道地药材的开发和应用，对于保证中药疗效，起着十分重要的作用。随着人民生活水平的提高，对肉、蛋、奶的需求量不断增多，畜牧业的发展对中药的需求量日益增加，再加上很多药材的生产周期较长，产量有限，因此，单靠强调道地药材产区扩大生产，已经无法满足药材需求。在这种情况下，进行药材的引种栽培以及药用动物的驯养，成为解决道地药材不足的重要途径。在现在技术条件下，我国已成功地对不少名贵或短缺药材进行异地引种，并开展药用动物的驯养。如天麻的大面积引种；人工培育牛黄；人工养鹿取茸；人工养麝及活麝取香；人工虫草菌的培养等等。当然，在药材的引种和驯养工作中，必须确保该品种原有的性能和疗效。

（二）中药的采集

中药材所含有效成分是药物具有防病治病作用的物质基础，而有效成分的质和量与中药材的采收季节、时间和方法有着十分密切的关系。由此看来，中药材的采集是确保药物质量的重要环节之一，因而也是影响药物性能和疗效的重要因素。

1. 植物类药材的采收

不同的生长发育阶段，植物中化学成分的积累是不相同的，甚至会有很大差别。首先，植物生长年限的长短与药物中所含化学成分的质和量有着密切关系。据研究资料报道，甘草中的甘草酸为其主要有效成分，生长3~4年者含量较之生长一年者几乎高出一倍。人参总皂苷的含量，以6~7年采收者最高。其次，植物在生长过程中随月份的变化，有效成分的含量也各不相同。如丹参以有效成分含量最高的7月采收为宜。黄连中小檗碱含量大幅度升高的趋势可延续到第6年，而一年内又以7月份含量最高，因而黄连的最佳采收期是第6年的7月份。再者，时辰的变更与中药有效化学成分含量亦有密切关系。如金银花一天之内以早晨9时采摘最好，否则因花蕾开放而降低质量；曼陀罗中生物碱的含量，早晨叶子含量高，晚上根中含量高。植物类药材其根、茎、叶、花、果实、种子各器官的生长成熟期有明显的季节性，根据前人长期的实践经验，其采收时节和方法通常以入药部位的生长特性为依据，大致可按药用部位归纳为以下几种情况。

（1）全草类。多数在植物充分生长、枝叶繁茂的花前期或刚开花时采收。有的割取植物的地上部分，如薄荷、荆芥、益母草、紫苏等。带根全草入药的，则连根拔起全株，如车前草、蒲公英、紫花地丁等。茎叶同时入药的藤本植物，其采收原则与此相同，应在生长旺盛时割取，如夜交藤、忍冬藤等。

（2）叶类。叶类药材采集通常在花蕾将放或正在盛开的时候进行。此时正当植物生长茂盛的阶段，药力雄厚，最适宜采收，如大青叶、荷叶、艾叶、枇杷叶等，荷叶在荷花含苞欲放或盛开时采收，色泽翠绿，质量最好。有些特定的品种，如霜桑叶，须在深秋或初冬经霜后采集。

(3) 花类。花的采收一般在花正开放时进行,由于花朵次第开放,所以要分次采集,采摘时间很重要。若采收过迟,则易致花瓣脱落和变色,气味散失,影响质量,如菊花、旋覆花;有些花要求在含苞欲放时采摘花蕾,如金银花、槐米、辛夷等;有的在刚开放时采摘最好,如月季花;而红花则宜于花冠由黄色变橙红色时采。至于蒲黄之类以花粉入药的,则须于花朵盛开时采收。

(4) 果实和种子类。多数果实类药材,应当于果实成熟后或将成熟时采收,如瓜蒌、枸杞子、马兜铃。少数品种有特殊要求,应当采用未成熟的幼嫩果实,如乌梅、青皮、枳实等。以种子入药的,如果同一果序成熟期相近,可以割取整个果序,悬挂在干燥通风处,以待果实全部成熟,然后进行脱粒。如果同一果序的果实次第成熟,则应分次摘取成熟果实。有些干果成熟后很快脱落,或果壳裂开,种子散失,如小茴香、白豆蔻、牵牛子等,最好在开始成熟时适时采收。容易变质的浆果,如枸杞子、女贞子,在略熟时清晨或傍晚采收为好。

(5) 根和根茎类。古人经验以阴历二、八月为佳,认为春初"津润始萌,未充枝叶,势力淳浓","至秋枝叶干枯,津润归流于下",并指出"春宁宜早,秋宁宜晚。"这种认识是很正确的。早春二月,新芽未萌;深秋时节,多数植物的地上部分停止生长,其营养物质多储存于地下部分,有效成分含量高,此时采收质量好,产量高,如天麻、苍术、葛根、桔梗、大黄、玉竹等。天麻在冬季至翌年清明前茎苗未出时采收的称"冬麻",体坚色亮,质量较佳;春季茎苗出土再采的称"春麻",体轻色暗,质量较差。此外,也有少数例外的,如半夏、延胡索等则以夏季采收为宜。

(6) 树皮和根皮类。通常在清明和夏至间(即春、夏时节)剥取树皮。此时植物生长旺盛,不仅质量较佳,而且树木枝干内浆汁丰富,形成层细胞分裂迅速,树干易于剥离,如黄柏、厚朴、杜仲等。但肉桂多在10月采收,因此时油多容易剥离。木本植物生长周期长,应尽量避免伐树取皮或环剥树皮等简单方法以保护药源。至于根皮,则与根和根茎相类似,应于秋后苗枯或早春萌芽前采集,如牡丹皮、地骨皮、苦楝根皮等。

2. 动物类药物的采收

动物类药材因品种不同,采收各异。其具体时间,以保证药效及容易获得为原则。如桑螵蛸应在农历三月中旬采收,过时则虫卵已孵化;鹿茸应在清明后45~60天截取,过时则角化;驴皮应在冬至后剥取,其皮厚质佳;小昆虫等,应于数量较多的活动期捕获,如斑蝥于夏秋季清晨露水未干时捕捉。

3. 矿物类药物的采收

矿物类药物的采收一般不受时间限制,可随时采收,但应注意保护资源。

(三) 中药的储藏

中草药在储藏保管中,因受周围环境和自然条件等因素的影响,常会发生霉烂、虫蛀、变色、泛油等现象,导致药材变质,影响或失去疗效。因此,必须储藏和保管好中药材,以保证药材的质量和疗效。

1. 药材的防霉

大气中存在着大量的霉菌孢子,如果散落在药材表面,在适当的温度(25℃左右)、湿度(空气中相对湿度在85%以上或药材含水率超过15%)以及适宜的环境(如阴暗不通风的场所)、足够的营养条件下,即可萌发成菌丝,分泌酵素,分解和溶蚀药材,从而使药材腐坏,以及产生秽臭恶味。

因此,防霉的重要措施是保证药材的干燥,入库后防湿、防热、通风。对已生霉的药材,可以采用撞刷、晾晒等方法简单除霉，霉迹严重的，可用水、醋、酒等洗刷后再晾晒。

2. 药材的防虫

虫蛀对药材的影响甚大，虫害的预防和消灭，对于大量储藏保管的药材，主要是用磷化铝等化学药剂熏蒸法杀虫；对于药房中小量保存的药材，除药剂杀虫外，还可采用下列方法防虫。

（1）密封法。一般按件密封，可采用适当容器，用蜡封固。怕热的药材，可用干砂或稻糠埋藏密封；贵细药材，可充二氧化碳或氮气密封。

（2）冷藏法。温度在5℃左右即不易生虫，因此可采用冷窖、冷库等设施干燥冷藏药材。

（3）对抗法。这是一种传统方法，适用于数量不多的药材。如泽泻与丹皮同储，泽泻不生虫、丹皮不变色，蕲蛇中放花椒，鹿茸中放樟脑，瓜蒌、蛤士蟆油中放酒等均不生虫。

3. 药材的其他变质情况

（1）变色。酶引起的变色，如药材中所含成分的结构中有酚羟基，则在酶作用下，经过氧化、聚合，形成了大分子的有色化合物，使药材变色，如含黄酮类、羟基蒽醌类、鞣质类等的药材。非酶引起的变色原因比较复杂，或因药材中所含糖及糖酸分解产生糠醛及其类似化合物，与一些含氮化合物缩合成棕色色素；或因药材中含有的蛋白质中的氨基酸与还原糖作用，生成大分子的棕色物质，使药材变色。此外，某些外因，如温度、湿度、日光、氧气、杀虫剂等多与变色的快慢有关。因此防止药材变色，需干燥避光冷藏保存药材。

（2）泛油。泛油指含油性药材的油性成分泛于药材表面以及某些药材受潮、变色后表面泛出油样物质。前者如柏子仁、杏仁、桃仁、郁李仁（含脂肪油）、当归、肉桂（含挥发油），后者如天门冬、太子参、枸杞等（含糖质）。药材"泛油"，除油质成分损失外，常与药材的变质现象相联系，防止"泛油"的主要方法是冷藏和避光保存。

此外，有的中药由于化学成分自然分解、挥发、升华而不宜久储，应注意储藏期限。

中药炮制

炮制是指中药原品在供配方或制作成药之前，需要经过不同程度的加工处理过程。未经处理的原药叫生药，炮制后的成品叫饮片，符合临床用药的要求。

（一）炮制的目的

（1）减少或消除药物的毒性，如半夏生用有毒，用生姜制则可消除毒性。

（2）增强药物的疗效或转变药物的性能。酒制升提而散寒，姜制温中而化痰，醋制入肝而收敛，盐水制走肾而下行，蜜炙则甘缓、润燥、补益。如延胡索经醋炒后，止痛作用明显加强；生地寒而凉血，熟地微温而补血。炙黄芪可增强补中益气的作用。

（3）便于制剂、服用和储藏。

（二）炮制方法选择

1. 炮制的作用

（1）清除杂质。清除杂质及非药用部分，保证药物的纯净清洁和用量准确。

（2）去除异味。某些药物有异味，经过漂洗、酒制、麸炒等方法处理后起到矫味和矫臭的作用，如醋制没药、乳香，用水漂去昆布的咸、腥味等。

（3）降低或消除药物的毒性、烈性和副作用。为了确保用药安全，对含有毒性成分的药物，必须经过适当的炮制才能降低或消除毒性、烈性和副作用。如半夏生用有毒，用甘草或生姜与白矾共煮后可显著降低或清除其毒性；巴豆泻下作用剧烈，宜去油取霜，以缓和泻下作用；常山酒浸后可去其催吐的副作用。

（4）增强药物的疗效和改变药物的性能。如醋制延胡索，能增强止痛效用；酒炒川芎，能增强活血作用；干炒白术，可增强补脾止泻的作用。有些药物经炮制后可改变其作用。如地黄性寒清热凉血，酒拌蒸制成熟地后则性微温滋阴补血；何首乌生用润肠通便，制熟后则失去泻下作用而专补肝肾、益精血等。

（5）便于制剂、服用和储藏。药物在制成各种制剂前，应先进行浸润、干燥、炒、煅等，以便于加工和储藏。如植物类药物用水浸润后，便于切片；有些矿物类药物质地坚硬，经煅、淬后，易于粉碎。药物经过切片、粉碎等炮制后，既便于制剂和储藏，又易于煎出有效成分以及便于服用。

2. 炮制方法

炮制方法主要有修制法、水制法、火制法（炒法、炙法、炮法等）、水火合制法等，另还包括法制、发酵、发芽、制霜等加工炮制方法。根据目前的实际应用情况，可分为五大类型。

（1）修治。纯净处理采用挑、捡、簸、筛、刮、刷等方法，去掉灰屑、杂质及非药用部分，使药物清洁纯净。如捡去合欢花中的枝、叶；刷除枇杷叶、石韦叶背面的绒毛；刮去厚朴、肉桂的粗皮等。

粉碎处理采用捣、碾、镑、锉等方法，使药物粉碎，以符合制剂和其他炮制法的要求。如牡蛎、龙骨捣碎便于煎煮；川贝母捣粉便于吞服；水牛角、羚羊角镑成薄片，或锉成粉末等。

切制处理采用切、铡的方法，把药物制成一定的规格，便于进行其他炮制，也有利于干燥、储藏和调剂时称量。根据药材的性质和临床需要，切片有很多规格。如天麻、槟榔宜切薄片，泽泻、白术宜切厚片，黄芪、鸡血藤宜切斜片，桑白皮、枇杷叶宜切丝，白茅根、麻黄宜铡成段，茯苓、葛根宜切成块等。

（2）水制。水制是指用水或其他液体辅料处理药物的方法。水制的目的主要是清洁药材、软化药材以便于切制和调整药性。常用的水制方法有洗、淋、泡、浸、漂、润、水飞等。

洗是将药材放入清水中，快速洗涤，除去上浮杂物及下沉脏物，及时捞出晒干备用。除少数易溶或不易干燥的花、叶、果及肉类药材外，大多需要淘洗。

淋是将不宜浸泡的药材，用少量清水浇洒喷淋，使其清洁和软化。

泡是将质地坚硬的药材，在保证药效的前提下，放入水中浸泡一段时间，使其软化。

润又称闷或伏。根据药材质地的软硬，加工时的气温、工具，用淋润、洗润、泡润、浸润、盖润、露润、包润、复润、双润等多种方法，使清水或其他液体辅料徐徐入内，在不损失或少损失药效的前提下，使药材软化，便于切制饮片，如淋润荆芥、泡润槟榔、酒洗润当归、姜汁浸润厚朴、伏润大黄等。

漂是将药物置水池或长流水中浸渍一段时间，并反复换水，以去除腥味、盐分及毒性成分的方法，如将昆布、海藻、盐附子漂去盐分，紫河车漂去腥味等。

水飞系借药物在水中的沉降性质分取药材及研磨制备极细粉末的方法。将不溶于水的药材粉碎后置乳钵或碾槽内加水共研，大量生产则用球磨机研磨，再加入大量的水，搅拌，较粗的粉粒即下沉，细粉混悬于水中，倾出；粗粒再飞再研，倾出的混悬液沉淀后分出，干燥即成极细粉末。此法所制粉末既细又减少了研磨中粉尘飞扬损失，常用于矿物类、贝甲类药材的制粉，如飞朱砂、飞炉甘石、飞雄黄。

（3）火制。用火加热处理药物的方法。本法是使用最为广泛的炮制方法，常用的火制法有炒、炙、煅、煨、烘焙等。

炒有炒黄、炒焦、炒炭等程度不同的清炒法。用文火炒至药材表面焦黑，部分炭化，内部焦黄，但仍留有药材固有气味（即存性）者称炒炭。炒黄、炒焦使药物易于粉碎加工，并缓和药性。种子类药物炒后煎煮时有效成分更容易溶出。炒炭能缓和药物的烈性、副作用或增强其收敛止血的功效。除清炒外，还可拌土、麦麸、米炒等固体辅料，可减少药物的刺激性，增强疗效，如土炒白术、麸炒枳壳、米炒斑蝥等。与砂、滑石或蛤粉同炒的方法习称烫，药物受热均匀酥脆，易于煎出有效成分或便于服用，如砂炒穿山甲、蛤粉炒阿胶等。

炙是将药材与液体辅料拌炒，使辅料逐渐渗入药材内部的炮制方法。通常使用的液体辅料有蜜、酒、醋、姜汁、盐水、童便等，如蜜制黄芪、蜜制甘草、酒制川芎、醋制香附、盐制杜仲等。炙可以改变药性，增强疗效或减少副作用。

煅是将药材用猛火直接或间接煅烧，使其质地松脆，易于粉碎，以充分发挥疗效。其中直接放在炉火上或容器内而不密闭加热者，称为明煅，此法多用于矿物药或动物甲壳类药材，如煅牡蛎、煅石膏等。将药材置于密闭容器内加热煅烧者，称为密煅或焖煅，本法适用于质地轻松、可炭化的药材，如煅血余炭、煅棕榈炭等。

煨是将药材包裹于湿面粉、湿纸中，放入热火灰中加热，或用草纸与饮片隔层分放加热的方法，称为煨法。其中以面糊包裹者，称面裹煨；以湿草纸包裹者，称纸裹煨；以草纸分层隔开者，称隔纸煨；将药材直接埋入火灰中，使其高热发泡者，称直接煨。

烘焙是将药材用微火加热，使之干燥的方法。

（4）水火共制。常见的水火共制包括蒸、煮、燀、淬等。

煮是用清水或液体辅料与药物共同加热的方法，如醋制芫花、酒制黄芩。

蒸是利用水蒸气或隔水加热的方法。不加辅料者，称为清蒸；加辅料者，称为辅料蒸。加热的时间，视炮制的目的而定。为改变药物性味功效，宜久蒸或反复蒸晒，如蒸制熟地、何首乌；为使药材软化，以便于切制，以蒸软透心为度，如蒸茯苓、厚朴；为便于干燥或杀死虫卵，以利于保存，加热蒸至"园气"即可取出晒干，如蒸银杏、女贞子、桑螵蛸。

燀是将药物快速放入沸水中短暂潦过，立即取出的方法。常用于种子类药物的去皮和肉质多汁药物的干燥处理，如燀杏仁、桃仁以去皮；燀马齿苋、天门冬以便于晒干储存。

淬是将药物煅烧红后，迅速投入冷水或液体辅料中，使其酥脆的方法。药物淬后不仅易于粉碎，且辅料被其吸收，可发挥预期疗效，如醋淬自然铜、鳖甲，黄连煮汁淬炉甘石等。

（5）其他方法。除上述方法以外的一些特殊制法，均概括于此类。常用的有制霜、发酵、发芽等。

种子类药材压榨去油或矿物药材重结晶后的制品，称为霜。其相应的炮制法称为制霜，前者如巴豆霜，后者如西瓜霜。

发酵是指将药材与辅料拌和，在一定的温度和湿度条件下，利用霉菌使其发泡、生霉，并改变原药的药性，以生产新药的方法，如神曲、淡豆豉。

发芽是指将具有发芽能力的种子药材用水浸泡后，经常保持一定的湿度和温度，使其萌发幼芽的方法，如谷芽、麦芽、大豆芽等。

制剂制备

任务二 制剂制备

一、制剂制备

（一）中药的剂型

所谓剂型是指将原料药（植物、动物或矿物类中药材）加工制成适合于医疗或预防应用的形式，如汤剂、散剂、丸剂、片剂、注射剂、口服液等。中药的应用，古代以汤剂为其最主要的形式，也有制成丸、散、膏、丹等剂型内服或外用。目前中药剂型有40多种，按其形态可分为液体剂型、固体剂型、半固体剂型和气体剂型四大类。几种常用的剂型介绍如下。

1. 液体剂型

（1）汤剂，是指将药材饮片或粗颗粒加水煎煮，去渣取汁供内服或外用的液体剂型。它是从古至今兽医临床上广泛应用的一种剂型。

（2）溶液剂，是指不挥发性药物溶解于水、醇或油中制成的供内服或外用的澄明溶液，如金银花露等。

（3）混悬液，是指水溶性较小的药物以微粒形式分散在溶媒中形成的液体制剂，如金黄散洗剂等。

（4）乳剂，是指两种互不相溶的液体在第三种物质（乳化剂）的作用下，一种液体以小液滴的形式分散在另一种液体中形成的一种剂型，可供内服或外用。

（5）注射剂，俗称针剂，是指灌装于特定容器中的灭菌溶液、混悬液、乳浊液或粉末（粉针剂），用注射方法给药的一种剂型。

（6）酊剂，是指用不同浓度的乙醇提取药材，去渣取液，或用乙醇溶解化学药物而制得的液体剂型。

（7）酒剂，又称药酒。是指用蒸馏酒浸提药材而制得的澄清液体剂型，多供内服，并可加糖或蜂蜜矫味着色。

（8）醑剂，是指挥发性药物的乙醇溶液，可供内服或外用。

（9）流浸膏剂，是指将药材浸出液浓缩除去部分溶媒而制得的液体剂型，除另有规定外，一般流浸膏每毫升相当于原药材1g，多供内服用。

（10）搽剂，是由刺激性药物制成的油性或醇性液体剂型，多供外用，涂搽于完整的皮肤表面。

（11）滴眼剂，是用于眼部的外用剂型，除水溶液外还有少数混悬液，其质量要求同注射剂相同。

2. 半固体剂型

（1）软膏剂，是药物与适宜的基质混合而制成的供外用的一种半固体剂型。供眼用的灭菌软膏称为眼膏。

（2）浸膏剂，是药材的浸出液经浓缩除去溶媒而制成的膏状或干粉状的半固体或固体型。除另有规定外，浸膏剂每克相当于原药材 2~5 克。浸膏剂多作为制备其他制剂的原料，也可直接应用。

（3）糊剂，是指粉末状药物与油脂性成分（如凡士林、羊毛脂、液体石蜡、植物油等）或水溶性成分（如明胶、淀粉、甘油等）混合制成的一种半固体剂型，如氧化锌糊。

3. 固体剂型

（1）散剂，是多种药物经粉碎、过筛、均匀混合而制成的一种固体剂型，可供内服或外用，在兽医临床上应用广泛。

（2）丸剂，是由药物加适宜的黏合剂和其他辅料制成的一种球状固体剂型，供内服用。

（3）片剂，是一种或多种药物与赋形剂混合后，经压制而制成的一种圆片状分剂量剂型，主要供内服用。此外还有肠溶片、注射用片等。

（4）胶囊剂，是将药物盛装于空胶囊中而制成的一种固体剂型。空胶囊大多用明胶制成。

（5）颗粒剂，是指药物与赋形剂混合加黏合剂或润湿剂而制成的一种颗粒状的固体剂型。

（6）微囊剂，是利用天然的或合成的高分子材料（囊材）将固体或液体药物（囊心物）包裹而成的微型胶囊。可用微囊制成散剂、片剂、胶囊剂、注射剂、软膏剂等，以延长药效，提高稳定性或掩盖不良气味等。

（7）栓剂，是药物与基质混合制成专供塞入动物腔道的一种固体剂型。可起局部作用或全身作用，有阴道栓和肛门栓两种。

4. 气体剂型

气体剂型以气体为分散介质，常见的有以下两种。

（1）气雾剂，是将药物和抛射剂（液化气体或压缩气体）共同装于具有阀门系统的耐压容器中，使用时掀按阀门，借抛射剂的压力将药物喷出的一种剂型，可供吸入给药，皮肤、黏膜给药或空间消毒用。

（2）喷雾剂，是借助于机械（喷雾器或雾化器）将药物喷出的一种剂型，可用于消毒。

5. 中药新剂型

随着中药研究的深入，利用现代科技将中药制成各种新剂型的成药不断增多，这些新剂型各有其独特的特点，有些可起到长效作用，有些具有靶向作用，有些能更好地被动物机体吸收，提高药物的疗效，例如脂质体、毫微型胶囊、前体药物制剂及 β-环糊精包合物等。

目前，中药的应用以原药材直接制备成汤剂用于兽医临床，或者通过提取其中有效成分，再按照一定的工艺制成各种剂型的制剂（即中成药）应用于临床。这样可满足防治畜禽疾病的不同要求，使中药的应用更加广泛。

（二）中药的用药剂量

剂量是药物在临床应用时的分量。一般包括重量（千克、克、毫克）、容量（升、毫升）及数量（如大枣五枚、蜈蚣一条）等。古代计量单位在不同年代有所不同，现在统一使用公制单位。重量以吨、千克、克、毫克为单位，容量以升、毫升为单位，少量的药物仍采用数量计（如生姜 3 片、葱白 5 个等）。

中成药的用药剂量在说明书上均有标示，动物的用量可以按说明书来使用。直接使用原药材时的用量，是指每味药每头或每只动物一次的用量，或按畜禽每千克体重的给药量。

剂量与中药的药性、疗效以及患畜的畜种、病情、年龄、体质都有密切的关系。所以，在用药时应该全面考虑这些因素。

剂量与药性、疗效的关系：性质平和的药物用量稍多时反应不大；性质峻烈的药物用量大则易产生毒性、副作用，甚至中毒死亡。所以应严格控制剂量。剂量与药物的疗效也有非常密切的关系，剂量合适有利于药物充分发挥应有的疗效、减少毒副作用。

剂量与病情的关系：若病势重剧，用药力弱、药量轻，则疗效不佳；若病势轻，用药力猛、药量大，则易损正气。因此，药物的剂量应根据病情恰到好处，尽量做到祛邪而不伤正，扶正而不留邪。

剂量与畜种、年龄、体质的关系：畜种不同，其体格大小不同，对药物的耐受也有很大差别。同种畜禽，其幼畜禽、成年畜禽和老龄畜禽也有差别，成年畜禽用药量可稍大，幼畜禽、老龄畜禽用药量应相对减少。正常家畜、孕畜或哺乳畜在用药品种和剂量上都应有所区别。体格健壮的家畜对药物耐受性强，剂量可稍重；体质虚弱的家畜对药物耐受性差，剂量宜稍轻。

（三）中药的用法

中药的用药方法根据治疗要求和药物剂型而定，分经口给药和非经口给药两种方法。经口给药是最常用的给药方法，通常所用的剂型为汤剂、散剂、丸剂、片剂、颗粒剂、胶囊剂、口服液、酒剂、流浸膏剂等。可利用混饲、混饮和经口投药（或灌药）的给药方法。混饲即将药物粉碎加入饲料中拌匀让畜禽自由采食（多为固体药物）；混饮即将药物加入水中混匀让畜禽自由饮用（多为液体药物或易溶于水的药物）；经口投药（或灌药）即将中药丸剂、片剂、颗粒剂、汤剂、流浸膏剂等直接经口投入或灌入畜禽胃内。固体剂型可用水调成糊状或用水溶解成液体状再灌入，也可直接将药物经投药器投服。给药前后，病畜禽应停食2～4h，以利于药物的吸收，对胃有刺激性的药物可不停食。灌服中药一般每日一次或两次，液体药物不宜过热或过冷。

非经口给药的方法很多，有涂、敷、洗、熏蒸、塞入直肠或阴道、植入、灌肠、注射（包括皮下注射、皮内注射、肌肉注射、静脉注射、穴位注射、脊柱腔注射等）。所用剂型有外用散剂、软膏剂、硬膏剂、洗剂、汤剂、栓剂、植入剂、灌肠剂、注射剂等。

汤剂、散剂制备

（一）汤剂

汤剂亦称汤液，是指将药材饮片或粗粒加水煎煮或用沸水浸泡后，去渣取汁而得到的液体制剂。汤剂是我国应用最早、使用最多的一种剂型，在现代中兽医临床上仍然广泛使用。

1. 汤剂的基本知识

汤剂具有组方灵活、药效迅速、适用范围广、制作简单等特点。汤剂也存在一些缺点，如需临时制备，使用不方便，长期储藏易霉变，必须随煎随用；药液体积大，味苦，口服有一定的困难。汤剂按制备方法分为煮剂、煎剂、沸水泡药、煮散等。

2. 汤剂的制备方法

（1）药材的加工。汤剂是按中兽医药理论来组方用药的，不同品种药材所含成分差异很大，甚至性味功效亦有不同。

（2）煎器的选择。煎器对汤剂质量有一定的影响，传统上多用陶器，它有不易与药物成分发生化学反应、传热均匀缓和、保温等特点；玻璃、搪瓷煎器也可使用，它们的化学性质也较稳定；金属煎器坚固耐用，但铁器煎煮的药液外观呈深褐色、黑绿色或紫黑色，同时煎液中还含有一定量的铁离子，可与药液中多种成分发生化学反应，如与鞣质生成鞣酸铁，使汤剂色泽加深，铜煎器煎出的药液中含有微量的铜离子，镀锡锅煎出液中含有微量的锡离子，这些离子与药材中某些成分起反应，有些能催化药液中某些成分的氧化，影响汤剂的稳定性和药效，故铁、铜、镀锡器具均不宜供煎药用。铝锅煎出的药液其外观、味觉及金属离子分析结果都较稳定，仅以药液 pH 为 1~2 或 10 时，煎液中可检出铝离子，鉴于汤剂多为复方煎剂，药液 pH 一般为 4~5，故可根据情况选用之。大量生产时多使用具有抗酸、抗碱性能的不锈钢器具。

（3）煎煮方法。汤剂煎煮的三个重要因素是加水量、火候、煎煮时间与次数。煎煮最佳条件的控制，是以既有利于有效成分从饮片中溶出，又能防止有效成分损失与分解，而且操作方便、汤液体积适中便于服用为原则的。

煎药的加水量应根据药材的质地而定，一般为药物重量的 5~10 倍。加水量太少，药汤易焦糊，药物煮不透，成分煎出少；加水量过多会给服用带来困难。质地轻松、吸水量大的药物，如花、叶、全草等药材，加水量应大于一般用水量；质地坚硬的药物，如矿物类、贝壳、根茎类药物，加水量可少于一般用水量。解表药、利尿药加水量应稍多，以增大服用体积，增强药力。

传统经验是将药物置煎器内，加水至超过药物表面 3~5cm，第二次煎药的加水量要适当减少，但要加水至超过药物的表面为宜。煎药时火力的强弱、时间的长短也影响汤剂的质量。一般在未沸之前宜用较强的火力，称"武火"，沸腾后宜用较弱的火力，称为"文火"，以保持微沸状态，即可减少水分的挥发，防止煎干；须谨慎加热，防止容器底部过热造成药物焦糊。蒸汽夹层锅煎煮法传热快而均匀，煎出的汤液质量较好。根据一般的习惯与经验，煎煮次数多为 2 次，但如果药量较大，或药物质地较坚硬，或煎煮容器较小时，则应煎煮 3 次，以减少药物的浪费。煎药时间根据药物气味质地的不同，一般有以下三种情况。首先，一般药物，第一煎 20~30 分钟（均按沸后计算），第二煎 15~20 分钟；解表、行气及质地轻松、气味芳香的药物，第一煎 15~20 分钟，第二煎 10~15 分钟；滋补及质地坚硬的药物，第一煎 40~60 分钟，第二煎 30~40 分钟，还可以煎第三次。每次煎煮至规定时间后，应趁热及时用纱布滤出药液，以免一些成分冷析而丢失。应注意将每次的煎液合并，混合均匀，再分次服用，以保证汤液含量均匀，药效平稳。

（4）特殊煎药方法。由于药物性质不同，煎药时药物的加入顺序与煎药的方法也有所不同。在汤剂的处方中，对一些药物的处理要求，都在该药名的右下角或后面标有"脚注"，如先煎、后下、包煎、另煎等。

①先煎。先煎是指将药物单独煎煮一定时间后再加入处方中其他药物共同煎煮至规定时间的一种煎药方法。先煎的目的是为了增加药物的溶解度，或降低药物毒性，以使药物更好地发挥疗效。需要先煎的药物有两类：一类是质地比较坚硬、成分不易煎出的药材，包括矿石类、贝壳类、角甲类等药材，如生石膏、寒水石、牡蛎、珍珠母、鳖甲、龟板等；另一类是有毒的药物，如乌头、附子、商陆等，通常要先煎 1~2 小时，以达到减毒或去毒的目的。

②后下。后下是指将有此要求的药物在汤药煎好前 5~10 分钟时加入，共同煎煮至规定时间的煎药方法。后下的目的是要减少该药物煎煮的时间，以减少挥发性成分的损失和有效成分的降解。需要后下的药物有薄荷、藿香、沉香、青蒿、细辛等含挥发性成分多的药材，以及钩藤、杏仁、大黄等需要减少有效成分降解的药物。钩藤含有钩藤碱，煎 20 分钟以上容

易分解而使降压活性降低;杏仁含有苦杏仁苷,久煎也能水解一部分而减弱止咳作用;大黄取其泻下作用也不宜久煎。

③包煎。包煎是指将药物用布包扎后再与群药共煎的方法。需要包煎的药物有花粉类药物、细小种子类药物、药物细粉、含淀粉多的药物以及附绒毛的药物,如松花粉、蒲黄、葶苈子、菟丝子、六一散、黛蛤粉、浮小麦、贝母、旋覆花等。

④另煎。对于一些贵重药物,如人参、西洋参、鹿茸等,可将其单独煎煮,再将煎煮液与其他药材的煎煮液混合服用,此法称为另煎。另煎可减少贵重药物的损失和保证其剂量的准确。

⑤烊化。对于黏性大的胶类和糖类药物,如阿胶、龟板胶、蜂蜜、饴糖等,不宜与其他药物混煎,否则会致使汤液黏稠,不仅影响其他成分的煎出,还容易引起药液焦糊和胶类药物的损失。对此,应该采用烊化的手段,即将胶类药物用适量的开水溶化后与汤液混合,或将胶类药物用煎好的汤液加热溶化后服用。

⑥冲服。对于一些难溶于水的贵重药物,如三七、麝香、羚羊角等,宜研成细粉与汤剂同饮服下,此法称为冲服。

⑦生汁兑入。对于鲜药材汁,如鲜生地汁、生藕汁、梨汁、韭菜汁、姜汁、白茅根汁等,不宜入煎,可兑入煎好的汤剂中服用。

3. 汤剂的饲喂方法

中药汤剂的服用方法,包括服药温度、服药时间、服药剂量以及服药饮食禁忌等。

(1) 服药温度。

①温服。待汤液温度低至40℃左右时服下。温服和胃益脾,能减轻刺激,特别适合一些对肠道有刺激性的药物,如瓜蒌仁、乳香等。

②热服。趁热将汤液服下。急症用药、寒证用药、解表药宜热服,以助药力。

③冷服。待汤液冷却后服下。呕吐患畜均宜冷服,对于恶心、呕吐患畜,最好在服药前先服一点生姜汁或橘皮末,可防止呕吐。

(2) 服药时间。

一般中药汤剂可在早晚各服一次,或在两餐之间服用,即上午10时、下午3时各服一次。对于不同的病情,不同的方药,又有不同的要求。

①一般慢性病就按时服药,以使体内保持一定的血药浓度,维持药效的恒定。

②对胃有刺激性的汤药应在饲后饲喂,以减轻对胃肠的刺激。

③驱虫、攻下药最好是空腹饲喂,以使药力集中,药效迅速。

(3) 药物剂量。

①分服。一剂汤药分2~3次服用。适用于慢性病、病情轻的患畜,可缓缓调治。

②顿服。一剂汤药一次服下。适用于急性病、病情重的患畜。顿服药力大而猛,药效显著,病情危急时甚至一天可以服2~3剂,昼夜连服,使药力持久,从而达到顿挫病情的目的。

4. 汤剂的质量控制

汤剂的处方大多为临时处方,又是分散制备,因此对其质量控制主要是对其性状进行评价。汤剂应无焦糊气味,并应显示出处方中药物的特殊气味。汤剂是复合分散体系的液体,药物以多种形式存在于汤液中,有离子、分子状、液滴或不溶性固体微粒等,外观上看是一种混悬液。汤剂中的药物应分散均匀,无残渣、沉淀和结块,以保证药物剂量的准确。加入了粉末状药物的汤液，经搅拌后应能混悬均匀，不结块，不沉降。有胶类烊化加入的汤液，也应混合均匀，不聚集沉降。但通过外观来控制汤剂的质量仅仅是控制了一个环节，要全面控制汤剂的内在质量必须从多个环节入手，如饮片的质量、正确的煎煮方法等。

5. 汤剂的制法举例

以四逆汤为例：淡附片300g、干姜200g、炙甘草300g，以上3味中淡附片、炙甘草加水煎煮两次，合并煎液，滤过；干姜通过水蒸气蒸馏提取挥发油；姜渣再加水煎煮1小时，煎液与上述水溶液合并，滤过，再与淡附片、炙甘草的煎液合并，浓缩，放冷，加乙醇1 200mL,搅匀，静置24小时，滤过，加单糖浆300mL、苯甲酸钠3g与上述挥发油，加水至1 000mL,搅匀，灌装，灭菌，即得。

功能：温中祛寒，回阳救逆。

主治：四肢厥冷，脉微欲绝，亡阳虚脱。

用量：马、牛100~200mL，羊、猪30~50mL。

（二）散剂

1. 概念

散剂是指一种或多种药物与适宜的辅料经粉碎过筛，均匀混合制成的干燥粉末状制剂。散剂表面积大，易分散、奏效快，工艺简单，是兽药典中收载品种最多的剂型。

2. 散剂的制法

以二陈散为例：姜半夏45g，陈皮50g，茯苓30g，甘草15g，以上4味，粉碎，过筛，混匀，即得。

功能：燥湿化痰，理气和胃。

主治：湿痰咳嗽，呕吐，腹胀。

用量：马、牛150~200g，羊、猪30~45g。

 合剂、膏剂制备

（一）合剂

中药合剂是指药材用水或其他溶剂，经提取、精制、浓缩制成的内服液体制剂，单剂量包装又称为口服液。中药合剂是在汤剂应用的基础上改进而成的，在汤剂的基础上经精制、浓缩，并加入适宜的防腐剂、芳香矫味剂等即可制成合剂。中药合剂克服了汤剂需临时制备的麻烦，具有浓度高，体积小，气味好，服用、携带方便等优点。

1. 合剂的质量要求

外观应澄明，色泽均匀，不得有腐败、异臭、产生气体或其他变质现象，储藏期间仅允许有微量轻摇易散的沉淀。

pH应符合各该合剂项下的规定。控制一定的pH可提高合剂的稳定性，减少刺激性。

相对密度按相关药典相对密度测定方法测定，应达到规定要求。

卫生学含杂菌数每毫升不超过100个，并且不得检出大肠杆菌。

选择几个有代表性的成分作为定性的指标，以掌握口服液的化学特性。

选择2~3个成分作为含量测定的指标，以考察口服液的内在质量。

2. 制剂制备

制备工艺为：浸提-精制-浓缩与配液-分装-灭菌。

(1) 浸提。一般按汤剂的煎煮方法操作，但由于一次投料量较大，故煎煮时间相应延长，一般每次煎煮 1~2 小时，共煎 2~3 次。含有芳香性成分的药材，如薄荷、荆芥、菊花、柴胡等，可先用水蒸气蒸馏法提取挥发性成分，药渣再与处方中其他药材一起加水煎煮。将每次煎煮液合并、滤过，即得提取液。此外，亦可根据药材有效成分的特点，选用不同浓度的乙醇或其他溶剂，采用渗漉法、回流提取法等方法制得药材提取液。

(2) 精制。药材煎煮液经初滤后，放置一定时间还会产生大量沉淀，其中含有泥沙、植物组织等，可采用沉降分离法或高速离心分离法除去这些固体杂质，以供浓缩液使用。如果药材水煎液中还存在大量不易滤除的杂质（如淀粉、黏液质、蛋白质、果胶等），会大大降低合剂的稳定性，对合剂澄清度带来很大的影响，所以需进一步精制处理。处理的方法以乙醇沉淀法较常用，但由于该法成本高、耗醇量大，生产周期较长，且提取液中某些成分的损失会影响疗效，故醇沉工艺不能盲目应用。近年来，絮凝沉降技术在提取液的精制中应用较多，即利用絮凝剂（如鞣酸、明胶、蛋清、101 果汁澄清剂、壳聚糖）等亲水性高的分子化合物与蛋白质、淀粉、树胶、果胶等杂质形成絮状物，并从药液中沉降出来，来达到除去杂质的目的，此法称为絮凝沉降法。与乙醇沉淀法比较，絮凝沉降法对有效成分吸附较少，药液的澄明度稳定，生产成本低、周期短。但此法的应用范围与操作条件还在深入的研究中。

(3) 浓缩与配液。经沉降分离法、离心分离法或絮凝沉降法精制的药液，其浓缩程度一般为每剂服用量 30~60mL。经醇沉处理的药液应先回收乙醇再浓缩，其浓缩程度通常为每剂服用量 10~20mL。药材中提取的挥发油通常在配液时加入。处方中若含酊剂、醑剂、流浸膏时，应以细流状将其缓缓加入并随加随搅拌，以使析出物细腻，分散均匀。

合剂应有良好的口感和稳定性，药液浓缩至规定要求后，配液时可酌情加入适当的附加剂，如防腐剂、抗氧剂、芳香矫味剂等，并充分混合均匀。常用甜味剂有蜂蜜、单糖浆、甘草甜素、甜菊苷等；防腐剂有山梨酸、苯甲酸、尼泊金类等；必要时可加入少量的天然香料以增加合剂的香气。

(4) 分装。合剂应在清洁避菌的环境中配制，及时灌装于无菌的洁净干燥容器中，并立即封口。灌装药液时，要求不粘瓶颈，剂量准确。合剂在制备过程中应减少污染，尽量在短期内完成。

(5) 灭菌。应在封口后立即进行。小包装可采用流通蒸汽法灭菌，大包装要用热压灭菌法灭菌，以保证灭菌效果，有利于较长时间储藏。如果是在无菌条件下配制、分装，并添加了防腐剂，且药瓶是无菌干燥的，则不必灭菌。混悬型合剂应贴"服时振摇"的标签或加盖"服时振摇"的印章。合剂的成品应在阴凉干燥处储藏。

（二）煎膏剂

煎膏剂，又称浸膏剂，是指药材用水煎煮，去渣浓缩后，加入蜂蜜或糖制成的半流体状内服制剂。煎膏剂经浓缩，含糖量较高，故具有体积小、易保存、服用方便等优点。蜂蜜和糖具有滋补调理作用，故煎膏剂又称膏滋，它是中医治疗慢性病的常用剂型之一。

1. 制备方法

(1) 煎煮药材应加工成片或段，加水浸泡片刻，再煎煮 2~3 次，每次 1~2 小时，滤取煎液，静置，取上清液。处方中含糖或淀粉多的药材，煎煮时间应长些，煎煮次数要多些。每次煎出液均应用绢布或多层纱布滤过，滤液最好静默澄清 3~5 小时，使汁液中杂质充分沉降，再滤过除去之。

(2) 将滤液浓缩至规定的相对密度，即得清膏。

(3) 收膏，清膏中加规定量的糖或蜜，小火炼制，不断搅拌和捞取液面泡沫即可。除另有规定外，糖和蜜的用量一般为清膏量的1~3倍。收膏时随着稠度的增加，加热温度可相应降低，收膏的稠度要随气候而定，冬天可稍稀，夏季宜稠些，膏中的含水量太多，易长霉变质。

(4) 糖和蜜的选用和用量。煎膏剂中含有大量的蔗糖和蜂蜜，不经处理就使用会导致成品在储藏过程中出现长霉、发酵、析出糖的结晶（返砂）等问题。糖和蜜经处理后，可达到去除杂质，杀灭微生物，减少水分，防止返砂等目的。

(5) 包装与储藏。煎膏剂应分装在大口容器中，密闭，储藏于阴凉干燥处。容器应洗净，干燥或灭菌，以免膏滋生霉菌变质。制成的煎膏应充分冷却后才能装入容器中，切勿热时分装，热时加盖，以免水蒸气冷凝回流入膏滋中，使膏滋产生霉败现象。

2. 质量要求

外观质地细腻，稠度适宜，有光泽，无浮沫，无焦臭，无异味，无返砂。

不溶物取供试品5g，加热水200mL，搅拌使溶，放置3分钟后观察，不得有焦屑等异物。加细粉的煎膏剂应在未加入药粉前检查，符合规定后，方可加入药粉，加入药粉后再检查不溶物。

菌检每克煎膏不得检出大肠杆菌。含杂菌总数1mL不得超过100个。

相对密度符合药典相关规定。

3. 浸膏剂制备举例

以甘草浸膏为例：取甘草，润透，切片，加水煎煮3次，每次2小时，合并煎液，放置过夜使沉淀，取上清液浓缩至稠膏状，取出适量，照药典〔含量测定〕项下的方法，测定甘草酸含量，调节使符合规定，即得；或干燥，使成细粉，即得。

四 其他制剂制备举例

（一）颗粒剂

颗粒剂是指药材提取物与适宜的辅料或药材细粉制成的具有一定粒度的颗粒状制剂。按溶解性能和溶解状态分为：可溶颗粒剂、混悬颗粒剂和泡腾颗粒剂。

制法以甘草颗粒为例：甘草流浸膏，加入适量蔗糖、糊精，混匀，制粒，干燥，即得。

功能：祛痰止咳。

主治：咳嗽。

用量：猪6~12g，禽0.5~1g。

（二）注射剂

注射剂指将药物制成供注入体内的灭菌溶液、乳状液或混悬液以及供临用前配成溶液或混悬液的无菌粉末。注射剂药效迅速、作用可靠，适用于不宜口服的药物，但制备过程复杂、质量要求高、成本高。

制法以鱼腥草注射液为例：取鲜鱼腥草2 000g，水蒸气蒸馏，收集初馏液2 000mL，再进行重蒸馏，收集重蒸馏液约1 000mL，加入7g氯化钠及2.5g吐温-80，混匀，加注射用水至1 000mL，滤过，灌封，灭菌，即得。

功能：清热解毒，消肿排脓，利尿通淋。

主治：肺痈，痢疾，乳痈，淋浊。

用法与用量：肌肉注射，马、牛 20~40mL；羊、猪 5~10mL；犬 2~5mL；猫 0.5~2mL。

（三）片剂

片剂系指药物与适宜辅料混匀压制而成的圆片状或异形片状的固体制剂。分剂量准确，含量均匀、质量稳定、便于运输、服用和携带。

片剂的制法以大黄碳酸氢钠片为例：大黄 150g，碳酸氢钠 150g，取大黄细粉，加碳酸氢钠，混匀，制粒，压制成 1 000 片，即得。

功能：健胃。

主治：食欲不振，消化不良。

用量：猪、羊 15~30 片，犬、猫 2~5 片。

（四）液体制剂

指药物分散在适宜的分散介质中制成的液体形态的制剂，液体制剂可供内服或外用，是最常用的剂型之一，包括很多种剂型和制剂，临床应用广泛，如清解合剂、藿香正气口服液等。

制法以银黄提取物口服液为例：金银花提取物（以绿原酸计）2.4g，黄芩提取物（以黄芩苷计）24g，以上 2 味，黄芩提取物加水适量使溶解，用 8%氢氧化钠溶液调节 pH 值至 8，滤过，滤液与金银花提取物合并，用 8%氢氧化钠溶液调节 pH 值至 7.2，煮沸 1 小时，滤过，加水至近全量，搅匀，用 8%氢氧化钠溶液调节 pH 值至 7.2，加水至 1 000mL，滤过，灌封，灭菌，即得。

任务三　中医治则

中医治则

中医治疗学，分为治则和治法两大部分。治则，即治疗疾病的总原则。它是在整体观念和辨证论治精神指导下，对临床治疗立法、处方、用药，具有普遍指导意义。治法，是治疗疾病的基本方法，即是治则的具体化。治则就是治疗动物疾病的法则，是以四诊所收集的客观资料为依据，在对疾病综合分析和判断的基础上提出的临证治疗规律，是各种证候具体治疗方法的指导原则。治则内容包括预防为主、治病求本、调整阴阳、扶正祛邪、病治异同、三因制宜。

预防为主原则

预防为主，即"治未病"的预防思想，对疾病的预防和治疗颇有现实意义，包括未病先防和既病防变两方面内容。未病先防是指在疾病发生之前，充分调动机体的主观能动性，增强体质，养护正气，提高机体的抗病能力，同时能动地适应客观环境，避免病邪侵袭，做好各种预防工作，以防止疾病的发生，即正气存内，邪不可干。既病防变是指疾病已经发生，应早期诊断、早期治疗，以防止疾病的发展和传变，如肝木乘脾土，"见肝之病，知肝传脾，当先实脾"。

运用治病求本原则防治病证

（一）概念

本，指疾病的本质；标，指疾病的现象。

治病求本是指在治疗疾病时，必须寻求出疾病的本质，针对本质进行治疗。《素问·阴阳应象大论》说："治病必求于本"。具体内容包括"标本缓急""正治反治"。

（二）治标与治本

标与本是一个相对的概念，常用来概括说明事物的本质与现象，因果关系以及病变过程中矛盾的主次要关系等。以正邪关系言，则正气为本，邪气为标；就病因与症状言，则病因为本，症状为标；以病之先后言，则先病、原发病为本，后病、继发病为标；就病位表里言，则脏腑病为本，肌表经络病为标；就本质与现象而言，则本质为本，现象属标。

一般来说，本是疾病的主要矛盾或矛盾的主要方面，起着主导和决定的作用；标是疾病的次要矛盾或矛盾的次要方面，处于从属或次要的地位。辨证论治的一个根本原则，就是要抓住疾病的本质，并针对本质进行治疗。

《景岳全书·求本论》说："直取其本，则所生诸病，无不随本皆退。"但是，在疾病过程中矛盾是错综复杂的，在一定条件下是可以转化的。因此，标和本常有主次轻重的不同，治疗也就相应地有了先后缓急的区分。标本原则的应用如下。

1. 急则治其标

指某些疾病过程中，标症若不及时治疗就会危及患畜生命或影响疾病治疗进程，此时应采取"急则治其标"的急救治标法，如结症伴发肠臌气的治疗。

2. 缓则治其本

指在一般情况下，凡病势缓而不急的，皆需从本论治，即所谓"治病必求于本"，它对指导慢性病的治疗更有意义，如脾虚泄泻之证的治疗。

3. 标本兼治

当标病与本病俱重，在时间或条件上又不允许单独治标或单独治本时，应采取标本同治的方法。前后：先标后本，先本后标。同时以标为主，以本为主。

（三）正治与反治

1. 正治

正治又称逆治，是逆着疾病征象而治的一种治疗法则。逆，是指所采用方药的性质与疾病征象的性质相反。形式："热者寒之""寒者热之""虚者补之""实者泻之"。

2. 反治

反治又称从治，是顺从疾病征象而治的一种治疗法则。从，是指所采用方药的性质与疾病征象的性质相同。形式："热因热用""寒因寒用""塞因塞用""通因通用"。

（1）热因热用，是指温热性药物治疗具有热象病证方法，适用于真寒假热证。如某些亡阳虚脱的病畜，由于阴寒内盛，格阳于外，有时会见到身不恶寒反恶热、烦躁等热象，因其热象是假，而阳虚寒盛是其本质，故仍以温热药物治疗，就是热因热用。

（2）寒因寒用，是指用寒凉性药物治疗具有寒象病证的方法，适用于真热假寒证。如病畜身大热，口大渴，大汗出，脉洪大，四肢逆冷。其中，四肢逆冷是假寒，余证是真热，用白虎汤（石膏、知母、粳米、炙甘草）煎汤热服。因寒是假象，而热是病的实质，故仍须用寒药来解决。

（3）塞因塞用，是指用补益性药物治疗具有闭塞不通病证的方法。适用于真虚假实证。如，肾阳虚衰，推动气化无力而致的尿少癃闭，当温补肾阳，温煦推动尿液的生成和排泄，则小便自然通利。再如，脾气虚弱，出现纳呆、脘腹胀满、大便不畅，是因为脾气虚衰无力运化所致，当采用健脾益气的方药治疗，使其恢复正常的运化及气机升降，则证自减。因此，以补开塞，主要就是针对病证虚损不足的本质而治。

（4）通因通用，是指用通利的药物治疗通泄病证的方法，主要适用于真实假虚证。如食滞内停，阻滞胃肠，致腹痛泄泻，泻下物臭如败卵时，不仅不能止泄，相反当消食而导滞攻下，推荡积滞，使食积去而泄自止。

反治法应用说明：紧紧抓住治病求本的根本原则，从疾病的本质来分析，反治法仍不失热以治寒、寒以治热、补以治虚、泻以治实之意。因此，反治在本质上和正治法是一致的。

调整阴阳

1. 损其偏盛

主要是对阴阳偏盛，即阴或阳的一方过盛有余的病证，采用"损其有余"的治法。

2. 补其偏衰

主要针对阴或阳的一方甚至双方虚损不足的病证，采用补其不足的治法。

由于阴阳双方具有互根互用的关系，故阴阳偏衰亦可互损。为此，在治疗此证时，还应注意"阳中求阴"或"阴中求阳"，即在补阴时适当配用补阳药，补阳时适当配用补阴药。

四 扶正祛邪

（一）扶正祛邪的概念与关系

扶正的概念：使用补益正气的方药及加强病畜护养的方法，以扶助机体正气，提高机体抵抗力，达到祛除邪气，战胜疾病，恢复健康的目的。

祛邪的概念：使用祛除邪气方法，或采针灸、手术等方法，以祛除病邪，达到邪去正复的目的。

扶正与祛邪的关系：虽然方法不同，但二者密切相关，相互为用，相辅相成，"扶正即可以祛邪，祛邪即可以安正"。

基本要求：祛邪而不伤正，扶正又不留邪。

（二）扶正祛邪运用原则

扶正，适用于以正气虚为主而邪气也不盛的虚证，具体有益气、养血、滋阴、助阳等方法。祛邪，适用于以邪气盛为主而正气未衰的实证，具体有发汗、攻下、清解、消导等方法。应用原则如下。

1. 祛邪兼扶正

适用于邪盛为主，兼有正衰的病证。在处方用药时，应在祛邪的方剂中，稍加一些补益药，如治年老体虚、久病或产后津枯肠燥便秘的当归苁蓉汤就是一个实例。

2. 扶正兼祛邪

适用于正虚为主，兼有邪实的病证。在处方用药时应在补养的方剂中，稍加一些祛邪药。如治疗前胃弛缓而有食滞时就应采用此法。

3. 先扶正后祛邪

适用于正虚邪不盛，或正虚邪盛而以正虚为主的病证。如此时兼以祛邪，反而更伤正气，只有先扶正，待正气增强后再祛邪。

4. 先祛邪后扶正

适用于邪盛正不太虚，或邪盛正虚病证。如此时兼以扶正，反而会有留邪的弊端，故只能先祛邪，然后再扶正。

总之，扶正与祛邪是最基本的治则，在临床运用时，要根据病情，灵活掌握，特别是在需要扶正与祛邪并用时，应分清主次，有所偏重。

 同治与异治

同治与异治，即异病同治和同病异治。

1. 异病同治

指不同的疾病，由于病机相同或处于同一性质的病变阶段（证候相同），可以采用同一种治法。如久泻、久痢、脱肛、阴道脱和子宫脱等病证，凡属气虚下陷者，均可用补中益气的相同方法治疗。又如，在许多不同的传染病过程中，只要出现气分证（大热、大汗、大渴、脉洪大），都可以用清气（清热生津）的方法治疗。

2. 同病异治

指同种疾病，由于病因、病机以及发展阶段的不同，而采用不同的治法。如同为感冒，由于有风寒和风热的不同病因和病机，治疗就有辛温解表和辛凉解表之分。又如，同属外感温热病，由于有卫、气、营、血四个病理阶段（证候不同），治疗也相应地有解表、清气、清营和凉血的不同治法。

 三因制宜

三因制宜，包括因时制宜、因地制宜和因畜制宜三个方面。

1. 因时制宜

就是根据不同季节的气候特点来考虑治疗用药的原则。

如春夏季节，气候由温渐热，阳气升发，动物腠理疏松开泄，即使是患外感风寒，也不宜用辛温发散之品，以免开泄太过，耗伤阳气；而秋冬季节，气候由凉变寒，阴气日增，动物腠理致密，阳气内敛，此时若非大热之证，就当慎用寒凉之品，以防苦寒伤阳。《素问·六元正纪大论篇》说："用热远热，用温远温，用寒远寒，用凉远凉"就是这个意思。再如，暑邪致病带有明显的季节性，且暑多挟湿，故暑天治病，应注意清暑化湿。

2. 因地制宜

就是根据不同地区的地理环境特点来考虑治疗用药的原则。

如南方气候火热而潮湿，病多湿热或温热，故多用清热化痰化湿之品；北方气候寒冷而干燥，病多风寒或燥证，故常用温热润燥之味。即便是同一种疾病，地域不同，采用的治则可能也不同，如同为感冒，在东南地区，以风热为多，常用辛凉解表之法，而在西北地区，则以风寒居多，常用辛温发汗之法。即使相同的病证，治疗用药也应当考虑不同地域的特点，如外感风寒证，在西北、东北严寒地区，药量可以稍重，而在南方温热地区，药量就应稍轻。

3. 因畜制宜

就是根据动物年龄、性别、体质等不同特点来考虑治疗用药的原则。变化因素：年龄、性别、体质。

三因制宜的原则,充分体现了中兽医治病的整体观念和实际应用时的原则性和灵活性。只有把天时气候、地域环境、患畜的年龄、性别、体质因素,同疾病的病理变化结合起来全面分析,采用适宜的方法,才能取得较好的疗效。

七 治疗与护养

针药治疗与护理调养,是医治动物疾病不可分割的两个方面。俗话说"三分治疗,七分护理",《三农纪》中指出:"人但知药能治病,而不知调理,无药而治也。"《元亨疗马集·七十二症》中,提出寒病忌凉,不可寒夜外拴,宜养于暖厩之中。热病忌热,栅内不可过温,宜拴于阴凉之处;伤食者少喂,伤水者少饮,伤热者宜饮凉水,伤冷者宜饮温水,表散之病忌风,勿拴巷道檐下;四肢拘挛,步行艰难之病,则昼夜放纵;低头难者宜用高槽;肩膀痛者宜用低槽;破伤风患畜,背上宜搭毡毯,养于安静光暗之厩舍,时时给以粒状饲料;患腰瘫痪者,必须在卧地多垫软草,不可卧于潮湿之处;患肚痛起卧者,必须专人照料,防止跌滚。凡此种种,都是前人的宝贵经验。

任务四 中医治法

中医治法

治法,指临证时对某一具体病证所确定的治疗方法,是治则理论在临床中的具体应用,主要包括内治法和外治法两大类。

一 内治法

内治法主要是指八法,即汗、吐、下、和、温、清、补、消八种药物治疗的基本方法。《医学心悟》所说"论病之源,以内伤外感四字括之。论病之情,以寒、热、虚、实、表、里、阴、阳八字统之。而论治病之方,则又以汗、吐、下、和、温、清、补、消八法尽之。盖一法之中,八法备焉,八法之中,百法备焉。"

(一)汗法

汗法又叫解表法,是运用具有解表发汗作用的药物,以开泄腠理,驱除病邪,解除表证的一种治疗方法,常用于治疗表证,针对表寒和表热,汗法又分为辛温解表和辛凉解表两种。

1. 辛温解表

辛温解表主要用于表寒证,代表方有**麻黄汤【方剂】**、**桂枝汤【方剂】** 等。

2. 辛凉解表

辛凉解表主要用于表热证,代表方有**银翘散【方剂】**、**桑菊饮【方剂】** 等。针对不同的情况又有不同的使用方法,针对阳虚者,宜补阳发汗;针对阴虚者,宜滋阴发汗;兼有湿邪在表者,如风湿证,则应于发汗药中配以祛风除湿药。

注意事项:使用汗法时,应注意以下几点:体质虚弱、下痢、失血、自汗、盗汗、热病等有津亏情况时,原则上禁用汗法;若确有表证存在,必须用汗法时,也应妥善配以益气、养阴等药物;发汗应以汗出邪去为度,不可发汗太过,以防耗散津液,损伤正气;夏季或平素表虚多汗者，应慎用辛温发汗之剂；发汗后，应忌受寒凉。

（二）吐法

吐法又叫涌吐法或催吐法，是运用具有涌吐性能的药物，使病邪或有毒物质从口中吐出的一种治疗方法。主要适用于误食毒物、痰涎壅盛、食积胃脘等证。主要代表方有**瓜蒂散【方剂】**、**盐汤探吐方【方剂】**等。

注意事项：吐法是一种急救方法，用之得当，收效迅速；用之不当，易伤元气，损伤胃脘。因此，如非急证，而只是一般性的食积、痰壅，应尽可能用导滞、化痰的方法。马属动物，由于生理特点不易呕吐，不适用吐法。同时，心衰体弱的病畜亦不可用吐法；怀孕或产后、失血过多的动物，应慎用吐法。

（三）下法

下法又叫攻下法或泻下法，是运用具有泻下通便作用的药物，以攻逐实，达到排除体内积滞、积水，以及解除实热壅结的一种治疗方法，主要适用于里实证。根据病情的缓急和患病机体质的强弱，下法通常分攻下、润下和逐水三类。

1. 攻下法

也叫峻下法，是使用泻下作用猛烈的药物以泻火、攻逐胃肠内积滞的一种方法。主要适用于膘肥体壮、病情紧急、粪便秘结、腹痛起卧、脉洪大有力的病畜。代表方主要有**大承气汤【方剂】**。

2. 润下法

润下法也叫缓下法，是使用泻下作用较缓和的药物，治疗年老、体弱、久病、产后气血双亏所致津枯肠燥便秘的一种治疗方法。主要适用于虚秘。主要代表方有**当归苁蓉汤【方剂】**。

3. 逐水法

逐水法是使用具有攻逐水湿功能的药物治疗水饮聚积的实证（如胸水、腹水、粪尿不通等）的一种治疗方法。主要适用于实性水肿，主要代表方有**大戟散【方剂】**。

注意事项：表邪未解不可用下法，以防引邪内陷；病在胃脘而有呕吐现象者不可用下法，以防造成胃破裂；体质虚弱，津液枯竭的便秘不可峻下；怀孕或产后体弱母畜的便秘不可峻下；攻下、逐水法，易伤气血，应用时必须根据病情和体质，掌握适当剂量，一般以邪去为度，不可过量使用或长期使用。

（四）和法

和法又叫和解法，是运用具有疏通、和解作用的药物，以祛除病邪、扶助正气和调整脏腑间协调关系的一种治疗方法。主要适用于半表半里证、脏腑气血不和病证。主要代表方：半表半里证为**小柴胡汤【方剂】**，脏腑气血不和的病症用**逍遥散【方剂】**、**痛泻要方【方剂】**。

注意事项：病邪在表，未入少阳经者，禁用和法；病邪已入里的实证，不宜用和法；病属阴寒，证见耳鼻俱凉，四肢厥逆者，禁用和法。

（五）温法

温法又叫祛寒法或温寒法，是运用具有温热性质的药物，促进和提高机体的功能活动，以祛除体内寒邪，补益阳气的一种治疗方法。主要适用于里寒证或里虚证。根据"寒者热之"的治疗原则，按照寒邪所在的部位及其程度的不同，温法又可分为回阳救逆、温中散寒和温经散寒三种。

1. 回阳救逆

回阳救逆主要适用于肾阳虚衰、阴寒内盛、阳虚欲脱的病证。主要代表方有**四逆汤【方剂】**。

2. 温中散寒

温中散寒主要适用于脾胃阳虚所致的中焦虚寒证。代表方有**理中汤【方剂】**。

3. 温经散寒

温经散寒主要适用于寒气偏盛、气血凝滞、经络不通、关节活动不利的痹证。代表方主要有**黄芪桂枝五物汤【方剂】**。

注意事项：素体阴虚，体瘦毛焦，阴液将脱者不用温法；热伏于内，格阴于外的真热假寒证禁用温法。

（六）清法

清法又叫清热法，是运用具有寒凉性质的药物，清除体内热邪的一种治疗方法，主要适用于里热证，临床上常把清法分为清热泻火、清热解毒、清热凉血、清热燥湿、清热解暑等。

1. 清热泻火

清热泻火主要适用于热在气分的里热证。代表方主要有**白虎汤【方剂】**、**麻杏石甘汤【方剂】**、**龙胆泻肝汤【方剂】**、**清胃散【方剂】**等。

2. 清热解毒

清热解毒主要适用于热毒亢盛所引起的病证，如疮黄肿毒等。代表方主要有**消黄散【方剂】**、**黄连解毒汤【方剂】**等。

3. 清热凉血

清热凉血方主要适用于温热病邪入于营分、血分的病证。代表方有**清营汤【方剂】**、**犀角地黄汤【方剂】**等。

4. 清热燥湿

清热燥湿主要适用于湿热证。代表方主要有**茵陈蒿汤【方剂】**、**白头翁汤【方剂】**、**八正散【方剂】**等。

5. 清热解暑

清热解暑主要适用于暑热证，代表方主要有**香薷散【方剂】**。

注意事项：表邪未解，阳气被郁而发热者禁用清法。体质素虚，脏腑本寒，胃火不足，粪便稀薄者禁用清法。过劳及虚热证者禁用清法。阴盛于内，格阳于外的真寒假热证禁用清法。

（七）补法

补法又叫补虚法或补益法，是运用具有营养作用的药物，对畜体阴阳气血不足进行补益的一种治疗方法，包括补气、补血、滋阴和助阳。适用于一切虚证，包括气虚、血虚、阴虚和阳虚。

1. 补气法

补气法适用于气虚证，是运用补气的药物，如党参、黄芪、白术等，以增强脏腑之气的方法，代表方有**四君子汤【方剂】**、**参苓白术散【方剂】**、**补中益气汤【方剂】**等。

注意事项：因气能生血，故以补血法治疗血虚时，也应注意补气以生血。

2. 补血法

补血法适用于血虚证，是运用补血的药物，如当归、白芍、阿胶等，以促进血液化生的方法。代表方主要有**四物汤【方剂】**、**当归补血汤【方剂】**等。

3. 滋阴法

滋阴法适用于阴虚证，是运用补阴的药物，如熟地、枸杞子、麦冬等，以补阴精或增津液的方法，代表方主要为**六味地黄丸【方剂】**。

4. 助阳法

助阳法主要适用于阳虚证，是运用补阳的药物，如巴戟天、淫羊藿等，以壮脾肾之阳的方法。代表方主要为**肾气散【方剂】**。

注意事项：根据临床具体应用，补法主要包括气血双补，气阳双补，气阴同补，阴阳同补，阴血同补。补气血，应注意补中焦脾胃为主；补阴阳，应注意补肾与命门为主。一般情况下，切忌纯补，应于补药之中配合少量疏肝和脾之药，以达到补而不腻的目的。否则，易造成脾胃气滞，影响消化，不仅妨碍食欲，而且对药物的吸收也有限制，影响补益效果。应注意认清虚实的真假，避免"误补益疾"的错治。在邪盛正虚或外邪尚未完全消除的情况下，忌用纯补法，以防"闭门留寇"，导致留邪之弊。通常情况下，补不宜急，"虚则缓补"。但在特殊情况下，如大出血引起的虚脱证，必须用急补法。

（八）消法

消法又叫消导法或消散法，是运用具有消散破积作用的药物，以达到消散体内气滞、血瘀、食积等的一种治疗方法。主要包括行气解郁、活血化瘀、消食导滞等。其中，行气解郁适用于气滞证，常用方剂如**越鞠丸【方剂】**等。活血化瘀适用于瘀血停滞的瘀血证，常用方剂如**桃红四物汤【方剂】**等。消食导滞适用于胃肠食积，常用方剂如**曲蘖散【方剂】**等。

注意事项：消法与下法比较，消法主要用于食积时，其作用与下法相似，都能驱除有形之实邪。下法着重解除粪便燥结，目的在于猛攻逐下，作用较强，适用于急性病证；消法则具有消积运化的功能，目的在于渐消缓散，作用缓和，适用于慢性病证。消法虽较下法作用缓和，但过度使用可使患畜气血损耗。

（九）八法并用

汗、吐、下、和、温、清、补、消八种治疗方法，各有其适用范围，但在具体病证中是错综复杂的，有时单用一种方法难以达到治疗目的，必须将八法配合使用，才能提高疗效。

1. 攻补并用

攻补并用是把补法和其他方法结合起来使用的治疗方法，主要适用于虚实夹杂证。对于虚实夹杂证，单纯用补法，会使邪气更加固结；若单纯用攻法，又恐正气不支，造成虚脱。在这种情况下，既不能先攻后补，也不能先补后攻，必须采取攻补并用的治疗方法，祛邪而又扶正，才是两全之计。

临床案例：临床上年老体弱或久病、产后动物所患的结证。

分析与构方：上述这种正虚邪实的证候，常用**当归苁蓉汤【方剂】**等，以当归、黄芪等药补气血，大黄、芒硝等药攻结粪，以期达到邪去正复的目的。

2. 温清并用

温清并用是把温热药和清热药结合起来使用的治疗方法（温法和清法本是两种互相对抗的疗法，原则上不能并用），主要适用于寒热错杂证。对于寒热错杂证单纯使用温法或清法，皆会偏盛一方，引起不良的变证，使病情加重。对此，必须采用温清并用的方法，才能使寒热错杂的病情，趋于协调。

临床案例:"肺脏有火,表现气促喘粗,双鼻流涕,鼻液黏稠,口色鲜红;肾脏有寒,表现尿液清长,肠鸣便秘,舌根流滑涎。"

分析与构方:上述证候为上热下寒的特有症状,对此病证只能温清并用。常用方剂为**温清汤【方剂】**(知母、贝母、苏叶、桔梗、桑枝、郁李仁、白芷、官桂、二丑、小茴香、猪苓、泽泻)。此外,为了协助治疗兼证,也有温清并用的情况,如白术散治胎病,方中以温补为主,补脾养血,但因热能动血,故用黄芩以清热。

3. 消补并用

消补是把消导药和补养药结合起来使用的治疗方法。正气虚弱、复有积滞,或积聚日久,正气虚弱,必须缓治而不能急攻的症证,皆可采取消补并用的方法进行治疗。

临床案例:脾胃虚弱,消化不良,又贪食精料,致使草料停积胃中所形成的宿草不消。

分析与构方:对于此证单用消导药效果不够显著,最好配合补养药。用党参、白术以补脾胃,枳实、厚朴以宣气滞,神曲、麦草、山楂以导积滞,即为消补并用的方法。临床上常将**四君子汤【方剂】**和**曲蘖散【方剂】**合作,就是这个道理。

4. 汗下清并用

汗下清并用即将汗法、下法、清法三者结合起来使用的治病方法,主要适用于既有表证,又有里证,且又寒热错杂的病证。

临床案例:动物在夏季,内有实火,证见口腔干燥、粪干尿赤、苔黄厚、脉洪数,又外受雨淋,复患风寒感冒,又见发热、恶寒、精神沉郁、食欲缺乏等表证。

分析与构方:对于这种风寒袭于表,蕴热结于里的复杂证候,应当采取汗、下、清三法并用。用麻黄、桂枝等疏散在表之邪,使其从汗而解,又用大黄、芒硝之类通利大肠,使实结从大便而解,更用栀子、黄芩等清除在里之热,共奏解表、泻下、清热之效。**防风通圣散【方剂】**就是汗、下、清三法并用的方剂。

 外治法

外治法是不通过内服药物的途径,而直接使药物作用于病变部位的一种治疗方法。同内治法一样,在应用外治法时,要根据辨证的结果,针对不同的病证选择不同的治法。外治法内容丰富,临床常见有贴敷、掺药、点眼、吹鼻、熏、洗、口噙、针灸等方法。

1. 贴敷法

把药物碾成细面,或把新鲜药物捣烂,加酒、醋、鸡蛋清、植物油或水调和,贴敷在患部,使药物在较长时间内发挥作用。该法适用疮疡初起、肿毒、四肢关节和筋骨肿痛以及体外寄生虫等病证。如**雄黄散【方剂】**用醋水调敷治疗疮疡初起,有清热消肿解毒的功用。

2. 掺药法

疮疡破溃后,疮口经过清理,在患部撒上药面的治疗方法叫掺药法。根据所用方剂的不同,可具有消肿散瘀、拔毒去腐、止血敛口、生肌收口等不同作用。消肿散瘀的主药,如治马心火舌疮的**冰硼散【方剂】**、拔毒去腐的**九一丹【方剂】**等,多用于疮疡初期脓多之证;止血敛疮常用的**桃花散【方剂】**,不仅有止血、结痂、促进伤口愈合的作用,还有防止毒物吸收等作用;生肌收口常用的**生肌散【方剂】**,适用于疮疡溃后久不收口之证。

3. 点眼法

点眼法是将极细药面或药液滴入眼中,以达明目退翳作用的方法。常用**拨云散【方剂】**。

4. 吹鼻法

吹鼻法是将药面吹入鼻内，使患畜打喷嚏，以达到理气辟秽、通关利窍作用的方法。如**通关散【方剂】**吹鼻内治疗冷痛及高热神昏、痰迷心窍等。

5. 熏法

熏法是将药物点燃后用烟熏治疗某些疾病的方法。如用硫黄熏治羊疥癣。

6. 洗法

洗法是将药物煎熬成汤，趁热擦洗患部，以达活血止痛消肿解毒作用的方法。常用于跌打损伤、疥癣、脱肛等。如**防风汤【方剂】**水煎去渣，候温洗直肠脱出部。

7. 口噙法

口噙法是将药面装入长形纱布袋内，两端系绳噙于口内，以达清热解毒、消肿止痛作用的方法。如将**青黛散【方剂】**装入纱布袋内，噙于口内，治疗心火舌疮。

8. 针灸疗法

针灸疗法是运用各种不同针具，或用艾灸、熨、烙等方法，对机体表的某些穴位或特定部位施以适当的刺激，从而达到治疗目的的方法。

任务五　给药方法

给药方法

一　拌饲法

对爱饮、食欲好的畜禽，部分粉剂或汤剂药物可拌在饲料或饮水中供其自由饮食。为了使它能顺利吃完药物，应事先绝食一顿，然后将药物拌入适口性好的少量食料中令其吃完，药物性饲料添加剂给药是按一定比例与饲料混合而拌饲的。

二　灌药法

此法就是强行将药物经口灌入胃内。因此，不论动物有无食欲，只要药物剂量不多，又无明显刺激性的药物，均可采用此法。助手保定好动物，将上腭两侧的皮肤包住上齿列，打开口腔，右手将片剂或丸剂药物投入口内舌根部，使其闭口自行咽下；如是汤剂，待打开口腔后，右手持药瓶或无针头的金属注射器自口角插入口腔，将药液倒入或推入口中，待其咽下后再灌；如是药粉应先加入少量水，调制成泥膏状或稀糊状，用圆钝的竹片刮其泥膏状药物，直接涂于舌根部。大家畜牛、马等可用长约 30cm 的斜口竹筒、长颈酒瓶或塑料饮料瓶等装药液插入口腔内灌入。

经口灌药要特别注意：头部不能抬得过高，嘴不可高于耳朵；灌药的动作要慢，以免灌入气管及肺内。尤其是猪因叫唤，药液很易呛入气管和肺部，最好采取胃管投药。

三　胃管投药法

对大剂量的液体药物应用胃管投药法较适宜。其操作简单，安全可靠，且不浪费药物。用胃管投药时，应先把动物保定好，将嘴用木棍撬开，放入开口器（用金属或硬质木料制成的纺锤形带手柄的器具，表面要光滑，正中开有一插胃管的小孔）。然后将小胶管（直径：小动物 0.5~0.6cm，大动物用 1~1.5cm；长约 75cm），通过开口器的小孔，缓慢地送至咽喉部，待动物出现吞咽动作时，趁机将胶管送进食道进而插入胃中。这时将胶管外端放入水里，如出现气泡，则需拔出重新再插，若无气泡，则说明已插进胃内，方可灌药。然后在胶管上装上漏斗，把药液通过漏斗缓慢灌进胃内。

四 注射给药

注射俗称打针，是把药物用注射器注进机体内而起到防治疾病目的的方法。其注射方法有肌肉注射法、皮下注射法、皮内注射法、静脉注射法、腹腔注射法、气管内注射法和乳池内注射法。

1. 肌肉注射

一般刺激性较轻和较难吸收的药液，均可肌肉注射。肌肉注射时应选择肌肉丰满无大血管的部位，如颈部、臀部、背部肌肉。对体质瘦小者，最好不在臀部注射，以免误伤坐骨神经。助手将动物保定好并消毒后，术者用左手的拇指和食指将注射部位的皮肤绷紧，右手持注射器使针头与皮肤呈 60°角，迅速刺入，深约 2cm 左右，慢慢注入药液，然后拔出针头，用 5%碘酒消毒注射部位。

2. 皮下注射

通常选择富有皮下组织且疏松易移动、血管较少的部位，如颈部两侧或股内侧较佳。凡是易溶解、无刺激性的药物以及疫（菌）苗均可皮下注射。若药量较多，则可分点注射，它的吸收速度比肌肉注射要慢。

注射时，助手将动物保定好，局部剪毛，用 70%酒精消毒后，以左手的拇指、食指和中指将皮肤轻轻捏起，食指压其顶点，使其形成一个三角凹窝，右手将注射针头刺入凹窝中心的皮下，深 1.5~2cm，药液注完后，用酒精棉球按住针孔处，拔出针头，轻轻按压进针部皮肤即成。

3. 皮内注射

选在不易受摩擦、舔咬处的皮肤。马、牛在颈上 1/3 处，猪在耳根。方法：剪毛消毒后，手捏皮肤，右手将注射针头与皮肤呈 30°刺入皮内，缓慢注入药液，注完后局部皮肤形成小疹，用酒精棉球轻压针孔即可。

4. 静脉注射

是把药液直接注向静脉里，使药物随血流迅速分布到全身。其药效发挥迅速，但排泄也较快，且作用时间短。适用于药量大、刺激性较强的药物（如氯化钙、高渗葡萄糖等）。

静脉注射的部位，马、牛、羊均在颈静脉沟上 1/3 与中 1/3 交界处；猪常选在耳大静脉、前腔静脉；母牛还可选在乳静脉处；犬一般在前臂内侧皮下静脉或后肢的跗背外侧静脉，即取股内侧的静脉。注射时，用胶管扎紧注射部位静脉的向心端，使静脉血管怒张。局部剪毛消毒后，将针头沿静脉走向平行刺入静脉内，若刺入正确到位，即可见血液回流。此时松开扎紧的胶管，将针头顺血管腔再刺入一点，然后固定针头，使药液缓缓滴入（每分钟 20~25 滴）。注射完毕后，须用酒精棉球按压注射部位，然后拔出针头，局部消毒，以免血液顺针孔流入皮下形成血肿。

静脉注射时必须注意以下几点：注射必须配套，一般应用人用的一次性输液管，注射器及针头必须畅通无堵，并严格消毒。要认真核对注射药物名称、用途、剂量，是否过期，同时注射两种以上药物时，应注意有无配伍禁忌。注射器内的空气必须排尽，再注入药物，否则可能发生气栓而导致动物死亡。应找准静脉刺入，不要在皮下乱刺，以防血肿。强刺激性药物，如氯化钙等，不能漏在静脉外面，以防止组织发炎、肿胀、坏死或化脓等。如已漏入皮下，一般可向周围组织注入生理盐水或蒸馏水，漏出药物是氯化钙时，要注入适量的10%硫酸钠，并在肿胀局部热敷，促进消散吸收。油类制剂不可静脉注射。冬天药液要加温，大量输液时，应先慢后快，但速度不宜过快，输葡萄糖盐水时，应按先盐后糖的原则进行。

5. 腹腔注射

有些危重病例，常因血液循环障碍，静脉注射十分困难；或因需注入大量药液，静脉注射不便，均可用腹腔注射。因为腹膜的表面积很大，毛细血管分布很丰富，对药物吸收速度很快。

注射部位，马骡在左肷窝中央；牛在右肷窝中央；猪、犬、猪在下腹部耻骨前缘前方 3~5cm，腹中线旁 2~3cm 处。注射时垂直刺入 2~5cm，前后左右移动针头，如无阻力，而且药液很容易注进去，此时确认针头没有注入腹腔器官时，方可把药液注入腹腔，完后即拔出针头，碘酒消毒。

腹腔注射的药液温度必须加温至 37~38℃，不然，温度过低会刺激肠管，引起痉挛性腹痛。为便于吸收，注射的药液一般选用等渗或低渗液。如发现膀胱内积尿，应揉腹部，促其提前排空尿液再行注射。注射剂量一次可注射 200~1 500mL。

6. 气管内注射

注射的药液应是可溶性并容易吸收的，剂量不宜过多，药液温度应与体温相同。大家畜采取站立保定，小家畜进行侧卧保定，固定头部，充分伸展颈部。选择在颈腹侧上 1/3 下界的正中线上，于第 4~5 或第 5~6 气管环间，剪毛消毒后，右手持针垂直刺入气管，深 2~3cm。刺入气管后则阻力消失，抽动活塞有气体，然后慢慢注入药液。注完后，局部涂以碘酊。为防止或减轻咳嗽，可先注入2%盐酸普鲁卡溶液 5~10mL，以降低气管黏膜的敏感性。

7. 乳池内注射

动物站立保定，挤净乳汁，消毒乳头。左手握住乳头并轻轻牵拉，右手持乳导管自乳头口徐徐插入。连接注射器，慢慢注入药液。注完后，拔出乳导管，一手轻捏乳头口，防止药液流出；另一手进行乳房按摩，使药液散开。

五 直肠给药

直肠给药通过橡皮导管经肛门灌入大肠内的给药方法，又叫保留灌肠法。凡是用于口服或肌肉、皮下注射的药液，特别是中药煎液，均可用直肠给药法，尤其适用于治疗动物的便秘。

直肠给药具体操作：助手将动物的头部保定后，操作者将动物尾巴拽向一侧，露出肛门，然后将吸进药液的针管（去掉针头）的管口插入肛门，将药液注入，速度适中，不要过急。然后将尾根压迫在肛门上片刻，防止其努责而使药液流出；再用针管抽取适量的生理盐水，同样注入肛门，完后应压住肛门，稍等片刻，松解保定。推入生理盐水的时候应将药液压入肠深部，并防止药液由于努责而排出。如是大动物或灌药液较多时，可先将一根胶管一端插入肛门内深处，胶管的另一端接上漏斗，将药液倒入漏斗内灌入，或用针管抽取药液，从胶管口注入。直肠给药比较容易进行，特别是投灌中药煎液较方便。但要注意插管动作要轻缓，直肠内有粪团时要待排出或掏出后再灌，所灌药液温度和生理盐水温度不能太高和太低，一般 30~38℃为宜。治疗便秘，可用5%左右的温肥皂水灌肠。

任务六 中药性能

中药性能

药物的性能（药性）即药物与疗效有关的性质和效能。包括药物治疗效能的物质基础（有效成分）和治疗过程中所体现的作用（疗效）。中药治病的基本作用有：祛除病邪、消除病因、恢复或重建脏腑功能的协调、纠正阴阳偏盛偏衰的病理现象，使之在最大程度上恢复到正常状态。中药能发挥作用的原因主要是由于各种药物各自具有若干特性和作用，或曰偏性。如偏寒、偏热；偏苦、偏甘；偏补、偏泻；偏升、偏降；偏润、偏燥等。中药治病就是利用药物的这些偏性纠正疾病所呈现的相对应的偏弊，即"以偏纠偏"。《景岳全书》云："药以治病，因毒为能。所谓毒者，以气味之有偏也。主要包括了中药的性味（四气五味）、升降浮沉（作用趋向）、归经（作用部位）、毒性、配伍（七情）、禁忌等。

一 中药的性味

性味又称四气五味。《神农本草经·序例》中说："药有酸、咸、甘、苦、辛五味，又有寒、热、温、凉四气。"性与味是中药性能的主要内容，是药物性能的重要标志。用以表示药物的药性和药味两个方面。

（一）四气

四气又称四性，是指药物的寒、热、温、凉四种不同的性质。此外，还有一些四气不甚显著的所谓平性药物，这些药物虽然性质较平、作用缓和，但是它们仍有偏温或偏凉的差别。所以对寒、热、温、凉、平五种药性，一般仍称为四气。

四气中，寒凉与温热是两类性质完全不同的药物，而寒与凉，或温与热，只是程度上的不同。具体地说，凉极为寒，微寒为凉；大温为热，微热为温。古人说："寒为凉之极，凉为寒之渐；热为温之极，温为热之渐。"药性的寒、凉、温、热，是古人根据药物作用于机体所发生的反应和对于疾病所产生的治疗效果而作出的概括性的归纳，是同所治疗疾病的寒热性质相对而言的。凡是能减轻或消除热证的药物，一般属于寒性或凉性；反之，凡是能减轻或消除寒证的药物，大多属于热性或温性。正如《神农本草经》所说"疗寒以热药，疗热以寒药"。《素问》中说："寒者热之，热者寒之。"这是治病的常规。如为寒热夹杂的病证，亦可寒热药物并用。

寒凉药大多具有清热、泻火、凉血、燥湿、攻下、解毒等作用。常用于肌肤发热、体温升高、口红、脉数的热证，如知母、石膏、黄连、茵陈、连翘、蒲公英等。温热药多具有散寒、温中、通络、助阳、补气、补血等作用。常用于形寒肢冷、口淡、脉迟的虚寒证，如附子、肉桂、干姜、菟丝子、党参、黄芪等。由此可见，如果用药不明四气，治病不分寒热，不但难于起效，而且往往会延误病情，甚至造成死亡。

（二）五味

五味，即酸、苦、甘、辛、咸五种不同的滋味，代表药物不同的功效和应用。五味也是药物作用的标志，另外有些药物具有淡味或涩味，因都分属于五味之中，所以仍然称为五味。

五味的确定取决于两个方面，一是与实际口尝感觉有关，二是药物临床应用的归纳和总结。所以，把五味上升为药性理论来认识，已远远超出了味觉的概念，而是与药物功效应用密切相关。因此，本草书籍中记载的味，有时与实际口感味道并不相符。不同的味就有不同的作用。味相同的药物，其作用也有相近或共同之处。《内经》将五味归纳为酸收、苦坚、甘缓、辛散、咸软。其具体作用如下。

酸味药物有收敛和固涩作用。如乌梅、诃子治疗泻泄、脱肛；五味子、山茱萸能止虚汗、治遗精。涩与酸味相似，都有止泻、止血、涩精、固脱、止汗等作用，如龙骨、牡蛎、赤石脂、芡实等。所以，将涩味归于酸味。

辛味药物有发散、行气、行血的作用，常用于治疗表证或气血阻滞证，如麻黄、桂枝能发散表邪，陈皮、木香能行气宽中，红花、川芎能行血破瘀的作用。

甘味药物有补益、和中、缓急等作用。常用于治虚证，并缓和拘急疼痛，调和药性，解药食毒，如甘草、大枣能缓中，黄芪、党参能补气益中，熟地、阿胶能补血养血。

苦味药物有泄和燥的作用。泄，包括通泄，如大黄，适用于热结便秘；降泄，如杏仁适用于肺气上逆的喘咳；清泄，如栀子适用于热盛心烦等证。燥，即燥湿，用于湿证，有苦寒燥湿热、苦温燥寒湿之分。还有苦能坚阴之说。

咸味药物有软坚散结和泻下作用，多用于瘰疬、瘿瘤、痰核、癥瘕等证，如牡蛎、海藻能软坚消痰，芒硝、肉苁蓉能润下通便。

淡味药物有渗湿、利尿作用，多用于治水肿、小便不利等证，如茯苓、通草等。

（三）四气五味合参

每一种药物都具有性和味，二者必须综合起来看。凡药物的性能都是气和味的综合，二者不可分割。如黄连，性大寒，能清热泻火解毒；结合味大苦，则可知黄连还有燥湿之功。如此解释才比较全面。所以解释药物的功能必须气味合参。如麦冬、黄连从四气来说，都属寒性，皆治热病。但从五味来说，麦冬味甘而性寒，治虚热；黄连味苦而性寒，治实热。又如麻黄、薄荷从五味来说都属辛味，辛能发热，但麻黄味辛而性温，可发散外感风寒，薄荷味辛而性凉，宜治外感风热。

同一种药性（气），而有五味的差别（即性同而味异）。例如同一温性药，有辛温（苏叶、生姜）、酸温（五味子、山萸肉）、甘温（党参、白术）、苦温（苍术、厚朴）、咸温（蛤蚧、肉苁蓉）的不同；同一种味，亦各有四性的不同（味同而性异）。以辛为例，有辛寒（浮萍）、辛凉（薄荷）、辛温（半夏）、辛热（附子）的不同。

临床常用四气五味合参主要有以下几种：

酸温：有收敛、止汗、涩精等作用，如乌梅、山茱萸、五味子等。

酸寒：有敛肺、生津等作用，如枯矾、五倍子等。

苦温：有燥湿、散寒等作用，如苍术、艾叶等。

苦寒：有清热、泻火、燥湿、解毒、泻下等作用，如知母、黄连、茵陈、大黄等。

甘温：有补气、补血、助阳等作用，如黄芪、熟地、杜仲等。

甘寒：有养阴、生津、利水等作用，如麦冬、生地、芦根、车前子等。

辛温：有发散风寒（如麻黄）、行气（如厚朴）、行血（如红花）、温中（如干姜）等作用。

辛凉：有发散风热的作用，如薄荷等。

咸温：有温补肾阳的作用，如肉苁蓉等。

咸寒：软坚（如海藻）、泻下（如芒硝）、滋阴潜阳（如龟板、鳖甲等）作用。

以上四气五味合参是以味为主，配合温、寒两种性，另外，热、凉两种性，可将热性包括于温性，凉性包括于寒性之中。

这仅是药物的共性，也有不少的例外，如甘寒药物能生津，但蝉蜕虽属甘寒，但无生津作用。因此不能一概而论。

另外，还有不少药物是一性（气）而兼数味。如桂枝性辛，味甘温。因辛能发散，甘能壮补，温能散寒，故本品有发散风寒、通经活络之功，常与补药同用。又如当归为甘辛苦温，而甘能补，辛能散，苦能泻，故本品为补而不滞之品。药物的性味是错综复杂的。这种复杂情况，也正体现了每种药物具有多种作用。

 升降浮沉

升降沉浮是指药物作用于机体的四种趋向，是指药物进入机体后的上、下、表、里作用趋向，是与疾病所表现的趋向相对而言的。升是指向前、向上，降是指向后、向下，浮是指向上、向外，沉是指向后、向内，也就是说，升是上升，降是下降，浮是发散，沉是泄利。但升降与沉浮仅是程度上的差异，故有升极则浮，降极则沉之说。

由于各种疾病在病机和证候上，常有向上（如呕吐、喘咳）、向下（如泻痢、脱肛），或向外（如自汗、盗汗）、向内（如表证入里）等病势趋向的不同，以及在上、在下、在表、在里等病位的差异。因此，能够针对病情，改善或消除这些病证的药物，相对来说也就分别具有升降浮沉的不同作用趋向。药物的这种性能，有助于调整紊乱的脏腑气机，使之归于平顺；或因势利导，祛邪外出。

升浮药物属阳，具有上行（如桂枝）、提升（如升麻）、发散（如麻黄）、散寒（如附子）、驱风（如防风）等作用。沉降药物属阴，具有下行（如牛膝）、泻下（如大黄）、降逆（如代赭石）、清热（如黄连）、渗利（如木通）、潜阳（如龟板）等功效。凡病变部位在上、在表者，用药宜升浮不宜沉降，如外感风寒表证，当用麻黄、桂枝等升浮药来解表散寒；在下在里者，用药宜沉降不宜升浮，如肠燥便秘之里实证，当用大黄、芒硝等沉降药来泻下攻里。病势上逆者，宜降不宜升，如肝火上炎引起的双目红肿、羞明流泪，应选用石决明、龙胆等沉降药以清热泻火、平肝潜阳；病势下陷者，宜升不宜降，如久泻脱肛或子宫脱垂，当用黄芪、升麻等升浮药物益气升阳。一般说来，治疗用药不能够违反这一规律。

升降沉浮与药物的气味、质地、药用部分、炮制、配伍等均有关系。

1. 升降沉浮与药物气味的关系

以药物的四气来说，温热药物主升浮，寒凉药物主沉降；以五味来说，辛、甘、淡主升浮，酸、苦、咸主沉降。这也正如李时珍所说的"酸咸无升，辛甘无降，寒无浮，热无沉，其性然也"。说明升降沉浮与四气五味有密切的关系。

2. 升降沉浮与药物质地、药用部分的关系

凡质地轻而疏松的药物，如植物的叶、花、空心的根、茎，大多具有升浮的作用（如薄荷、辛夷花、升麻等）。凡质地坚实的药物，如植物的子实、根茎及金石、贝壳类药物，大多具有沉降的作用（如苏子、大黄、磁石、牡蛎等）。但这也不是绝对的，如"诸花皆升，旋覆独降"，"诸子皆降，蔓子独升"等。又如苏子味辛性温，从气味上讲，属升，但因质重而主降。

3. 升降沉浮与药物炮制和配伍的关系

以炮制来说，生用主升，熟用主降，酒制能升，生姜制能散，醋制能收，盐水炒能下行。以药物配伍来说，如将升浮药物配于大队沉降药物之中，也能随之下降，而沉降药物配于大队升浮药物之中，也能随之上升。此外，桔梗能载药上升，牛膝能引药下行，所以，古人说："升降在物，亦可在人。"因此，在临床用药时，除掌握药物的普遍规律外，还应知道它们的特殊性，才能更好地达到用药目的。

三、归经

归经，指药物对机体的选择性作用。即某药对某经（脏腑或经络）或某几经发生明显的作用，而对其他经则作用较小或没有作用。也就是说凡某种药物能治某经的病证，既为归入某经之药。如同属寒性的药物，都具有清热作用，然有黄连偏于清心热、黄芩偏于清肺热、龙胆偏于清肝热等不同。再如同为补药，有党参补脾、蛤蚧补肺、杜仲补肾等区别。因此，将各种药物对机体各组织器官的治疗作用进行系统归纳，便形成了归经理论。

中药的归经，是以脏腑、经络理论为基础，以所治具体病证为根据的。由于经络沟通机体的内外表里，所以一旦机体发生病变，体表的病证可以通过经络而影响内在脏腑，而脏腑的病变也可以通过经络反映到所属体表。各个脏腑、经络发生病变时所呈现的症状是各不相同的，如肺经病变多见咳嗽、喘气等证候，心经病变多见心悸、神昏等证候，脾经病变多见食滞、泄泻等证候。在临床上，将药物的疗效与病因病机以及脏腑、经络联系起来，就可以说明药物和归经之间的相互关系。如桔梗的主要作用为止咳化痰，故归肺经；朱砂能够安神，则归心经；麦芽能消积化滞，故入脾经。由此可见，药物的归经理论，具体指出了药效的所在，是从客观疗效观察中总结出来的规律。还有一药而归数经者，即是其对数经的病变都能发挥作用。如杏仁归肺与大肠经，是因为它既能平喘止咳，又能润肠通便；石膏归肺与胃经，因其能清肺火和胃火。

在应用中药的时候，如果只掌握其归经，而忽略了四气五味、升降浮沉等性能，是不够全面的。因为同一脏腑经络的病变，有寒、热、虚、实以及上逆、下陷等的不同，同归一经的药物，其作用也有温、清、补、泻以及上升、下降的区别。因此，不可只注意归经，而将入该经的药物不加区分地应用。如同归肺经的药物，黄芩清肺热，干姜温肺寒，百合补肺虚，葶苈子泻肺实，其功效是显著不同的。在其他脏腑经络方面，亦是如此，所以应用时必须认真区别。

中药的归经理论对于中药的临床应用具有重要的指导意义。一是根据动物脏腑经络的病变"按经选药"。如肺热咳喘，应选用入肺经的黄芩、桑白皮；胃热，宜选用入胃经的石膏、黄连；肝热，当选用入肝经的龙胆、夏枯草；心火亢盛，应选用入心经的黄连、连翘等。二是根据脏腑经络病变的相互影响和传变规律选择用药，即选用入它经的药物配合治疗。如肺气虚而见脾虚者，在选择入肺经的药物的同时，选择入脾经的补脾药物以补脾益肺（培土生金），使肺有所养而逐渐恢复；肝阳上亢而见肾水不足者，在选用入肝经药物的同时，选择入肾经滋补肾阴的药物以滋肾养肝（滋水涵木），使肝有所养而虚阳自潜。总之，既要全面了解和掌握中药性能，又要熟悉脏腑经络之间的相互关系，才能更好地指导临床用药。

四、毒性

毒性是指药物对机体的伤害作用，即毒副作用。中药的毒性与副作用不同，前者对机体的危害性较大，甚至可危及生命；后者是指在常用剂量时出现的与治疗需要无关的不适反应，一般比较轻微，对机体危害不大，停药后能消失。为了确保用药安全，必须认识中药的毒性，了解产生毒性的原因，掌握中药中毒的解救方法和预防措施。

有毒药物的毒副作用有程度的不同，故历代本草中常标明"无毒""小毒""有毒""大毒""巨毒"等，以示区别。这是掌握药性必须注意的问题。

无毒：指所标示的药物服用后一般无副作用，使用安全。

小毒：指所标示的药物使用较安全，虽可出现一些副作用，但一般不会导致严重后果。

有毒、大毒：指所标示的药物容易使动物中毒，使用时必须谨慎。而标示为"大毒"者，其毒性比"有毒"者更甚。

巨毒：指所标示的药物毒性强烈，多供外用，或只可极少量入丸散内服，并要严格掌握炮制、剂量、服法、宜忌等。

一般来说，有毒药物的中毒剂量与治疗量比较接近，临床应用安全系数较小，或对机体组织器官损害严重，甚至导致死亡。因此，在使用有毒，特别是大毒药物时，为保证用药安全，必须注意以下几点。

1. 严格控制剂量

用量过大是发生中毒的主要原因之一。因此，使用有毒药物时，必须根据患畜的年龄、体质、病情轻重，严格控制用量，中病即止，以防过量或蓄积性中毒。

2. 注意正确用法

了解毒性药物的用法各有不同，可防止中药中毒。有的宜入丸散，不宜煎服；有的只供外用，禁止内服；有的入汤剂当久煎等。临床应用中，药物因用法不当可引起中毒，如乌头、附子中毒，多因煎煮时间过短所致。

3. 遵守炮制工艺

炮制的目的之一是降低或消除药物的毒副作用。因此，严格的炮制工艺，科学的质量标准，是临床安全用药的重要保证。

此外，还应利用合理的配伍、避免配伍禁忌等。

任何事物都具有两重性，药物的毒性亦然。有毒药物偏性强，根据以偏纠偏、以毒攻毒的原则，有其可以利用的一面。古往今来，人们在利用有毒中药治疗恶疮肿毒、疥癣、瘰疬、瘿瘤、癌肿等病时，积累了大量经验，获得了肯定的疗效。

以上是现今有关药物毒性的概念。在古代本草中，还常把药物的偏性称为毒，把药物统称为毒药，这是广义的毒，与本节毒性的含义不同，当知区别。

五 配伍

配伍就是指药物的配合使用，也就是将几种（二味以上）药物配伍成复方使用。之所以配伍，是因为畜体疾病的复杂多变性、数病相兼、表里同病、虚实互见、寒热错杂、气血阴阳俱虚、药物本身疗效的有限性等。

六 用药禁忌

所谓用药禁忌，就是使用药物时应当注意、禁止和忌讳的事。配伍禁忌是指某些药物不能配伍应用，合用后则产生毒性反应、副作用，使原有的毒副作用增强，原有的疗效降低或丧失。主要包括：配伍禁忌即十八反、十九畏、妊娠禁忌、服药禁忌。

妊娠禁忌是指某些药物具有损害胎儿，导致胎动不安，造成流产或堕胎的副作用，故在妊娠期间忌用。一般分为禁用和慎用两类。禁用药物：大多数是毒性较强或药性猛烈的药物，如巴豆、牵牛、大戟、斑蝥、商陆、虻虫、水蛭等。慎用药物：大多是通经祛瘀、行气破滞以及大辛大热、滑利的药物，如附子、干姜、大黄、芒硝、桃仁、红花、瞿麦等。不管禁用或慎用的药物，若无特殊需要，应尽量避免使用，以免造成不良后果。

服药禁忌是指在服药期间，对于患畜的草料和饮水的禁忌，又称食忌或忌口。如灌服泻下药治疗结证时禁草料；温热药治疗寒证时忌食冰冻草料和饮凉水；肉食动物服药期间忌油腻等。

任务七 合理用药

一、辨药性合理用药

解表药包括麻黄、桂枝、荆芥等。其中，麻黄，其质轻，轻可去实；形中空，中空发散；其味辛，辛能散能行，故综合麻黄的形、质、味，知其发汗力量峻猛，可用于风寒表实无汗证。又如桂枝，以嫩枝入药，以其"嫩"而善于升发散表；再如荆芥味辛不烈、性温不燥，既长于治风寒表证，也可治风热表证。

辨药性合理用药

清热药包括石膏、龙胆草、黄芩等。石膏大寒，常用以清退高热，味辛性散，质重下降，色白入肺经，可宣降肺气，故又常用治肺热喘咳。龙胆草大苦大寒，《本草求真》谓"苟非气壮实热者，率尔轻投，其败也必矣"。黄芩轻飘，以清肺热为专长，又能安胎，善治上焦；黄连泻心火而除烦，善止呕逆，治中焦；黄柏泻肾火而退虚热，能除下焦湿热，但清热解毒药应用时，芩、连、柏三药都是通用的。

泻下药包括大黄、芒硝、火麻仁等。其中，大黄苦寒沉降，相当于刺激性泻药，热结便秘者，宜用。芒硝大寒能除热，荡涤三焦肠胃实热，相当于容积性泻药，善治燥热蕴结、大便坚结难下，并且大黄与芒硝常常配合使用。火麻仁、郁李仁油脂多润，相当于润滑性泻药，润肠通便，津亏肠燥便秘者，宜以此类药润下。甘遂、大戟、商陆、千金子等五药皆药性峻猛，峻下逐水，消肿散结，治疗胸水、腹水、水肿。

止咳化痰平喘药主要包括半夏、瓜蒌、杏仁等。在化痰方面，半夏燥湿化痰、降逆和胃，擅治湿痰，其性燥，阴虚口渴者慎用。瓜蒌甘寒，清热化痰，能稀释痰液。白芥子性走窜，豁痰利气，善消皮里膜外及胁下之痰，又不伤气。在止咳方面，杏仁止咳平喘，兼有发散作用，可治诸般咳喘，擅治外感咳喘。紫菀、款冬花擅"止咳逆上气"，为止咳圣品。百部润肺止咳，治咳嗽无问新久、有痰无痰皆可。桔梗宣利肺气，消痈排脓，擅治肺痈，治咳嗽痰多，偏寒偏热皆宜。在平喘方面，桑白皮、葶苈子泻肺平喘、利水消肿，桑白皮重在泻肺热，葶苈子重在泻肺实。

驱虫药主要包括槟榔、南瓜子、贯众等。槟榔、南瓜子主杀绦虫与姜片虫，其中槟榔杀虫兼有轻泻作用，故杀虫又可驱虫。使君子主杀蛔虫，杀虫兼能驱虫、消积。贯众主杀蛔虫，但杀虫力弱。鹤虱善杀钩虫，雷丸又可治脑囊虫。

温里药包括附子、干姜、肉桂等。附子为回阳救逆第一要药，故亡阳证应首选此药。该药又善散寒止痛，阴寒性腹痛、痹痛等亦需重用之。肉桂善温命门火，治疗命门火微者可首选此药。肝属木，肉桂克木，知肉桂入肝经，能制肝，祛风，息风。干姜长于散脾寒，高良姜长于散胃寒。小茴香、大茴香长于散肝经寒邪。吴茱萸有小毒，可以散肝胃二经寒邪，外用能引火下行。

芳香化湿药包括苍术、豆蔻、砂仁等。苍术性燥，可除一身上下内外之湿。藿香去恶气，为治疗感受四时不正之湿浊之气的要药。白豆蔻偏入中上二焦，草豆蔻温中散寒止痛。砂仁偏入中下二焦，芳香归脾，辛能润肾，为开脾胃之要药，亦为肾虚患者引气归元要药。

利水渗湿药包括泽泻、通草、木通等。泽泻"利水而不伤阴"，用以利水，不虑其损真阴。通草甘寒，利水通淋不伤胃气，色白入肺经，可以导肺经热邪下行。木通，藤有细孔，两头皆通，具三通之功，通淋、通血脉、通乳汁，味苦可降心火，故是治疗小便淋涩赤痛、热痹疼痛、产后缺乳以及心火下移小肠之口舌生疮的常用药。

补气药黄芪、党参、甘草等。黄芪治气虚盗汗并自汗，即皮表之药；又治肤痛，则表药可知；又治咯血，柔脾胃，是为中州药也；又治伤寒，又补肾脏元气，为里药，是上、中、下、内、外三焦之药。甘草除补气、缓急、润肺等药性外，其引药归经及解毒之功需要注意。

补阳药包括杜仲、菟丝子、补骨脂等。菟丝子禀天地中和之气，故能阴阳两补。补肾壮骨药中的杜仲与续断均补肝肾、强筋骨、安胎。补骨脂主入肾经，治下焦虚寒诚有良效。

补血药包括熟地、麦冬、天冬等。熟地，填精益髓、补血养阴，为补血上剂。天门冬和麦门冬均能养阴清肺、益胃生津、润肠通便，但麦门冬四季常青，将地门启开，吸水精之气上行，上行则走上焦，养阴润肺功良，且可清心除烦。天门冬则将天门打开，使水液下行，兼走下焦，润肠通便功优，且可补肾益精，填补精髓。

理气药包括川楝子、枳实、木香等。理气药的药性多温燥，宜于气滞偏寒者。川楝子、枳实、枳壳、青木香四药，药性偏凉，宜于气滞偏热者。香附性平，气滞偏寒偏热皆宜。其中，木香与香附均能行气止痛，但木香行气力强，擅行纵气，理上、中、下三焦气滞，治胃胀、腹胀等。香附行气力缓，擅行横气，理肝胃气滞引起的胃脘及两胁胀满疼痛。檀香为调理上焦气分要药，引芳香之物上至极高之分。沉香味辛质重，功能除冷气，降真气，开结气，补右肾命门。

开窍药包括麝香、石菖蒲、冰片等。麝香以香气远射，故名麝香，功能开通诸窍，为开关通窍第一要药。冰片一是清香为百药之先，万物中香无出其右者，香可开窍，故开窍之力甚强，取效于须臾之间；二是大辛善走，通利结气，内服外用均有显著的止痛作用。石菖蒲一是冬至后菖蒲始生，为百草之先，于是始耕。菖蒲先于百草萌发，故通窍作用甚佳。二是菖蒲生于水石之间，不藉土力，知其自身兼有"土"之化，中焦脾胃属土，故能和胃。生于水中，逆水而生，知其能胜湿，故能治疗中焦湿盛、脾胃不和之心腹痛、霍乱吐泻转筋等。三是菖蒲味辛能散，功能祛风，气芳香则能除湿，故亦为治风湿痹痛常用药。

止血药包括白茅根、地榆、槐花等。白茅根擅治血热尿血，又是利小便的要药，凡小便灼热而不利者用之多效。地榆与槐花、槐角长于治血热便血和痔疮下血，久病涉虚者用地榆之酸收，新病热盛者用槐花，兼见便秘者用槐角。侧柏叶擅治血热咳血、咯血，亦治吐血、便血，外用具有生发之功。白芨质黏色白，具有填空塞虚之功，治疗肺胃出血效佳，性主收敛，外用擅治手足皲裂等病证。仙鹤草收敛止血兼有补虚之功。

活血化瘀药包括川芎、牛膝、王不留行等。川芎活血行气，祛风止痛，其药性特点是上行头目，下行血海，中开郁结，乃头痛第一要药。丹参活血养血、凉血消痈，有"一味丹参，功同四物（汤）"之说。牛膝性主下行，作用趋势向下，如利尿通淋、引火引阳引血下行等。王不留行善于行血通乳。三棱、莪术破血祛瘀，多用于瘀血重证，又能行气消积，治疗食积气滞证。乳香、没药均擅活血止痛，系止痛要药。

二 辨证候合理用药

中医用药，首先要使药物合乎证候之理。就解表药而言，是以主治表证为主，表证病程短，邪在肌表，正气抗邪于表而脉浮。所以，对于新感

辨证候合理用药

表证且脉浮有力者，首先要考虑使用解表药发散外邪，邪去则病愈。如遇病程长且脉沉属于里证者，当慎用解表药。里证误用表散药，可耗散正气，贻误病情。

解表药可治疗表证，但又当区分病证性质属风寒还是风热而区别用药。属风寒表证者，用辛温解表药发散风寒，属风热表证或温病初起者，用辛凉解表药发散风热。若风热表证误用辛温解表药，一可导致汗出过多，阴液损伤，二可因药性温热反助热之邪，加重病情。风寒表证误用辛凉解表药，药性之寒凉可以冰伏邪气，使邪困于表，不得发越，延误病期。

辨证候用清热药，需要注意三点。一是辨热证的部位而用药。热在血分当用清热凉血药，如生地、玄参等，若用入走气分的芦根、天花粉等清热药，药不达病所，难以取效。又如热在肺经，表现为咽喉肿痛等，当用主肺经的清热药山豆根、射干等，若用主归大肠经的秦皮、白头翁等，恐难奏效。二是辨证的虚实而用药。如阴虚内热证，需用清虚热药物，如青蒿、地骨皮等，若用苦寒清热燥湿之品黄连、黄柏，苦燥伤阴，不利于治疗。三是辨热证真假而用药。对于真寒假热证，应以温阳逐寒为急，禁用清热药。总之，清热药乃寒凉之品，应用必须有身热、脉数、舌红、口渴、烦躁、便干、尿赤等病象为凭，不可无证候凭据而滥用。

泻下药中的攻下药气味多苦寒，具有泻热通便作用，宜于热结便秘及实热炽盛证。润下药油脂多润，具有润肠通便作用，宜于阴虚肠燥便秘。峻下逐水药药性峻猛，多有毒，具有通利二便作用，能引起剧烈腹泻，可用于胸水、腹水、水肿之属于实证者。如果阴虚肠燥便秘，本应润下，反用攻下药或峻下逐水药攻破通导，便虽暂通而重挫正气；反过来，如果胸水、腹水之实证当用峻下逐水药，却用润下药，药不及病，难取疗效，又误病期。脉象也是应用泻下药的重要依据。沉脉说明病在里、在下，以下解之。如果病见脉浮，提示病在表，当慎用泻下药，病在表而用泻药，不仅不利于驱除表邪，反可引邪入里，致生变证。

温里药药性温热，辨证属于阴证、寒证，小便清长、大便溏薄、脘腹冷痛、脉象弦紧或沉迟、舌淡苔白等，不论证情之轻重缓急，俱可酌情使用。应用温里药还应根据寒证所在部位，选用相应的药物，如寒客肝脉选小茴香、吴茱萸等，寒饮郁肺选干姜、细辛等，寒凝中焦选高良姜、胡椒等，肾阳不足、命门火衰选附子、肉桂等，做到分经用药，药物直达病所，温里散寒功优。

化湿药气味芳香，药性温燥，所以临床用于湿阻中焦证，或外感暑湿证，均以病性偏寒者为宜，其辨证要点是舌苔白腻或舌浊、脉缓，若湿兼热而见舌苔黄腻、脉滑数者慎用。至于阴虚津亏，舌红少苔，以及胃热而胃脘灼热、舌苔黄燥者，应禁用。

湿证的特点为身重肢倦、脘闷纳呆、便溏尿少、水肿、脉沉舌胖等。治湿有三法，湿在上焦，芳香化湿；湿在中焦，苦温燥湿；湿在下焦，淡渗利湿。利水渗湿药以其渗利之功，主治水湿停聚下焦证。

补阳药主治阳虚证，阳虚证多见畏寒肢冷、口淡不渴、小便清长、大便溏薄、阳痿早泄、宫冷不孕、尿频、舌淡苔白、脉迟无力等。补气药主治气虚证，气虚证每见神疲乏力、气短、恶风自汗、食少便溏、脏器下垂、舌淡苔白、脉象细弱等。临床应明辨阳虚与气虚，随证用药。

补血药主治血虚证，血虚证主证有舌淡白无华，脉细舌瘦等。补阴药主治阴虚证，阴虚证多见口干舌燥、皮毛干焦、大便干结、潮热盗汗、脉象细数、舌红无苔等。辨明阴虚证与血虚证，再投补阴药或补血药方为允当。

消食药适用于食积停滞证，以有明显的伤食史，并表现为脘腹胀闷疼痛、嗳腐酸臭、脉滑、舌苔厚腐等为用药特征。消食药属于祛邪之品，无积滞者不宜服用，以免克伐正气。消食药消食化滞，能促使脾胃恢复运化功能，如此则脾健胃纳，得谷有度，气血化生有源，机体健康就有了基本保障。

理气药功能行气、降气，适用于气滞证。使用理气药还应注意药物归经，如肝气郁结选用主归肝经的理气药青皮、香附、川楝子等，脾胃气滞选用主入脾胃经的理气药陈皮、木香等，胸中气滞选用主入胸中的檀香、枳壳等。理气药以行气为主，行气则伤气，故辨证属于气虚证者不宜使用。

应用止血药，当因证而施。如血热出血，即出血量多，色深红或鲜红，质稠，重用凉血止血药。瘀阻经脉出血，即血色紫黯有块，重用化瘀止血药。气虚不能摄血之出血，即血色黯淡，质地清稀，量或多或少，重用温经止血药。不论是突暴性出血而量多，还是慢性出血、日久不止，均需从快止血，应重用收敛止血药。

活血药主治瘀血证，瘀血证的特征有刺痛、肿块、出血紫黯、脉涩、舌紫或有瘀斑等。据证用药是合理用药的基本要求，若无瘀血证而用之，或致流产，诸多不良反应，恐难避免。

三 中药合理配伍用药

中药合理配伍
用药

解表药常用的配伍，如麻黄配桂枝发汗力量加强，有"麻黄无桂枝而不汗"之说，宜于风寒表实无汗证；桂枝配芍药发表解肌、调和营卫，宜于风寒表虚无汗证；羌活配独活祛风除湿，可治一般上下之痹痛；荆芥配防风祛风止痒，可治风寒表证及皮肤瘙痒；防风配黄芪益气祛风，治中风适宜；苍耳子配辛夷宣通鼻窍，治鼻炎；桑叶配菊花疏散风热、清肝明目，可治风热表证、温病初起或肝热目疾等。

清热药配伍增效者，如石膏配知母加强清热泻火、除烦止渴之功，黄芩、黄连、黄柏配栀子清泄三焦热毒，栀子配淡豆豉善于清泄胸膈郁热，知母配黄柏加强清相火之力，生地配玄参清热凉血力强，牡丹皮配地骨皮清热退蒸功优，青蒿配地骨皮退热效果显著，金银花配连翘疏散风热、清热解毒作用加强等。

泻下药主治便秘，便秘之由甚多，当随证配伍。热结便秘配清热药，气滞便秘配理气药，气虚便秘配补气药，阴虚便秘配养阴药，血虚便秘配补血药，寒凝便秘配温里药等。

泻下药常用的具体配伍应予掌握。如大黄配芒硝，泻下通便力加强，有"大黄无芒硝而不泻"之说。大黄配甘草，泻下之力缓和，主治热结胃肠之"食入即吐"。大黄配附子，温阳通便，主治寒凝便秘。大黄配生地、玄参、麦冬，养阴通便，主治津亏肠燥便秘。大黄配枳实、厚朴，行气通便，主治气滞便秘。大黄配黄芪、党参，补气通便，主治气虚便秘。

虫邪内生，多寄生于肠道，故临床使用驱虫药应配伍适量的泻下药，促使虫体下行。虫邪内寄，多扰乱胃气，致脾胃失和，故驱虫药应与健脾和胃药同用。

至于驱虫药的特殊配伍也需掌握，如槟榔配伍南瓜子驱杀牛肉绦虫效佳，槟榔主要麻醉绦虫的头节，南瓜子主要麻痹绦虫的体节，二者配伍可以麻痹绦虫全体，从而加强其驱虫、杀虫作用。

温里药主治阴寒内盛证，阴盛往往兼有阳虚，故适宜配伍补阳药，以助其散寒之功。温里药药性辛热走窜，适当配伍甘缓之品，缓其药性，留恋药力。如大乌头煎和乌头汤皆用蜂蜜煎煮乌头，蜂蜜微甘，一则留恋乌头药力，二则减其毒性。温里药药性温热，易伤阴液，故可佐以益阴之品，防其伤真阴。

此外，温里药中常用的配伍药对应予掌握，如附子配干姜回阳救逆，有"附子无干姜而不热"之说。附子配肉桂温补肾阳、补助命门火。附子配人参益气回阳，"化气于乌有之乡，生阳于命门之内"。高良姜配香附散寒行气止痛，主治寒凝中焦之胃脘凉痛等。

脾主运化水湿，化湿药配伍健脾药为当。湿性趋下，化湿药配伍渗湿药，有助于蠲除湿邪。至于化湿药的具体配伍，尤需注意。藿香配佩兰，外解暑湿，内化湿浊，常用以治疗暑期外感及湿阻中焦证。苍术配厚朴化湿平胃，为治疗湿阻脾胃之纳呆脘痞、胃中有振水声的要药。苍术配白术，健脾化湿，用于脾虚湿盛证，若脾虚甚则重用白术，湿邪盛则重用苍术。苍术配黄柏，清热燥湿，主治下焦湿热证。

利水渗湿药配伍健脾药，健脾有助于除湿；配伍补肾药，肾主水，补益肾气，可以化气行水；配伍宣肺药，肺主宣发和肃降，为水之上源，有通调水道之功；配伍行气药，气能行津，气行则水行，故治疗水湿停聚者，酌配行气药，以行气利湿；配伍清热药，湿热蕴结者，用利水渗湿药，配伍清热燥湿药，湿热并清；配伍活血药，"血有余便是水"，瘀血是水气病的病因之一，再者水湿停聚，压迫脉道，也可以导致血瘀，所以，治疗水肿可适当配伍活血药。配伍养阴药，利水则伤阴，配伍养阴药可以防止利水之品耗伤真阴。

痹证是风寒湿三气杂至所致，其中风气胜者，应配伍祛风解表药，如麻黄、桂枝、细辛等。湿气胜者，应配伍利湿、化湿、燥湿药，如滑石、通草、苍术、白术等。寒气胜者应配伍温里散寒药，如附子、干姜、吴茱萸等。至于感受风湿热邪者，应配伍清热药，如忍冬藤、红藤、龙胆草等。

补气药配伍理气醒脾药，则补而不滞。补阳药配伍养阴药，则阳得阴助而化生无穷，且无燥热之弊。此外，人参单用，名独参汤，可大补元气，与附子配伍，名参附汤，能顷刻化气于乌有之乡，生阳于命门之内。黄芪配升麻补气升阳，配当归气血两补，研究表明，传统的"五倍黄芪归一份"是芪、归的最佳配伍比例，黄芪配人参、甘草为除气虚肌肤燥热之圣品，即甘温除大热的代表性药对。

阴与血，在生理上相互化生，病理上相互影响，故补血药与补阴药配伍使用，可加强疗效。然补益阴血之品，药性滋腻，故每需与健脾醒胃药相伍，防其腻滞脾胃。另外，白芍配甘草功能养血柔肝、缓急止痛，治疗四肢筋脉拘挛疼痛有效。

食积停滞易于伤脾，脾虚运化不健又易于停食，食滞与脾虚往往并存，所以消食与健脾多需并行。"痞积之处，必有伏阳"，饮食停积，易于积而生热，故需适当配伍清热药。食积停滞日久，消食药消之不效，可配伍少量泻下药，以缓下食积。另外，消食药焦山楂、焦麦芽、焦神曲常相互配伍应用，以消化诸食积；炒谷芽与炒麦芽常同时使用，以消食和胃兼以疏肝；莱菔子常与苏子、白芥子同用，以化痰平喘，但莱菔子不宜与人参并用，以免降低人参的补气之功。

见肝之病，知肝传脾，当先实脾，故治疗肝气郁结时，用理气药配健脾药，可防肝病传脾。气有余便是火，气郁易于化火，故用理气药宜酌配清热药。气行则血行，气滞则血瘀，用理气药配伍活血药，防气滞之血瘀。行气则伤气，故用理气药适当配伍补气药，防耗散正气。

理气药常用的配伍药对有：青皮配陈皮疏肝和胃，破气消积；枳实配白术健脾理气消痞；川楝子配延胡索疏肝理气止痛；木香配砂仁、陈皮，行气消食、开胃醒脾；香橼配佛手，疏肝和胃、化痰止咳。

使用平肝潜阳药，宜与滋阴药并行，滋阴以助潜阳。使用镇肝息风药，可与疏肝理气药并用，镇抚并施，因肝为将军之官，一味镇肝，恐致激变，故同时疏肝，条畅气机，以安抚肝脏。使用息风止痉药治热极生风证，应配伍清热药，以制木火相煽之势；治血虚生风证，需配养血药，以期标本兼治。

开窍药属治标之品，临床应用需针对引起闭证的病因而采取不同的配伍，如热闭者配伍清热解毒药，寒闭者配伍温里散寒药，痰阻者配伍化痰药，血瘀阻闭心窍者配伍活血化瘀药等。开窍药之冰片不宜单独使用，也不可用作方剂中的君药。石菖蒲亦适宜作佐使药使用。开心窍，必须君以人参。通气，必须君以芪、术。遗尿欲止，非多加参、芪，不能取效。胎动欲安，非多加白术，不能成功。

止血药中的凉血止血药常与清热凉血药同用，以加强其止血之功。化瘀止血药常与活血化瘀药并用，以加强其化瘀之力。温经止血药常配伍健脾益气药，增加其温经摄血之用。收敛止血药则需配伍少量活血药，防止止血留瘀。三七与补血药同用，止血功佳。

为提高活血药的疗效，临床应根据瘀血证之病机而合理配伍其他药物，如气滞血瘀者配伍理气药，寒凝血瘀者配伍散寒药，气虚血瘀者配伍补气药，血虚而滞者配伍补血药，癥瘕积聚者配伍软坚散结药等。

活血药中的常用药对，也需了解。如五灵脂配蒲黄，治疗瘀血腹痛功著。穿山甲配王不留行通经下乳，主治产后缺乳。川芎"不可单用，必须以补气、补血之药佐之，则力大而功倍。倘单用一味以补血则血动，反有散失之忧。单用一味以止痛则痛止，转有暴亡之虑"。桃仁配红花，活血调经效优。牛膝配石斛，乃健足之品，治疗肾虚足跟痛效佳。乳香配没药活血止痛力强等，这些增效配伍应注意应用。

四 中西兽药结合应用

（一）按药理与中药功效进行配伍应用

补中益气汤、葛根汤等具有免疫调节作用的中药与抗胆碱酯酶药同用，可以根治家畜肌无力和共济失调。芍药甘草汤与解痉药等并用，可提高疗效并消除腹胀便秘等副作用。柴胡汤、小青龙汤等与氨茶碱、色甘酸钠等并用，可提高对支气管哮喘的疗效。清肺汤、竹叶石膏汤、六味地黄丸、竹茹温胆汤等中药方剂，具有抗炎、祛痰、激活机体防御机能的效果，如与抗生素配伍，治疗动物呼吸系统反复性感染效果最好，尤其以含有柴胡或甘草的方剂效果更佳。抗生素类药物与黄柏、葛根、黄连等具有较强抗菌作用的中药并用，可以增强疗效，降低不良反应。

甲巯咪唑等与炙甘草汤、加味逍遥散并用，可使甲状腺功能亢进病证的各种临床症状减轻。类固醇类药物与桂枝汤类方剂并用，可以减少用量和副作用。

抗组胺药与干姜汤、柴胡汤、柴胡桂枝汤、小青龙汤等对Ⅰ型和Ⅳ型变态反应具有明显抑制作用，并用可减少抗组胺剂的用量和嗜睡、口渴等副作用。血管扩张药与桂枝茯苓丸、当归四逆散、吴茱萸生姜汤等并用可增强作用，中药方剂对于微循环系统的血管扩张特别有效。木防己汤、茯苓杏仁甘草汤、四逆汤等与强心药地高辛等并用，可以提高疗效和改善心功不全患病动物的临床症状。苓桂甘枣汤、苓桂术甘汤等与抗心律失常药物合用，可预防心动过速。柴胡桂枝汤、半夏泻心汤、四逆散等与治疗消化性溃疡的制酸剂、H2受体拮抗剂并用，可使临床效果增强。茵陈五苓散、茵陈蒿汤、大柴胡汤等中药与利胆药并用，可以相互增强疗效。

木防己汤、真武汤等与利尿药联用，可以增强效果和减轻口渴等副反应，但排钾性利尿药不宜与甘草类方剂并用，以避免假性醛固酮增多症。

（二）根据疾病需要进行中西兽药配伍

1. 中西药配伍控制病毒感染

利巴韦林、阿昔洛韦、干扰素等抗病毒西药，与白芍、大青叶、板蓝根、野菊花等抗病毒中药联用，有协同作用，使抗病毒效能增强。

2. 中西药配伍控制细菌感染

青霉素、头孢素类、奎诺酮类、氨基糖苷类等抗生素及磺胺类药物，与黄连、黄芩、黄柏、金银花、连翘、蒲公英等具有抗菌作用的中药联用，抗菌作用明显增强。

3. 中西药配伍退热

阿司匹林、对乙酰氨基酚等解热西药，与柴胡、知母、青蒿、地骨皮、淡竹叶等退热中药并用，解热作用协同，疗效增强。

4. 中西药配伍升高白细胞

肌苷、核苷酸、维生素B_4等具有升高白细胞作用的西药，与党参、丹参、山萸肉等并用，作用协同，疗效增强。

5. 中西药配伍治疗消化系统疾病

甲氧氯普胺、多潘立酮、西沙必利等胃肠蠕动增强剂，与槟榔、木香、砂仁、肉桂等胃肠兴奋药并用，作用协同，疗效增强。

稀盐酸、胃蛋白酶、胰酶等助消化西药，与山楂、谷芽、麦芽、神曲、鸡内金等中药配伍，助消化作用协同，疗效提高。

6. 中西药配伍止咳祛痰

氯化铵、乙酰半胱氨酸、咳必清等止咳祛痰西药，与满山红、甘草、小叶枇杷、桔梗等中药并用，作用协同，止咳祛痰作用增强。

7. 中西药配伍控制泌尿系统感染

山楂可降低血液pH值，使尿液酸化，大大增强氨苄西林及阿莫西林抗菌效能。庆大霉素与硼砂联合应用时，因后者可提高尿液之pH，使尿液碱化，前者抗菌作用增强。

氨苯蝶啶、氢氯噻嗪、呋塞米及螺内酯等有利尿作用的西药，与猪苓、茯苓、海金砂、泽泻等中药并用，作用协同，利尿作用增强。

8. 中西药配伍泻下与止泻

硫酸镁、酚酞、丁酯磺酸钠等促进排泻的西药，与香泻叶、朴硝、大黄、芒硝等中药联合使用，作用协同，疗效增强。

药用炭、次碳酸铋、鞣酸蛋白等有止泻作用的西药，与肉豆蔻、赤石脂、儿茶等止泻药并用，作用协同，疗效增强。

阿托品、山莨菪碱、东莨菪碱、溴丙胺太林等胃肠蠕动抑制剂，与半夏、罂粟壳、洋金花、青皮等胃肠弛缓剂联合使用，作用协同，疗效增强。

9. 中西药配伍治疗心血管系统疾病

毒毛花苷K、地高辛、毛花苷C、氨力农，与万年青、附子、夹竹桃叶、蟾酥、黄芪等并用，作用协同，心功能显著增强，也因为如此，联合应用时宜减量，防止中毒。

维生素C、芦丁与槐花、槐米、白茅根、连翘、黄芪及红藤并用，产生协同作用，降低毛细血管通透性及脆性的作用增强。

硫酸亚铁、维生素B_{12}、叶酸等具有治疗贫血作用的西药，与党参、黄芪、鹿茸、阿胶、紫河车等并用，治疗贫血作用增强。

止血敏、氨基己酚、凝血酶等止血药，与白及、三七、血竭、蒲黄、侧柏叶等并用，止血疗效增强。

项目十九 针灸技术

学习目标

总体目标： 掌握经络学说、穴位和针灸的基本知识，掌握经络、穴位识别技能，具备兽医针灸技能。

理论目标： 掌握经络、穴位、针具、针灸和保定等基本知识点，了解选穴配穴、软烧法、电针仪、激光治疗仪等基本知识的学习。

技能目标： 能识别牛、猪、犬等的经络及常用穴位，能准备针具，能保定牛、猪、犬，掌握针灸的基本技能。

任务一 经络学说

经络学说

经络是机体联络脏腑、沟通内外和运行气血的通路。"经"有"径"的意思，如路径无所不通；"络"有"网"的意思，如网罗错综连接。因此，经络在机体内是纵横交错，内外连接的。它内连脏腑，外络肢节，使机体成为一个紧密联系的统一整体。经络学说是研究机体经络系统的生理功能、病理变化及其与脏腑相互关系的学说。

一 经络的组成

经络是经脉和络脉的总称，是机体组织结构的一个重要组成部分。它是联络脏腑组织和运行气血的独特系统。经络系统的组成内容，可分为四个部分，即经脉、络脉、内属脏腑部分和外连体表部分。其主要内容则是经脉和络脉。经脉是经络系统的主干，除分布在肢体一定部位外，并深入体内连属脏腑；络脉是经脉的细小分支，一般多散布在体表，联系"经筋"和"皮部"。

1. 经脉

经脉主要有十二经脉、十二经别和奇经八脉三类。十二经脉，即前肢三阳经和三阴经，后肢三阳经和三阴经。这十二条经脉是经络系统的主体，所以又叫十二正经。十二经别是从十二经脉中分出的纵行的支脉，故称为"别行的正经"，简称为"经别"。奇经八脉，大部分是从十二经脉中分出的较大支脉，它们的循行与十二经别有些不同，虽然大部分是纵行的，左右对称的,但也有横行和分布在驱干正中线的,所以说它们是"别道奇行",简称为"奇经"。共有八条,即任脉、督脉、冲脉、带脉、阴维脉、阳维脉、阴蹻脉和阳蹻脉。

2. 络脉

络脉可分为十五大络、络脉、孙络和浮络。十五大络即十二络脉（每一条正经都有一条络脉）加上任脉、督脉的络脉和脾的大络,总共为十五条,它是所有络脉的主体。另有胃的大络,加起来实际上是十六大络,因脾胃相表里,故习惯上称十五大络。从十五大络分出的横斜分支,统称为络脉。从络脉分出的细小分支,称为孙络。络脉浮于体表的,叫作浮络。此外,将络脉在皮肤上暴露出的细小血管称为血络。

3. 内属脏腑部分

经络联系着全身组织器官,它可以深入体内连属各个脏器,在十二经脉中,每一条经脉都同相关的一个脏或一个腑相连属,同时属于某一脏的经脉还络于相表里的某一腑,属于某一腑的经脉还络于相表里的某一脏,即所谓"脏腑络属"关系。例如,心经的经脉"属"心,"络"小肠;小肠经的经脉"属"小肠,"络"心。肺经的经脉"属"肺,"络"大肠;大肠经的经脉"属"大肠,"络"肺等。此外,还有经络的循环、交叉和交会,并与其他有关内脏贯通连接,构成脏腑之间错综复杂的联系。

4. 外连体表部分

经络与体表组织相联系,主要有十二经筋和十二皮部。经筋包括十二经脉及其络脉中的气血所濡养的肌肉、肌腱、筋膜、韧带等。皮部是指十二经脉及其络脉所分布的皮肤部位,也就是皮肤的经络分区。经筋、皮部与经脉、络脉有紧密联系,故称经络"外络于肢节"。

 十二经脉和奇经八脉

1. 十二经脉

（1）十二经脉的构成 由五脏六腑加心包络共十二脏腑,各系一经,在机体构成十二道经络旁通路,分别运行于机体各部,并与所司的本脏、本腑相连。十二经脉是根据经脉运行的部位和所属脏腑命名的,分别分布于胸背、头面、四肢,均左右对称,共二十四条。运行于四肢外侧,内属腑者为阳经;运行于四肢内侧,内属脏者为阴经。

（2）十二经脉运行的规律 一般说来,前肢三阴经,从胸部开始,运行于前肢内侧,到前肢末端止;前肢三阳经,由前肢末端开始,运行于前肢外侧,止于头部;后肢三阳经,由头部开始,经背部,循行于后肢外侧,止于后肢末端;后肢三阴经,由后肢末端开始,循行于后肢内侧,经腹达胸。这十二条经脉之间是互相贯通,逐经相传,形成一个往复无端的整体循环。

从十二经脉运行来看,前肢三阳经止于头部,后肢三阳经又起于头部,所以称头为诸阳之会。后肢三阴经止于胸部,而前肢三阴经又起于胸部,所以称胸为诸阴之会。

营气在十二经脉运行时,还有一条分支,即由前肢太阴肺经起始,传注于任脉,上行通连督脉,循脊背,绕经阴部,又连接任脉,到胸腹再与前肢太阴肺经衔接。这样,就构成了十四经脉的循行通路。

2. 奇经八脉

奇经八脉是任、督、冲、带、阴维、阳维、阴蹻、阳蹻八条经脉的总称。由于它们不与脏腑直接相连属,与十二正经有区别,故称为"奇经"。其中,任脉行于腹正中线,总任一身之阴脉,故又称"阴脉之海"。任脉还有妊养胞胎的作用,所以又有"任主胞胎"之说。

督脉行于背正中线，总督一身之阳脉，故有"阳脉之海"的称号。十二经加上任、督二脉为经脉的主干，合称"十四经"。冲脉是总领一身气血的要冲，能调节十二经气血，故冲脉有"十二经之海"和"血海"之称。冲脉又与任、督同起于胞中，所以有"一源三歧"之说。总之，奇经八脉出入于十二经脉之前，它具有调节正经气血的功能。当十二经脉中气血满溢时，则流注于奇经八脉，蓄以备用。

三 经络的主要作用

经络能密切联系周身的组织和脏器，在生理功能、病理变化、药物及针灸治疗等方面，都起着重要的作用。

1. 在生理方面

（1）运行气血。机体的各种组织器官，均需要气血的温养，才能维持正常的生理活动，而气血所以能够通达周身，发挥其温养脏腑组织的作用，则必须通过经络的传注。

（2）协调脏腑。经络既有运行气血的作用，又有联系机体各种组织器官的作用，使机体内外上下保持协调统一，它内联脏腑，外络肢节，上下贯通，左右交叉，将家畜机体各个组织器官，相互紧密地联系起来，从而起到了协调脏腑功能的枢纽作用。

（3）调节防卫机能。经络在运行气血的同时，卫气伴行于脉外，因卫气能温煦脏腑、腠理、皮毛、开合汗孔而具有保卫体表、抗御外邪、适应外界环境寒暑变化的作用。同时，经络外络肢节、皮毛，营养体表，所以经络是调节防卫机能的要塞。

2. 在病理方面

经络同疾病的发生与传变有着密切的联系。其主要表现为两方面。

（1）传导病邪。在病邪侵入机体时，机体通过经络以调整体内营卫气血等防卫力量来抵抗病邪。当机体正气虚弱，气血失调时，病邪可通过经络由表及里传入脏腑，如感受风寒在表不解，可通过前肢太阴肺经传入肺脏引起咳喘；寒邪侵袭体表四肢，也可循经直入脾胃，发生腹痛泄泻。

（2）反映病变。脏腑有病，可通过经络反映到体表，临证时我们可以应用经络的这种作用，作为辨证分析、诊断疾病的依据。例如，心火过旺，可循心经反映于舌，发生口舌红肿腐烂；肝火上炎，可循肝经反映于眼，发生目赤肿痛，睛生翳膜；肾阳不足，可循肾经反映于腰，发生腰胯疼痛无力。另外，临证切脉取双凫也是这个道理。因为双凫系前肢太阴肺经所过，肺朝百脉，为十二经之经气汇聚的地方。

3. 在治疗方面

（1）传递药物的治疗作用。药物作用于机体，通过经络的传递，都有一定的作用范围，某些药物对某些脏腑、经络起主要作用，具有一定的选择性，即"药物归经"。如黄连泻心火，知母泻肾火，栀子、黄芩泻肺火，白芍泻脾火，桔梗能载药上行专入肺经，牛膝能引药下行专入肝肾两经等。

（2）感受和传导针灸的刺激作用。经络有感受和传导针灸的刺激作用。针刺体表的穴位之所以能治疗内脏的疾病，就是借助于经络的这种感受和传导作用。针灸疗法，主要是按照"循经取穴"和表里相配的原则对特定的经络俞穴，给予不同手法的刺激，调理气血或振奋抑制脏腑机能，使各组织器官趋于平衡而达治疗的目的。如兽医临床上治胃热，针**上腭【穴位】**（又称玉堂穴，后肢阳明胃经）；治腹泻针**大包【穴位】**（又称带脉穴，后肢太阴脾经）；治冷痛针四蹄头穴（前蹄头穴为前肢阳明大肠经，后蹄头穴为后肢阳明胃经）等。

穴位选取

任务二 穴位选取

一 穴位基本知识

穴位，古称"经穴""俞穴"或"穴道"，即针灸治病的刺激点，是动物气血、经脉输注和聚集的地方。这些穴位的分布，多在机体体表的肌肉、血管、淋巴管和神经末梢所在，有其特定的解剖位置。

（一）穴位的命名

穴位分布在机体体表各处，都有其一定的位置和名称。理解了穴位命名的含义，可以便于记忆和临床应用。

1. 按形象命名

（1）有的穴位似动物形象，故名，如**伏兔**【穴位】等。

（2）有的穴位似天体形象，故名，如**太阳**【穴位】、**云门**【穴位】、**风府**【穴位】（类称天门）等。

（3）有的穴位似地形地貌，故名，如**巴山**【穴位】、**神道**【穴位】、**膝阳关**【穴位】等。

2. 按脏腑命名

如**心俞**【穴位】、**肺俞**【穴位】、**脾俞**【穴位】、**肾堂**【穴位】、**大肠俞**【穴位】、**小肠俞**【穴位】等。

3. 按作用命名

如**睛明**【穴位】、**苏气**【穴位】、**安肾**【穴位】、**长强**【穴位】等。

4. 按位置命名

如**鼻通**【穴位】、**蹄头**【穴位】、**小胯**【穴位】、**腰奇**【穴位】、**尾尖**【穴位】等。

5. 按会意命名

如**承浆**【穴位】，因口涎流出时由此经过，故名。

（二）穴位的分类

穴位输布在机体的体表各处，各个穴位所用的针具和方法不尽相同。

1. 血针穴位

分布在体表血管处，临床上经常应用，如**颈脉**【穴位】、**肾堂**【穴位】、**大包**【穴位】、**后溪**【穴位】、蹄头等穴。

2. 火针穴位

多分布在肌肉较丰厚、神经分支较少而进针较深之处，如**九委**【穴位】、**百会**【穴位】、**小胯**【穴位】等穴，常与毫针穴位互相通用。

3. 毫针穴位

毫针穴位一般多分布在腰背部或肌肉丰满处，目前临床上应用最多，如**抢风**【穴位】、**脾俞**【穴位】、**关元俞**【穴位】、**环跳**【穴位】、**小胯**【穴位】等，可与火针穴位相互通用。

4. 巧治穴位

其操作较一般针法复杂，如云门【穴位】等。

（三）穴位的归经

针刺体表的穴位，之所以能治疗内脏的疾病，就是借助于经络有感受和传导刺激信号的作用。针灸疗法，主要是按照循经取穴和表里相配的原则，对某些特定的经络俞穴给予不同的刺激，以调整气血，或振奋、抑制脏腑机能，使各器官组织趋于平衡协调，从而达治疗目的。如胃热针上腭【穴位】（后肢阳明胃经），腹泻针大包【穴位】（后肢太阳脾经），冷痛针四蹄头穴（前蹄头穴为前肢阳明大肠经，后蹄头穴为后肢阳明胃经）等。这种俞穴与经络的关系，称为俞穴归经。

穴位定位技巧

穴位定位的是否正确，是针治疾病的关键。历代兽医古籍对正确定穴非常重视，如《元亨疗马集·伯乐明堂论》说："针皮勿令伤肉，针肉勿令伤筋伤骨；隔一毫如隔泰山，偏一丝不如不针。"因此，施针时必须掌握好定穴方法和进针手法，才能准确地针刺穴位。

（一）自然标志定穴法

穴位多分布在骨骼、关节、肌腱、韧带之间或体表的静脉管上，因此依其穴位局部的外貌特征和解剖特点来定穴最为可靠。如水沟【穴位】在鼻端旋毛处；地仓【穴位】在口角后方口轮匝肌的外缘处；腰奇【穴位】在荐尾椎之间。

（二）依解剖形态作取穴标志

穴位多在骨骼、关节、肌腱、韧带之间或体表的静脉血管上，可依其穴位局部解剖形态作取穴标志。

1. 以骨骼作取穴标志

如风门【穴位】在顶骨外矢状嵴的分叉处，上关【穴位】在上颌关节后上方的凹陷内，伏兔【穴位】在寰椎翼的后上方，臣觉【穴位】在肩胛软骨前角的凹陷中，百会【穴位】在腰椎和荐椎之间等。

2. 以肌腱作取穴标志

如抢风【穴位】在臂三头肌长头与外头之间，汗沟【穴位】、殷门【穴位】、牵肾【穴位】等在股二头肌与半腱肌的肌沟中，这都是以肌间隙作取穴标志的。

3. 以耳、眼、口、鼻等固有特征作取穴标志

如耳廓上的耳尖穴，眼内的睛中【穴位】、睛明【穴位】等，上唇内外的水沟【穴位】等，鼻侧的鼻通【穴位】等。

（三）依据体躯连线作取穴标志

如百会【穴位】与髂骨结节最高点连线外2/5处为肾俞【穴位】，百会穴与股骨中转子连线的中点为巴山【穴位】，其下中1/3处为路股【穴位】，髂骨结节最高点与臀端连线的中点为环中【穴位】，胸骨后缘与肚脐连线中点处为中脘【穴位】等。

（四）体躯比例距离定位法

胸骨后缘与肚脐连线的中点定为中脘【穴位】。位于中脘【穴位】与神阙【穴位】（动物肚口）的中点处为下脘【穴位】。位于腹正中线，猪剑状软骨与中脘【穴位】连线的中点处为上脘【穴位】。

（五）指量定穴法

以人手指第二指关节的宽度作为取穴尺度，食指与中指相并（二横指）约为3cm；食、中、无名、小指相并（四横指）约为6cm。这种方法较多适用于中等体型的病马，如肘后四指血管上为大包【穴位】；汗沟下四指定为殷门【穴位】等。

 选穴配穴技巧

（一）选穴原则

针灸治疗是通过一定穴位进行，然而全身的穴位很多，作用也较复杂，俞穴可以治疗多种病证，一种疾病可用多个穴位互相配合治疗。因此，恰当地选择穴位在治疗中占有重要的地位。临床选穴有局部取穴、邻近取穴、循经取穴和随证取穴等方法。

1. 局部取穴

依照接近病区的穴位为主，哪里有病就取哪里的穴位。如浑睛虫取睛中【穴位】，舌肿痛取金津【穴位】，眼病取睛明【穴位】、太阳【穴位】，蹄病取蹄头穴，低头难取九委【穴位】等。

2. 邻近取穴

指取距离病变部位附近的穴位。这样既可与局部取穴相配合，加强疗效，也可因局部有某些情况（如疮节等）不便取穴而代替之。如蹄痛取蹄尖穴，尾歪斜取尾尖穴等等。

3. 循经取穴

按传统经脉循行的经路，某一脏腑有病，就在相关的经脉上选取穴位。如肝热传眼取肝经的太阳【穴位】，肺经喘粗取肺经的颈脉【穴位】，心经积热取心经的尺泽【穴位】等。

4. 随证取穴

是指针对全身性疾病而选取有效穴位，如大椎【穴位】、禾口髎【穴位】等穴退热，蹄头等穴可治肚痛，素髎【穴位】、百会【穴位】、耳尖、尾尖可治中暑和某些急性热病等。

以上几种取穴方法，可以单独使用，也可互相配合。

（二）配穴方法

配穴方法，是研究俞穴配伍应用的重要步骤。临床实践中，根据取穴原则，选取具有共同主治性能的穴位，配合应用，以发挥穴位的协同作用。但配穴需精炼，不要过于庞杂，一般配穴以4~6个为宜。否则，不仅徒增患畜痛苦，也难以再次重复施针，且能影响针灸疗效。

1. 对称两侧配穴

如感冒取两侧耳尖穴，中风取两侧风门【穴位】，结症取两侧关元俞【穴位】等。

2. 前后配穴

如冷痛针百合【穴位】配尾尖穴，肺热咳嗽针肺俞【穴位】配鼻通【穴位】或颈脉【穴位】，结症针脾俞【穴位】配长强【穴位】，冷肠泄泻针脾俞【穴位】配金津【穴位】等。

3. 内外呼应配穴

如粪结取长强【穴位】配通关【穴位】等。

4. 表里取穴

如肺热，可根据肺与大肠的表里关系在大肠经上取**鼻俞**【穴位】相配；脾虚，可根据脾与胃的表里关系在胃经上取**后三里**【穴位】相配。

5. 背腹配穴

如拉稀针**脾俞**【穴位】配**天枢**【穴位】等。

6. 远近配穴

在患部附近或远隔部位，各选取具有共同性能的穴位。如胃病取**胃俞**【穴位】配**后三里**【穴位】，心热舌疮取**金津**【穴位】配蹄头穴，肺热咳喘取**鼻俞**【穴位】配尾尖穴等。

总之，针治配穴，如选配得当，多比单取一穴的疗效为好。

任务三 针灸

针灸

针灸包括针刺和灸术两种治疗技术。针刺，是用针刺入机体的一定穴位，通过机械刺激以治疗病证的一种疗法；灸术，是点燃艾绒或利用其他温热物体，通过对体表穴体或一定部位施以温热刺激，以治疗病证的一种技术。由于这两种治疗技术经常合并应用，同时又都属于外治法，因而在我国古代就把它们合称为"针灸"。

一 针具识别及针具准备

（一）针具识别

1. 毫针

毫针系采用不锈钢或合金制成，针体光滑，针尖圆锐，针柄用金属丝缠裹，以便持针。常用毫针针柄有平头式和盘龙式两种。针体直径在 0.64～1.25mm，针体长有 12cm、15cm、20cm、30cm 等数种。兽医毫针是近年来仿照人医毫针所创制的一种针具，因此又称新针。它适用于深刺或透刺几个穴位。

2. 圆利针

圆利针系用不锈钢制成。针尖圆锐，针体圆滑，有粗细长短之别。按其长度，可分为 2cm、3cm、4cm、6cm、8cm、10cm 数种。按针体粗细可分为大圆利针和小圆利针。按针柄分为盘龙柄、圆珠柄和八角柄三种。圆利针多用于针刺各种家畜的白针穴位。

3. 三棱针

三棱针多用优质钢或合金制成，针身呈三棱状，有大小两种。三棱针多用于针刺黄肿散刺或划刺，治疗猪病时也常应用此针来针刺穴位。

4. 宽针

宽针系用优质钢制成，针尖呈矛尖状，针刃锋利，分大、中、小三种。大宽针针头宽约 8mm，针柄长约 11cm，多用于放马、牛颈脉血、肾堂血、蹄头血；中宽针针头宽约 6mm，针柄长约 11cm，多用于放马、牛带脉血、尺泽血；小宽针针头宽约 4mm，针柄长约 10cm，多用于刺马、牛太阳穴位。中、小宽针也有时在牛、猪的白针穴位上施用。宽针因多用于放体表静脉血，所以又称血针。

5. 穿黄针

穿黄针多用优质钢制成。针的规格与大宽针相似，只是针尾上有一小孔，可以穿马尾或标绳，用以吊黄或穿通黄肿。

6. 夹气针

夹气针为扁平长针，针尖呈钝圆状，多用竹制，也有用金属制。长约36cm，宽约4mm，厚约3mm，专用于大家畜夹气穴。

7. 针锤

一种持针器。针锤用硬质木料制成，长约35cm，扎血针时的附属工具。锤的一端较粗，一端较细，较粗的顶端膨大部为锤头，沿锤头直径钻一小孔，以便插针。沿锤头正中通过小孔锯一道缝至锤体1/5处，每柄上套一藤制的活动箍，箍向锤头部推动，则锯缝紧缩，即可固定针具，箍向锤柄移动，锯缝松开，就可取针。放胸堂、颈脉、带脉和蹄头血，将宽针固定在针锤上施针，便于操作。

8. 其他针治用具

有宿水管、三弯针、姜牙钩、抽筋钩等。

（二）针刺前的准备

对家畜施行针灸时，必须做好针具的检查、家畜的保定以及术者的必要准备。

1. 针具准备

根据施针目的选择适当的针具，并检查针具有无生锈、尖钩或弯折等现象。针具一般用75%酒精消毒，必要时用蒸汽或煮沸消毒。

2. 病畜

为便于针灸操作、定穴准确和确保人畜安全，施术时要讲究保定方法，待保定好后，将施针穴位剪毛消毒。

3. 术者

术者根据临诊检查，确定针治方案，态度认真，操作严谨。在施针时，切勿粗鲁、草率。

二 针灸基本知识

针刺手法的熟练与否直接影响疗效。由于疾病的部位和类型的不同，针刺手法也有不同。总的说，最好做到进针时无痛或微痛，进针得气后，灵活运用补泻手法和调节针感的强弱。针刺时以右手持针施术，称为刺手；以左手压迫穴位附近组织，称为押手。其作用能固定穴位、辅助进针，使针体准确刺入穴位，还可减轻针刺的疼痛。押手有不同的手法，一般有指切押手法、骈指押手法、舒张押手法和夹持押手法。将针通过机体体表刺入穴位，这个过程叫行针。行针包括进针、退针、提插、捻转、留针等。

（一）押手法

针刺时多以左手压迫穴位处，称为押手。其作用能固定穴位，辅助进针，使针体准确地刺入穴位，还可减轻针刺的疼痛。

1. 指切押手法

以左手拇指尖切押穴位及近旁皮肤，右手持针，使针尖靠近押拇指边，刺入穴位内。

2. 骈指押手法

用左手拇指、食指夹捏棉球，裹住针体，右手持针柄。当左手夹针下押时，右手顺势将针尖刺入。毫针进针时，多用这种方法。

3. 舒张押手法

用左手拇指、食指，贴近穴位皮肤，向两侧撑开，使穴位皮肤紧张，容易进针。在皮肤松弛或不易固定的穴位，则常应用这种方法。

4. 夹持押手法

用左手拇指和食指将穴位皮肤捏起来，右手持针，使针体从侧面刺入穴位。头部或皮肤薄、空位浅的部位，以及应用穿黄针时常用此法。

（二）进针法

1. 急刺进针法

一手按穴，另一手持针，将针尖对准穴位中心，然后用轻巧敏捷的手法一次急速刺入穴位。一般适用于圆利针、火针、三棱针、宽针等。使用圆利针时，先将针尖刺入穴位皮下，调整针刺角度后，随即迅速地刺入一定深度；使用宽针或三棱针时，固定针尖长度，对准穴位，针刃顺血管角度敏捷地刺入血管，要求一针见血；使用火针时，选择一定长度的火针针具，针烧透后，一次急速刺入所需深度，不可中途加深。

2. 捻转进针法

一般仅用于毫针。进针时先将针尖刺入穴位皮下，左手的拇指和食指固定针体，右手左右捻转，逐步刺入，到达所需部位。

（三）针刺角度、深度和强度

针刺角度、深度和强度，是针刺操作过程中的重要因素，而且是相互联系的。取穴的正确性，不仅与穴位定位是否正确有关，而且与正确的针刺角度、深度和强度有关，只有把两者结合起来，才能确保治疗效果。相反则针刺效果就会受到影响。针刺的熟练程度也与掌握针刺角度、深度和强度密切相关。

1. 针刺角度

针刺角度就是指针体与穴位皮肤平面所构成的角度，它是由针刺方向决定的。常见的有三种。

直刺：针体与穴位皮肤呈垂直或接近垂直的角度刺入。常用的肌肉丰满处的穴位，如巴山【穴位】、路股【穴位】、环中【穴位】、环跳【穴位】、百会【穴位】等穴位。

斜刺：针体与穴位皮肤约呈45°角刺入，适用于骨骼边缘和不宜于深刺的穴位，如风门【穴位】、伏兔【穴位】、九委【穴位】等穴位。

平刺：针体与穴位皮肤约呈15°角刺入，多用于肌肉浅薄处的穴位，如锁口【穴位】、肺门【穴位】、肺攀【穴位】等穴位。有时在施行透针时也常应用。

2. 针刺深度

针刺时进针深度必须适当，不同的穴位对针刺深度各有不同的要求，如开关穴刺入2~3cm，而夹气穴一般要刺入30cm左右。因此，一般可按穴位规定的深度为标准。但是，由于畜体的大小、肥瘦、强弱；病的虚实、深浅；病的长短以及补泻手法等不同，在施针时应注意有所区别，不能千篇一律。其次，针刺的深浅和刺激的强弱有一定关系。一般刺得深，刺激强度就大；刺得浅，刺激强度就小。此外，在靠近大血管和内部有重要脏器的部位，尤其是胸背部和肋缘下有肝脾的穴位，针刺就不宜过深，要慎重施针，否则极易发生危险。

3. 针刺强度

针刺达到适当深度后，术者手下感沉紧，患畜出现提肢、拱腰、摆尾、局部肌肉收缩或跳动，即所谓"得气"。针刺在出现上述现象后，再施行恰当的刺激，才能获得满意的效果。一般可分为三种。

强刺激：手法是进针较深，较大幅度和较快频率的提插、捻转。一般用于体质较强病畜的四肢穴位，进行针麻手术时也常应用。

弱刺激：手法是进针较浅，以较小幅度和较慢频率的提插、捻转为限度。一般用于老弱年幼的病畜，内有重要脏器的穴位。

中刺激：刺激强度介于上述两者之间，提插、捻转的幅度和频率均取中等。适用于一般病畜。

针刺治病，要达到一定的刺激量，除了决定于上述的刺激强度外，还需要一定的刺激时间，才能取得较好的效果。

（四）进针后的手法

这是将针刺入皮下以后，使用种种不同的手法，以取得针感和进一步调和针感强弱以及进行补泻的基本针法操作，是针法中最重要的环节。

1. 提插

"提"就是将已刺入的针向上提，"插"就是将针向内刺。提和插是一个连续动作，也就是将针刺入穴位得气后，再一上一下连续不断地变动针刺深度的手法，一般先浅部后深部，反复重插轻提为补；先深部后浅部，反复重提轻插为泻。提插的幅度不宜过大，时间以 3~5 分钟为宜。

2. 捻拨

"捻"就是毫针进针得气后，用手指捻转针柄，使针体不断左右转动的手法。"拨"是手握针柄，使进针后针体向不同方向微微拨动的手法。一般向左转针为补，向右捻针为泻。现在多以捻针的强度来定补泻，即进针和出针的强度。重做捻针为泻，轻做捻针为补。捻转的幅度一般在 180°~360°。

3. 徐疾

"徐"是慢，"疾"是快。无论是提插，还是捻拨都可徐或疾。因此，它是各种手法中的一种配合运作。一般缓慢进针，疾速出针为补法；疾速进针，缓慢出针为泻法。

4. 轻重

轻重也是配合其他手法的一种动作。"轻"是在提插捻拨时用力要轻；"重"是提插捻拨时比较用力，运作较重。

5. 留针

留针是在运用手法后将针留在穴位内，时间可以根据病情决定，一般 10~20 分钟。火针在进针后，往往也留针一段时间。

（五）退针

退针又叫起针。

1. 捻转退针法

即起针时，一手按定针旁皮肤，另一手持针柄，左右捻转，慢慢将针退出穴位。

2. 抽拔退针法

即起针时将针轻捻后，一手按定针旁皮肤，另一手把住针柄，将针迅速退出穴位，这种方法又叫急起针。

(六)针刺异常情况的处理

1. 弯针

弯针多由病畜肌肉紧张,剧烈收缩;或保定不当,病畜跳动不安;或因进针时用力太猛,捻转、提插时指力不匀等造成。对弯曲较小者,可左手按压皮肤肌肉,右手持针柄不捻转随弯曲方向将针取出;若弯曲较大,则采用轻提轻按,两手配合,顺弯曲方向,慢慢地取出,切忌强力猛抽,以防折针。

2. 折针

多因进针前失于检查,针体先有缺损腐蚀;进针后捻针用力过猛;病畜突然骚动不安所造成。若折针断端露出皮肤外,用左手迅速紧压断针周围皮肤肌肉,右手持镊子或钳子夹住折断的针身用力拔出;若折针断在肌肉层内,则行外科手术切开取出。

3. 血针出血不止

多因针尖过大,或因用力过猛刺伤附近动脉,或操作时病畜突然骚动不安误伤切断血管。对出血轻者让病畜站立,用消毒棉球或用止血药压迫止血,或烧烙止血,或用止血钳夹住血管止血;重者施行手术结扎血管。

4. 针孔化脓

多由于穴位消毒不严,针具不洁,或淋雨、水浸,针孔感染;火针常因烧针不透;或病畜啃咬针穴所致。对于化脓轻者,可局部涂擦碘酒;重者根据不同情况进行局部和全身配合处理。

白针、血针和埋线疗法

(一)白针疗法

使用圆利针、毫针或小宽针,在血针穴位以外的穴位上施针,以治疗各种疾病的方法,叫作白针疗法。

1. 圆利针缓刺法

(1)术前准备:先将患畜妥善保定;根据病情选好施针灸穴位,剪毛消毒;然后根据针治的穴位选取适当长度的针具,检查针具并用酒精棉球消毒。

(2)操作方法:术者以右手拇、食指夹持针柄,以中指、无名指抵住针身,在进针时帮助用力。左手根据不同的穴位,采取不同的押指法,固定术部皮肤,帮助进针。进针时,先将针尖刺至皮下,然后根据所需的进针方向,调好针刺角度,捻转进针达到所需深度,待至一定深度后,必须采用提插捻转等手法,使患畜出现提肢、拱腰、摆尾、肌肉收缩和皮肤颤动等现象,才能产生疗效。进针后,一般需要留针10~20分钟,在留针过程中,每隔3~5分钟可用提、插、捣、捻等手法,加强刺激量。根据不同病情采用强、中、弱不同刺激量。退针时,可用左手拇指、食指夹持针体,同时按压穴位皮肤,右手捻转针柄出针。

(3)注意事项:施针前严格检查针具,防止发生事故;退针后要严格消毒针孔,防止感染。

2. 小宽针急刺法

施针穴位与白针相同,其适应证与治疗效果亦与白针相近。术前穴位局部剪毛消毒,针具及术者手指也应严格消毒。施针时,术者左手按穴,右手持针,并以持针拇、食指固定针刺深度,将针尖点在穴位中心,按所需的进针角度,迅速刺入所需深度,随后即退针。退针后用碘酒严格消毒针孔。本法适用于一些肌肉丰满的穴位,如捻风【穴位】、冲天【穴位】、大胯【穴位】、汗沟【穴位】等穴。

3. 毫针疗法

近年来,兽医工作者在传统的白针疗法的基础上,又普遍开展毫针疗法。毫针疗法的操作与适应证,基本与传统的白针疗法相同,特别对肌肉萎缩疾患有较好的疗效,它有以下特点:进针深,刺激手法强,能透穴;针体细,对组织损伤小,不易感染。

(二) 血针疗法

使用宽针和三棱针等,在畜体血针穴位上施针,使之出血,从而达到防治疾病的目的,这种治疗方法称之为血针疗法。血针疗法也是兽医临床常用的传统针术之一,至今仍被广泛地使用。

1. 术前准备

施针前首先将患畜根据施针穴位的不同要求,进行适当的保定,如针三江、太阳等穴位时宜用低头保定法;针肾堂穴宜用后肢前举法保定;四肢下部施血针,则应先将对侧健肢提举,使患肢踏地负重,以免施针时患肢移动,取穴不准,而影响疗效。血针因针孔较大,且在血管上施术,容易感染,因此,在施术前应严格消毒,穴位局部一定要剪毛涂以碘酒,针具和术者手指也应严密消毒。

2. 操作方法

(1) 三棱针刺血法

多用于体表浅刺,如三江【穴位】、大脉【穴位】;口腔内穴位,如通关【穴位】、玉堂【穴位】等。针刺时右手拇、食、中指持针,使针尖露出适当长度,呈垂直或水平方向,用针尖刺破血管,起针后不要按闭针孔,让血液流出,待达到适当的出血量后,用酒精棉球轻压穴位,即可止血。

(2) 宽针刺血法:首先应根据不同穴位,选取不同大小的针具。宽针的持针法有如下三种。

手持针法:以右手拇、食、中指持针体,根据所需的进针深度,留出针尖一定长度,针柄抵于掌心内,进针时运作要迅速、准确。使针刃一次穿破皮肤及血管,针退出后,血即流出。针刺缠腕【穴位】、曲池【穴位】等穴位时常用此法。

针锤持针法:先将宽针夹在锯缝内,针尖露出适当长度,固定针体。施针时,术者手持锤柄,挥动针锤使针刃顺血管刺入,随即出血。针胸堂【穴位】、肾堂【穴位】、蹄头【穴位】等穴位常用此法。

手代针锤持针法:以持针手的食、中、无名指握紧针体,用小指的中节放在针尖的内侧,抵紧针尖部,拇指抵押在针体的上端,使针尖露出所需刺入的长度。挥动手臂,使针尖顺血管刺入,血随即流出。

3. 注意事项

三棱针的针尖较细,容易折断,使用时应特别注意。

宽针施术,针刃必须与血管平行,以防止切断血管。针刺出血,一般可自行止血,或在达到适当的出血量时,令患畜肢体活动或轻压穴位,即可止血。如出血不止时可多加压迫,必要时可用止血钳、止血药或烧烙法止血。

血针的泻血量直接影响着治疗效果。泻血量的多少应根据患畜的体质强弱、疾病的性质、季节气候及针刺穴位来决定。一般膘肥体壮的病畜放血量可大些,瘦弱体小的病畜放血量宜小些；热证、实证放血量应大；寒证、虚证可不放或少放；春、夏季天气炎热时可多放；秋、冬季天气寒冷时宜不放或少放；有的穴位如**马分水【穴位】**，破皮见血即可。体质衰弱、孕畜、久泻、大失血的病畜，忌施血针。

施血针后，针孔要防止水浸、雨淋，术部宜保持清洁，以防感染。

（三）埋线疗法

埋线疗法是将羊肠线埋植在穴位内，产生持久性刺激的一种治疗方法，又名埋植疗法。埋线疗法既有肠线对穴位的刺激作用，又有组织疗法的效果。因此，埋线疗法是中西医相结合的一种新疗法。据实验报道，羊肠线埋于穴位后，测定机体内的生化指标，肌肉合成代谢升高，分解代谢降低，肌蛋白、糖类合成增高，乳酸、肌酸分解降低，肌肉的营养和代谢得到了提高。目前，这种方法用于治疗仔猪拉稀（取**后海【穴位】**）、马、牛跛行（取**抢风【穴位】、大胯【穴位】、小胯【穴位】**）和马的眼病（取**睛俞【穴位】、睛明【穴位】、垂睛【穴位】**）等。操作时，穴位剪毛消毒，用龙胆紫点穴，将羊肠线穿入16号针头的针孔内，外边留肠线1~2cm，垂直刺入穴位内，急速把针头拔出，剪断羊肠线外露部分，然后把皮肤提起，使羊肠线不外露。或者用持针器夹住带羊肠线的缝针，从消毒好的穴位旁1cm处进针，穿透皮肤和肌肉，从对侧方向穿出，剪掉穴位两边露出来的线头，轻提皮肤，使肠线完全埋入皮下即可。若治马的眼病，可剪取3号肠线2cm，放置在封闭针孔内的前端，然后将封闭针刺入已消毒好的穴位，使针尖达到眼底部。在缓慢退针的同时用毫针从封闭针内将肠线植于穴位内，拔针后消毒针孔，或将针孔覆盖碘仿火棉胶。操作时要严格注意无菌操作，防止感染。羊肠线临用前应于盐水浸泡，以免在组织内液化。埋线不可外露，以防脱落，影响疗效。

四 水针疗法

水针疗法是一种针刺与药物相结合的疗法，它是在穴位、痛点或肌肉起点注射某些中西药物，通过针刺的刺激及药物的作用，来调整机体的机能和改变病理状态，从而达到治疗疾病的目的。因此，本法又叫作穴位注射疗法。

（一）注射部位

根据治疗的需要，可选择下列三种不同部位注射。

1. 痛点注射

根据诊断确定患部，并找出痛点进行注射。

2. 穴位注射

一般白针穴位都可以进行水针治疗。根据不同疾病，选择适宜的穴位。

3. 患部肌肉起点注射

患部肌肉起点注射，对一些痛点不明显的慢性腰肢病，可在患部肌肉起止点进行注射。

（二）操作方法

（1）术部剪毛、消毒。

（2）根据不同的注射部位和进针深度，选有粗细和不同长短的注射针头，按肌肉注射法进行注射；穴位注射可按毫针疗法进针的方法进针，待出现针刺反应后，再注射药物；肌肉起点注射，应到达骨膜和肌膜之间。

（3）水针取穴：每次不宜过多，通常每次注射1~3穴（点），一般2~3日一次，每3~5

次为一个疗程，如不愈可隔一周再进行第二个疗程。

（三）药物和剂量

可根据不同疾病，选用一种适宜于做肌肉注射的中西药物进行注射。兽医临床上较为常用的中药注射液有当归、红花、黄连素、穿心莲等中药注射液，以及生理盐水、5%~10%葡萄糖溶液、0.25%~0.5%普鲁卡因、维生素B、B_{12}等。但也可以根据不同疾病，选用其他的药物，如抗生素、止痛药、镇静药、抗风湿药等；另外还可注射各种生物药品，有人曾用破伤风抗毒素进行百会【穴位】和大椎【穴位】注射，可减少药量并提高疗效。

药液的用量，可根据药物性质、注射部位及注射点的多少来决定，一般大家畜每穴（点）以10~15mL为宜，小家畜酌情减少。

（四）适应证

兽医临床上多用此法治疗眼疾、损伤性跛行、风湿症、神经麻痹、瘫痪等。也有用于治疗某些内科病和传染病的报告。

（五）注意事项

（1）水针疗法不宜使用刺激性过强的中西药物。
（2）严格无菌操作，防止感染。
（3）注射后局部有时有轻度肿胀和疼痛，一般经一天左右即自行消退。

五 艾灸和醋酒疗法

（一）艾灸疗法

点燃艾绒，在畜体的一定穴位上进行熏灼，借以疏通经络，驱散寒邪，达到治疗疾病目的所采用的方法，叫作艾灸疗法。

艾绒是中药艾叶经晾晒加工捣碎，去掉杂质粗梗，制成的一种灸料。艾叶性辛温、气味芳香、易于燃烧，燃烧时热力均匀温和，能窜透肌肤、直达深部，有通经活络，祛除阴寒，回阳救逆的功效，有促进机能活动的治疗作用。此外，有利用日光通过凸透镜照射穴位的日光灸，也属艾灸法的一种。

1. 艾炷灸

艾炷是用艾绒制成，圆锥状，制作时应尽量搏紧。艾炷灸分直接灸和间接灸两种。

直接灸：施术时将炷直接置于穴位上，点燃艾炷，待烧到接近底部时，再换一个艾炷。每燃点一个艾炷，称为一炷（或一壮），灸治时，可根据艾炷的大小和壮数的多少来掌握刺激量的强弱，一般治疗以3~5炷为宜。

间接灸：艾炷间接灸，根据所隔药物不同，可分为多种灸法，常用的有隔姜灸和隔蒜灸两种。即将鲜姜和大蒜切成片，在姜片和蒜片上，用针穿一些孔，置于穴位和艾炷之间，操作法与直接灸相同，利用姜、蒜等的药理作用，以增加艾叶的驱风散寒的功效。

艾炷灸在兽医临床上，因受体位的限制，应用不够广泛，多在腰部穴位施术，常用于治疗腰风湿。

2. 艾卷灸

用艾卷代替艾柱施行灸术，不但简化了操作手续，而且不受体位的限制，全身各部位均可施术。艾卷是用陈久的艾绒摊在棉皮纸上卷成，直径1.5cm，长约20cm。具体操作方法可分下列三种。

温和灸：将艾卷的一端点燃后，距穴位1~2cm处持续熏灼，给穴位一种温和刺激，每穴灸5~10分钟。

回旋灸：将燃着的艾卷在患部的皮肤上往返、回旋熏灼，用于病变范围较大的肌肉风湿症。

雀啄灸：将艾卷点燃后，按触一下穴位皮肤，马上拿开，再接触再拿开，如雀啄食，反复进行2~5分钟。多用于慢性疾病。

（二）灸熨疗法

1. 醋麸熨

准备麦麸20斤，陈醋5斤，麻袋两条。先将一半麦麸，放在大铁锅中炒，随炒随加醋，加醋至用手握麦麸成团，放手即散为度，温度40~60℃即可装入麻袋中。用此法再炒另一半麦麸，两袋交替温熨患部，至患部微汗时即可停止，熨后注意保暖。本法适用于腰胯风症的治疗，一日一次，可连续数日。

2. 醋酒灸

醋酒灸又名"火烧战船"。先将患畜妥善保定在六柱栏内，用温醋刷湿患畜术部被毛。再取粗白布或双层纱布，用醋浸湿后搭于患畜术部。然后在湿布上喷上酒精，以火点燃，反复地喷酒浇醋（火大浇醋，火小喷酒精）。或者不用布，直接把酒精喷洒在已刷湿的被毛上直接点燃，也可达到治疗效果。在上述治疗过程中，切勿使敷布及被毛烧干。直至患畜耳根或腋下出汗为止。术后要注意保暖。最好用毡被覆盖，置于保暖的室内休息。本法主治全身风湿、腰胯风湿等。瘦弱病畜及孕畜禁用。

烧烙术

烧烙术是我国自古就有的一种传统治疗技术。是针灸术的重要组成部分，由灸法发展改进而来。早在唐代《司牧安骥集》中就有记载。直至今日，仍在许多地区广泛应用。烧烙术是取其强力的烧烙作用，使热透入皮肤组织深部，以温通经络，促使患部气血运行，消肿破瘀，患部疼痛消失，恢复功能，且能直接限制病灶，不再继续发展，临床常用直接烧烙和间接烧烙两种。

（一）直接烧烙

1. 用具

尖头刀状烙铁和方头刀状烙铁各数把，小火炉一个，木炭、木柴或煤炭数斤，陈醋一斤。

2. 操作方法

（1）患者术前绝食8小时，根据烧烙部位不同，可选用二柱栏站立保定，或横卧保定。

（2）先以烧透的尖刀状烙铁，在患部烧烙，先将毛烙掉，再由轻到重，为了加大火力可换用方头刀状烙铁继续烧烙，边烧边喷醋，直至皮肤烧成金黄色为止。

3. 适应证

适用于顽固性慢性四肢病，如慢性关节炎、屈腱炎、骨瘤以及腰胯风湿、神经麻痹等。

4. 注意事项

（1）烧烙时，烙铁接触皮肤要平稳，不要划破皮肤。

（2）患者有两肢以上同时有病，均需烧烙，应先烧烙一肢，等炎症消退后，再烧另一肢。

(3) 手术后，不能立即暴饮，应注意防寒保暖，保持术部的清洁卫生，防止患畜啃咬或摩擦烧烙部位。

(4) 手术后应使患畜适当运动，必要时可正常使役，以增疗效。

(二) 间接烧烙（熨烙，转烧法）

间接烧烙是用大方形烙铁在患部盖上用陈醋湿透的棉花纱布，进行间接烧烙的一种治疗技术。

1. 工具

方型烙铁数把、方形棉花纱布垫数个、陈醋、木炭、火炉等。

2. 操作方法

(1) 患畜妥善保定在二柱栏或四柱栏内，必要时也可横卧保定。

(2) 将醋浸透棉花纱布垫固定在施术的部位上，然后用烧红的方形烙铁在棉花纱布垫上熨烙。初时宜轻烙，以后逐渐加重，并不断向垫上浇醋，约烙10分钟，患部周围皮肤有微汗时即可。

(3) 术后去掉棉花纱布垫，将患部擦干，并注意保暖。若不愈，间隔一周可再施术。

3. 适应证

破伤风、脑炎、风湿症、屈腱炎等。

七、火针疗法

火针疗法是兽医临床上最常用的针灸疗法之一。通过火针对穴位的强刺激，能促使机体对全身进行重新调整，充分调动其体内的积极因素，加强机体的生理防御功能。这些作用都是在中枢神经系统及其高级部位的兴奋与抑制过程的恢复协调中的调整，动员了机体抵抗疾病的生理性代偿防御机能，达到了消除病理过程的目的。根据经络、脏腑学说，火针疗法可使经络气血疏通调和，脏腑及组织功能的调节得到加强，从而使机体达到阴阳平衡，加强机体的免疫功能，加快机体的康复时间，达到治好疾病的目的。

1. 术前准备

保定好患畜，用黑布将其双眼蒙住，并让其站立。根据患畜病情，选好相应的穴位剪毛，碘酒药棉消毒。火针的长短、粗细，应根据患畜的轻重、肥瘦、穴位部位的情况来确定，一般火针为圆利针，长为4~12cm，直径为0.67~1.73mm。将要用的火针，用药棉缠绕成中间稍鼓起，两头细尖的形状，蘸取食油或酒精均可。备好消炎药膏。

2. 操作方法

术者站在患畜的右侧，以左手的食指按压住穴位，右手用拇、食、中指掐取火针的针柄处。用火点燃缠绕着药棉的火针，待药棉燃烧成灰烬火灭时，将火针垂直于穴位，并迅速刺入，3~5分钟后，捻转火针柄拔出，针孔用消炎药膏封住。

八、电光针疗法

(一) 电针疗法

电针疗法是在针刺出现反应后，通以适当电流，刺激穴位的一种治疗方法，是用电流的刺激加强或代替传统针刺的一种疗法。其优点：节省人力，能代替人工持续运针；刺激量大；能比较客观地控制刺激量。一般针刺治疗的适应证，均可应用电针，对各种家畜的神经麻痹、骨肉萎缩、风湿症、起卧症、消化不良、直肠及阴道脱等具有较好的治疗效果。电针麻醉是选择适当穴位，通过针和电的双重刺激，经过电流诱导，提高痛阈，进行手术的一种方法。

1. 术前准备

圆利针、毫针或电疗机及其附属用具（导线、金属夹子）。

电疗机是电针疗法的主要工具，它性能的好坏直接影响电针治疗和电针麻醉的效果。目前，国内出产的电疗机或电疗电麻机种类很多。应注意最大输出电压和电流量的关系，以免发生触电危险。

2. 电流的性质和选择

由于电针疗法有电的刺激，因此应对电流的性质有所了解，并加以选择。

（1）平滑直流：这种电流在刚通入畜体内及断开的一刹间有明显的电刺激，但在继续通电的过程中，刺激量就会明显减弱。产生这种现象的原因是部分电流转变成热能，引起电解、电渗、电泳等作用，或者出现极化现象（当初通电时，流通畜体组织的电流很大，但在继续通电时则逐渐减少）。因此，用平滑直流作为电针时，可产生灼伤，也可因电解引起针体缺损，易发生折针、极化等弊病。

（2）脉动直流：这种电流在脉动波形的前沿和后沿对畜体有明显的电刺激。波型中间部分的作用基本与平滑直流相同。脉动直流的电解作用强于平滑直流，故一般用作离子导入。

（3）这种电流的波形由正半波和负半波两部分组成。对畜体产生刺激亦发生在波形的前、后沿部分。波形中间部分只有产热而无电解、极化等作用。电针用这种电流较为合适。但是，50周正弦波交流电对畜体生理功能干扰较大，故很少应用。

（4）调制脉冲电流：一种脉冲波受到另一频率的脉冲波调制，成为复合的调制波，使其在频率或波宽上随着调制脉冲而变化。这种电波刺激畜体时，略能延长畜体对电刺激产生适应的时间。

在电刺激的频率选择方面，应考虑机体神经对电刺激的传导问题，一般神经对电刺激的传导不超过2 500次/秒的范围。如果用高于这个频率的电脉冲刺激机体，神经上的冲动传导也不会多于2 500次/秒，部分电能就消耗在无效功上。因此，电疗机应考虑选用振荡波形狭窄、频率不过分高的线路为宜。

3. 操作方法

（1）根据病情，选定2~4个穴位（一般成对）剪毛消毒，先按毫针法刺入穴位，使出现针刺反应。

（2）如为电疗麻醉两用机应先调至治疗档，然后将电疗机的正负极导线分别夹在柄上，当确认输出调节在刻度"0"时，再接通电源。

（3）频率调节由低到高，输出档由弱到强，逐渐调到所需的强度，以病畜能接受治疗为准。

（4）通电时间，一般15~30分钟，也可根据需要适当延长。

（5）在治疗过程中，为避免病畜对电刺激的适应，可适当加大输出；也可随时调整电疗机，使输出波频率不断变化；也可数分钟停电一次，然后继续通电。最后结束时，频率调节应该由高到低，输出由强到弱。

（6）完成一次治疗时，应先将输出波频率旋钮调到刻度"0"，再关闭电源，接着除去金属夹，退出针具，消毒针孔。

（7）一般每日或隔日施针一次，5~7日为一个疗程，每个疗程间隔3~5日。

4. 注意事项

（1）若针柄由氧化处理后的铝丝绕制，因氧化铝绝缘不导电，电疗机的输出线应挟持在针体上。

（2）在电针治疗时，如输出电流时断时续，电刺激来得很突然，往往是因为电疗机的输出电线发生折断，断头忽断忽接所致，需修理后再用。

（3）电针治疗时，应避免电流回路经过心脏。此外，靠近延脑部位的穴位，电刺激强度不宜过强，以免引起心跳、呼吸停止的危险。

（二）激光针灸疗法

激光是20世纪60年代发展起来的一门新兴的科学技术，它越来越广泛地应用于不同科学领域。激光用于医学已有多年历史。我国在激光医学、激光兽医方面作了大量工作，积累了很多经验，取得了丰富成果。目前，激光针已成为激光技术应用中一个极活跃的领地。实践证明，小功率氦氖激光针刺激皮肤时，穿透组织深度可达10~15mm，可直接作用于大多数穴位，而且有累积作用，多次小剂量刺激，可出现大剂量刺激的效应。国内学者研究指出，小功率氦氖激光虽不能直接杀灭细菌，但能增加细胞吞噬指数、巨噬细胞活性、γ球蛋白和补体，从而加强机体细胞和体液的免疫机能；还可影响细胞膜的通透性和组织中一些酶的活性（激活过氧化氢酶），提高甲状腺、肾上腺的功能，从而加强机体代谢，改善机体各系统的功能；此外，小功率氦氖激光可使成纤维细胞的数目增加从而增加胶原形成，促进肉芽生长，加速伤口愈合，促进断离神经的再生等。总之，小功率氦氖激光具有刺激、消炎、镇痛和促进生长等作用。激光针对穴位不仅有刺激作用，而且激光光束照射还可给穴位输入能量。一定能量的激光刺激有微热作用，所以，激光针兼有刺激和灸法的作用。它具有无痛，无菌，简便，没有滞针、折针等优点。

项目二十 护理技术

学习目标

总体目标： 通过兽医临床病后和产后辨证、动物洗浴、动物穴位按摩等知识的学习，掌握动物综合护理技巧。

理论目标： 掌握动物产后保健、动物病后保健和动物穴位按摩等基本知识。

技能目标： 能针对动物产后和病后进行辨证用药；使学生能针对动物洗浴、按摩等技术损伤，以及犬的生理特点和病理实际，掌握动物综合护理和保健技能。

任务一 产后辨证保健

产后辨证保健

一 母畜保健

母畜产后经常会出现各种问题，如产后感染、奶水不足、体重骤降、异食癖和便秘等。这些问题虽然不会直接威胁到母畜生命，但会对母畜生产性能造成较大影响。饲养母畜的目的是繁育后代。做好母畜的产后保健，减少产科疾病的发生，可使母畜发挥最佳生产性能。

（一）母畜病证

产后感染是母畜临床常见疾病，很多母畜产后由于免疫力下降，产道黏膜损伤，助产消毒不严格以及条件性致病菌繁殖等，导致产道、子宫、乳房等部位发生感染。常见的致病菌有大肠杆菌、化脓性链球菌、葡萄球菌、化脓性棒状杆菌等，这些细菌能引发阴道炎、子宫内膜炎以及乳房的炎症，进而影响发情、受精、妊娠和泌乳。

奶水不足，一方面是由于产后感染，体温升高，导致采食量下降，营养不足而造成；另一方面是由于产前腹腔中的消化器官如胃、大肠、小肠、肝脏、胰腺等，受压迫出现位置变化，产后突然重新归位，需要2~3天的调整适应期，此期间采食量会下降，导致泌乳受到影响。另外，乳房发生炎症也会导致奶水不足，加上产后各种激素的分泌也需要调整，如果出现紊乱，也会导致奶水分泌不足。

体重骤降、异食癖和便秘等母畜产后问题也较为常见，尤其是初产母畜产后更易出现这些问题。体重骤降主要和采食量的下降以及激素调节有关，异食癖多因矿物质元素缺乏或神经功能障碍，而便秘多因胃肠道功能恢复不佳而导致。

（二）母畜辨证保健

针对产后容易出现的问题，母畜常用的保健方法有物理保健、药物保健和管理保健。

1. 物理保健

物理保健主要针对产后泌乳量明显下降的母畜，通过腹部按摩以及毛巾热敷，使乳房局部血液循环加快，乳腺分泌增强，以增加产乳量。按摩时，手法需要得当，用力过重容易造成乳腺组织损伤，而用力过轻则效果不明显。按摩前应先将两手搓热，将乳房局部用温水清洗，从基部开始向中间按，每日早晚各一次，经过3~5次按摩后，乳腺管充分疏通，乳腺的分泌功能增强，泌乳量便会增加。热敷催乳时，水温设定在40~50℃，可用吸水性较强的棉质毛巾，每次热敷时间不低于20秒，热敷的同时最好配合按摩，效果更好。

2. 药物保健

药物保健范围较为广泛。针对产后感染，药物多用抗生素。产后母畜免疫力下降，宫颈开张，且子宫黏膜受到损伤，很容易继发感染，使用广谱抗生素能第一时间抑杀感染菌，从而保护母畜免受侵害。可以使用氨苄西林、青霉素等进行静脉注射或肌肉注射；可以选择栓剂塞入产道中，栓剂在阴道酸性液体环境下逐渐溶解，释放药物；还利用清洗法将药物溶解后，注射进子宫腔体杀灭细菌和冲洗子宫。

母畜产后气血虚弱，可以补充由党参、白术、黄芪、当归等构成的方剂以补益气血，方如由**当归补血汤【方剂】**加益母草构成的**归芪益母汤【方剂】**等，或者直接用**四物汤【方剂】**等进行调理；还可以在母畜产后立即喂服红糖益母草汤，提高母畜血糖水平和血钙水平。其中，红糖益母汤包括红糖0.5kg、麸皮1kg、益母草0.5kg、葡萄糖酸钙口服液500~1 000mL。

针对奶水分泌不足，如为气血不足所致，可以采用**生乳散【方剂】**进行保健治疗；如为气血瘀滞所致，可以采用**通乳散【方剂】**进行保健治疗。

针对体重下降，异食癖和便秘等，在临床看来，均与脾胃有关，因此可以选择芳香化湿药、清热燥湿药和消导药构成的中药方剂进行保健，如**健脾丸【方剂】**加减，方药主要包括了白术、党参、陈皮、麦芽、山楂、枳实等构成。

母畜产后体质会出现暂时性的虚弱，如果出现产程过长或分娩障碍，则产后的问题会更多，建议在围产期，提前对预产母畜进行检查评估。产后可饲喂红糖水、麸皮汤等，及时补充能量，防止便秘的产生，为了减少异食癖的发生，要及时清理母畜的胎衣，防止被其吃掉。为了帮助消化道快速恢复消化功能，提高饲料的消化利用率，建议在饲料或饮水中添加酵母、乳酸杆菌等益生菌制剂。

幼畜辨证理论

幼畜疾病，是指幼畜出生到断奶这一时期的特有疾病。由于幼畜的生理特点和生活条件与成年牲畜不同，在疾病感染和发病情况方面与成年牲畜有一定程度的差别。幼畜疾病主要包括先天性疾病和外感六淫和乳食草谷所伤所致疾病，病因比较单纯。从疾病的发展来看，幼畜患病后，寒、热、虚、实变化较多，但一有转机又易康复。所以，无论是诊疗和护理都要有专业的知识，故有"识别幼科证候难，生理病理有特点"之说。

（一）生理特点

1. 幼畜为纯阳之体

幼畜出生后，生长发育十分迅速，一个月的小马驹每天要增重一斤左右，中医把这种生机蓬勃、发育迅速的特点叫作"纯阳"，将具备这种特点的机体叫作"纯阳之体"。所谓"纯阳"是对幼畜的生长旺盛而言，绝不能把"纯阳"理解为独阳无阴。

幼畜生机蓬勃，发育迅速，体内对水谷精气的需求比较迫切，常感到营养物质和水液的不足。因此，需要有足够的母乳和水草谷料精气进行补充，才能促进其健壮生长，所以幼畜又有"阳常有余，阴常不足"之说。

2. 幼畜为稚阴稚阳

幼畜从出生到成长这一过程中，机体各方面的生理机能尚不健全，对外界的适应能力较差，如饲养管理不当则易生疾病。因此，"脏腑娇嫩，形气未充"是幼畜的基本特点之一。

"稚阴稚阳"和"纯阳"同为幼畜生理特点的两个方面，前者是对幼畜的脏腑、气血、肌体发育均不够完善而言，后者是对幼畜生长发育迅速，阳气相对比阴气旺盛及肌体抗病能力而言。二者互相关联，在实践中用以指导认识幼畜生长发育以及疾病的防治。

（二）病理特点

由于幼畜"脏腑娇嫩，形气未充"，故发病容易，变化迅速，外易为风、寒、暑、湿、燥、火所侵，内易为乳食草谷所伤。除特有的先天性疾病外，幼畜对一些时行疾病也特别易感，肺系疾病、脾胃疾病，以及壮热抽搐、泄泻等证亦为多见，这与其生理特点和病理特点有密切关系。

由于幼畜疾病具有发病容易、变化迅速的病理特点，其患病之后若调治不当，易轻病转重，重病变危，甚至恶化死亡。例如，幼畜感冒很快可以转为肺炎；泄泻稍多，容易发生津衰液竭，形成虚脱。这些病均可能在短时间内引起死亡。胎畜出生后，由胎内生活转为胎外生活，其生活环境发生了显著变化，所以需要加强护理，使之逐渐适应新环境，以防感染毒邪，引起疾病。

由于幼畜的病理变化比成年牲畜更为迅速且复杂，故对幼畜的诊断和治疗，必须做到诊断正确，治疗及时，用药适当。此外，幼畜还具有脏气清灵的特点，幼畜疾病在转归过程中既有易于恶化的一面，同时又有生机蓬勃，脏气清灵的一面。幼畜无劳役之苦，五劳七伤并不多见，对药物反应也很敏感，只要诊断正确，用药恰当，护理适当，轻病能够迅速治愈，重病能很快减轻，危证能出现生机，这是不同于成年畜的又一病理特点。

（三）幼畜病机

幼畜辨证，亦是运用八纲、脏腑、经络、病因、病机等基本理论分析归纳，临证时同样是运用八纲辨证、脏腑辨证、六经辨证、卫气营血辨证和六淫辨证等方法，但在运用这些方法时，必须结合幼畜的各种特点有重点地进行。例如，幼畜病较多，应该首先辨别表里，一般外感表证多见，一旦出现口渴欲饮，则为热已入里。里热证中若见舌绛，有出血点，多属热灼营血，若发热稽留不伴有舌苔黄腻等，则属于湿热之证。对于幼畜危证，应首辨虚实。以肺炎喘嗽为例，多数见发热、咳嗽、气喘、鼻煽、烦渴、发绀等，以痰热内闭的实证为主；若体弱幼小的驹犊，身热虽高，但四肢欠温，咳嗽气促，则为正虚邪实之虚实夹杂证；若呼吸浅促，四肢厥冷或汗出如珠，则属阳脱之虚证为主。

根据幼畜在病理上易虚、易实、易寒、易热、转变迅速的特点，临证时随时观察幼畜的病情变化，尤应注意仔细审证，做到方随病变，给予恰当的治疗，促使疾病趋向康复。

1. 脏腑辨证

从脏腑变证来看，幼畜"脾常不足"，易患消化不良、腹泻、肚痛、结症等病。幼畜"肝常有余"，患病后易于传里化热，常能引动肝风，其他脏腑有病也往往影响肝脾二脏。

2. 八纲辨证

从八纲辨证来看，由于幼畜的阳气偏盛，感受外邪后，最易寒随热化，故在治疗中常见的阳证、热证居多，阴证、寒证、虚证较少。

3. 六经辨证

从六经辨证来看，幼畜感受外邪较成年家畜为快，发病急，发展快，变化多，如果按照成年牲畜发展的规律去医治，则往往不能适应病情的发展。

4. 卫气营血辨证

从卫气营血辨证来看，疾病的一般转变规律是按照卫、气、营、血的顺序进行的，即：疾病初起在卫分，病情较轻；继之到气分，病情较重；再入营分、血分，病情更重。但很多幼畜起病急骤，不按一般顺序转变，如幼畜中毒性肺炎、脑炎等病，发病时热邪就在气分、营分或血分。即使按顺序转变，由于幼畜疾病具有转变迅速的病理特点，临床见到的外感热证在卫分者较少，大多数已由卫转气，临证时不可拘泥于一般规律。

5. 六淫辨证

从六淫辨证来看，六淫即风、寒、暑、湿、燥、火，当四时气候变化太过或机体正气不足不能适应这种变化时，就导致疾病，六淫都从皮毛或口鼻而入，其所引起的疾病统称外邪。幼畜卫外功能薄弱，故易感受六淫之邪。所以幼畜外感病是比较多见的，有些幼畜疾病只能用六淫进行辨证，如风湿、湿温等。再以某些脏腑不明显的湿热病为例，临证时只有持续发热、倦怠、舌苔厚腻等。此类定位不明显的病证只有用六淫进行辨证。

6. 气血辨证

气血是维持机体生命活动的基本物质，是脏腑组织功能活动的两个方面。血是指血液，有濡养各脏腑组织的作用。幼畜气虚、气滞、气逆与血虚、血瘀、出血、血热等证均较多见，故常需进行气血辨证，以补充脏腑的辨证不足。

"气为血帅，血为气母"，二者为依赖关系，故幼畜血虚同时兼有气虚，治疗时则应补血药与补气药同用。气滞、气逆常能导致幼畜血瘀或出血，临证时气滞、血瘀、出血较常见。

幼畜辨证的步骤与成年牲畜相似，对每种疾病应首先八纲辨证，它是各种辨证的总纲。在此基础上再进行脏腑辨证确定病位，或同时按六淫辨证确定病因。对于幼畜温热病，应按卫、气、营、血辨证，幼畜以气分热证较多，有时又需辅以气血辨证，幼畜气滞、血瘀、便血较为多见。

除上述普遍规律外，各种疾病又各有辨证重点，如幼畜外感，应首辨表里；肺炎合并心衰，应首辨虚实。幼畜病情多变，要善于发现危证征象，幼畜常见的危证有亡阴、亡阳、阴阳决离等，如果医者仔细观察患畜的精神和黏膜色彩，触摸四肢的冷暖，听心脏跳动的强弱，往往能发现疾病的危象。

幼畜病情的变化快，有时在数小时之内病邪可以从表入里，或由实转虚，亡阴与亡阳也多同时出现。因此，辨证论治的间隔时间必须比成年牲畜要短，某些急性病一日需要多次诊断，仔细辨证，及时更改处方，才能获得良好的治疗效果。

(四) 幼畜辨证论治

幼畜的药物治疗，必须在辨证的原则下进行，其理、法、方、药基本上与成年牲畜相同。但由于其生理、病理特点，故在具体运用上又有不同之处。

幼畜用药应根据体格大小，病情轻重缓急，病变的部位，体质的强弱，气候的差异等，在剂量上适当增减。由于幼畜寒、热、虚、实易变，剂量稍有不当，不仅可能伤及脏腑功能，更易促使病情剧变。所以临证要结合病情，掌握用量。若病重药轻、则不能收效；病轻药重，反伤正气。一般来说，初生畜的用药量应为成年畜的1/3，每味10~15g左右；一个月以内的幼畜，可根据体重大小酌情用药，每味以15~25g为宜；一年以上的幼畜可参照成年畜用量。

对热性病的治疗，要时刻顾护津液。在各种疾病的治疗中，都要顾护脾胃，即"有胃气者生，无胃气者死。"寒冷之药容易损伤脾胃，辛热之药最易耗伤津液，滋腻之药容易变生痰湿，用药不当会影响治疗效果和病体的恢复。常见治疗法如下。

（1）疏风解表。幼畜肌肤薄，腠理疏，卫外机能不固，最易感受风寒、风热、时邪病毒。因而出现恶风、恶寒、无汗等表证特征，此时须用疏风解表法，使邪从汗解。风寒用辛温解表药，方用**香苏散【方剂】**。风热用辛凉解表药，方用**银翘散【方剂】**。幼畜外感，邪多犯肺，一般兼有咳嗽痰多等证，故疏风解表方中，可适当加入宣肺化痰之药。

（2）清热解毒。幼畜为"纯阳之体"，热病较多，故清热解毒法在幼科临证中应用较广，如甘凉清热、苦寒清热、苦泄清热、咸寒清热等。应按邪热之在表、在里、属气、属血、入脏入腑等，分别选方用药。如热邪极盛的时行疾病，往往蕴湿化火而成热毒，则须用解毒之法。解毒药物，多用苦寒凉血之品，常用的方剂有**黄连解毒汤【方剂】**、**犀角地黄汤【方剂】**等。

（3）消食导滞。幼畜脾胃薄弱，易为乳食草谷所伤，使受纳运化机能受到影响或伤害，出现厌食、腹痛、泄泻、发热等证。故诊视幼畜，必须注意其乳食草谷情况及脾胃的运化功能。如果是消化不良等证，治疗时必须采用消食导滞的方法，方如**曲蘖散【方剂】**等。

（4）驱虫安蛔。幼畜有啃食母粪、污草、泥土等恶习，故易感诸虫，其中以蛔虫为多，寄生虫能伤害脾胃功能，消耗营养，阻碍发育，故幼畜应注意驱虫，虫祛则诸病自除。常用的方剂有**安蛔汤【方剂】**等。目前化药驱虫，有很高效低毒之品，可参考使用。

（5）平肝熄风。幼畜"肝常有余"，患病后易出现壮热、抽搐、痉厥等证，幼畜疾病多因外感六淫，内伤乳食草谷所至。内外之邪易从火化，火盛则生风，风火相煽则出现抽搐、痉厥等证，因而平肝熄风一法，也为治疗幼畜疾病所常用，常用的方剂有**羚角钩藤汤【方剂】**等。

（6）通窍化痰。幼畜肺嫩胃弱，患热性病居多，所以痰热壅盛，秽浊内闭证常见，易气机阻塞，上蒙清窍，出现痰鸣气逆、神志昏乱、惊痫、痉厥等证候，应用清窍化痰之法医治。属痰热内闭的，祛风清窍，清热化痰，方用**清热化痰汤【方剂】**、**安宫牛黄丸【方剂】**等。属于浊邪内闭的宜芳香通窍，辟秽化浊，方用**苏合香丸【方剂】**之类。

任务二 病后辨证护理

病后辨证护理

一 动物常规护理

清代名医尤乘在《寿世青编》中指出："凡一切病后将愈，表里气血耗于外，脏腑精神损于内，形体虚弱，倦怠少力，乃其常也。"宜调理脾胃，顾护元气。

大病、久病，尤其是伤寒、温病等外感热性病患者，在初愈不久，真元大虚，津液未复，血气尚虚，正气尚未完全恢复，阳气不能卫外。因此，针对动物病后保健，应调护脾胃，充实气血津液，顾护元气。

（一）调护脾胃

脾胃乃后天之本，气血化生之源，脾胃虚弱，则气血不能输至脏腑经络。病后脾胃消化吸收功能低下，宜给以易消化食物，定时定量，少食多餐，并且随着胃气的逐渐恢复而恢复正常饮食。

调补脾胃，使脾气健旺，病不得继传。脾胃为气血营卫化生之源，所以防病治病必重脾胃，在药物进入机体后，须经脾胃的吸纳、腐熟和传输，从而达到提高机体正气抗邪能力和防病传变的目的，故胃气强盛则病不易复传。

常用的调补脾胃的药物主要有补中益气药、养血安神药、温阳药、开胃进食药、祛湿药等。

（二）顾护卫气

中焦为气血化生之源，卫气主要来自中焦水谷精微所化之气，具有推动固摄作用。脾胃的功能正常与否，主要影响着卫气的生成，脾胃功能强则卫气充足，脾胃功能弱则卫气亦弱。卫气宣发于上焦，通过肺的宣发作用敷布全身，以发挥其熏肤、充身、泽毛的作用。动物病后肺脾气虚，常常表现为病后卫气虚，方剂可以选择**玉屏风散【方剂】**。由于动物病后卫气虚弱，温煦作用减弱，因此可以采用按摩、梳毛等方法，促进皮肤卫外功能。

（三）充实气血

在病后调养过程中，应时刻注意补益中气，如久病后期，阴阳两虚，实则气血、津液俱虚，故调补中气能助脾胃化生气血，气血得复，即可达阴阳平衡。方剂可以选择**黄芪建中汤【方剂】**、**小建中汤【方剂】**等。

（四）充实真元

元气是生命活动的根本之气，具有升发、通阳的生理作用，为五脏六腑组织的动力来源。但动物病后元气虚衰不足，因此，动物病后保健更应注重固护元气。

调补元气在临床上分为补气健脾充元气、补气提升培元气、气血双补健元气、调补水火养元气、脾肾同调生元气等具体治法。由于元气生于先天，系于命门，与两肾息息相关，常常借助肾脏以化生元阴元阳。因此，补元气离不开温肾。药物可以选择黄芪、龙眼肉、淫羊藿、巴戟天、兔丝子、补骨脂等补元温肾之药物，但这些药物常常配合脾胃药物应用，如焦三仙、茯苓、白术、陈皮、砂仁、葛根、炙甘草等。

在培补元气时，应激发肝肾气化，疏通三焦，健脾升清，使先天之气和后天之气相互化生，使元气上下内外通达，布散于肌肤腠理，从而起到抑制外邪的作用。可以柴胡、川芎、合欢花、茵陈、肉桂等药物与补益元气之药物相合以激发肝肾气化，选用葛根、升麻、荷叶等药物以助元升清。

另外，还应注意顾护肌腠以敛汗，加强元气对**玄关**（玄关即机体神气高度和谐状态下与天体先天一气产生共振的一种现象，现代医学理解为生命能量源泉）的固守作用，使外邪无隙可入，可以选择山茱萸、五味子、酸枣仁、浮小麦、煅龙骨、煅牡蛎等药物来调补元气。

 活动不便患病动物的护理

这种动物一般不能站立行走，只能躺着保持一定的姿势直到病愈。这种动物包括麻醉、瘫痪动物，身上多处受伤或严重身体虚弱的动物等。对于这类动物在护理过程中需要注意的问题较多。

1. 粪尿处理

尽可能让患病动物到外边排粪和排尿。到外边排粪、排尿可保持圈舍卫生，还可以让它们呼吸到新鲜空气。对于部分不能活动也不能自主排尿的动物，则需要用导管帮助其排尿。例如，对于患病母犬需要安置导管和外置的集尿袋。这样有利于观察排尿的情况。必要时，可用含抗生素的液体冲洗导管以保证尿液的畅通。对于猫，尽管有时需要安装导尿管，但通常可以用手挤压膀胱帮助排尿。

要及时清理活动不便患病动物的粪便。有些活动不便的动物常会发生便秘，此时可采用泻剂或灌肠剂治疗。

2. 褥疮

褥疮是因患病动物长时间侧卧，皮肤受压而引起的溃疡。褥疮一般很难处理，所以尽量采取措施避免褥疮的发生，每 4 小时翻动患病动物一次。用塑料泡沫或用特制的动物垫褥，可以减少褥疮的发生。一旦发生了褥疮，需要用温的消毒溶液清洗溃烂部位，然后擦干，涂上软膏以保护伤口。

该病常发生于长期靠一侧身体躺卧的动物，因此每隔 4 小时翻动一下患病动物是非常重要的。

3. 饮食

对于活动不便的患病动物，一般不能自己采食和饮水，此时就需要护理人员协助其饮食。必要时还要用手一点一点地饲喂。

4. 保暖

对于活动不便的患病动物，尤其是严重衰竭的患病动物，体温很容易下降，要给患病动物盖上毯子以保暖。另外，也可以用电热毯、热水袋、铝箔或塑料泡沫等保暖。

5. 物理疗法

物理疗法对于一些瘫痪或麻痹的动物是有益的。轻柔地按摩和肢体的活动会防止关节僵硬，提高血液循环，保持肌肉的活力。把手握成杯状轻按胸部，有利于支气管黏液咳出。

 呕吐动物的护理

引起呕吐的原因有两类：第一类是代谢紊乱引起的，如肾炎、糖尿病等比较严重的疾病可导致动物食欲不振代谢紊乱，从而引起呕吐；第二类是由机体功能失调等引起的，如幽门狭窄等。这类动物外表看上去很正常，饮食也正常，但是往往吃后不久就会呕吐。

第一类呕吐的患病动物往往需要更加细心地照顾和护理。连续的呕吐会导致动物脱水和电解质丢失（尤其是呕吐伴随腹泻的动物）。因此，一旦发现呕吐，护理人员就要立刻报告兽医。如果是连续呕吐，还要停止喂食。这时可以用输液疗法，如用含有葡萄糖电解质的注射液通过静脉输液。喂食也要改为流质食物，并且要少量多次。如果一次喂给大量流质食物，会引起呕吐。在这种情况下，应该鼓励动物采食，比如可以用大的注射器将流质食物注入动物的口中。要特别注意，不要让动物将呕吐物吸入肺中，否则会导致肺炎，甚至窒息。另外，还要注意动物圈舍的卫生，勤打扫，每次饲喂完动物，要用干净的毛巾将嘴和脸擦干净。

第二类呕吐的动物的护理主要是寻找一种合适的饲喂方法，使动物不会呕吐或反胃。但是饲喂方法对于不同的动物可能不一样。有时给动物饲喂肉末等半流食物时可以解决问题；有时从高处饲喂动物也可以解决问题。

无论给哪一类原因呕吐的动物喂食，都要少量多次，并且尽可能是流质或半流质食物。还要注意不要让动物把呕吐物或食物吸入气管，否则容易造成肺炎或窒息。

四 患病宠物家庭护理

中国有句俗话："七分治三分养。"这句话充分说明了护理的重要性。护理与治疗必须相结合，才会有好的治疗效果。下面以病犬家庭护理为例进行说明。

1. 犬主对护理的心理准备

宠物的护理要请教医生，听从医生指导，按照医嘱护理。犬无论得什么病，无论多严重，犬主都要对犬恢复抱有希望，不要精神紧张，不要中途停止治疗。

2. 对各种病证的护理

（1）呕吐。犬是容易呕吐的动物，吐前和吐后如无其他异常，就不必担心，尤其是呕吐后又马上吃掉时，更无大毛病。可是一天吐好几次，吐了以后想喝水，喝了又吐，吐了又喝，就要引起重视，这是病情恶化的表现。此时，需要及时就医诊治。

（2）下痢。下痢的病犬要绝食1天，绝食后给流质食物，如米汤、果汁、蔬菜等，并少量多餐，以后可以吃粥，逐渐过渡到软的米饭和普通食物。

（3）食欲不振。在没有呕吐的情况下，可以给流质食物，用吸管或注射器从口角注入，先给少量，试探犬接受情况，或者把碎肉做成丸状，用手指推入口中，以引起食欲。病犬食物要咨询医生，未经医生允许的食品一定要禁食。

（4）流鼻汁。鼻汁少时，可用脱脂棉或纱布拭净。鼻汁多时或鼻孔充满鼻汁时，可用棉棒（木棒前端卷上脱脂棉）拭净，为防止鼻端干裂，要用棉棒蘸甘油涂抹鼻端。

（5）眼屎过多。眼屎过多要用2%硼酸水浸湿脱脂棉拭净，并用眼药水点眼。

（6）发高烧。体温上升时，犬会感到寒冷发抖，尤其在冬季，垫料要加厚，准备热水袋或发热器。犬舍要密闭，防止寒风吹入。持续发高烧的犬会很衰弱，要采取各种降低体温的措施，如用酒精擦拭身体等。

（7）咳嗽。要尽量使咳嗽的病犬安静，禁止其运动。强烈的咳嗽要用吸入器给犬吸入药物，很有效果。但所用药物要咨询医生，不要随便使用。呼吸痛苦时，要按医生指示进行氧气吸入治疗。

（8）皮肤病。为了防止病犬舔食患部涂的外用药，可用防舔项圈。以薄板或厚纸壳中间挖一洞，从头上套入，可以有效地防止病犬回头舔患部。在使用外用药时，不能只涂在被毛上，要用力涂擦，使药物进入皮肤，才能取得好的疗效。

任务三 宠物 SPA 保健

宠物 SPA 保健

SPA 一词是拉丁文"Solus Por Aqua"（Health by water）的字首，Solus = 健康，Por = 精油，Aqua = 水，意指用水来达到健康。其操作方法是充分运用水的物理特性、温度及冲击，配合特定的中草药、精油和专门的按摩技术来达到保养、健身的效果。

SPA 就是在水中加上矿物质、香薰、精油、中草药、鲜花，使犬浸泡在温暖的水中，促进血液循环，加速代谢排毒，加快脂肪代谢，达到预防疾病、延缓衰老的目的，同时运用特殊的按摩手法，配合水疗作用，能使宠物全身得到放松，身体机能重新焕发活力。

宠物 SPA 打破传统宠物淋浴的方法，将中草药、现代按摩技术相结合，可彻底清洁宠物毛发，达到洁毛消臭功效，使毛发充分补充营养，恢复亮丽光泽与弹性。

一、SPA 功效

宠物 SPA 具有六大功效。一是利用水的浮力与适体温度，稳定犬的情绪，安抚犬的心灵；二是结合现代按摩技术，达到被动运动及减肥的功效，提升宠物器官功能，促进健康成长；三是结合中草药和水温作用，彻底去除皮屑、油脂、死毛，使皮肤光洁，毛发蓬松；四是精油、中草药等物质能深层滋养犬的皮肤及毛发，使受损的毛发恢复弹性及光亮，皮肤柔润；五是利用矿物质盐类和硫化物等达到驱虫杀菌的功效，使犬只远离寄生虫的骚扰；六是结合特殊的杀菌除臭功效，既可除臭，又可避免交叉感染。

二、SPA 操作技巧

结合现代中兽医学和中兽医经络穴位按摩技术，宠物 SPA 可以在七大区域开展业务，即药浴、盐浴、精油芳香浴、毛发护养、杀菌驱虫、经络穴位按摩及舒适区域按摩等。

（1）药浴。浸泡药浴对于治疗犬只的顽固皮肤病有很好的疗效。根据犬只皮肤病的种类选择适当的皮肤病药浴产品，并根据说明书配比适当，加入犬只的浴池中或者喷淋，药液在犬只身体停留 10~15 分钟，使得药液被很好地吸收。

（2）盐浴。矿物质盐可以调节体内的水分，维持体内的酸碱平衡，对皮肤有很好的杀菌、消炎功效。根据犬只皮肤的情况适当地加入有助于皮肤健康的精油，可作为患皮肤病的犬只的辅助治疗。其操作方法是在彻底清洁后，取适量的矿物质盐（或适当精油）加入犬只的浴池中，浸泡 10~15 分钟，并加以轻柔缓慢地按摩使皮肤吸收。

（3）精油芳香浴。精油芳香浴疗程，即香薰美容，是利用纯天然精油，运用按摩、按敷、浸泡、喷洒等手法，消除犬只体味，达到持久留香，养毛护肤的目的。其操作技术是在犬只彻底清洁后，取适量精油及矿物质盐加入浴池，浸泡 10~15 分钟，并加以轻柔的缓慢按摩，持续 10~15 分钟，直到完全吸收即可。

（4）经络穴位及舒适区域按摩，是以中西医基础理论为指导，以各种手法技巧和器械的作用力，直接作用于宠物身体表面的特殊部位，产生生物物理和生物化学的变化，最终通过神经系统调节体液循环，以及筋络穴位的传递效应，达到舒筋活骨，消除疲劳，防治疾病，提高和改善宠物身体生理机能的目的，同时，还可帮助犬只更好地吸收精油。

三 注意事项

宠物 SPA 的注意事项：一是 SPA 前做好犬身体状况检查，对于幼犬、老犬、体质较弱的犬，应有针对性地设计 SPA 方案；二是患有心脏病及其他内脏器官疾病的犬只，不适合 SPA 水疗。三是犬只有开放性外伤的状况，不适合 SPA 水疗。四是 SPA 后的犬只，应多饮水，避免剧烈运动。

宠物 SPA 气氛的营造方法较多，比如可以利用轻音乐，安神静气的香熏，精美的器皿、装饰，以及舒适的犬窝、小床等。

任务四　动物按摩保健

动物按摩保健

按摩疗法又名推拿疗法。它是术者在畜体的一定部位上运用不同手法达到治病的一种疗法。按摩疗法的作用，主要是通过各种手法来推穴道、走经络、补虚泻实、祛邪扶正，使阴阳调和，经络通畅。按摩疗法主要用于中小家畜和幼畜的消化不良、泄泻、痹证和四肢关节扭伤等。下面以犬只按摩为例进行说明。

通过按摩，可以让更好地处理好医生、宠物和宠物主之间的关系。一是给犬只按摩，可以尽快地建立起与犬只的感情，非常有利于犬只后续的诊治。二是主人通过温暖的双手采用揉、捏、拍、按等方式按摩犬只经络穴位，可让犬只保持心情愉悦。三是兽医人员通过教会犬只主人按摩，还可以提升服务质量和服务的人性化。

一 按摩技巧

给犬只按摩时，要安排舒适的空间，还可借助音乐或言语安抚，让犬只感受到主人的关心。可以按从前到后、从上到下的顺序进行。一般先按摩犬只的头部，再胸部，最后背部。力道从轻再逐渐加重，力度不可太重，以让犬只有所感觉为宜。每次按摩 10~30 分钟，1 天按摩 2 次。开始按摩时应手法轻时间短，让犬只习惯并放松。注意事项主要有以下三点：一是犬只进食后 1 小时内，犬只刚进行活动后，犬只处于激动、害怕、紧张等状态时均不可按摩；二是犬只按摩后 30 分钟内不可进食；三是犬只皮肤的伤口、肿胀处、骨折外伤处等地方不可按摩。四是如果犬只有脊椎问题，不可在患处按摩。

二 按摩常用手法

犬只的按摩主要包括穴位按摩和舒适区域按摩。其中，穴位按摩的手法主要有揉法、刮法、抹法、啄法等。

揉法，即食指和中指的指腹在犬只的肌肉丰厚处，圆圈状揉动。

刮法，即用拇指指面刮疗，可以和指腹平推法交替使用。刮法易让犬只有不舒服感，因此力道不可太大，时间不宜长。

抹法，即食指紧贴着犬只的皮毛，顺着指头方向从前向后来回抹动。

啄法，即单手的拇指、食指、中指合拢后上下来回轻快点击，有醒神和疏通经络气血作用。此手法适合多肉穴位。

舒适区域按摩的手法主要包括了拍法、拿法、捏法、拇指平推法、拳眼平推法、指腹平推法等。

拍法，即拇指以外的四指并拢后用指腹轻拍特定的穴位，可改善血液循环。

拿法，即用拇指和食指抓拿犬只的胸腹部，轻重力道有规律地交替进行，注意不可太用力。此手法适合大型犬只或肥胖犬只，抓拿后要休息下。体力或气力虚弱的犬只不可采用此手法。

捏法，即拇指和食指轻轻捏起犬只的浅皮，此按摩手法和拿法类似，不过力道和刺激量较小。此手法适合皮下肉少部位。

拇指平推法，即用拇指的指腹着力，剩下的四指撑直助力，推 6~12 次。此手法适合肌肉丰厚处，如颈、背或前后肢。

拳眼平推法，即右手握拳后用食指和中指的第二节关节平推。根据按摩的区域大小，可选择只用食指或中指，或食指和中指拳眼同时进行。

指腹平推法，即食指、中指、无名指三指同时施力向前或向回推送。大型犬只和肌肉丰厚处可以采用三指合并平推按摩；中型犬只用食指和中指合并施力；小型犬只只需用食指推行。

三 按摩体位选择

犬只按摩时一定要注意按摩舒适区域的选择，一般可以将犬只的按摩区域分为超级爽区、很爽区、一般爽区、爽区、禁区等区域。

犬只的按摩体位主要包括站姿、坐姿、趴姿、侧卧姿和仰卧姿。

站姿，即犬只站立，此时只能轻松抚摸其舒适区域，等其放松后躺下，再按摩。

坐姿，即犬只后腿坐下前肢站着，此时除了腿部下方外，身上的其余部分均可按摩，但可以根据舒适程度进行选择性按摩。

趴姿，即犬只如果不喜欢侧卧姿，可让其背部朝上呈趴姿，此时可按摩其头部和背部等舒适区域。

侧卧姿，即犬只左侧或右侧朝上，此时最易放松，可按摩犬只的头部、颈部、背腰部和前后肢等部位。

仰卧姿，即犬只四肢朝上，此时只能按摩胸腹部和四脚部位。

附 录

动物各类穴位介绍

各类方剂介绍

各类中药介绍